数值分析及其MATLAB实验

（第2版）

姜健飞 吴笑千 胡良剑 编著

清华大学出版社
北京

内容简介

本书详细介绍了数值分析的基本概念和方法，包括数值代数、迭代法、数据建模、数值微积分和常微分方程数值解等，并基于MATLAB软件介绍了相应的工程数值算法及MATLAB软件的偏微分方程数值解和最优化方法两个专用工具箱。书中提供了大量习题和上机实验题，并配有习题解答、主要算法的流程图和多媒体教学资料。

本书可作为理工科研究生或本科生数值分析课程及其数值实验的教学用书，也可供科研和工程技术人员作为解决数值计算问题的参考书。

图书在版编目(CIP)数据

数值分析及其MATLAB实验/姜健飞，吴笑千，胡良剑编著. --2版. --北京：清华大学出版社，2015（2024.10重印）

ISBN 978-7-302-40740-9

Ⅰ. ①数… Ⅱ. ①姜… ②吴… ③胡… Ⅲ. ①数值分析—Matlab软件—高等学校—教材 Ⅳ. ①O241-39

中国版本图书馆CIP数据核字(2015)第160622号

责任编辑：佟丽霞　洪　英
封面设计：常雪影
责任校对：赵丽敏
责任印制：沈　露

出版发行：清华大学出版社
网　　址：https://www.tup.com.cn，https://www.wqxuetang.com
地　　址：北京清华大学学研大厦A座　**邮　　编**：100084
社 总 机：010-83470000　**邮　　购**：010-62786544
投稿与读者服务：010-62776969，c-service@tup.tsinghua.edu.cn
质量反馈：010-62772015，zhiliang@tup.tsinghua.edu.cn
印 装 者：三河市铭诚印务有限公司
经　　销：全国新华书店
开　　本：185mm×260mm　**印　　张**：17.75　**字　　数**：426千字
版　　次：2004年6月第1版　2015年9月第2版　**印　　次**：2024年10月第12次印刷
定　　价：49.80元

产品编号：054831-03

第2版前言

本书的第1版已经在东华大学连续使用11年。数值分析的教学课时已从每学期18周(共54学时)缩减到每学期16周(共48学时)。在课时减少1/9的情况下还要保证教学质量,就要抓住数值分析课程的关键内容,把最重要的概念、理论以及思想方法介绍给学生,内容选择力求少而精,还要删减一些运算烦琐、与本课程关系不大的数学证明和计算。另外,教学内容应该和学生所学专业有机地结合在一起,可以增加一些和所学专业相关的数值分析案例。作者根据多年的教学改革经验以及许多学生的反馈建议和意见,对本书进行了修正和补充。主要修改了第1版的错误,简化了一些定理的证明和公式的计算,增加了一些习题。

本书主要修订内容如下。

(1) 在过去的7年里,MATLAB软件多次更新,从7.0版升级至8.1版。本次修订力图体现有关更新,主要包括:

① MATLAB界面使用更方便,如Command Window的 fx 函数浏览按钮、doc超文本帮助、Home工具条等,这些变化主要在前两章介绍。

② 新版MATLAB中,inline函数基本不再使用,由匿名函数或函数句柄代替。函数求值指令feval也不再使用,直接使用函数名加括号来求值。对此,本书作了全面更新。

③ 新版MATLAB的数值积分计算使用integral类函数,能求解反常积分和任意区域上的重积分,本书第5章作了相应更新并删除了自编函数dblquad2。

④ MATLAB符号计算引擎由Maple变更为Mupad,因此,附录B全面作了改写。

(2) 把 p 阶收敛速度定义中的式(1) $\frac{e_{k+1}}{e_k^p}\xrightarrow{k\to\infty}c(\neq 0)$ 改为式(2) $\frac{|e_{k+1}|}{e_k^p}\xrightarrow{k\to\infty}c(\neq 0)$。已经找到反例,有数列不满足式(1),但它有 p 阶收敛速度。

(3) 简化了按行严格对角占优矩阵的高斯-赛德尔(Gauss-Seidel)迭代法的收敛性证明。

(4) 简化了两点高斯(Gauss)积分公式的证明。方法是构造以 x_0,x_1 为根的辅助函数 $g(x)=(x-x_0)(x-x_1)=x^2+ax+b$。这个方法的优点在于:把关于 x_0,x_1 的非线性方程组化为关于 a,b 的线性方程组(求以 x_0,x_1 为根的多项式系数),很容易求解。

(5) 直接用积分中值定理推导插值型求积公式余项会有问题。插值多项式余项中 ξ 是 x 的函数,但不一定是 x 的连续函数,因此不能直接使用积分中值定理。为此,引入了复合函数的积分中值定理。只要保证函数$\xi(x)$在$[a,b]$上封闭，就能避免此问题。

(6) 在一些主要专业名词后增加了英文翻译，便于学生查询英文参考文献以及留学生学习。

(7) 增加了MATLAB常用语句和主要数值分析算法的流程图，便于学生掌握编程。

作　者

2015年7月

第1版前言

数值分析是工科专业研究生的一门重要公共基础课，主要介绍工程数学问题数值计算的一些基本概念和方法，培养研究生使用计算机技术进行科学与工程计算的能力。长期以来，在数值分析教学中一个很大的遗憾是将数值分析作为一门纯粹的理论课程来讲授，并不进行任何程序设计，这样学生就很难对数值分析的一些重要的特征(如计算速度和稳定性问题等)有深入的理解。究其原因，在于很多数值算法涉及复杂的程序结构。使用FORTRAN、C等通用程序设计语言编程效率比较低，很难在有限的教学课时中包含一些复杂而又非常重要的数值计算问题，加上教学软硬件的限制，造成传统教学中一般都是只讲算法原理和误差分析，而不涉及计算实验。

近年来出现一些优秀的数学软件，如Maple、MATLAB、Mathematica等。这些软件的内核包含了一些关键而又复杂的数值算法，大大提高了编程效率。例如，矩阵特征值问题QR算法用C语言从底层开始编程，需要对算法结构有详尽的了解，全部程序大约需要300句；而用MATLAB编程，不必懂得QR算法的具体细节，只需要一两句简单语句就可以解决问题。从20世纪90年代开始，国内出现了一些基于数学软件的数值分析教材。但遗憾的是，这类教材大都只是用一个附录介绍软件，而没有将数学软件融合到教材中。本书的目标是努力将数值分析理论学习与数学软件编程实验紧密结合起来，提供一本真正基于MATLAB的、适合理工科专业研究生教学实践需要的数值分析教材。

我们面对的现实是，今天研究生需要解决的工程计算问题涉及面越来越广，而他们接受的数学理论知识并没有跟上，这就要求教材涉及面要宽而起点又不能太高。我们解决这一问题的基本思路是：充分利用数学软件的功能，加强实验环节，分层次处理。一方面对于数值计算的一些最基本的概念和思想讲深讲透，并通过实验加强对于数值计算典型特征(如浮点数、计算量、病态问题等)的理解。另一方面对于较复杂的高效率算法不详细讲解，而直接利用MATLAB软件解决。这样，在降低数值分析理论深度的同时增加了实用性，使得研究生在研究课题中遇到工程计算问题时能较快上手并有效地解决问题。

本书详细介绍了数值分析的基本概念和方法，包括数值代数、迭代法、数据建模、数值微积分和常微分方程数值解等，并基于MATLAB软件介绍了相应的工程数值算法及MATLAB软件的偏微分方程数值解和最优化方法两个专用工具箱。书中提供了大量习题、上机实验题以及流程图，并配有习题解答和多媒体教学资料。

本书共有8章。第1章是算法和误差的概念。第2～6章基本按照传统的数值分析教材内容来安排，包含了数值分析课程中最基本的几个问题——线性方程组、非线性方程、插值与拟合、数值微积分和常微分方程。同时，大部分涉及算法的内容都安排一小节给出相应的 MATLAB 程序和分析,每章最后一节介绍 MATLAB 的相关指令,并包含一些高效率的 MATLAB 算法(如非线性方程组求解、Lobatto 数值积分和常微分方程 RKF 法等),据此可以解决大部分常规的工程计算问题。此外,每章都配有习题和上机实验题,习题适合用手工和计算器完成,而上机实验题适合用计算机完成。第 7 章和第 8 章介绍了 MATLAB 的偏微分方程和最优化方法两个工具箱。尽管这两个问题在传统的数值分析教材中并不常见,但在工程计算问题中却经常遇到。我们并不计划将这些纳入数值分析工科研究生课程基本教学内容,而主要供读者在解决工程计算问题时参考。附录 A 是 MATLAB 入门介绍,没有学过 MATLAB 的读者应该首先学习这部分内容。附录 B 介绍 MATLAB 的符号数学工具箱,这是数学软件最令人叫绝的功能之一,尽管它对于数值分析并没有多大意义。习题解答放在附录 C,而附录 D 和附录 E 给出了全书的 MATLAB 指令或函数和 M 文件索引。

本书是作者在东华大学进行了 4 年教学改革实践的基础上编写而成的。在东华大学教学实践中,54 学时中安排 36 学时上理论课、18 学时上机实验课,实验课主要采用研究生在机房练习、教师辅导的方式,可以完成第 1～6 章以及附录 A 的全部内容。我们制作了实验课部分网上辅导教学课件,需要的读者请与我们联系(对于采用本教材的单位可以免费提供)。

本书的编写和出版得到了上海市重点研究生教学用书建设基金和东华大学研究生主干课程建设基金的大力支持,对此我们深表感谢!

作　者

2004 年 1 月

目 录

第 1 章　数值分析的基本概念 …… 1

1.1　数值算法的研究对象 …… 1
1.2　误差分析的概念 …… 3
1.3　数值算法设计的注意事项 …… 8
习题 …… 10
上机实验题 …… 11

第 2 章　数值代数 …… 13

2.1　高斯消去法 …… 13
2.2　直接三角分解法 …… 21
2.3　范数和误差分析 …… 27
2.4　基于 MATLAB：逆矩阵与特征值问题 …… 32
习题 …… 41
上机实验题 …… 42

第 3 章　迭代法 …… 45

3.1　二分法 …… 45
3.2　迭代法原理 …… 48
3.3　牛顿迭代法和迭代加速 …… 52
3.4　解线性方程组的迭代法 …… 56
3.5　基于 MATLAB：非线性方程组 …… 64
习题 …… 67
上机实验题 …… 68

第 4 章　数据建模 …… 70

4.1　多项式插值 …… 70
4.2　牛顿插值 …… 76
4.3　三次样条插值 …… 79
4.4　最小二乘拟合 …… 86

4.5 基于MATLAB：非线性拟合与多元插值 …… 94
习题 …… 100
上机实验题 …… 102

第5章 数值微积分 …… 105

5.1 数值积分公式 …… 105
5.2 数值积分的余项 …… 112
5.3 复化求积法与步长的选取 …… 115
5.4 数值微分法 …… 123
5.5 基于MATLAB：数值微积分 …… 125
习题 …… 128
上机实验题 …… 129

第6章 常微分方程的数值解法 …… 131

6.1 欧拉法及其改进 …… 131
6.2 龙格-库塔格式 …… 137
6.3 收敛性与稳定性 …… 140
6.4 RKF格式与亚当斯格式 …… 143
6.5 微分方程组与高阶微分方程 …… 147
6.6 基于MATLAB：刚性方程组和边值问题 …… 151
习题 …… 157
上机实验题 …… 158

第7章 MATLAB偏微分方程数值解 …… 160

7.1 偏微分方程有限元法 …… 160
7.2 用图形用户界面方式解PDE …… 164
7.3 用指令方式解PDE …… 173
7.4 一维问题求解 …… 184
上机实验题 …… 188

第8章 MATLAB最优化方法 …… 190

8.1 最优化方法简介 …… 190
8.2 无约束优化 …… 192
8.3 约束最优化 …… 196
8.4 最小二乘法及多目标优化 …… 200
上机实验题 …… 205

附录A MATLAB简介 …… 208

A.1 MATLAB桌面 …… 208

A.2 数据和变量 …… 210
A.3 数组及其运算 …… 213
A.4 数据类型和数据文件 …… 221
A.5 程序设计 …… 225
A.6 作图 …… 232
A.7 在线帮助和文件管理 …… 237
上机实验题 …… 239

附录 B MATLAB 符号计算 …… 241

B.1 符号对象 …… 241
B.2 符号矩阵和符号函数 …… 243
B.3 符号微积分 …… 245
B.4 符号方程和符号微分方程 …… 249
B.5 符号计算局限性和 Mupad 调用 …… 251
上机实验题 …… 252

附录 C 习题解答 …… 254

附录 D MATLAB 指令或函数索引 …… 267

附录 E M 文件索引 …… 270

参考文献 …… 271

第1章 数值分析的基本概念

1.1 数值算法的研究对象

1. 数值算法的研究对象

在解决现代工程技术问题时，常常需要首先建立问题的数学模型，然后合理地设计问题的算法，并通过计算机计算，最后获得问题的解答。本课程正以此为基本研究对象，是研究算法的学科。为使读者对本课程的基本目的和内容有一个大致的了解，我们先讨论下列两组数学模型的计算问题。

例 1.1 (1) 求解线性方程组 $\boldsymbol{A}\boldsymbol{x}=\boldsymbol{b}$，其中 $\boldsymbol{A}$ 为 3 阶可逆方阵，$\boldsymbol{x}=(x_1,x_2,x_3)^{\mathrm{T}}$；

(2) 求代数方程 $3x^2+8x-3=0$ 在$[0,1]$上的根 x^*；

(3) 已知 $y=P(x)$ 为$[x_0,x_1]$上的直线，满足 $P(x_0)=y_0$，$P(x_1)=y_1$，$\bar{x}\in(x_0,x_1)$，求 $P(\bar{x})$；

(4) 计算定积分 $I=\int_a^b \frac{1}{x}\mathrm{d}x\ (1<a<b)$；

(5) 解常微分方程初值问题 $\begin{cases} y'=x+y, \\ y(0)=0。\end{cases}$

解 应用微积分学和线性代数的基本知识，不难求得问题的解。

(1) 由线性代数克莱姆(Cramer)法则，得 $x_1=\frac{D_1}{D}$，$x_2=\frac{D_2}{D}$，$x_3=\frac{D_3}{D}$，其中 $D=|\boldsymbol{A}|$，D_j 为由 $\boldsymbol{b}$ 置换 D 的第 j 列所得。所以问题归结为计算 4 个 3 阶行列式。

(2) 利用初等求根公式容易得到 $x^*=\frac{1}{3}$。

(3) 由解析几何知识，得 $P(\bar{x})=y_0+\frac{y_1-y_0}{x_1-x_0}(\bar{x}-x_0)$。

(4) 根据积分公式，得 $I=\ln\frac{b}{a}$。

(5) 根据线性常微分方程求解公式，得 $y(x)=-x-1+\mathrm{e}^x$。

例 1.2 (1) 求解线性方程组 $\boldsymbol{A}\boldsymbol{x}=\boldsymbol{b}$，其中 $\boldsymbol{A}$ 为 30 阶可逆方阵，$\boldsymbol{x}=(x_1,x_2,\cdots,x_{30})^{\mathrm{T}}$；

(2) 求超越方程 $x\mathrm{e}^x=1$ 在$[0,1]$上的根 x^*；

(3) 已知 $y=f(x)$ 为$[x_0,x_1]$上的函数，满足 $f(x_0)=y_0$，$f(x_1)=y_1$，$\bar{x}\in(x_0,x_1)$，求 $f(\bar{x})$；

(4) 计算定积分 $I=\int_a^b \frac{1}{\ln x}\mathrm{d}x\ (1<a<b)$;

(5) 解常微分方程初值问题 $\begin{cases} y'=x+y^2, \\ y(0)=0。\end{cases}$

解 例 1.2 与例 1.1 初步看来“差不多”,是否也容易解决呢?试讨论如下。

(1) 由克莱姆法则需要计算 31 个 30 阶行列式,如果按照行列式的展开式计算,由于每个 30 阶行列式有 30! 项,每一项为 30 个元素乘积,共需 $30!\times 29\times 31\approx 2\times 10^{35}$ 次乘法,计算量非常大。

(2) 设 $f(x)=xe^x-1$,由于 $f(0)<0, f(1)>0$,根据连续函数介值定理,方程在$[0,1]$上的根 x^* 存在,但无法求得 x^* 的解析形式,只能想办法求其近似值。

(3) 此问题看似无理,但又实实在在,借用例 1.1 相应问题的结果求解,$f(\bar{x})\approx P(\bar{x})=y_0+\frac{y_1-y_0}{x_1-x_0}(\bar{x}-x_0)$。

(4) 高等数学的牛顿-莱布尼茨公式对该问题失效,因为无法找到被积函数 $f(x)=\frac{1}{\ln x}$的原函数,我们可以考虑一些近似求解方法。

(5) 线性常微分方程比较容易得到解析解,而非线性常微分方程一般都没有解析解,主要依靠数值解法求取近似解。该问题与例 1.1 相应问题似乎只有“一点点”差别,但它没有解析解,只能依赖数值方法。

上述例子提示我们,在高等数学中学习的算法只能求解一些比较简单特殊的数学模型,工程实践中遇到的许多数学问题或者由于计算量太大或者由于没有解析方法,不能有效地使用手工计算,需要借助于计算机的计算能力。同时,我们必须认识到:第一,计算机的认识能力是有限的,这就要求我们设计其能接受的“算法”。例如,我们考虑用 C 语言解例 1.2(4),但 C 语言并不能识别“积分”这个数学概念,需要我们预先将积分转化为初等运算和初等函数构成的计算问题(在第 5 章我们将有多种方法求解此题)。第二,计算机的计算能力也是有限的,这就要求我们为其设计“好的算法”。例如对于例 1.2(1)的计算量,即使用 2013 年全球最快的超级计算机“天河二号”计算,每秒能做 33.86 千万亿次乘法也需要 591 亿年!这就要求我们设计出更有效的算法。事实上,使用第 2 章的方法,我们用普通的计算机可以在 1s 内求解此题。

本课程将会给出解决例 1.2 这类问题的算法。这里必须指出的是,实际问题远比例 1.2 列举的问题复杂得多,本课程只是讨论一些常用的基本数值算法。实际工程中,不同的算法适合不同的问题,所以我们需要更有针对性的算法。课程中所介绍的数值计算的一些基本概念和基本思想是具有普遍意义的。读者在学习中应将着重点放在各种算法的基本思想方法上,而不是死记硬背一些计算公式。

2. 数值算法的特点

对于给定的问题和设备,一个**算法**(algorithm)是用该设备可理解的语言表示的,是对解决这个问题的一种方法的精确刻画。这里的设备主要指计算机软件系统,所以也称计算机算法。对于算法刻画的要求取决于设备的语言能力。如果使用汇编语言之类的低级语言,那么对算法的描述需要极为详尽,包括变量地址、算术运算方式都要表达详尽;如果使用

C、FORTRAN 等高级语言，那么算术运算和初等函数等就成为设备可理解的语言，所以其描述可以粗略一些；而如果使用 MATLAB 这类专业化数学软件，那么就连积分、微分方程等的计算也不必详述。本课程讨论的大部分算法是建立在 C、FORTRAN 等高级语言这个层次上，也有一些算法建立在 MATLAB 软件层次上。

计算机算法主要包含数值算法、非数值算法和软计算方法三类。数值算法主要指与连续数学模型有关的算法，如数值线性代数、方程求解、数值逼近、数值微积分、微分方程数值解和最优化计算方法等；非数值算法主要指与离散数学模型有关的算法，如排序、搜索、分类、图论算法等；软计算方法是近来发展的不确定性算法的总称，包括随机模拟、神经网络计算、模糊逻辑、遗传算法、模拟退火算法和 DNA 算法等。

本课程主要研究的是数值算法，它是计算机算法内容最为丰富、也是最基本的一部分内容。数值算法具有下列几个显著特点。

(1) 有穷性

由于计算机编码的离散性本质，数值算法和所有计算机算法一样，必须在有限步完成，同时其处理对象的规模也是有限的。

(2) 数值性

由于其研究对象的特点，数值算法所涉及的数据类型主要是数值型，特别是以实数型居多。字符类型数据在数值算法中很少出现，整数型也比较少，数值算法中使用的大部分变量都是浮点实数，而且通常都是双精度的。

(3) 近似性

近似性是数值算法最显著的特点，这是由其研究对象和计算机的离散性本质之间的矛盾决定的。与连续数学模型相关的很多概念(如微分、积分)都是数学上的无穷极限，而计算机算法无法确切地表达和执行这些概念，只能得出某种程度的有穷近似，这就决定了它们之间必然存在误差。

1.2 误差分析的概念

在数值计算中，误差往往是不可避免的，那么怎样估计计算误差，判断计算结果的有效性，就成为数值分析极其重要的内容。

1. 误差限和有效数字

首先给出一些误差分析术语的定义。这些术语常常被人们不加定义地使用，但在不同的文献中的含义却有细微差别，我们采用了教科书中比较标准的定义。

定义 1.1(误差和相对误差) 设 x^* 是某量的准确值，x 是 x^* 的近似值，称 $\delta(x)=x^*-x$ 为 x 的**误差**(error)或**绝对误差**(absolute error)。在数值计算问题中，x^* 是未知的，从而 $\delta(x)$ 也无法精确得到，但我们往往可以得到 $\delta(x)$ 的绝对值上界，即 $|x^*-x|\leqslant\varepsilon$，称 ε 为 x 的**误差限**(error bound)或**精度**(accuracy)。应用中常记为 $x\pm\varepsilon$。误差与准确值的比值 $\delta_r(x)=(x^*-x)/x^*$ 称为 x 的**相对误差**(relative error)。如果 $|(x^*-x)/x^*|\leqslant\varepsilon_r$，称 ε_r 为 x 的**相对误差限**(relative error bound)或**相对精度**(relative accuracy)。当 ε_r 很小时，$\varepsilon_r\approx\varepsilon/|x|$。

定义 1.2(准确位数和有效数字) 设 x^* 是某量的准确值，x 是 x^* 的近似值，即

$$x=\pm 0.a_1 a_2\cdots a_n\cdots\times 10^m, \tag{1.1}$$

其中,m 为整数,$a_1\sim a_n$ 为 0~9 中一个数字且 $a_1\neq 0$。如果

$$|x^*-x|\leqslant 0.5\times 10^{-k}, \tag{1.2}$$

即 x 的误差不超过 10^{-k} 位的半个单位,则称近似数 x **准确到 10^{-k} 位**,并说 x 有 $m+k$ 位**有效数字**(significant digit)。

例 1.3 设圆周率 $\pi=3.1415926\cdots$,求下列近似数的绝对误差、相对误差和有效数字。

(1) $x_1=3.14$;

(2) $x_2=3.141$;

(3) $x_3=3.142$;

(4) $x_4=3.1414$。

解 (1) $\pi-x_1=0.15926\cdots\times 10^{-2}$,$(\pi-x_1)/\pi=0.5072\cdots\times 10^{-3}$,由于 $x_1=0.314\times 10^1$,$|\pi-x_1|\leqslant 0.5\times 10^{-2}$,从而 x_1 有 3 位有效数字;

(2) $\pi-x_2=0.5926\cdots\times 10^{-3}$,$(\pi-x_2)/\pi=0.1887\cdots\times 10^{-3}$,由于 $x_2=0.3141\times 10^1$,$|\pi-x_2|\leqslant 0.5\times 10^{-2}$,从而 x_2 有 3 位有效数字;

(3) $\pi-x_3=-0.4073\cdots\times 10^{-3}$,$(\pi-x_3)/\pi=-0.1296\cdots\times 10^{-3}$,由于 $x_3=0.3142\times 10^1$,$|\pi-x_3|\leqslant 0.5\times 10^{-3}$,从而 x_3 有 4 位有效数字;

(4) $\pi-x_4=0.1926\cdots\times 10^{-3}$,$(\pi-x_4)/\pi=-0.613\cdots\times 10^{-4}$,由于 $x_4=0.31414\times 10^1$,$|\pi-x_4|\leqslant 0.5\times 10^{-3}$,从而 x_4 有 4 位有效数字。

有效数字概念的通俗定义是这样的:设 x^* 是某量的准确值,x 是 x^* 的近似值,如果在从第一个非零数字开始的第 n 位进行四舍五入,x^* 和 x 的结果完全一致,则称 x 有 n 位有效数字。但这一定义在数值分析中无法应用,因为 x^* 是未知的。定义 1.2 是该通俗定义的抽象,其出发点为绝对误差限,而有效数字应该理解为计算精度的一种简略的表达。在例 1.3 中,对于 x_1,x_2,x_3,定义 1.2 与通俗定义一致,而 x_4 不一致,应该说定义 1.2 能更好地表达精度的好坏,因为按照通俗定义,x_4 只有 3 位有效数字,但实际上,x_4 的误差明显比 x_3 的误差小,是 π 更好的近似值,所以通俗定义是不合理的。

2. 截断误差与收敛性

截断误差也称方法误差,是数值算法设计中最主要考虑的误差问题。许多数学概念(如微分、积分等)都具有极限上的意义,不可能经过有限次算术运算计算出来,我们只能构造某种算法用有限次算术运算作近似替代,由此产生的误差称为该数值算法的**截断误差**(truncation error)。

例如,已知 x 在 0 附近,要计算指数函数 e^x 的值。由于 e^x 并不是算术运算,根据微分学的泰勒(Taylor)公式

$$e^x=1+x+\frac{x^2}{2!}+\cdots+\frac{x^n}{n!}+R_n(x), \tag{1.3}$$

考虑到一方面计算多项式只用到算术运算,另一方面当 n 充分大时,余项 $R_n(x)$ 的数值很小,这样便可以用式(1.3)右边前面的 n 次多项式来近似替代 e^x,从而得到近似计算公式为

$$e^x\approx S_n(x)=1+x+\frac{x^2}{2!}+\cdots+\frac{x^n}{n!}, \tag{1.4}$$

其截断误差可以用余项公式

$$e^x - S_n(x) = R_n(x) = \frac{x^{n+1}}{(n+1)!}e^{\xi} \quad (\xi 在 0 与 x 之间) \tag{1.5}$$

来进行分析。根据微分学理论，对于固定的 x，当 $n\to\infty$ 时，余项 $R_n(x)\to 0$，即 $S_n(x)\to e^x$。据此我们称算法(1.4)是**收敛**的。一种算法是收敛的，说明该算法总可以通过提高计算量使得截断误差任意小。

需要指出的是，大多数高级语言已经将指数函数、对数函数、三角函数等许多初等数学函数做成软件的标准库函数，所以我们编程时不需要再作处理。本质上，计算机只能作算术运算，高级语言中的数学函数正是根据式(1.4)这类算法构造的。

3. 舍入误差和数值稳定性

计算机中采用二进制实数系统，并且表示成规格化浮点形式：

$$\pm 2^m \times 0.\beta_1\beta_2\cdots\beta_t,$$

称为**机器数**。其中整数 m 称为**阶码**，用二进制数

$$m = \pm \alpha_1\alpha_2\cdots\alpha_s$$

表示，$\alpha_i=0$ 或 $1(i=1,2,\cdots,s)$。小数 $0.\beta_1\beta_2\cdots\beta_t$ 称为**尾数**，$\beta_1=1$，$\beta_j=0$ 或 $1(j=2,3,\cdots,t)$。正整数 t 称为**字长**。s 决定了机器数的绝对值范围，而 t 决定了机器数的表示精度。由于 s 和 t 都是有限的，所以机器数是离散的而非连续的。

机器数有单精度和双精度之分。通常，单精度为 32 位，双精度为 64 位，它们是正负号、阶码和尾数所占二进制的总长度(见图 1-1)。

图 1-1 计算机中数的表示

单精度机器数，$t=23$，大约相当于十进制 7 位有效数字；双精度机器数，$t=52$，大约相当于十进制 15 位有效数字。单精度机器数和双精度机器数的绝对值范围分别为 $2^{-128}\sim 2^{128}$(即 $2.9\times10^{-39}\sim3.4\times10^{38}$)和 $2^{-1024}\sim 2^{1024}$(即 $5.56\times10^{-309}\sim1.79\times10^{308}$)。低于该范围的机器数视为 0，高于该范围的机器数视为无穷大。

由于机器字长的限制而产生的误差称为**舍入误差**(rounding error 或者 round-off error)。十进制数进入计算机运算时先转换成二进制机器数，并对 t 位后的数作舍入处理，使得尾数为 t 位，因此一般都有舍入误差。两个二进制机器数作算术运算时，也要作类似的舍入处理，使得尾数为 t 位，从而也有舍入误差。二进制数计算结果输出时再转换成十进制数。所以说，舍入误差遵循的是二进制操作规律(见上机实验题 1)。但为了符合通常的习惯，在以后的讨论中我们仍然采用十进制进行误差分析，而忽略十进制与二进制的差异。

设函数 $y=f(x_1,x_2,\cdots,x_n)$ 是一个算法或模型，x_i^* 是变量 x_i 的准确值，而 $\tilde{x}_i$ 是变量 x_i 的近似值，$i=1,2,\cdots,n$。如果 $\tilde{x}_i$ 的精度为 ε_i，且 f 的计算过程中没有新的误差产生，那

么计算结果$\tilde{y}=f(\tilde{x}_1,\tilde{x}_2,\cdots,\tilde{x}_n)$具有怎样的精度呢?

如果$f(x_1,x_2,\cdots,x_n)=\sum_{i=1}^{n}a_ix_i$(线性函数),那么

$$|\delta(\tilde{y})|=|f(x_1^*,x_2^*,\cdots,x_n^*)-f(\tilde{x}_1,\tilde{x}_2,\cdots,\tilde{x}_n)|\leqslant\sum_{i=1}^{n}|a_i|\varepsilon_i。\tag{1.6}$$

又如果$f(x_1,x_2,\cdots,x_n)$是非线性函数,此时对于误差传播的严格估计是很困难的,而且不等式估计结果往往过于保守,所以一般采用一次近似估计法。根据微分学理论,绝对误差为

$$\delta(\tilde{y})=f(x_1^*,x_2^*,\cdots,x_n^*)-f(\tilde{x}_1,\tilde{x}_2,\cdots,\tilde{x}_n)\approx\sum_{i=1}^{n}\left(\frac{\partial f}{\partial x_i}\right)^*\delta(\tilde{x}_i)。\tag{1.7}$$

相对误差为

$$\delta_{\mathrm{r}}(\tilde{y})=\frac{\delta(\tilde{y})}{y^*}\approx\sum_{i=1}^{n}\left(\frac{\partial f}{\partial x_i}\right)^*\frac{x_i^*}{y^*}\delta_{\mathrm{r}}(\tilde{x}_i)。\tag{1.8}$$

其中,$y^*=f(x_1^*,x_2^*,\cdots,x_n^*)$,$\left(\frac{\partial f}{\partial x_i}\right)^*=\frac{\partial f}{\partial x_i}(x_1^*,x_2^*,\cdots,x_n^*)$,误差分析中$x_i^*$,$y^*$也可用其近似值代替。根据式(1.7)、式(1.8),绝对误差传播主要取决于$\left(\frac{\partial f}{\partial x_i}\right)^*$,相对误差传播主要取决于$\left(\frac{\partial f}{\partial x_i}\right)^*\frac{x_i^*}{y^*}$ $(i=1,2,\cdots,n)$。

两个数之间的算术运算是二元函数,根据式(1.7)、式(1.8)得到

$$\delta(a\pm b)=\delta(a)\pm\delta(b),\quad \delta_{\mathrm{r}}(a\pm b)=[a/(a\pm b)]\delta_{\mathrm{r}}(a)+[b/(a\pm b)]\delta_{\mathrm{r}}(b);\tag{1.9}$$

$$\delta(ab)\approx b\delta(a)+a\delta(b),\quad \delta_{\mathrm{r}}(ab)\approx\delta_{\mathrm{r}}(a)+\delta_{\mathrm{r}}(b);\tag{1.10}$$

$$\delta(a/b)\approx(1/b)\delta(a)-(a/b^2)\delta(b),\quad \delta_{\mathrm{r}}(a/b)\approx\delta_{\mathrm{r}}(a)-\delta_{\mathrm{r}}(b)。\tag{1.11}$$

式(1.9)表明,在作加减法时,应尽量避免两个相近的数相减,否则会使相对误差增大,导致有效数字的严重损失。式(1.11)表明,在作除法时,应尽量避免用绝对值很小的数作除数,否则会使绝对误差增大。

例 1.4 设有长为L、宽为D的矩形场地,现测得L的近似值$\tilde{L}=(120\pm0.2)\mathrm{m}$,$D$的近似值$\tilde{D}=(90\pm0.2)\mathrm{m}$。求该场地面积的误差限和相对误差限。

解 设场地面积的近似值为$\tilde{S}=\tilde{L}\tilde{D}$,由于$|\delta(\tilde{L})|=|\delta(\tilde{D})|=0.2\mathrm{m}$,根据式(1.10)得

$$|\delta(\tilde{S})|\approx|\tilde{L}\delta(\tilde{D})+\tilde{D}\delta(\tilde{L})|\leqslant|\tilde{L}||\delta(\tilde{D})|+|\tilde{D}||\delta(\tilde{L})|=(120+90)\mathrm{m}\times0.2\mathrm{m}=42\mathrm{m}^2,$$

$$|\delta_{\mathrm{r}}(\tilde{S})|\leqslant\frac{|\delta(\tilde{S})|}{|\tilde{S}|}=\frac{42}{120\times90}=0.0039=0.39\%。$$

舍入误差的影响很大程度上取决于计算设备的能力。对于通常的问题,如果我们采用双精度,舍入误差的影响一般不会太明显。但是在某些情况下,舍入误差的影响可能是至关重要的。

例 1.5 计算积分

$$I_n=\int_0^1x^n\mathrm{e}^{x-1}\mathrm{d}x,\quad n=0,1,\cdots,20。\tag{1.12}$$

解 这21个积分当然可以各自求解,但计算量比较大。现在我们构造一种递推算法,可以在求得其中一个积分的基础上非常简单地推出其他20个积分的值。根据分部积分法得

$$I_n = x^n e^{x-1} \Big|_0^1 - \int_0^1 n x^{n-1} e^{x-1} dx = 1 - nI_{n-1},$$

从而得到递推公式

$$I_n = 1 - nI_{n-1}, \quad n = 1,2,\cdots,20。 \tag{1.13}$$

由于 $I_0 = 1 - 1/e$,我们可以利用式(1.13)计算 $I_1, I_2, \cdots, I_{20}$。双精度计算结果见表 1-1。

因为当 $0 \leqslant x \leqslant 1$ 时,有

$$x^n/e \leqslant x^n e^{x-1} \leqslant x^n,$$

所以

$$\frac{1}{(n+1)e} \leqslant I_n \leqslant \frac{1}{n+1}。 \tag{1.14}$$

虽然 I_0 有相当高的精度,并且递推公式(1.13)没有任何截断误差,$I_{18} \sim I_{20}$ 的计算结果却明显有很大误差。现在我们将递推公式(1.13)略作改造,成为

$$I_{n-1} = (1 - I_n)/n, \quad n = 20,19,\cdots,1。 \tag{1.15}$$

首先我们根据式(1.14),取 $I_{20} = 0.5(1/e + 1)/(20+1)$,按式(1.15)递推计算结果见表 1-1。可以看到,尽管 I_{20} 的精度不算很高,递推计算结果 $I_2 \sim I_0$ 却有相当高的精度。表 1-1 告诉我们递推公式(1.13)和式(1.15)尽管在理论上完全等价,其实际计算效果却有天壤之别。为此我们有必要分析一下两种算法中误差的传播情况。

表 1-1 例 1.5 的计算结果

n	算法(1.13)		算法(1.15)	
0	0.632121		0.632121	
1	0.367879		0.367879	
2	0.264241		0.264241	
3	0.207277		0.207277	
4	0.170893		0.170893	
5	0.145533		0.145533	
6	0.126802	↓	0.126802	↑
7	0.112384		0.112384	
8	0.100932		0.100932	
9	0.091612		0.091612	
10	0.083877		0.083877	
11	0.077352		0.077352	
12	0.071773		0.071773	
13	0.066948		0.066948	
14	0.062731		0.062732	
15	0.059034		0.059018	
16	0.055459		0.055719	
17	0.057192		0.052773	
18	−0.02945		0.050086	
19	1.55962		0.048372	
20	−30.1924		0.032569	

设 I_n 有误差 δ_n,在算法(1.13)中,有 $\delta_n = -n\delta_{n-1}$,这样 $\delta_{20} = (20!)\ \delta_0 = 2.43 \times 10^{18} \delta_0$,

虽然 δ_0 很小,但 δ_{20} 却很大。而对于算法(1.15),有 $\delta_{n-1}=-\delta_n/n$,这样 $\delta_0=\delta_{20}/(20!)=4.1103\times10^{-19}\delta_{20}$,可见误差 δ_{20} 会在计算过程中逐步缩小。

如果在一个数值算法中,舍入误差会在计算过程中恶性增大,我们就称该算法**数值不稳定**(numerically unstable),否则称其**数值稳定**(numerically stable)。例如,当我们用绝对值很小的数作除数,则算法就是数值不稳定的。

4. 数据误差和病态问题

工程问题的数学模型中的参数往往由实验和测量数据取得,所以不可避免地存在数据误差。正常情况下,这些误差对于解的影响是在允许范围内的,但对于某些问题,数据误差可能会产生严重影响。

例 1.6 解线性方程组

$$\begin{cases}\frac{49}{36}x_1+\frac{3}{4}x_2+\frac{21}{40}x_3=\frac{949}{360},\\ \frac{3}{4}x_1+\frac{61}{144}x_2+\frac{3}{10}x_3=\frac{1061}{720},\\ \frac{21}{40}x_1+\frac{3}{10}x_2+\frac{769}{3600}x_3=\frac{3739}{3600}。\end{cases}\tag{1.16}$$

解 容易验证 $x_1=x_2=x_3=1$ 是方程组(1.16)的唯一准确解。如果我们将系数保留4位有效数字,得到方程组

$$\begin{cases}1.361x_1+0.7500x_2+0.5250x_3=2.636,\\ 0.7500x_1+0.4236x_2+0.3000x_3=1.474,\\ 0.5250x_1+0.3000x_2+0.2136x_3=1.039。\end{cases}\tag{1.17}$$

计算结果为 $x_1=1.2203$,$x_2=-0.3084$,$x_3=2.2981$,与原方程组的解相比已经面目全非。

与例1.5不同的是,这里的误差与算法无关,因为这个解对于方程组(1.17)有很高的精度(读者很容易直接验证)。问题出在方程组(1.16)本身对数据的误差极其敏感,尽管数据只有很小的变化,却导致解产生了很大的变化,我们称这类问题为**病态问题**(ill-posed problem)。

病态问题也可以用一次近似来作分析。考虑函数 $y=f(x_1,x_2,\cdots,x_n)$,x_i^* 是模型参数 x_i 的准确值,$\tilde{x}_i$ 是近似值,$i=1,2,\cdots,n$,$y^*=f(x_1^*,x_2^*,\cdots,x_n^*)$ 是模型的准确解,$\tilde{y}=f(\tilde{x}_1,\tilde{x}_2,\cdots,\tilde{x}_n)$ 是近似模型的准确解。根据式(1.7)、式(1.8),$\left(\frac{\partial f}{\partial x_i}\right)^*$ 和 $\left(\frac{\partial f}{\partial x_i}\right)^*\frac{x_i^*}{y^*}$ 的绝对值反映了解对参数数据误差的敏感性程度,我们称 $\left|\left(\frac{\partial f}{\partial x_i}\right)^*\right|$ 和 $\left|\left(\frac{\partial f}{\partial x_i}\right)^*\frac{x_i^*}{y^*}\right|$ 为该问题的**条件数**(condition number)。条件数很大的数值问题称为**病态问题**。

1.3 数值算法设计的注意事项

1. 数值算法评价的基本原则

设计一个数值算法,主要是要处理好计算精度和计算速度两个问题。计算精度问题就

是计算结果的可靠性问题,一般来说,可靠的算法应该具有收敛性和数值稳定性。计算速度问题就是算法的效率问题,它包含计算量和存储量两个方面。时空两个方面的复杂性都会影响计算速度。通常影响计算速度最关键的因素是算法的收敛速度。通俗地讲,一个好的算法就是又准又快的算法。

2. 数值算法设计的一些注意事项

(1) 要保证算法具有收敛性和较高的收敛速度。

(2) 要保证算法具有数值稳定性。

(3) 小心处理病态问题。

(4) 注意影响收敛速度的细节。

一般来说加减法比乘法快,乘法比除法快。如使用 $x+x, x\cdot x, 0.5x$ 就分别比 $2x, x^2$, $x/2$ 的计算速度快。

例 1.7(秦九韶算法或 Horner 法) 考虑多项式 $a_0+a_1x+\cdots+a_nx^n$ 的算法设计。

解 由于计算机作加减法比乘法快得多,我们只考虑乘法的计算量。如果直接计算,需要

$$0+1+\cdots+n=n(n+1)/2$$

次乘法。

如果使用递推算法

$$t_0=1,\quad p_0=a_0,\quad t_k=xt_{k-1},\quad p_k=p_{k-1}+a_kt_k,$$

其中,$k=1,2,\cdots,n$,只有 $2n$ 次乘法,计算量减少了 n 的一个阶次。

如果使用秦九韶算法(或称 Horner 算法)

$$p_0=a_n,\quad p_k=xp_{k-1}+a_{n-k},\quad k=1,2,\cdots,n,$$

则只有 n 次乘法,计算量进一步又减少了一半。

(5) 注意影响数值稳定性的细节。

如应尽量避免相差悬殊的数加减,避免两个相近的数相减,避免绝对值很小的数作除数等。

例 1.8(相近的数相减) 已知 $x=\pi\times10^{-8}$,考虑采用双精度(15 位十进制)计算下式的算法设计(真实解为 0.197392×10^{-14})。

$$y=\frac{1}{1+2x}-\frac{1-x}{1+x}。\tag{1.18}$$

解 直接用式(1.18)求解得 0.19984×10^{-14},可见只有 2 位有效数字。这是由于 x 接近于 0,式(1.18)涉及两个近似数的减法,容易造成相对误差增大。我们将其改为

$$y=\frac{2x^2}{(1+2x)(1+x)},\tag{1.19}$$

计算得 $y=0.19739\times10^{-14}$,有 5 位有效数字,效果就比较好。

例 1.9(大数吃小数) 考虑采用单精度(7 位十进制)计算下式的算法设计:

$$y=123456+\sum_{i=1}^{1000}x_i,\quad 0.01\leqslant x_i\leqslant0.04。\tag{1.20}$$

解 显然不等式 $123466\leqslant y\leqslant123496$ 成立。但如果我们按式(1.20)的顺序求解,结果

为 123456,也就是后面 1000 项“小数”x_i 被“大数”123456“吃掉了”。为什么呢?因为计算机在作加减法时,总是先将各项阶码统一到最大的阶码,即

$$123456 \to 0.1234560 \times 10^6,$$
$$0.04 \to 0.4 \times 10^{-1} \to 0.00000004 \times 10^6 \to 0.0000000 \times 10^6。$$

由于两个数的阶码相差很大,0.04 的阶码上升到 10^6 时,其尾数就很小而超出了字长范围,就被舍去了。改进的算法是先求 $\sum_{i=1}^{1000} x_i$。由于 x_i 数量级相近,就不会发生“大数吃小数”,而 1000 项小数的总和超过 10,也已经不太小了,不至于被 123456“吃掉”。

(6) 节省存储空间。

例如考虑迭代

$$p_0 = a_n, \quad p_k = xp_{k-1} + a_{n-k}, \quad k = 1,2,\cdots,n。$$

如果将 $p_0, p_1, \cdots, p_n$ 作为一个数组,需要 $n+1$ 个实数单元,但其实我们并不需要 $p_0, p_1, \cdots, p_{n-1}$,且可以更新,所以 $p_0, p_1, \cdots, p_n$ 可以共用一个实数变量 p,这样只需 1 个实数单元。

(7) 避免死循环。

数值算法很多都具有收敛性问题。一旦出现不收敛或收敛速度太慢,普通 while 循环语句往往会进入死循环,所以使用 for 语句更可靠。如果使用 while 语句,最好设置一个循环次数的上界。

(8) 不要作实数相等比较。

由于十进制与二进制转换以及舍入误差的影响,实数相等的比较一般都是不成功的。比如用数值方法验证等式

$$\sin^2 x = 1 - \cos^2 x,$$

你会发现总是不成功。正确做法是,设置一个很小的误差限 ε,去验证

$$|\sin^2 x - (1 - \cos^2 x)| \leqslant \varepsilon。$$

(9) 尽量使用双精度实数。

整数和单精度实数在数值计算中往往造成舍入误差影响很大,只要计算时间允许,应尽量使用双精度实数。

(10) 尽量减少中间结果的显示和输出。

由于输出和写屏都需要占用内存空间,从而影响速度。减少中间结果显示,可以提高运算速度。

习　　题

1. 下列各数:

$$x_1 = 1.1021, \quad x_2 = 0.031, \quad x_3 = 56.430$$

都是经过四舍五入得到的近似数,即误差限不超过最后一位的半个单位。试计算下列各式的误差限和有效数字:

(1) $2x_1 - x_2 + x_3$;

(2) $x_1 x_2 x_3$;

(3) x_2 / x_3。

2. 计算球体积，要使相对误差限为 1%。问度量半径 r 时允许的相对误差限是多少？

3. 设 $s=0.5gt^2$，假定 g 是准确的，而对 t 的测量有 ± 0.1s 的误差。证明当 t 增加时 s 的绝对误差的绝对值增加，而相对误差的绝对值却减少。

4. 序列 $\{y_n\}$ 满足递推关系

$$y_n = 10y_{n-1} - 1, \quad n = 1,2,\cdots,$$

若 $y_0=\sqrt{2}$ 取三位有效数字，计算到 y_{10} 时误差有多大？这个计算过程数值稳定吗？

5. 设函数 $f(x)=\dfrac{e^x-1-x}{x^2}$，计算 $f(0.01)$ 的真值。如果使用 6 位有效数字计算，结果的误差有多大？考虑其近似公式 $f(x)\approx\dfrac{1}{2}+\dfrac{x}{6}+\dfrac{x^2}{24}$，仍然用 6 位有效数字计算，结果的误差有多大？哪种算法更精确？为什么？

6. 设 $a\neq 0, b^2-4ac>0$，考虑二次方程 $ax^2+bx+c=0$ 的求根公式

$$x_1 = \frac{-b+\sqrt{b^2-4ac}}{2a}, \quad x_2 = \frac{-b-\sqrt{b^2-4ac}}{2a},$$

及其等价公式

$$x_1 = \frac{-2c}{b+\sqrt{b^2-4ac}}, \quad x_2 = \frac{-2c}{b-\sqrt{b^2-4ac}},$$

当 $|b|\approx\sqrt{b^2-4ac}$ 时，怎样算法设计比较合理？

7. 用三位尾数的浮点数按下列两种方式计算 $\sum\limits_{k=1}^{5}\dfrac{1}{k^4}$，为什么答案不同？哪个更准确？

(1) 按 k 递增顺序；

(2) 按 k 递减顺序。

8. 要计算 $(\sqrt{2}-1)^6$ 的近似值，取 $\sqrt{2}\approx 1.4$，代入下列方法计算，再比较哪一个得到的结果最好。

$$\frac{1}{(\sqrt{2}+1)^6}, \quad \frac{1}{(3+2\sqrt{2})^3}, \quad (3-2\sqrt{2})^3, \quad 99-70\sqrt{2}。$$

9. 改进下列式子，使得计算结果更精确：

(1) $\sqrt{1+x}-\sqrt{x}$，当 x 充分大；

(2) $\dfrac{1-\cos x}{\sin x}$，当 x 接近于 0；

(3) $\ln(x-\sqrt{x^2-1})$，当 x 充分大。

10. 改进下列式子，使其减少运算次数：

(1) $(x-1)^4+3(x-1)^3-4(x-1)^2+x+5$；

(2) x^{15}。

上机实验题

实验 1（二进制） 用 MATLAB 计算 $\sum\limits_{i=1}^{1000}0.1-100$，会发现居然有误差！虽然从十进制数角度分析，这一计算应该是准确的，但是实验反映了计算机内部的二进制本质。

实验 2 用 MATLAB 计算 0.48−0.5+0.02 会出现什么问题？怎样做可以避免出现这样的问题？

实验 3(数值稳定性) 用 MATLAB 验算例 1.5。

实验 4(病态方程组) 用 MATLAB 验算例 1.6。

实验 5(秦九韶算法) 编写 1.3 节秦九韶算法程序，并用该程序计算多项式

$$f(x) = x^5 + 3x^3 - 2x + 6$$

在 $x=1.1,1.2,1.3$ 的值。

实验 6 设 x 是一个维数为 n 的数组，它的均值和标准差公式为

$$\bar{x} = \frac{1}{n}\sum_{i=1}^{n} x_i,$$

$$s_1 = \sqrt{\frac{1}{n-1}\left[\sum_{i=1}^{n}(x_i - \bar{x})^2\right]},$$

$$s_2 = \sqrt{\frac{1}{n-1}\left[\sum_{i=1}^{n}x_i^2 - n\bar{x}^2\right]},\quad n \geqslant 1。$$

试回答下列问题：

(1) 标准差公式 s_1 和 s_2 理论上是等价的，但数值计算上会有什么不同？哪一个公式可能会更准确？

(2) 选取 $x=10^9, 10^9+1, 10^9+2$，验证你对问题(1)的猜测。

第 2 章 数值代数

考虑线性方程组

$$\begin{cases} a_{11}x_1 + \cdots + a_{1n}x_n = b_1, \\ \quad\quad\quad \vdots \\ a_{n1}x_1 + \cdots + a_{nn}x_n = b_n, \end{cases}$$

当它的系数行列式

$$D = \begin{vmatrix} a_{11} & \cdots & a_{1n} \\ \vdots & & \vdots \\ a_{n1} & \cdots & a_{nn} \end{vmatrix} \neq 0$$

时，由线性代数理论知，其解可由克莱姆法则计算。第 1 章例 1.2 已指出这种方法的问题在于运算量太大，以至于在数值计算上毫无价值。

本章讨论线性方程组数值计算常用的直接解法及相关问题，包括：顺序高斯消去法、选列主元高斯消去法、矩阵 LU 分解、平方根分解等算法及程序设计；基于范数和条件数的概念，研究线性方程组求解过程中的误差分析问题；利用 MATLAB 软件，介绍方阵求逆、特征值与特征向量、正交三角分解、奇异值分解等进一步的数值问题。

2.1 高斯消去法

1. 理论基础

解线性方程组最常用的是高斯消去法，其理论基础是线性代数的初等变换理论。我们先证明线性代数中的一个引理，它是高斯消去法的理论基础。

引理 2.1 设有线性方程组

$$\begin{cases} a_{11}x_1 + \cdots + a_{1n}x_n = b_1, \\ \vdots \\ a_{m1}x_1 + \cdots + a_{mn}x_n = b_m, \end{cases} \tag{2.1}$$

若对它的增广矩阵施行行初等变换$(\boldsymbol{A},\boldsymbol{b}) \xrightarrow{\text{行初等变换}} (\widetilde{\boldsymbol{A}},\widetilde{\boldsymbol{b}})$，则方程组(2.1)与

$$\begin{cases} \widetilde{a}_{11}x_1 + \cdots + \widetilde{a}_{1n}x_n = \widetilde{b}_1, \\ \vdots \\ \widetilde{a}_{m1}x_1 + \cdots + \widetilde{a}_{mn}x_n = \widetilde{b}_m, \end{cases} \tag{2.2}$$

同解。其中 $\boldsymbol{A}=(a_{ij})_{m\times n}$,$\boldsymbol{b}=\begin{pmatrix}b_1\\ \vdots\\ b_m\end{pmatrix}$,$\widetilde{\boldsymbol{A}}=(\widetilde{a}_{ij})_{m\times n}$,$\widetilde{\boldsymbol{b}}=\begin{pmatrix}\widetilde{b}_1\\ \vdots\\ \widetilde{b}_m\end{pmatrix}$。

证明 由 $(\boldsymbol{A},\boldsymbol{b})\xrightarrow{\text{行初等变换}}(\widetilde{\boldsymbol{A}},\widetilde{\boldsymbol{b}})$ 知,存在初等矩阵 $\boldsymbol{P}_1,\cdots,\boldsymbol{P}_r$ 使 $\boldsymbol{P}_r\cdots\boldsymbol{P}_1(\boldsymbol{A},\boldsymbol{b})=(\widetilde{\boldsymbol{A}},\widetilde{\boldsymbol{b}})$。记 $\boldsymbol{P}=\boldsymbol{P}_r\cdots\boldsymbol{P}_1$,则 $\boldsymbol{P}$ 可逆且 $\boldsymbol{P}(\boldsymbol{A},\boldsymbol{b})=(\boldsymbol{PA},\boldsymbol{Pb})=(\widetilde{\boldsymbol{A}},\widetilde{\boldsymbol{b}})$ 得 $\boldsymbol{PA}=\widetilde{\boldsymbol{A}}$,$\boldsymbol{Pb}=\widetilde{\boldsymbol{b}}$。

若 $\boldsymbol{x}^*$ 为方程组(2.1)的解,即 $\boldsymbol{Ax}^*=\boldsymbol{b}$,则 $\boldsymbol{PAx}^*=\boldsymbol{Pb}$,从而 $\widetilde{\boldsymbol{A}}\boldsymbol{x}^*=\widetilde{\boldsymbol{b}}$,知 $\boldsymbol{x}^*$ 也是方程组(2.2)的解;反之,若 $\boldsymbol{x}^*$ 为方程组(2.2)的解,即 $\widetilde{\boldsymbol{A}}\boldsymbol{x}^*=\widetilde{\boldsymbol{b}}$,则 $\boldsymbol{PAx}^*=\boldsymbol{Pb}$,从而由 $\boldsymbol{P}$ 可逆可得 $\boldsymbol{Ax}^*=\boldsymbol{b}$,知 $\boldsymbol{x}^*$ 也是方程组(2.1)的解。证毕。

2. 顺序高斯消去法

高斯消去法的基本思想是:首先使用初等变换将方程转化为一个同解的三角形方程组(称为**消元过程**),再通过回代法求解该三角形方程组(称为**回代过程**)。按行原先的位置进行消元的高斯消去法称为**顺序高斯消去法**(Gaussian elimination method)。

例 2.1 用顺序高斯消去法解线性方程组

$$\begin{cases}x_1+x_2+x_3=6,\\ -x_1+3x_2+x_3=4,\\ 2x_1-6x_2+x_3=-5。\end{cases}\tag{2.3}$$

解 消元过程:

$$\left(\begin{array}{ccc|c}1&1&1&6\\-1&3&1&4\\2&-6&1&-5\end{array}\right)\xrightarrow[r_3-2r_1]{r_2+r_1}\left(\begin{array}{ccc|c}1&1&1&6\\0&4&2&10\\0&-8&-1&-17\end{array}\right)\xrightarrow{r_3+2r_2}\left(\begin{array}{ccc|c}1&1&1&6\\0&4&2&10\\0&0&3&3\end{array}\right)。$$

回代过程:

$$\begin{cases}x_1+x_2+x_3=6,\\ 4x_2+2x_3=10,\\ 3x_3=3\end{cases}\Rightarrow\begin{cases}x_3=1,\\ x_2=\dfrac{10-2x_3}{4}=2,\\ x_1=6-x_2-x_3=3。\end{cases}\tag{2.4}$$

由引理 2.1 知,由上述消元与回代两阶段运算得到的结果恰为所求线性方程组的解。

对于一般线性方程组,使用顺序高斯消去法求解

$$\begin{cases}a_{11}^{(1)}x_1+\cdots+a_{1n}^{(1)}x_n=a_{1,n+1}^{(1)},\\ \vdots\\ a_{n1}^{(1)}x_1+\cdots+a_{nn}^{(1)}x_n=a_{n,n+1}^{(1)}。\end{cases}\tag{2.5}$$

消元过程:

$$\left(\begin{array}{ccccc|c}a_{11}^{(1)}&a_{12}^{(1)}&a_{13}^{(1)}&\cdots&a_{1n}^{(1)}&a_{1,n+1}^{(1)}\\a_{21}^{(1)}&a_{22}^{(1)}&a_{23}^{(1)}&\cdots&a_{2n}^{(1)}&a_{2,n+1}^{(1)}\\a_{31}^{(1)}&a_{32}^{(1)}&a_{33}^{(1)}&\cdots&a_{3n}^{(1)}&a_{3,n+1}^{(1)}\\\vdots&\vdots&\vdots&&\vdots&\vdots\\a_{n1}^{(1)}&a_{n2}^{(1)}&a_{n3}^{(1)}&\cdots&a_{nn}^{(1)}&a_{n,n+1}^{(1)}\end{array}\right)\to\left(\begin{array}{ccccc|c}a_{11}^{(1)}&a_{12}^{(1)}&a_{13}^{(1)}&\cdots&a_{1n}^{(1)}&a_{1,n+1}^{(1)}\\0&a_{22}^{(2)}&a_{23}^{(2)}&\cdots&a_{2n}^{(2)}&a_{2,n+1}^{(2)}\\0&a_{32}^{(2)}&a_{33}^{(2)}&\cdots&a_{3n}^{(2)}&a_{3,n+1}^{(2)}\\\vdots&\vdots&\vdots&&\vdots&\vdots\\0&a_{n2}^{(2)}&a_{n3}^{(2)}&\cdots&a_{nn}^{(2)}&a_{n,n+1}^{(2)}\end{array}\right)\to$$

$$\cdots \to \left(\begin{array}{ccccc|c} a_{11}^{(1)} & a_{12}^{(1)} & a_{13}^{(1)} & \cdots & a_{1n}^{(1)} & a_{1,n+1}^{(1)} \\ 0 & a_{22}^{(2)} & a_{23}^{(2)} & \cdots & a_{2n}^{(2)} & a_{2,n+1}^{(2)} \\ 0 & 0 & a_{33}^{(3)} & \cdots & a_{3n}^{(3)} & a_{3,n+1}^{(3)} \\ \vdots & \vdots & \vdots & & \vdots & \vdots \\ 0 & 0 & 0 & \cdots & a_{nn}^{(n)} & a_{n,n+1}^{(n)} \end{array}\right),$$

其中

$$a_{ij}^{(2)} = a_{ij}^{(1)} - l_{i1}a_{1j}^{(1)}, \quad l_{i1} = \frac{a_{i1}^{(1)}}{a_{11}^{(1)}}, \quad i = 2,3,\cdots,n, j = 2,3,\cdots,n+1。$$

一般地,有

$$a_{ij}^{(k+1)} = a_{ij}^{(k)} - l_{ik}a_{kj}^{(k)}, \quad l_{ik} = \frac{a_{ik}^{(k)}}{a_{kk}^{(k)}}, \tag{2.6}$$

$$i = k+1,\cdots,n, \quad j = k+1,\cdots,n+1, \quad k = 1,2,\cdots,n-1。$$

这里,$a_{kk}^{(k)}$ 称为第 k 步的主元素($k=1,2,\cdots,n$)。

回代过程:

$$\begin{cases} a_{11}^{(1)}x_1 + a_{12}^{(1)}x_2 + \cdots + a_{1n}^{(1)}x_n = a_{1,n+1}^{(1)}, \\ a_{22}^{(2)}x_2 + \cdots + a_{2n}^{(2)}x_n = a_{2,n+1}^{(2)}, \\ \vdots \\ a_{nn}^{(n)}x_n = a_{n,n+1}^{(n)} \end{cases} \Rightarrow \begin{cases} x_n = a_{n,n+1}^{(n)}/a_{nn}^{(n)}, \\ x_k = \left(a_{k,n+1}^{(k)} - \sum\limits_{j=k+1}^{n} a_{kj}^{(k)}x_j\right)/a_{kk}^{(k)}, \\ k = n-1,n-2,\cdots,1。 \end{cases} \tag{2.7}$$

现在我们来统计两阶段的计算量,由于加减法明显比乘除法快,所以我们只统计乘除法的次数。

消元过程:第 k 步有 $(n-k)(n-k+1)+(n-k)=(n-k)(n-k+2)$ 次乘除法($k=1,2,\cdots,n-1$),共

$$\sum_{k=1}^{n-1}(n-k)(n-k+2) = \sum_{i=1}^{n-1}(i^2+2i) = \frac{n(n-1)(2n-1)}{6} + n(n-1) = \frac{n(n-1)(2n+5)}{6}$$

次乘除法。

回代过程:计算 x_k 时,有 $n-k+1$ 次乘除法($k=n,n-1,\cdots,1$),共

$$\sum_{k=1}^{n}(n-k+1) = \sum_{i=1}^{n} i = \frac{n(n+1)}{2}$$

次乘除法。

两阶段合计共

$$\frac{n(n-1)(2n+5)}{6} + \frac{n(n+1)}{2} = \frac{n^3}{3} + n^2 - \frac{n}{3} \approx \frac{n^3}{3}\ (\text{当 } n \text{ 很大时})$$

次乘除法。

可见消元过程有 n^3 数量级计算量,而回代过程只有 n^2 数量级计算量,所以高斯消去法的计算量主要在消元过程部分。与克莱姆法则相比,计算量从 $(n+2)!$ 数量级减少到 n^3 数量级,计算量过大的问题已得到了根本解决。对于 30 阶线性方程组,使用克莱姆法则在每秒运行 1 千万亿次的超级计算机上需要亿万年。而使用高斯消去法可以在普通的计算机上用不到 1s 就可以解决。

可以证明,如果 $\mathbf{A}=(a_{ij})_{n\times n}$ 的顺序主子式

$$D_1=a_{11},\quad D_2=\begin{vmatrix}a_{11} & a_{12}\\ a_{21} & a_{22}\end{vmatrix},\quad \cdots,\quad D_n=\begin{vmatrix}a_{11} & \cdots & a_{1n}\\ \vdots & & \vdots\\ a_{n1} & \cdots & a_{nn}\end{vmatrix}$$

均不为零,顺序高斯消去法求解 $\boldsymbol{Ax}=\boldsymbol{b}$ 可行。

3. 选列主元高斯消去法

高斯消去法的计算过程是不可靠的,一旦出现主元素 $a_{kk}^{(k)}=0$,计算就不能进行。即使对所有 $k=1,2,\cdots,n,a_{kk}^{(k)}\neq 0$,也不能保证计算过程数值稳定。

例 2.2 由高斯消去法取 3 位有效数字解线性方程组

$$\begin{cases}0.001x_1+x_2=1,\\ x_1+x_2=2。\end{cases}\tag{2.8}$$

解 消元过程:

根据 3 位浮点数运算规则 $1-1000=(0.0001-0.1)\times10^4\overset{\text{舍入}}{=\!=}(0.000-0.1)\times10^4=-1000$,同理 $2-1000\overset{\text{舍入}}{=\!=}-1000$。

$$\left(\begin{array}{cc|c}0.001 & 1 & 1\\ 1 & 1 & 2\end{array}\right)\xrightarrow{r_2-1000r_1}\left(\begin{array}{cc|c}0.001 & 1 & 1\\ 0 & 1-1000 & 2-1000\end{array}\right)\xrightarrow{\text{舍入}}\left(\begin{array}{cc|c}0.001 & 1 & 1\\ 0 & -1000 & -1000\end{array}\right)。$$

回代过程:

由

$$\begin{cases}0.001x_1+x_2=1,\\ -1000x_2=-1000\end{cases}\Rightarrow\begin{cases}x_2=1.00,\\ x_1=0.00,\end{cases}$$

代入原方程组验算,发现结果严重失真。

分析结果失真的原因,发现由于第 1 列的主元素 0.001 绝对值过于小,从而消元过程作分母时把中间过程数值放大 1000 倍,使中间结果"吃"掉了原始数据,造成数值不稳定。

针对以上问题,考虑选用绝对值大的数作为主元素。

消元过程:

$$\left(\begin{array}{cc|c}0.001 & 1 & 1\\ 1 & 1 & 2\end{array}\right)\xrightarrow{r_1\leftrightarrow r_2}\left[\begin{array}{cc|c}1 & 1 & 2\\ 0.001 & 1 & 1\end{array}\right]\xrightarrow{r_2-0.001r_1}\left[\begin{array}{cc|c}1 & 1 & 2\\ 0 & 1-0.001 & 1-0.002\end{array}\right]$$

$$\xrightarrow{\text{舍入}}\left[\begin{array}{cc|c}1 & 1 & 2\\ 0 & 1 & 1\end{array}\right]。$$

这里舍入过程 $1-0.001=(0.1-0.0001)\times10^1\overset{\text{舍入}}{=\!=}1$;同理 $1-0.002\overset{\text{舍入}}{=\!=}1$。

回代过程:

由

$$\begin{cases}x_1+x_2=2,\\ x_2=1\end{cases}\Rightarrow\begin{cases}x_2=1.00,\\ x_1=1.00,\end{cases}$$

代入原方程组验算,发现结果基本合理。

这里尽管也有"大数吃小数"现象,但由于没有造成中间过程数值放大,被"吃掉"的是中间量,数值稳定,所以效果好了很多。

在高斯消去法的第 k 步消元时，将第 k 列中第 k 行至第 n 行绝对值最大的元素选为主元素 $a_{kk}^{(k)}$ 实施消元($k=1,2,\cdots,n$)，这样的方法称为**选列主元高斯消去法**(Gauss elimination method with partial pivoting)。

例 2.3　用选列主元高斯消去法解方程组(2.3)。

解　消元过程：

$$\left(\begin{array}{ccc|c} 1 & 1 & 1 & 6 \\ -1 & 3 & 1 & 4 \\ 2 & -6 & 1 & -5 \end{array}\right) \xrightarrow[\text{(选主元)}]{r_1 \leftrightarrow r_3} \left(\begin{array}{ccc|c} 2 & -6 & 1 & -5 \\ -1 & 3 & 1 & 4 \\ 1 & 1 & 1 & 6 \end{array}\right) \xrightarrow{\substack{r_2+0.5r_1 \\ r_3-0.5r_1}} \left(\begin{array}{ccc|c} 2 & -6 & 1 & -5 \\ 0 & 0 & 1.5 & 1.5 \\ 0 & 4 & 0.5 & 8.5 \end{array}\right)$$

$$\xrightarrow{r_2 \leftrightarrow r_3} \left(\begin{array}{ccc|c} 2 & -6 & 1 & -5 \\ 0 & 4 & 0.5 & 8.5 \\ 0 & 0 & 1.5 & 1.5 \end{array}\right)。$$

注意：在第二次选主元素时只需比较第二列中第二行以后的各元素。

回代过程：

由

$$\begin{cases} 2x_1 - 6x_2 + x_3 = -5, \\ 4x_2 + 0.5x_3 = 8.5, \\ 1.5x_3 = 1.5 \end{cases} \Rightarrow \begin{cases} x_3 = 1, \\ x_2 = 2, \\ x_1 = 3。 \end{cases}$$

可以证明，只要 $\boldsymbol{A}=(a_{ij})_{n\times n}$ 可逆，选列主元的高斯消去法求解 $\boldsymbol{Ax}=\boldsymbol{b}$ 可行(见习题 4)。

4. 三对角线性方程组的追赶法

考虑数值计算问题中常见的一类三对角线性方程组

$$\begin{cases} b_1x_1 + c_1x_2 & = d_1, \\ a_2x_1 + b_2x_2 + c_2x_3 & = d_2, \\ \qquad \ddots \qquad \ddots \qquad \ddots & \vdots \\ a_{n-1}x_{n-2} + b_{n-1}x_{n-1} + c_{n-1}x_n & = d_{n-1}, \\ a_nx_{n-1} + b_nx_n & = d_n, \end{cases} \tag{2.9}$$

我们将高斯消去法应用于三对角线性方程组得到所谓**追赶法**，其中消元过程为“追”，回代过程为“赶”。

例 2.4　用追赶法解三对角线性方程组

$$\begin{cases} 3x_1 + x_2 = 2, \\ 2x_1 + 3x_2 + x_3 = 1, \\ 2x_2 + 3x_3 + x_4 = 2, \\ x_3 + 3x_4 = -4。 \end{cases} \tag{2.10}$$

解　追：

$$\left(\begin{array}{cccc|c} 3 & 1 & 0 & 0 & 2 \\ 2 & 3 & 1 & 0 & 1 \\ 0 & 2 & 3 & 1 & 2 \\ 0 & 0 & 1 & 3 & -4 \end{array}\right) \to \left(\begin{array}{cccc|c} 3 & 1 & 0 & 0 & 2 \\ 0 & 7/3 & 1 & 0 & -1/3 \\ 0 & 2 & 3 & 1 & 2 \\ 0 & 0 & 1 & 3 & -4 \end{array}\right) \to \left(\begin{array}{cccc|c} 3 & 1 & 0 & 0 & 2 \\ 0 & 7/3 & 1 & 0 & -1/3 \\ 0 & 0 & 15/7 & 1 & 16/7 \\ 0 & 0 & 1 & 3 & -4 \end{array}\right)$$

$$\rightarrow\left(\begin{array}{cccc|c}3 & 1 & 0 & 0 & 2\\0 & 7/3 & 1 & 0 & -1/3\\0 & 0 & 15/7 & 1 & 16/7\\0 & 0 & 0 & 38/15 & -76/15\end{array}\right)。$$

赶:

由

$$\begin{cases}3x_1+x_2 & =2,\\ \frac{7}{3}x_2+x_3 & =-\frac{1}{3},\\ \frac{15}{7}x_3+x_4 & =\frac{16}{7},\\ \frac{38}{15}x_4 & =-\frac{76}{15}\end{cases}\Rightarrow\begin{cases}x_4=-2,\\x_3=2,\\x_2=-1,\\x_1=1。\end{cases}$$

用追赶法计算公式可直接求解式(2.9):

$$\left(\begin{array}{ccccc|c}b_1 & c_1 & & & & d_1\\a_2 & b_2 & c_2 & & & d_2\\ & \ddots & \ddots & \ddots & & \vdots\\ & & a_{n-1} & b_{n-1} & c_{n-1} & d_{n-1}\\ & & & a_n & b_n & d_n\end{array}\right)\rightarrow\left(\begin{array}{ccccc|c}\tilde{b}_1 & c_1 & & & & \tilde{d}_1\\ & \tilde{b}_2 & c_2 & & & \tilde{d}_2\\ & & \ddots & \ddots & & \vdots\\ & & & \tilde{b}_{n-1} & c_{n-1} & \tilde{d}_{n-1}\\ & & & & \tilde{b}_n & \tilde{d}_n\end{array}\right)。$$

追:

$$\tilde{b}_1=b_1,\quad \tilde{d}_1=d_1,\quad l_k=\frac{a_k}{\tilde{b}_{k-1}},\quad \tilde{b}_k=b_k-l_kc_{k-1},$$

$$\tilde{d}_k=d_k-l_k\tilde{d}_{k-1},\quad k=2,3,\cdots,n。\tag{2.11}$$

赶:

$$x_n=\frac{\tilde{d}_n}{\tilde{b}_n},\quad x_k=\frac{\tilde{d}_k-c_kx_{k+1}}{\tilde{b}_k},\quad k=n-1,n-2,\cdots,1。\tag{2.12}$$

追赶法不需要对零元素计算,只有 $5n-4$ 次乘除法计算量,且当系数矩阵对角占优时数值稳定,是解三对角方程组的优秀算法。

5. 算法和程序

程序 2.1 根据式(2.6)和式(2.7)编写,使用 MATLAB,对于 i,j 的循环可直接简单用分块矩阵处理。

程序 2.1 (顺序高斯消去法)

```
function x=nagauss(a,b,flag)
%用途:顺序高斯消去法解线性方程组 ax=b
%a:系数矩阵,b:右端列向量
%flag:若为 0,则显示中间过程,否则不显示,默认值为 0
%x:解向量
```

```
if nargin<3,flag=0; end
n=length(b); a=[a,b];
%消元
for k=1:(n-1)
  a((k+1):n,(k+1):(n+1))=a((k+1):n,(k+1):(n+1))...
    -a((k+1):n,k)/a(k,k)*a(k,(k+1):(n+1));
  a((k+1):n,k)=zeros(n-k,1);
  if flag==0,a,end
end
%回代
x=zeros(n,1);
x(n)=a(n,n+1)/a(n,n);
for k=n-1:-1:1
  x(k)=(a(k,n+1)-a(k,(k+1):n)*x((k+1):n))/a(k,k);
end
```

用以解例 2.1,在 MATLAB 指令窗口执行：

```
>>A=[1 1 1;-1 3 1;2 -6 1]; b=[6; 4; -5];
>>x=nagauss(A,b)
a=
     1     1     1     6
     0     4     2    10
     0    -8    -1   -17
a=
     1     1     1     6
     0     4     2    10
     0     0     3     3
x=
     3
     2
     1
```

选列主元高斯消去法类似。不同之处为，对于任意 k，执行式(2.6)前先选列主元。方法是，设 $|a_{pk}^{(k)}|=\max\limits_{k\leqslant i\leqslant n}|a_{ik}^{(k)}|$，如果 $p>k$，则第 k 行与第 p 行交换。

选列主元高斯消去法流程图如图 2-1 所示。

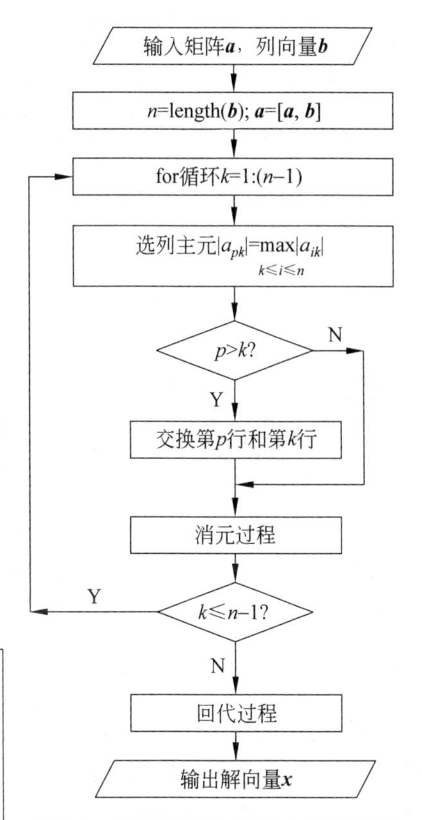

图 2-1　选列主元高斯消去法流程图

程序 2.2　(选列主元高斯消去法)

```
function x=nagauss2(a,b,flag)
%用途：选列主元高斯消去法解线性方组 ax=b
%a:系数矩阵,b:右端列向量
%flag:若为 0,则显示中间过程,否则不显示。默认值为 0
%x:解向量
```

```
if nargin<3,flag=0; end
n=length(b); a=[a,b];
for k=1:(n-1)
%选列主元
[ap,p]=max(abs(a(k:n,k)));                  %找出绝对值最大数的相对位置
p=p+k-1;                                     %把相对位置转换成绝对位置
if p>k,
    t=a(k,:); a(k,:)=a(p,:); a(p,:)=t;       %交换行
end
%消元
a((k+1):n,(k+1):(n+1))=a((k+1):n,(k+1):(n+1))...
  -a((k+1):n,k)/a(k,k)*a(k,(k+1):(n+1));
a((k+1):n,k)=zeros(n-k,1);
if flag==0,a,end
end
%回代
x=zeros(n,1);
x(n)=a(n,n+1)/a(n,n);
for k=n-1:-1:1
  x(k)=(a(k,n+1)-a(k,(k+1):n)*x((k+1):n))/a(k,k);
end
```

用以解例 2.1,在 MATLAB 指令窗口执行:

```
>>A=[1 1 1;-1 3 1;2 -6 1]; b=[6;4;-5];
>>x=nagauss2(A,b)
a=
         2.0000   -6.0000   1.0000   -5.0000
              0         0   1.5000    1.5000
              0    4.0000   0.5000    8.5000
a=
         2.0000   -6.0000   1.0000   -5.0000
              0    4.0000   0.5000    8.5000
              0         0   1.5000    1.5000
x=
     3
     2
     1
```

对于大型线性方程组,高斯消去法可采用紧凑存储,采用一个增广矩阵$(\boldsymbol{A},\boldsymbol{b})$,消元系数 l 可利用$\boldsymbol{A}$ 的下三角部分存储,向量 $\boldsymbol{x}$ 可利用 $\boldsymbol{b}$ 存储。而追赶法存储可仅采用 $\boldsymbol{a},\boldsymbol{b},\boldsymbol{c},\boldsymbol{d}$ 四个列向量,$\boldsymbol{x}$ 可用 $\boldsymbol{d}$ 存储。

2.2 直接三角分解法

1. 高斯消去法的矩阵表示

对一个矩阵施行一次行变换，相当于左乘一个相应的初等矩阵。考察例 2.1，由消元过程和引理 2.1 的证明过程得到

$$\boldsymbol{P}_3\boldsymbol{P}_2\boldsymbol{P}_1(\boldsymbol{A},\boldsymbol{b})=(\boldsymbol{U},\boldsymbol{y}),$$

这里

$$(\boldsymbol{A},\boldsymbol{b})=\left(\begin{array}{ccc|c}1&1&1&6\\-1&3&1&4\\2&-6&1&-5\end{array}\right),\quad(\boldsymbol{U},\boldsymbol{y})=\left(\begin{array}{ccc|c}1&1&1&6\\0&4&2&10\\0&0&3&3\end{array}\right),$$

$$\boldsymbol{P}_1=\begin{pmatrix}1&0&0\\1&1&0\\0&0&1\end{pmatrix},\quad\boldsymbol{P}_2=\begin{pmatrix}1&0&0\\0&1&0\\-2&0&1\end{pmatrix},\quad\boldsymbol{P}_3=\begin{pmatrix}1&0&0\\0&1&0\\0&2&1\end{pmatrix}。$$

令

$$\boldsymbol{P}=\boldsymbol{P}_3\boldsymbol{P}_2\boldsymbol{P}_1=\begin{pmatrix}1&0&0\\1&1&0\\0&2&1\end{pmatrix},$$

则得

$$\boldsymbol{PA}=\boldsymbol{U},\quad\boldsymbol{Pb}=\boldsymbol{y},$$

由于 $\boldsymbol{P}$ 可逆，令 $\boldsymbol{L}=\boldsymbol{P}^{-1}=\begin{pmatrix}1&0&0\\-1&1&0\\2&-2&1\end{pmatrix}$，则得到

$$\boldsymbol{A}=\boldsymbol{LU}=\begin{pmatrix}1&0&0\\-1&1&0\\2&-2&1\end{pmatrix}\begin{pmatrix}1&1&1\\0&4&2\\0&0&3\end{pmatrix},$$

其中，$\boldsymbol{L}$ 为一个主对角线元素为 1 的下三角阵，对应于高斯消去法消元系数 l_{ik}，$k=1,2,\cdots,n-1,i=k+1,\cdots,n$；$\boldsymbol{U}$ 为一个上三角阵，恰为高斯消元过程得到的上三角形方程组系数矩阵。

2. LU 分解

设 $\boldsymbol{A}=\boldsymbol{LU}$，其中 $\boldsymbol{L}$ 为一个单位下三角矩阵(即主对角线元素为 1 的下三角阵)，$\boldsymbol{U}$ 为一个上三角矩阵，即

$$\boldsymbol{L}=\begin{pmatrix}1&&&\\l_{21}&1&&\\\vdots&\vdots&\ddots&\\l_{n1}&l_{n2}&\cdots&1\end{pmatrix},\quad\boldsymbol{U}=\begin{pmatrix}u_{11}&u_{12}&\cdots&u_{1n}\\&u_{22}&\cdots&u_{2n}\\&&\ddots&\vdots\\&&&u_{nn}\end{pmatrix},\tag{2.13}$$

则称 $\boldsymbol{A}=\boldsymbol{LU}$ 为 $\boldsymbol{A}$ 的一个 LU **分解**(LU decomposition)或**杜利特尔**(Doolittle)**分解**。这时线性方程组

$$\boldsymbol{Ax}=\boldsymbol{b}\Rightarrow\boldsymbol{LUx}=\boldsymbol{b}\Rightarrow\begin{cases}\boldsymbol{Ly}=\boldsymbol{b},\\\boldsymbol{Ux}=\boldsymbol{y},\end{cases}\tag{2.14}$$

转换为 $\boldsymbol{Ly}=\boldsymbol{b}$ 及 $\boldsymbol{Ux}=\boldsymbol{y}$ 两个三角形方程组,由于三角形方程组很容易通过回代方法求解,只有 n^2 级计算量,所以可以通过 LU 分解来解线性方程组。不难看出,高斯消去法回代过程相当于解线性方程组 $\boldsymbol{Ux}=\boldsymbol{y}$,而消元过程相当于 LU 分解过程及 $\boldsymbol{Ly}=\boldsymbol{b}$ 的求解。

例 2.5 由 LU 分解法解线性方程组(2.3)。

解 已知

$$\boldsymbol{A}=\begin{pmatrix}1 & 1 & 1\\ -1 & 3 & 1\\ 2 & -6 & 1\end{pmatrix},\quad \boldsymbol{b}=\begin{pmatrix}6\\ 4\\ -5\end{pmatrix}。$$

设

$$\boldsymbol{L}=\begin{pmatrix}1 & 0 & 0\\ l_{21} & 1 & 0\\ l_{31} & l_{32} & 1\end{pmatrix},\quad \boldsymbol{U}=\begin{pmatrix}u_{11} & u_{12} & u_{13}\\ 0 & u_{22} & u_{23}\\ 0 & 0 & u_{33}\end{pmatrix},$$

由

$$\boldsymbol{LU}=\begin{pmatrix}u_{11} & u_{12} & u_{13}\\ l_{21}u_{11} & l_{21}u_{12}+u_{22} & l_{21}u_{13}+u_{23}\\ l_{31}u_{11} & l_{31}u_{12}+l_{32}u_{22} & l_{31}u_{13}+l_{32}u_{23}+u_{33}\end{pmatrix}=\boldsymbol{A},$$

得

$$\begin{cases}u_{11}=1,\\ u_{12}=1,\\ u_{13}=1,\end{cases}\quad \begin{cases}l_{21}u_{11}=-1,\\ l_{31}u_{11}=2\end{cases}\Rightarrow\begin{cases}l_{21}=-1,\\ l_{31}=2,\end{cases}\quad \begin{cases}l_{21}u_{12}+u_{22}=3,\\ l_{21}u_{13}+u_{23}=1\end{cases}\Rightarrow\begin{cases}u_{22}=4,\\ u_{23}=2,\end{cases}$$

$$l_{31}u_{12}+l_{32}u_{22}=-6\Rightarrow l_{32}=-2,\quad l_{31}u_{13}+l_{32}u_{23}+u_{33}=1\Rightarrow u_{33}=3,$$

从而

$$\boldsymbol{L}=\begin{pmatrix}1 & 0 & 0\\ -1 & 1 & 0\\ 2 & -2 & 1\end{pmatrix},\quad \boldsymbol{U}=\begin{pmatrix}1 & 1 & 1\\ 0 & 4 & 2\\ 0 & 0 & 3\end{pmatrix}。$$

又由 $\boldsymbol{Ly}=\boldsymbol{b}$ 得

$$\begin{cases}y_1=6,\\ -y_1+y_2=4,\\ 2y_1-2y_2+y_3=-5\end{cases}\Rightarrow\begin{cases}y_1=6,\\ y_2=10,\\ y_3=3。\end{cases}$$

由 $\boldsymbol{Ux}=\boldsymbol{y}$ 得

$$\begin{cases}x_1+x_2+x_3=6,\\ 4x_2+2x_3=10,\\ 3x_3=3\end{cases}\Rightarrow\begin{cases}x_3=1,\\ x_2=2,\\ x_1=3。\end{cases}$$

上述求解过程 LU 分解的计算要点为"先行后列,先 $\boldsymbol{U}$ 后 $\boldsymbol{L}$"(见图 2-2)。

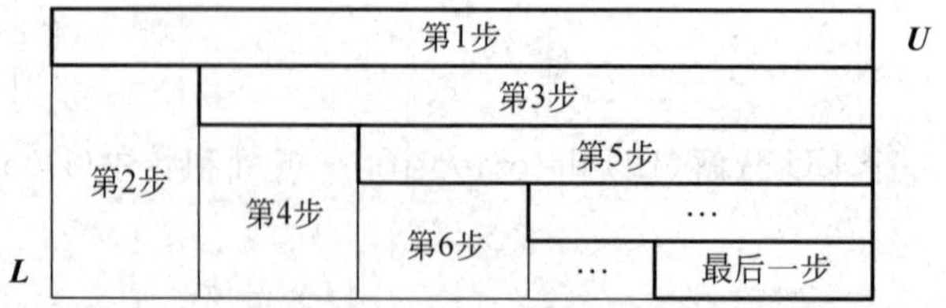

第1步
$\boldsymbol{U}$
第3步
第5步
第2步
第4步
…
第6步
…
最后一步
$\boldsymbol{L}$

图 2-2 LU 分解计算顺序

与杜利特尔分解类似的还有克劳特(Crout)分解法。对 $\boldsymbol{A}=(a_{ij})_{n\times n}$,克劳特分解 $\boldsymbol{A}=\boldsymbol{LU}$,其中 $\boldsymbol{L}$ 为一个下三角阵,$\boldsymbol{U}$ 为一主对角线元素为1的上三角阵,即

$$\boldsymbol{L}=\begin{pmatrix} l_{11} & & & \\ l_{21} & l_{22} & & \\ \vdots & \vdots & \ddots & \\ l_{n1} & l_{n2} & \cdots & l_{nn} \end{pmatrix},\quad \boldsymbol{U}=\begin{pmatrix} 1 & u_{12} & \cdots & u_{1n} \\ & 1 & \cdots & u_{2n} \\ & & \ddots & \vdots \\ & & & 1 \end{pmatrix}。\tag{2.15}$$

不难得知,克劳特分解法的计算要点为"先列后行,先 $\boldsymbol{L}$ 后 $\boldsymbol{U}$"。

3. 解对称正定方程组的平方根法

设线性方程组 $\boldsymbol{Ax}=\boldsymbol{b}$ 的系数矩阵 $\boldsymbol{A}=(a_{ij})_{n\times n}$ 对称正定(记为 $\boldsymbol{A}>0$),由线性代数知此时 $\boldsymbol{A}$ 的顺序主子式

$$D_1=a_{11},\quad D_2=\begin{vmatrix} a_{11} & a_{12} \\ a_{21} & a_{22} \end{vmatrix},\quad \cdots,\quad D_n=\begin{vmatrix} a_{11} & \cdots & a_{1n} \\ \vdots & & \vdots \\ a_{n1} & \cdots & a_{nn} \end{vmatrix}$$

全为正数,且存在可逆矩阵 $\boldsymbol{L}$,使得 $\boldsymbol{A}=\boldsymbol{LL}^{\mathrm{T}}$。由 $\boldsymbol{A}$ 的对称性(即 $a_{ij}=a_{ji}$)知

$$\boldsymbol{A}=\boldsymbol{LL}^{\mathrm{T}},\tag{2.16}$$

实际上给出了 $\frac{n(n+1)}{2}$ 个约束,故考虑

$$\boldsymbol{L}=\begin{pmatrix} l_{11} & & & \\ l_{21} & l_{22} & & \\ \vdots & \vdots & \ddots & \\ l_{n1} & l_{n2} & \cdots & l_{nn} \end{pmatrix}\tag{2.17}$$

恰含 $\frac{n(n+1)}{2}$ 个待定参数,这时称式(2.16)为正定矩阵 $\boldsymbol{A}$ 的**平方根分解**(square root decomposition)或**楚列斯基**(Cholesky)**分解**。

可以证明,正定矩阵 $\boldsymbol{A}$ 的楚列斯基分解必存在,且满足 $l_{ii}>0$ 的解唯一。

楚列斯基分解也可用待定系数法求得。下面由分块矩阵法考虑如何简化 $\boldsymbol{L}$ 计算。设

$$\boldsymbol{A}=\begin{pmatrix} \boldsymbol{A}_k & * \\ * & * \end{pmatrix},\quad \boldsymbol{L}=\begin{pmatrix} \boldsymbol{L}_k & 0 \\ * & * \end{pmatrix},$$

其中

$$\boldsymbol{A}_k=\begin{pmatrix} a_{11} & \cdots & a_{1k} \\ \vdots & & \vdots \\ a_{k1} & \cdots & a_{kk} \end{pmatrix},\quad \boldsymbol{L}_k=\begin{pmatrix} l_{11} & & \\ \vdots & \ddots & \\ l_{k1} & \cdots & l_{kk} \end{pmatrix}$$

分别为 $\boldsymbol{A}$ 及 $\boldsymbol{L}$ 的 k 阶主子矩阵($k=1,2,\cdots,n$)。由

$$\boldsymbol{LL}^{\mathrm{T}}=\begin{pmatrix} \boldsymbol{L}_k & 0 \\ * & * \end{pmatrix}\begin{pmatrix} \boldsymbol{L}_k^{\mathrm{T}} & * \\ 0 & * \end{pmatrix}=\begin{pmatrix} \boldsymbol{L}_k\boldsymbol{L}_k^{\mathrm{T}} & * \\ * & * \end{pmatrix}=\boldsymbol{A},$$

得

$$\boldsymbol{L}_k\boldsymbol{L}_k^{\mathrm{T}}=\boldsymbol{A}_k\Rightarrow(l_{11}\cdots l_{kk})^2=|\boldsymbol{L}_k^{\mathrm{T}}|\,|\boldsymbol{L}_k|=|\boldsymbol{L}_k\boldsymbol{L}_k^{\mathrm{T}}|=|\boldsymbol{A}_k|=D_k,\quad k=1,2,\cdots,n。$$

当 $k=1$ 时,得 $l_{11}=\sqrt{D_1}=\sqrt{a_{11}}$,又当 $k>1$ 时,由

$$l_{kk}^2=\frac{(l_{11}\cdots l_{kk})^2}{(l_{11}\cdots l_{k-1,k-1})^2}=\frac{D_k}{D_{k-1}}\Rightarrow l_{kk}=\sqrt{\frac{D_k}{D_{k-1}}},\quad k=1,2,\cdots,n。\tag{2.18}$$

再用待定系数法计算 $l_{ij}(i>j)$。

例 2.6 由平方根法解线性方程组

$$\begin{cases}x_1+2x_2+2x_3=-1,\\2x_1+6x_2+3x_3=1,\\2x_1+3x_2+5x_3=-4。\end{cases}\tag{2.19}$$

解 方程组的系数矩阵

$$\boldsymbol{A}=\begin{pmatrix}1&2&2\\2&6&3\\2&3&5\end{pmatrix}$$

对称,且顺序主子式

$$D_1=1>0,\quad D_2=\begin{vmatrix}1&2\\2&6\end{vmatrix}=2>0,\quad D_3=\begin{vmatrix}1&2&2\\2&6&3\\2&3&5\end{vmatrix}=1>0,$$

知 $\boldsymbol{A}>0$。设

$$\boldsymbol{A}=\boldsymbol{L}\boldsymbol{L}^{\mathrm{T}},\quad \boldsymbol{L}=\begin{pmatrix}l_{11}&&\\l_{21}&l_{22}&\\l_{31}&l_{32}&l_{33}\end{pmatrix},$$

得

$$l_{11}=\sqrt{D_1}=1,\quad l_{22}=\sqrt{\frac{D_2}{D_1}}=\sqrt{2},\quad l_{33}=\sqrt{\frac{D_3}{D_2}}=\frac{1}{\sqrt{2}}。$$

又由

$$\boldsymbol{L}\boldsymbol{L}^{\mathrm{T}}=\begin{pmatrix}1&0&0\\l_{21}&\sqrt{2}&0\\l_{31}&l_{32}&1/\sqrt{2}\end{pmatrix}\begin{pmatrix}1&l_{21}&l_{31}\\0&\sqrt{2}&l_{32}\\0&0&1/\sqrt{2}\end{pmatrix}=\begin{pmatrix}1&l_{21}&l_{31}\\l_{21}&l_{21}^2+2&l_{21}l_{31}+\sqrt{2}l_{32}\\l_{31}&l_{21}l_{31}+\sqrt{2}l_{32}&l_{31}^2+l_{32}^2+1/2\end{pmatrix}=\boldsymbol{A},$$

得

$$\begin{cases}l_{21}=2,\\l_{31}=2,\\l_{32}=-1/\sqrt{2}\end{cases}\Rightarrow\boldsymbol{L}=\begin{pmatrix}1&0&0\\2&\sqrt{2}&0\\2&-1/\sqrt{2}&1/\sqrt{2}\end{pmatrix}。$$

此时 $\boldsymbol{Ax}=\boldsymbol{b}$ 已分解为两个三角形线性方程组 $\boldsymbol{Ly}=\boldsymbol{b}$ 及 $\boldsymbol{L}^{\mathrm{T}}\boldsymbol{x}=\boldsymbol{y}$,分别计算得

$$\boldsymbol{y}=\begin{pmatrix}-1\\3/\sqrt{2}\\-1/\sqrt{2}\end{pmatrix},\quad \boldsymbol{x}=\begin{pmatrix}-1\\1\\-1\end{pmatrix}。$$

注意,本例算法不适合机算。楚列斯基分解的机算公式见式(2.24)。

平方根法中包含开方运算,会影响计算速度和精度。能否对平方根法做些改进以避免开方运算呢?回答是肯定的。分析发现,可以对 $\boldsymbol{L}$ 的对角线元素作处理。为此考虑对对称矩阵 $\boldsymbol{A}=(a_{ij})_{n\times n}$ 作分解 $\boldsymbol{A}=\boldsymbol{LDL}^{\mathrm{T}}$,其中

$$\boldsymbol{L}=\begin{pmatrix}1 & & & \\ l_{21} & 1 & & \\ \vdots & \vdots & \ddots & \\ l_{n1} & l_{n2} & \cdots & 1\end{pmatrix},\quad \boldsymbol{D}=\begin{pmatrix}d_1 & & \\ & \ddots & \\ & & d_n\end{pmatrix} \tag{2.20}$$

$\left(\text{仍含}\dfrac{n(n+1)}{2}\text{个待定参数}\right)$。同分解 $\boldsymbol{A}=\boldsymbol{LL}^{\mathrm{T}}$ 一样，应用分块矩阵法的讨论过程可得 $d_1=D_1, d_k=\dfrac{D_k}{D_{k-1}}(k=2,3,\cdots,n)$，然后由待定系数法完成对 $l_{ij}(i>j)$ 的计算。上述过程称为**改进的平方根法**。比较平方根法，它有两点改进：①避免了开方运算；②计算的可行性条件减弱为 $\boldsymbol{A}$ 对称非奇异，不必要求 $\boldsymbol{A}$ 正定。

例 2.7　由改进平方根法解例 2.6 中的线性方程组。

解　对 $\boldsymbol{A}=\begin{pmatrix}1 & 2 & 2\\ 2 & 6 & 3\\ 2 & 3 & 5\end{pmatrix}$，设 $\boldsymbol{A}=\boldsymbol{LDL}^{\mathrm{T}}$，其中

$$\boldsymbol{L}=\begin{pmatrix}1 & & \\ l_{21} & 1 & \\ l_{31} & l_{32} & 1\end{pmatrix},\quad \boldsymbol{D}=\begin{pmatrix}d_1 & 0 & 0\\ 0 & d_2 & 0\\ 0 & 0 & d_3\end{pmatrix}$$

$$\Rightarrow d_1=D_1=1,\quad d_2=\frac{D_2}{D_1}=2,\quad d_3=\frac{D_3}{D_2}=\frac{1}{2}。$$

又由

$$\boldsymbol{LDL}^{\mathrm{T}}=\begin{pmatrix}1 & 0 & 0\\ l_{21} & 1 & 0\\ l_{31} & l_{32} & 1\end{pmatrix}\begin{pmatrix}1 & 0 & 0\\ 0 & 2 & 0\\ 0 & 0 & 1/2\end{pmatrix}\begin{pmatrix}1 & l_{21} & l_{31}\\ 0 & 1 & l_{32}\\ 0 & 0 & 1\end{pmatrix}$$

$$=\begin{pmatrix}1 & l_{21} & l_{31}\\ l_{21} & l_{21}^2+2 & l_{21}l_{31}+2l_{32}\\ l_{31} & l_{21}l_{31}+2l_{32} & l_{31}^2+2l_{32}^2+1/2\end{pmatrix}=\boldsymbol{A}\Rightarrow l_{21}=2,\quad l_{31}=2,\quad l_{32}=-\frac{1}{2},$$

从而

$$\boldsymbol{L}=\begin{pmatrix}1 & 0 & 0\\ 2 & 1 & 0\\ 2 & -1/2 & 1\end{pmatrix},\quad \boldsymbol{D}=\begin{pmatrix}1 & 0 & 0\\ 0 & 2 & 0\\ 0 & 0 & 1/2\end{pmatrix}。$$

此时 $\boldsymbol{Ax}=\boldsymbol{b}$ 可分解为 $\boldsymbol{Ly}=\boldsymbol{b}$ 及 $(\boldsymbol{DL}^{\mathrm{T}})\boldsymbol{x}=\boldsymbol{y}$。分别解这两个三角形线性方程组，得

$$\boldsymbol{y}=\begin{pmatrix}-1\\ 3\\ -1/2\end{pmatrix},\quad \boldsymbol{x}=\begin{pmatrix}-1\\ 1\\ -1\end{pmatrix}。$$

4. 算法和程序

由待定系数法不难证明 LU 分解的计算公式为

$$u_{1j}=a_{1j}, j=1,2,\cdots,n,\quad l_{k1}=a_{k1}/u_{11}, k=2,3,\cdots,n, \tag{2.21}$$

$$u_{kj}=a_{kj}-\sum_{r=1}^{k-1}l_{kr}u_{rj},\quad j=k,k+1,\cdots,n,k=2,3,\cdots,n, \tag{2.22}$$

$$l_{ik} = \left(a_{ik} - \sum_{r=1}^{k-1} l_{ir}u_{rk}\right)/u_{kk}, \quad i = k+1,\cdots,n, k = 2,3,\cdots,n-1。 \tag{2.23}$$

程序 2.3 (LU 分解)

```
function [l,u]=nalu(a)
%用途：求可逆方阵的 LU 分解
%格式：[l,u]=nalu(a),a 为可逆方阵,l 返回单位下三角矩阵,u 返回上三角矩阵
n=length(a);
u=zeros(n,n); l=eye(n,n);
u(1,:)=a(1,:); l(2:n,1)=a(2:n,1)/u(1,1);
for k=2:n
    u(k,k:n)=a(k,k:n)-l(k,1:k-1)*u(1:k-1,k:n);
    l(k+1:n,k)=(a(k+1:n,k)-l(k+1:n,1:k-1)*u(1:k-1,k))/u(k,k);
end
```

用以解例 2.5,在 MATLAB 指令窗口执行：

```
>>A=[1 1 1;-1 3 1;2 -6 1];
>>[l,u]=nalu(A)
l=
     1    0    0
    -1    1    0
     2   -2    1
u=
    1    1    1
    0    4    2
    0    0    3
```

一般来说,LU 分解法和高斯消去法解线性方程组是等价的,它们具有基本相同的计算量和精度。但是,LU 分解法具有比高斯消去法更好的设计灵活性。

(1) 当我们多次求解具有相同系数矩阵和不同右端向量的线性方程组时,LU 分解法比高斯消去法可以大大节省计算量。因为系数矩阵 LU 分解只需要作一次,而高斯消去法的消元过程需重复多次。

(2) 对于很高阶的线性方程组,u_{kj} 和 l_{ik} 通常比 $|a_{ij}|$ 小很多,用高斯消去法容易出现"大数吃小数"。使用 LU 分解法,可先计算式(2.22)和式(2.23)中的和式,再与 a_{ij} 加减,防止"大数吃小数"。求和时甚至可用单精度以提高计算速度。

(3) LU 分解存储可使用图 2-3 所示的紧凑格式,**L**,**U**,**A** 共同使用 $n\times n$ 个存储单元。

$(a_{11})u_{11}$	$(a_{12})u_{12}$	$(a_{13})u_{13}$	$\cdots$	$(a_{1n})u_{1n}$
$(a_{21})l_{21}$	$(a_{22})u_{22}$	$(a_{23})u_{23}$	$\cdots$	$(a_{2n})u_{2n}$
$(a_{31})l_{31}$	$(a_{32})l_{32}$	$(a_{33})u_{33}$	$\cdots$	$(a_{3n})u_{3n}$
$\vdots$	$\vdots$	$\vdots$		$\vdots$
$(a_{n1})l_{n1}$	$(a_{n2})l_{n2}$	$(a_{n3})l_{n3}$	$\cdots$	$(a_{nn})u_{nn}$

图 2-3 LU 分解紧凑存储格式

程序 2.4 （紧凑格式的 LU 分解）

```
function a=nalupad(a)
%用途：求可逆方阵的 LU 分解，紧凑格式
%格式：a=nalupad(a) 其中 a 为可逆方阵，返回下三角矩阵部分为 1，上三角矩阵
%      部分为 u。全部程序只用了一个矩阵 a，存储空间只有程序 2.3 的 1/3
n=length(a);
a(2:n,1)=a(2:n,1)/a(1,1);
for k=2:n
    a(k,k:n)=a(k,k:n)-a(k,1:k-1)*a(1:k-1,k:n);
    a(k+1:n,k)=(a(k+1:n,k)-a(k+1:n,1:k-1)*a(1:k-1,k))/a(k,k);
end
```

用以解例 2.5，在 MATLAB 指令窗口执行：

```
>>nalupad([1 1 1;0 1 -1;2 -4 1])
ans=
     1     1     1
    -1     4     2
     2    -2     3
```

与高斯消去法一样，LU 分解算法不是数值稳定的，需要加入选主元技术。选列主元 LU 分解为 $\boldsymbol{PA}=\boldsymbol{LU}$，其中 $\boldsymbol{L}$ 为单位下三角形矩阵，$\boldsymbol{U}$ 为上三角形矩阵，$\boldsymbol{P}$ 为行置换矩阵(每行每列只有一个元素 1，其余为 0)。MATLAB 软件给出了选列主元 LU 分解函数 lu(见 2.4 节)。

从式(2.16)和式(2.17)可以直接推导出下列平方根法计算公式：

$$l_{kk}=\sqrt{a_{kk}-\sum_{j=1}^{k-1}l_{kj}^2},\quad l_{ik}=\frac{1}{l_{kk}}\left(a_{ik}-\sum_{j=1}^{k-1}l_{ij}l_{kj}\right),\quad i=k+1,\cdots,n,k=1,2,\cdots,n。\tag{2.24}$$

它也可使用紧凑存储格式。MATLAB 软件给出了平方根分解函数 chol(见 2.4 节)。在平方根法中，有

$$a_{kk}=\sum_{j=1}^{k}l_{kj}^2\Rightarrow|l_{kj}|\leqslant\sqrt{a_{kk}},\quad k=1,2,\cdots,n,j=1,2,\cdots,k,$$

所以中间量 l_{kj} 不会出现放大，从而平方根法是数值稳定的。

2.3 范数和误差分析

1. 范数的概念

例 2.8 易知线性方程组

$$\begin{cases}x_1+x_2=2,\\x_1+1.0001x_2=2.0001\end{cases}\tag{2.25}$$

的解为$\begin{cases}x_1=1,\\x_2=1。\end{cases}$现假设方程组右端数据有一个小误差(称为数据扰动),变成

$$\begin{cases}x_1+x_2=2,\\x_1+1.0001x_2=2,\end{cases}\tag{2.26}$$

求解得到$\begin{cases}x_1=2,\\x_2=0。\end{cases}$我们看到,这里尽管数据扰动很微小,解相差却很明显。此类线性方程组称为**病态线性方程组**(ill-conditioned linear systems)。

为了从理论上分析线性方程组求解误差的大小和产生原因,我们需要给出衡量向量或矩阵"大小"的概念——范数,并由此来讨论关于线性方程组解的数值精度。

定义 2.1 若$\mathbb{R}^n$上实值函数$\|\cdot\|$满足:对于任意$\boldsymbol{x},\boldsymbol{y}\in\mathbb{R}^n$及$k\in\mathbb{R}$,

(1) $\|\boldsymbol{x}\|\geqslant 0$,且$\|\boldsymbol{x}\|=0$当且仅当$\boldsymbol{x}=\boldsymbol{0}$时成立(正定性),

(2) $\|k\boldsymbol{x}\|=|k|\,\|\boldsymbol{x}\|$(齐次性),

(3) $\|\boldsymbol{x}+\boldsymbol{y}\|\leqslant\|\boldsymbol{x}\|+\|\boldsymbol{y}\|$(三角不等式),

则称$\|\cdot\|$为$\mathbb{R}^n$上的**向量范数**(vector norm)。

数值分析中常用以下 3 种向量范数:设$\boldsymbol{x}=(x_1,\cdots,x_n)\left(\text{或 }\boldsymbol{x}=\begin{pmatrix}x_1\\\vdots\\x_n\end{pmatrix}\right)\in\mathbb{R}^n$,则

$$\|\boldsymbol{x}\|_\infty=\max_{1\leqslant i\leqslant n}|x_i|,\quad \|\boldsymbol{x}\|_1=\sum_{i=1}^n|x_i|,\quad \|\boldsymbol{x}\|_2=\left(\sum_{i=1}^n x_i^2\right)^{\frac{1}{2}}$$

分别称为向量$\boldsymbol{x}$的**∞-范数**,**1-范数**和**2-范数**。容易验证,$\|\cdot\|_\infty$,$\|\cdot\|_1$,$\|\cdot\|_2$均满足范数定义 2.1。2-范数实际上就是线性代数中的向量长度(或称模)。

若记式(2.25)的右边为$\boldsymbol{b}=\begin{pmatrix}2\\2.0001\end{pmatrix}$,式(2.26)的右边为$\boldsymbol{b}+\Delta\boldsymbol{b}=\begin{pmatrix}2\\2\end{pmatrix}$,则扰动$\Delta\boldsymbol{b}=\begin{pmatrix}0\\-0.0001\end{pmatrix}$。对应 3 种范数计算得

$$\|\boldsymbol{b}\|_\infty\approx 2,\quad \|\boldsymbol{b}\|_1\approx 4,\quad \|\boldsymbol{b}\|_2\approx 2\sqrt{2},\ \|\Delta\boldsymbol{b}\|_\infty=\|\Delta\boldsymbol{b}\|_1=\|\Delta\boldsymbol{b}\|_2=0.0001,$$

从而相对扰动大小分别为

$$\frac{\|\Delta\boldsymbol{b}\|_\infty}{\|\boldsymbol{b}\|_\infty}\approx 0.00005,\quad \frac{\|\Delta\boldsymbol{b}\|_1}{\|\boldsymbol{b}\|_1}\approx 0.000025,\quad \frac{\|\Delta\boldsymbol{b}\|_2}{\|\boldsymbol{b}\|_2}\approx 0.000035。$$

由于上述结果都很小,故可认为$\Delta\boldsymbol{b}$是一微小扰动。而式(2.25)和式(2.26)解的结果分别为$\boldsymbol{x}=\begin{pmatrix}1\\1\end{pmatrix}$及$\boldsymbol{x}+\Delta\boldsymbol{x}=\begin{pmatrix}2\\0\end{pmatrix}$,则偏差$\Delta\boldsymbol{x}=\begin{pmatrix}1\\-1\end{pmatrix}$,计算得相对偏差大小分别为

$$\frac{\|\Delta\boldsymbol{x}\|_\infty}{\|\boldsymbol{x}\|_\infty}=\frac{1}{1}=1,\quad \frac{\|\Delta\boldsymbol{x}\|_1}{\|\boldsymbol{x}\|_1}=\frac{2}{2}=1,\quad \frac{\|\Delta\boldsymbol{x}\|_2}{\|\boldsymbol{x}\|_2}=\frac{\sqrt{2}}{\sqrt{2}}=1,$$

$\boldsymbol{x}$与$\boldsymbol{b}$的相对扰动相比放大达 2000 倍以上。

定义 2.2 若$\mathbb{R}^{n\times n}$上实值函数$\|\cdot\|$满足:$\forall\boldsymbol{A},\boldsymbol{B}\in\mathbb{R}^{n\times n}$,$\boldsymbol{x}\in\mathbb{R}^n$及$k\in\mathbb{R}$,

(1) $\|\boldsymbol{A}\|\geqslant 0$,且$\|\boldsymbol{A}\|=0$当且仅当$\boldsymbol{A}=\boldsymbol{0}$时成立(正定性),

(2) $\|k\boldsymbol{A}\|=|k|\,\|\boldsymbol{A}\|$(齐次性),

(3) $\|\boldsymbol{A}+\boldsymbol{B}\|\leqslant\|\boldsymbol{A}\|+\|\boldsymbol{B}\|$(三角不等式),

(4) $\|AB\| \leqslant \|A\| \|B\|$(矩阵范数的相容性),

(5) $\|Ax\| \leqslant \|A\| \|x\|$(矩阵范数与向量范数的相容性),

则称 $\|\cdot\|$ 为 $\mathbb{R}^{n\times n}$ 上的**矩阵范数**(matrix norm)。

数值分析常用以下4种矩阵范数:

$\|A\|_\infty = \max\limits_{1\leqslant i\leqslant n}\sum\limits_{j=1}^{n}|a_{ij}|$(行范数,$A$ 每一行元素绝对值之和的最大值),

$\|A\|_1 = \max\limits_{1\leqslant j\leqslant n}\sum\limits_{i=1}^{n}|a_{ij}|$(列范数,$A$ 每一列元素绝对值之和的最大值),

$\|A\|_2 = \sqrt{\max\limits_{1\leqslant i\leqslant n}\lambda_i(A^{\mathrm{T}}A)}$(谱范数,即 $A^{\mathrm{T}}A$ 最大特征值的平方根),

$\|A\|_{\mathrm{F}} = \left(\sum\limits_{i=1}^{n}\sum\limits_{j=1}^{n}a_{ij}^2\right)^{\frac{1}{2}} = \sqrt{\mathrm{trace}(A^{\mathrm{T}}A)}$(F-范数,$A$ 全部元素平方和的平方根)。

其中,$A=(a_{ij})_{n\times n}\in\mathbb{R}^{n\times n}$。我们来验证 $\|\cdot\|_\infty$ 满足定义2.2。定义2.2的(1)、(2)、(3)显然满足。又设 $B=(b_{ij})_{n\times n}$,记 $AB=(c_{ij})_{n\times n}$,则

$$c_{ij} = \sum_{k=1}^{n}a_{ik}b_{kj},$$

得

$$\begin{aligned}\|AB\|_\infty &= \max_{1\leqslant i\leqslant n}\sum_{j=1}^{n}|c_{ij}| = \max_{1\leqslant i\leqslant n}\sum_{j=1}^{n}\left|\sum_{k=1}^{n}a_{ik}b_{kj}\right| \leqslant \max_{1\leqslant i\leqslant n}\sum_{j=1}^{n}\sum_{k=1}^{n}|a_{ik}b_{kj}| \\ &= \max_{1\leqslant i\leqslant n}\sum_{k=1}^{n}\left(|a_{ik}|\sum_{j=1}^{n}|b_{kj}|\right) \leqslant \left(\max_{1\leqslant k\leqslant n}\sum_{j=1}^{n}|b_{kj}|\right)\left(\max_{1\leqslant i\leqslant n}\sum_{k=1}^{n}|a_{ik}|\right) \\ &= \|B\|_\infty\|A\|_\infty,\end{aligned}$$

从而 $\|\cdot\|_\infty$ 满足定义2.2的(4)。最后设

$$x = \begin{pmatrix}x_1\\ \vdots\\ x_n\end{pmatrix} \Rightarrow Ax = \begin{pmatrix}\sum\limits_{j=1}^{n}a_{1j}x_j\\ \vdots\\ \sum\limits_{j=1}^{n}a_{nj}x_j\end{pmatrix},$$

得

$$\begin{aligned}\|Ax\|_\infty &= \max_{1\leqslant i\leqslant n}\left|\sum_{j=1}^{n}a_{ij}x_j\right| \leqslant \max_{1\leqslant i\leqslant n}\sum_{j=1}^{n}|a_{ij}x_j| \leqslant \left(\max_{1\leqslant j\leqslant n}|x_j|\right)\left(\max_{1\leqslant i\leqslant n}\sum_{j=1}^{n}|a_{ij}|\right) \\ &= \|x\|_\infty\|A\|_\infty,\end{aligned}$$

从而 $\|\cdot\|_\infty$ 满足定义2.2的(5)。

因此,$\|\cdot\|_\infty$ 为 $\mathbb{R}^{n\times n}$ 上的矩阵范数。

$\|\cdot\|_1$ 的验证同 $\|\cdot\|_\infty$、$\|\cdot\|_2$ 及 $\|\cdot\|_{\mathrm{F}}$ 的验证需使用较多的线性代数知识。这里,$\|\cdot\|_{\mathrm{F}}$ 满足定义2.2(5),即 $\|Ax\|_2\leqslant\|A\|_{\mathrm{F}}\|x\|_2$。

例2.9 设 $A=\begin{pmatrix}0 & -1 & 1\\ 0 & 2 & 2\\ 3 & 0 & 0\end{pmatrix}$,求 $\|A\|_\infty$,$\|A\|_1$,$\|A\|_2$ 及 $\|A\|_{\mathrm{F}}$。

解 $\|\boldsymbol{A}\|_{\infty}=\max\{|-1|+1,2+2,3\}=4$,

$\|\boldsymbol{A}\|_1=\max\{3,|-1|+2,1+2\}=3$,

$\|\boldsymbol{A}\|_F=[(-1)^2+1^2+2^2+2^2+3^2]^{\frac{1}{2}}=\sqrt{19}$。

又

$$\boldsymbol{A}^{\mathrm{T}}\boldsymbol{A}=\begin{pmatrix}0&0&3\\-1&2&0\\1&2&0\end{pmatrix}\begin{pmatrix}0&-1&1\\0&2&2\\3&0&0\end{pmatrix}=\begin{pmatrix}9&0&0\\0&5&3\\0&3&5\end{pmatrix},$$

可求得 $\boldsymbol{A}^{\mathrm{T}}\boldsymbol{A}$ 的特征值 $\lambda_1=2,\lambda_2=8,\lambda_3=9$,从而 $\|\boldsymbol{A}\|_2=\sqrt{9}=3$。

2. 数据扰动分析

现用向量与矩阵的范数概念,讨论线性方程组的数据扰动对解的偏差的影响。

(1) 右端数据扰动

设 $\boldsymbol{Ax}=\boldsymbol{b}$($\boldsymbol{A}$ 可逆,$\boldsymbol{b}\neq\boldsymbol{0}$)中,$\boldsymbol{b}$ 有扰动 $\Delta\boldsymbol{b}$,使解 $\boldsymbol{x}^*$ 产生偏差 $\Delta\boldsymbol{x}$。由题意得 $\boldsymbol{A}(\boldsymbol{x}^*+\Delta\boldsymbol{x})=\boldsymbol{b}+\Delta\boldsymbol{b}$,注意到 $\boldsymbol{Ax}^*=\boldsymbol{b}$,从而 $\boldsymbol{A}\Delta\boldsymbol{x}=\Delta\boldsymbol{b}$,知 $\Delta\boldsymbol{x}=\boldsymbol{A}^{-1}\Delta\boldsymbol{b}$,得

$$\|\Delta\boldsymbol{x}\|=\|\boldsymbol{A}^{-1}\Delta\boldsymbol{b}\|\leqslant\|\boldsymbol{A}^{-1}\|\|\Delta\boldsymbol{b}\|。\tag{2.27}$$

式(2.27)说明扰动 $\Delta\boldsymbol{b}$ 与 $\boldsymbol{A}^{-1}$ 共同对偏差 $\Delta\boldsymbol{x}$ 起作用。进一步由 $\boldsymbol{b}=\boldsymbol{Ax}^*$ 得

$$\|\boldsymbol{b}\|=\|\boldsymbol{Ax}^*\|\leqslant\|\boldsymbol{A}\|\|\boldsymbol{x}^*\|\Rightarrow\frac{1}{\|\boldsymbol{x}^*\|}\leqslant\frac{\|\boldsymbol{A}\|}{\|\boldsymbol{b}\|}。\tag{2.28}$$

结合式(2.27)知

$$\frac{\|\Delta\boldsymbol{x}\|}{\|\boldsymbol{x}^*\|}\leqslant\|\boldsymbol{A}\|\|\boldsymbol{A}^{-1}\|\frac{\|\Delta\boldsymbol{b}\|}{\|\boldsymbol{b}\|}。$$

记

$$\mathrm{cond}(\boldsymbol{A})=\|\boldsymbol{A}\|\|\boldsymbol{A}^{-1}\|,$$

称之为 $\boldsymbol{A}$ 的**条件数**(condition number),则得

$$\frac{\|\Delta\boldsymbol{x}\|}{\|\boldsymbol{x}^*\|}\leqslant\mathrm{cond}(\boldsymbol{A})\frac{\|\Delta\boldsymbol{b}\|}{\|\boldsymbol{b}\|}。\tag{2.29}$$

式(2.29)给出了线性方程组右边的相对扰动对于解的相对偏差的控制关系。

(2) 系数矩阵扰动

设 $\boldsymbol{Ax}=\boldsymbol{b}$($\boldsymbol{A}$ 可逆,$\boldsymbol{b}\neq\boldsymbol{0}$)中,$\boldsymbol{A}$ 有扰动 $\Delta\boldsymbol{A}$,使解 $\boldsymbol{x}^*$ 产生偏差 $\Delta\boldsymbol{x}$。由题意得 $(\boldsymbol{A}+\Delta\boldsymbol{A})\cdot(\boldsymbol{x}^*+\Delta\boldsymbol{x})=\boldsymbol{b}$,从而 $\boldsymbol{A}\Delta\boldsymbol{x}+\Delta\boldsymbol{A}(\boldsymbol{x}^*+\Delta\boldsymbol{x})=\boldsymbol{0}$,知 $\Delta\boldsymbol{x}=-\boldsymbol{A}^{-1}\Delta\boldsymbol{A}(\boldsymbol{x}^*+\Delta\boldsymbol{x})$,得

$$\begin{aligned}\|\Delta\boldsymbol{x}\|&=\|-\boldsymbol{A}^{-1}\Delta\boldsymbol{A}(\boldsymbol{x}^*+\Delta\boldsymbol{x})\|\leqslant\|\boldsymbol{A}^{-1}\|\|\Delta\boldsymbol{A}(\boldsymbol{x}^*+\Delta\boldsymbol{x})\|\\&\leqslant\|\boldsymbol{A}^{-1}\|\|\Delta\boldsymbol{A}\|\|\boldsymbol{x}^*+\Delta\boldsymbol{x}\|\leqslant\|\boldsymbol{A}^{-1}\|\|\Delta\boldsymbol{A}\|(\|\boldsymbol{x}^*\|+\|\Delta\boldsymbol{x}\|),\end{aligned}$$

即

$$(1-\|\boldsymbol{A}^{-1}\|\|\Delta\boldsymbol{A}\|)\|\Delta\boldsymbol{x}\|\leqslant\|\boldsymbol{A}^{-1}\|\|\Delta\boldsymbol{A}\|\|\boldsymbol{x}^*\|。$$

当 $\Delta\boldsymbol{A}$ 满足 $\|\Delta\boldsymbol{A}\|<\dfrac{1}{\|\boldsymbol{A}^{-1}\|}$ 时,得

$$\frac{\|\Delta\boldsymbol{x}\|}{\|\boldsymbol{x}^*\|}\leqslant\frac{\|\boldsymbol{A}^{-1}\|\|\Delta\boldsymbol{A}\|}{1-\|\boldsymbol{A}^{-1}\|\|\Delta\boldsymbol{A}\|}=\frac{\mathrm{cond}(\boldsymbol{A})\dfrac{\|\Delta\boldsymbol{A}\|}{\|\boldsymbol{A}\|}}{1-\mathrm{cond}(\boldsymbol{A})\dfrac{\|\Delta\boldsymbol{A}\|}{\|\boldsymbol{A}\|}}。\tag{2.30}$$

式(2.30)给出了线性方程组系数矩阵的相对扰动对于解的相对偏差的控制关系。

由式(2.29)及式(2.30)可见，线性方程组 $\boldsymbol{Ax}=\boldsymbol{b}$ 系数矩阵 $\boldsymbol{A}$ 的条件数控制着数据扰动对解的偏差的影响，一般地，当条件数很大时认为该线性方程组为**病态方程组**。虽然条件数的大小与取何种范数有关，但对结果精度的估算不会有实质性的影响，原因是向量范数及矩阵范数均具有下述等价性。

引理 2.2(范数的等价性)　设 $\|\cdot\|_p$，$\|\cdot\|_q$ 为 $\mathbb{R}^n$(或 $\mathbb{R}^{n\times n}$)上的范数，则存在正数 c_1, c_2 使对任意 $\boldsymbol{x}\in\mathbb{R}^n$(或 $\mathbb{R}^{n\times n}$)有

$$c_1\|\boldsymbol{x}\|_p \leqslant \|\boldsymbol{x}\|_q \leqslant c_2\|\boldsymbol{x}\|_p$$

成立。

3 种常用向量范数的等价性见习题 10。由范数的等价性，我们一般取较易计算的 $\|\cdot\|_\infty$ 来讨论。

例 2.10　(1) 分析例 2.8 中线性方程组的性态；

(2) 分析例 2.2 中线性方程组由顺序高斯消去法计算结果失真及由选列主元高斯消元法计算结果合理的原因。

解　(1) 该线性方程组的系数矩阵

$$\boldsymbol{A}=\begin{pmatrix}1 & 1\\ 1 & 1.0001\end{pmatrix},$$

那么

$$\boldsymbol{A}^{-1}=\begin{pmatrix}10001 & -10000\\ -10000 & 10000\end{pmatrix},$$

则得

$$\mathrm{cond}_\infty(\boldsymbol{A})=\|\boldsymbol{A}\|_\infty\|\boldsymbol{A}^{-1}\|_\infty\approx 2\times 2\times 10^4=4\times 10^4,$$

从而这是一个病态方程组。

(2) 例 2.2 的系数矩阵

$$\boldsymbol{A}=\begin{pmatrix}0.001 & 1\\ 1 & 1\end{pmatrix},$$

计算得 $\mathrm{cond}_\infty(\boldsymbol{A})\approx 4$，则该线性方程组为良态方程组。

由顺序高斯消去法消元舍入得

$$\left(\begin{array}{cc|c}0.001 & 1 & 1\\ 1 & 1 & 2\end{array}\right)\xrightarrow{r_2-1000r_1}\left[\begin{array}{cc|c}0.001 & 1 & 1\\ 0 & -1000 & -1000\end{array}\right],$$

这里系数矩阵和右端都存在舍入误差产生的扰动。考察

$$\widetilde{\boldsymbol{A}}=\begin{pmatrix}0.001 & 1\\ 0 & -1000\end{pmatrix}$$

的条件数。计算得

$$\widetilde{\boldsymbol{A}}^{-1}=\begin{pmatrix}1000 & 1\\ 0 & -0.001\end{pmatrix},$$

从而

$$\mathrm{cond}_\infty(\widetilde{\boldsymbol{A}})=\|\widetilde{\boldsymbol{A}}\|_\infty\|\widetilde{\boldsymbol{A}}^{-1}\|_\infty\approx 1000\times 1000=10^6,$$

知该线性方程组为病态方程组，从而计算结果不可靠。

又由选列主元高斯消元法，舍入后对应线性方程组的系数矩阵为

$$\widetilde{\boldsymbol{A}} = \begin{pmatrix} 1 & 1 \\ 0 & 1 \end{pmatrix} \Rightarrow \widetilde{\boldsymbol{A}}^{-1} = \begin{pmatrix} 1 & -1 \\ 0 & 1 \end{pmatrix},$$

从而

$$\operatorname{cond}_{\infty}(\widetilde{\boldsymbol{A}}) = \|\widetilde{\boldsymbol{A}}\|_{\infty} \|\widetilde{\boldsymbol{A}}^{-1}\|_{\infty} = 2 \times 2 = 4,$$

知该线性方程组为良态方程组，计算结果可靠。

2.4 基于 MATLAB：逆矩阵与特征值问题

数值代数主要 MATLAB 指令如表 2-1 所示。

表 2-1 数值代数主要 MATLAB 指令

主题词	含义	主题词	含义
zeros	生成元素全为 0 的矩阵	rref	矩阵的行最简形
ones	生成元素全为 1 的矩阵	orth	正交规范化
eye	生成单位矩阵	null	求基础解系
rand	生成随机矩阵	norm	矩阵或向量范数
trace	方阵的迹	cond	方阵的条件数
diag	对角阵	jordan	若尔当标准形分解
tril	提取矩阵下三角部分	lu	矩阵 LU 分解
triu	提取矩阵上三角部分	chol	矩阵平方根分解
flipud	矩阵上下翻转	qr	矩阵正交三角分解
fliplr	矩阵左右翻转	svd	矩阵奇异值分解
rank	矩阵的秩	pinv	矩阵广义逆
det	方阵的行列式	expm	矩阵指数
inv	方阵的逆	logm	矩阵对数
eig	特征值与特征向量	funm	矩阵数学函数

1. 用矩阵除法解线性方程组

MATLAB 矩阵除法是解线性方程组的快速算法。它会根据 A 的特点自动选定合适的算法求解，然后尽可能给出一个有意义的结果。

(1) 当 A 为方阵，A\B 结果与 inv(A) * B 一致；

(2) 当 A 不是方阵，且 AX=B 存在唯一解，A\B 将给出这个解；

(3) 当 A 不是方阵，且 AX=B 为不定方程组(即有无穷多解)，A\B 将给出一个具有最多零元素的特解；

(4) 当 A 不是方阵，且 AX=B 为超定方程(即无解)，A\B 给出最小二乘意义上的近似解，即使得向量 AX−B 的 2-范数达到最小的解。

例 2.11　解下列线性方程组：

(1) 定解线性方程组 $\begin{cases} x+2y=1, \\ 3x-2y=4; \end{cases}$

(2) 不定线性方程组 $\begin{cases} x+2y+z=1, \\ 3x-2y+z=4; \end{cases}$

(3) 超定线性方程组 $\begin{cases} x+2y=1, \\ 3x-2y=4, \\ x-y=2; \end{cases}$

(4) 奇异线性方程组 $\begin{cases} x+2y=1, \\ -2x-4y=-2。 \end{cases}$

解　在 MATLAB 窗口执行：

```
>>A=[1 2;3 -2];B=[1;4];x=A\B        %注意这里 B 是一个列向量,用分号
x=                                   %求得唯一解,向量 x 的第一分量为未知数 x,第二分量为 y
    1.2500
   -0.1250
>>A=[1 2 1;3 -2 1];B=[1;4];x=A\B
x=                                             %求得一特解
    1.2500
   -0.1250
         0
>>A=[1 2;3 -2;1 -1];B=[1;4;2];x=A\B
x=                                             %求得一最小二乘近似解
    1.2838
   -0.1757
>>A=[1 2;-2 -4];B=[1;-2];x=A\B
Warning: Matrix is singular to working precision.
x=                                             %不能直接求解
   Inf
   Inf
>>A=[1 2;-2 -4;0 0];B=[1;-2;0];x=A\B           %作同解变形
Warning: Rank deficient,rank=1 tol=2.9790e-015.
x=                                             %仍可求一特解
         0
    0.5000
```

2. 特殊矩阵生成

zeros(m,n)　生成 m 行 n 列的零矩阵
ones(m,n)　生成 m 行 n 列的元素全为 1 的矩阵
eye(n)　生成 n 阶单位矩阵
rand(m,n)　生成 m 行 n 列[0,1]上均匀分布的随机数矩阵

```
>>ones(3,3)
ans=
     1     1     1
     1     1     1
     1     1     1
>>eye(3)
ans=
     1     0     0
     0     1     0
     0     0     1
>>rand(2,4)          %由于随机性,每次结果不同
ans=
    0.6154    0.9218    0.1763    0.9355
    0.7919    0.7382    0.4057    0.9169
```

3. 矩阵处理

trace(A)	返回矩阵 A 的迹(对角线元素的和)
diag(A)	当 A 是矩阵,返回 A 的对角线元素构成的向量
diag(X)	当 X 是向量,返回由 X 的元素构成的对角矩阵
tril(A)	提取矩阵 A 的下三角部分
triu(A)	提取矩阵 A 的上三角部分
flipud(A)	矩阵上下翻转
fliplr(A)	矩阵左右翻转

```
>>A=[1 2 3;4 5 6;7 8 9];
>>t=trace(A),d=diag(A),l=tril(A),u=triu(A)
t=
    15
d=
     1
     5
     9
l=
     1     0     0
     4     5     0
     7     8     9
u=
     1     2     3
     0     5     6
     0     0     9
>>diag(d)
ans=
     1     0     0
     0     5     0
```

```
     0     0     9
>>flipud(A),fliplr(A)
ans=
     7     8     9
     4     5     6
     1     2     3
ans=
     3     2     1
     6     5     4
     9     8     7
```

4. 行列式、逆矩阵和特征值

rank(A)	返回 A 的秩
det(A)	返回方阵 A 的行列式
inv(A)	返回 A 的逆矩阵
[V,D]=eig(A)	返回方阵 A 的特征值和特征向量。其中 D 为 A 的特征值构成的对角阵，每个特征值对应的 V 的列为属于该特征值的一个特征向量。如果只有一个返回变量，则得到特征值构成的列向量

```
>>A=[1 2;3 4];a=det(A),B=inv(A)
a=
    -2
B=
         -2               1
         1.5           -0.5
>>A*B                           %验算
ans=
              1               0
              0               1
>>[V,D]=eig(A),t=eig(A)
V=
   -0.8246    -0.4160
    0.5658    -0.9094
D=
   -0.3723          0
         0     5.3723
t=
   -0.3723
    5.3723
>>A*V-V*D                       %验算
ans=
  1.0e-015 *                    %科学记数法，表示矩阵每个元素乘以 10^-15
         0    -0.4441
    0.0555          0
```

5. 范数和条件数

```
norm (A,p)  矩阵或向量的 p 范数,p 可取 2,1,inf,分别为 2-范数,1-范数,∞-范数,p 的默
    认值为 2
cond(A,p)  矩阵的条件数,p 的含义同 norm
rcond(A)  矩阵的倒条件数估计,倒条件数的值在 0 和 1 之间,接近 0 时矩阵病态
```

```
>>clear;A=[1 1/4 0;0 1/2 0;0 1/4 1];x=[0.9,0.1,0];
>>[norm(x),norm(x,1),norm(x,inf)]   %分别为向量 x 的 2-范数,1-范数,∞-范数
ans=
    0.9055    1.0000    0.9000
>>[norm(A),norm(A,1),norm(A,inf)]   %分别为矩阵 A 的 2-范数,1-范数,∞-范数
ans=
1.0767    1.0000    1.2500
>>[cond(A),cond(A,1),cond(A,inf)]   %分别为矩阵 A 的 2-条件数,1-条件数,∞-条件数
ans=
    2.3187    3.0000    2.5000
>>rcond(A)                          %倒条件数
ans=
  0.6000
```

6. 矩阵分解

```
[L,U,P]=lu(A)  选列主元 LU 分解
R=chol(X)  平方根分解
[Q,R]=qr(A)  正交三角分解
[U,S,V]=svd(A)  奇异值分解
```

MATLAB 求解矩阵代数问题主要基于矩阵分解算法,MATLAB 常用以下 4 种矩阵分解。

(1) **选列主元 LU 分解**

方阵 $\boldsymbol{A}$ 的选列主元 LU 分解数学公式为

$$\boldsymbol{PA} = \boldsymbol{LU},$$

其中,$\boldsymbol{L}$ 为对角线元素全为 1 的下三角形矩阵;$\boldsymbol{U}$ 为上三角形矩阵;$\boldsymbol{P}$ 为行置换矩阵(每行每列只有一个 1,其余为 0)。根据选列主元 LU 分解,按下列公式容易求得行列式和逆矩阵:

$$\det(\boldsymbol{A}) = \det(\boldsymbol{P}^{-1}\boldsymbol{LU}) = (-1)^m u_{11} u_{22} \cdots u_{nn},$$

$$\boldsymbol{A}^{-1} = \boldsymbol{U}^{-1}\boldsymbol{L}^{-1}\boldsymbol{P}\text{(容易用回代法求解三角形矩阵的逆)。}$$

(2) **平方根分解**

设 $\boldsymbol{X}$ 是一个正定矩阵,则 $\boldsymbol{X}$ 的平方根分解数学公式为

$$\boldsymbol{X} = \boldsymbol{R}^{\mathrm{T}}\boldsymbol{R},$$

这里,$\boldsymbol{R}$ 是上三角矩阵。注意,这里平方根分解定义与 2.2 节略有不同,这里 $\boldsymbol{R}$ 为上三角矩阵,恰为 2.2 节下三角矩阵 $\boldsymbol{L}$ 的转置。

（3）**正交三角分解**

方阵 $\boldsymbol{A}$ 的正交三角分解为

$$\boldsymbol{A} = \boldsymbol{QR},$$

这里，$\boldsymbol{Q}$ 是正交矩阵；$\boldsymbol{R}$ 是上三角矩阵。

（4）**奇异值分解**

方阵 $\boldsymbol{A}$ 的奇异值分解为

$$\boldsymbol{A} = \boldsymbol{USV}^{\mathrm{T}},$$

其中，$\boldsymbol{U}$，$\boldsymbol{V}$ 为正交矩阵；$\boldsymbol{S}$ 为对角矩阵，其元素非负且降序排列。

```
>>A=[1 2 3;4 5 6;7 8 9];[L,U,P]=lu(A)
L=
    1.0000         0         0
    0.1429    1.0000         0
    0.5714    0.5000    1.0000
U=
    7.0000    8.0000    9.0000
         0    0.8571    1.7143
         0         0    0.0000
P=
     0     0     1
     1     0     0
     0     1     0
>>inv(P)*L*U                                    %验算
ans=
     1     2     3
     4     5     6
     7     8     9
>>[Q,R]=qr(A)
Q=
   -0.1231    0.9045    0.4082
   -0.4924    0.3015   -0.8165
   -0.8616   -0.3015    0.4082
R=
     -8.1240   -9.6011   -11.0782
           0    0.9045     1.8091
           0         0    -0.0000
>>Q*R                                           %验算
ans=
    1.0000    2.0000    3.0000
    4.0000    5.0000    6.0000
    7.0000    8.0000    9.0000
>>[U,S,V]=svd(A)
U=
```

```
   -0.2148    0.8872    0.4082
   -0.5206    0.2496   -0.8165
   -0.8263   -0.3879    0.4082
S=
    16.8481         0         0
          0    1.0684         0
          0         0    0.0000
V=
   -0.4797   -0.7767   -0.4082
   -0.5724   -0.0757    0.8165
   -0.6651    0.6253   -0.4082
>>U*S*V'                                      %验算
ans=
    1.0000    2.0000    3.0000
    4.0000    5.0000    6.0000
    7.0000    8.0000    9.0000
>>B=[1 2 3;2 8 4;3 4 12];R=chol(B)
R=
     1.0000    2.0000    3.0000
          0    2.0000   -1.0000
          0         0    1.4142
>>R'*R                                        %验算
ans=
     1     2     3
     2     8     4
     3     4    12
>>eig(B)                                      %注意 B 是正定矩阵
ans=
    0.0941
    5.5304
   15.3755
```

7. 广义逆和矩阵函数

```
pinv(A)  广义逆
expm(A)  矩阵指数
logm(A)  矩阵对数
funm(A,数学函数名)  任意矩阵函数
```

矩阵的广义逆是方阵逆的概念的拓广。对于任意矩阵 $\boldsymbol{A}$,称 $\boldsymbol{X}$ 为 $\boldsymbol{A}$ 的莫尔-彭罗斯(Moore-Penrose)**广义逆**,如果满足条件 $\boldsymbol{AXA}=\boldsymbol{A}$,$\boldsymbol{XAX}=\boldsymbol{X}$,$\boldsymbol{AX}$ 和 $\boldsymbol{XA}$ 都是对称矩阵。

普通数学函数对于矩阵的运算根据二元数组运算定义,即对于矩阵元素的函数运算。关于整个矩阵的函数,MATLAB 提供了特别的方阵运算函数,它们是根据级数展开定义的,例如对

$$\mathrm{e}^{\boldsymbol{A}}=\boldsymbol{E}+\boldsymbol{A}+\frac{1}{2!}\boldsymbol{A}^2+\frac{1}{3!}\boldsymbol{A}^3+\cdots,$$

$$\sin \boldsymbol{A} = \boldsymbol{A} - \frac{1}{3!}\boldsymbol{A}^3 + \frac{1}{5!}\boldsymbol{A}^5 - \frac{1}{7!}\boldsymbol{A}^7 + \cdots,$$

```
>>B=[1 1;1 3];
>>expm(B),exp(B)          %注意矩阵函数与数组函数不同。expm(B)是求矩阵 B 的指数函数
                           e^B;exp(B)是对于 B 的每个元素求指数函数 e^bij,即为数组函数。
ans=
    5.9843 10.1104
   10.1104 26.2052
ans=
    2.7183    2.7183
    2.7183 20.0855
>>logm(B),log(B)          % logm(B)是求矩阵 B 的对数函数 lnB;log(B)是对于 B 的每个元
                           素求对数函数 lnbij。
ans=
   -0.2767    0.6232
    0.6232    0.9698
ans=
         0         0
         0    1.0986
>>funm(B,'sin'),sin(B)    % funm(B,'sin')和 sinm(B)一样,是求矩阵 B 的正弦函数 sinB;
                           sin(B)是对于 B 的每个元素求正弦函数 sinbij。
ans=
    0.4325   -0.2907
   -0.2907   -0.1489
ans=
    0.8415    0.8415
    0.8415    0.1411
>>A=[1 2];X=pinv(A)
X=
    0.2000
    0.4000
>>A*X*A,X*A*X             %验算
ans=
    1.0000    2.0000
ans=
    0.2000
    0.4000
```

8. 稀疏矩阵

实际应用中,许多大型矩阵都含有很多零元素,称为稀疏矩阵。MATLAB 提供了稀疏矩阵的存储和运算。

S=sparse(I,J,V,m ,n)	定义一个稀疏矩阵。I,J,V 为同维向量;V 为非零元素;I,J 分别表示这些非零元素的行和列下标;m,n 为矩阵总的行数和列数
S=sparse(A)	将满元素矩阵 A 转化为稀疏矩阵 S
A=full(S)	将稀疏矩阵 S 转化为满元素矩阵 A

```
>>S=sparse([1 6 2],[2 4 6],[0.1 0.2 0.3],6,6)
S=
   (1,2)     0.1000
   (6,4)     0.2000
   (2,6)     0.3000

>>A=full(S)
A=
         0  0.1000  0        0  0       0
         0       0  0        0  0  0.3000
         0       0  0        0  0       0
         0       0  0        0  0       0
         0       0  0        0  0       0
         0       0  0   0.2000  0       0
```

在 Workspace 中可以看到 A 占用了 288 个字节,而 S 只占用了 64 个字节。

矩阵运算的所有运算和函数都可应用于稀疏矩阵。当有稀疏矩阵参与运算时,遵从下列规则:

(1) 两个稀疏矩阵的运算结果是稀疏矩阵,稀疏矩阵的函数一般也是稀疏矩阵;

(2) 满元素矩阵与稀疏矩阵的矩阵运算结果是满元素形式;

(3) 满元素矩阵与稀疏矩阵的点乘(.*)、逻辑与(&)和关系运算(>,>=等)的运算结果是稀疏形式,点除(.\ 和 ./)运算结果同被除数类型,点乘方(.^)运算结果同底数类型,逻辑或(|)运算结果是满元素形式。

```
>>A*S
ans=
         0         0         0        0  0  0.0300
         0         0         0   0.0600  0       0
         0         0         0        0  0       0
         0         0         0        0  0       0
         0         0         0        0  0       0
         0         0         0        0  0       0
>>A.*S
ans=
   (1,2)     0.0100
   (6,4)     0.0400
   (2,6)     0.0900
>>sin(S)
ans=
```

```
  (1,2)     0.0998
  (6,4)     0.1987
  (2,6)     0.2955
>>tril(S)
ans=
  (6,4)     0.2000
```

习　　题

1. 用高斯消去法解线性方程组

$$\begin{cases} x_1+x_2-x_3=1, \\ x_1+2x_2-2x_3=0, \\ -2x_1+x_2+x_3=1。 \end{cases}$$

2. 设线性方程组

$$\begin{cases} a_{11}^{(0)}x_1+\cdots+a_{1n}^{(0)}x_n=a_{1,n+1}^{(0)} \\ \qquad\qquad\vdots \\ a_{n1}^{(0)}x_1+\cdots+a_{nn}^{(0)}x_n=a_{n,n+1}^{(0)}, \end{cases} \quad (*)$$

称以下解(*)的方法为高斯-若尔当(Gauss-Jordan)消去法:

$$\left(\begin{array}{ccccc|c} a_{11}^{(0)} & a_{12}^{(0)} & a_{13}^{(0)} & \cdots & a_{1n}^{(0)} & a_{1,n+1}^{(0)} \\ a_{21}^{(0)} & a_{22}^{(0)} & a_{23}^{(0)} & \cdots & a_{2n}^{(0)} & a_{2,n+1}^{(0)} \\ a_{31}^{(0)} & a_{32}^{(0)} & a_{33}^{(0)} & \cdots & a_{3n}^{(0)} & a_{3,n+1}^{(0)} \\ \vdots & \vdots & \vdots & & \vdots & \vdots \\ a_{n1}^{(0)} & a_{n2}^{(0)} & a_{n3}^{(0)} & \cdots & a_{nn}^{(0)} & a_{n,n+1}^{(0)} \end{array}\right) \rightarrow \left(\begin{array}{ccccc|c} 1 & a_{12}^{(1)} & a_{13}^{(1)} & \cdots & a_{1n}^{(1)} & a_{1,n+1}^{(1)} \\ 0 & a_{22}^{(1)} & a_{23}^{(1)} & \cdots & a_{2n}^{(1)} & a_{2,n+1}^{(1)} \\ 0 & a_{32}^{(1)} & a_{33}^{(1)} & \cdots & a_{3n}^{(1)} & a_{3,n+1}^{(1)} \\ \vdots & \vdots & \vdots & & \vdots & \vdots \\ 0 & a_{n2}^{(1)} & a_{n3}^{(1)} & \cdots & a_{nn}^{(1)} & a_{n,n+1}^{(1)} \end{array}\right)$$

$$\rightarrow \left(\begin{array}{ccccc|c} 1 & 0 & a_{13}^{(2)} & \cdots & a_{1n}^{(2)} & a_{1,n+1}^{(2)} \\ 0 & 1 & a_{23}^{(2)} & \cdots & a_{2n}^{(2)} & a_{2,n+1}^{(2)} \\ 0 & 0 & a_{33}^{(2)} & \cdots & a_{3n}^{(2)} & a_{3,n+1}^{(2)} \\ \vdots & \vdots & \vdots & & \vdots & \vdots \\ 0 & 0 & a_{n3}^{(2)} & \cdots & a_{nn}^{(2)} & a_{n,n+1}^{(2)} \end{array}\right) \rightarrow\cdots\rightarrow \left(\begin{array}{ccccc|c} 1 & & & & & a_{1,n+1}^{(n)} \\ & 1 & & & & a_{2,n+1}^{(n)} \\ & & \ddots & & & a_{3,n+1}^{(n)} \\ & & & 1 & & \vdots \\ & & & & 1 & a_{n,n+1}^{(n)} \end{array}\right) \Rightarrow \begin{cases} x_1=a_{1,n+1}^{(n)}, \\ \qquad\vdots \\ x_n=a_{n,n+1}^{(n)}, \end{cases}$$

试给出 $a_{ij}^{(k)}$ 的递推关系式并统计乘除法的计算量。

3. 用选列主元高斯消去法解线性方程组

$$\begin{cases} -3x_1+2x_2+6x_3=4, \\ 10x_1-7x_2 \qquad\quad =7, \\ 5x_1-x_2+5x_3=6。 \end{cases}$$

4. 设线性方程组 $\boldsymbol{Ax}=\boldsymbol{b}$ 的系数矩阵可逆,证明在用选列主元高斯消去法求解过程中,主元素不会出现零。

5. 用追赶法解三对角线性方程组

$$\begin{cases} 2x_1 - x_2 = 1, \\ -x_1 + 2x_2 - x_3 = 0, \\ -x_2 + 2x_3 - x_4 = 0, \\ -x_3 + 2x_4 = 0。 \end{cases}$$

6. 用 LU 分解法解题 1 中的线性方程组。

7. 用克劳特法解题 1 中的线性方程组。

8. 分别用平方根法与改进平方根法解线性方程组

$$\begin{cases} 2x_1 - x_2 + x_3 = 4, \\ -x_1 + 2x_2 + x_3 = 1, \\ x_1 + x_2 + 3x_3 = 6。 \end{cases}$$

9. 用改进平方根法解线性方程组

$$\begin{cases} 2x_1 - x_2 + x_3 = 4, \\ -x_1 - 2x_2 + 3x_3 = 5, \\ x_1 + 3x_2 + x_3 = 6。 \end{cases}$$

10. 验证向量范数具有下列等价性质:

(1) $\|\boldsymbol{x}\|_2 \leqslant \|\boldsymbol{x}\|_1 \leqslant \sqrt{n}\|\boldsymbol{x}\|_2$;

(2) $\|\boldsymbol{x}\|_\infty \leqslant \|\boldsymbol{x}\|_1 \leqslant n\|\boldsymbol{x}\|_\infty$;

(3) $\|\boldsymbol{x}\|_\infty \leqslant \|\boldsymbol{x}\|_2 \leqslant \sqrt{n}\|\boldsymbol{x}\|_\infty$。

11. 设 $\boldsymbol{A}=\begin{pmatrix} 0.6 & 0.5 \\ 0.1 & 0.3 \end{pmatrix}$,$\boldsymbol{x}=\begin{pmatrix} 1 \\ -2 \end{pmatrix}$。求 $\|\boldsymbol{A}\|_\infty$,$\|\boldsymbol{A}\|_1$,$\|\boldsymbol{A}\|_2$ 及 $\|\boldsymbol{A}\|_F$,$\|\boldsymbol{x}\|_\infty$,$\|\boldsymbol{x}\|_1$,$\|\boldsymbol{Ax}\|_2$。

12. 设 $\boldsymbol{A}=\begin{pmatrix} 1 & -2 & 1 \\ -2 & 1 & 1 \\ 1 & 1 & -2 \end{pmatrix}$,求 $\|\boldsymbol{A}\|_2$。提示:若 λ 为 $\boldsymbol{A}$ 的特征值,则 λ^2 为 $\boldsymbol{A}^2$ 的特征值。

13. 设 $\boldsymbol{A}=\begin{pmatrix} 1 & 1/2 & 1/3 \\ 1/2 & 1/3 & 1/4 \\ 1/3 & 1/4 & 1/5 \end{pmatrix}$,求 $\mathrm{cond}_\infty(\boldsymbol{A})$。

14. 证明若 $\boldsymbol{A}$ 为正交阵,则 $\mathrm{cond}_2(\boldsymbol{A})=1$。

15. 设线性方程组 $\boldsymbol{Ax}=\boldsymbol{b}$ 中 $\boldsymbol{A}=(a_{ij})_{n\times n}$ 可逆,$\boldsymbol{b}\neq\boldsymbol{0}$,当 $\boldsymbol{A}$ 有扰动 $\Delta\boldsymbol{A}$,同时 $\boldsymbol{b}$ 有扰动 $\Delta\boldsymbol{b}$ 时,$\boldsymbol{Ax}=\boldsymbol{b}$ 的解 $\boldsymbol{x}^*$ 因此产生偏差 $\Delta\boldsymbol{x}$,讨论 $\frac{\|\Delta\boldsymbol{A}\|}{\|\boldsymbol{A}\|}$ 及 $\frac{\|\Delta\boldsymbol{b}\|}{\|\boldsymbol{b}\|}$ 对 $\frac{\|\Delta\boldsymbol{x}\|}{\|\boldsymbol{x}^*\|}$ 的控制关系。

上机实验题

实验 1 用矩阵除法解下列线性方程组,并判断解的意义:

(1) $\begin{pmatrix} 4 & 1 & -1 \\ 3 & 2 & -6 \\ 1 & -5 & 3 \end{pmatrix}\begin{pmatrix} x_1 \\ x_2 \\ x_3 \end{pmatrix}=\begin{pmatrix} 9 \\ -2 \\ 1 \end{pmatrix}$;

(2) $\begin{pmatrix} 4 & -3 & 3 \\ 3 & 2 & -6 \\ 1 & -5 & 3 \end{pmatrix}\begin{pmatrix} x_1 \\ x_2 \\ x_3 \end{pmatrix}=\begin{pmatrix} -1 \\ -2 \\ 1 \end{pmatrix}$;

(3) $\begin{pmatrix} 4 & 1 \\ 3 & 2 \\ 1 & -5 \end{pmatrix}\begin{pmatrix} x_1 \\ x_2 \end{pmatrix}=\begin{pmatrix} 1 \\ 1 \\ 1 \end{pmatrix}$;

(4) $\begin{pmatrix} 2 & 1 & -1 & 1 \\ 1 & 2 & 1 & -1 \\ 1 & 1 & 2 & 1 \end{pmatrix}\begin{pmatrix} x_1 \\ x_2 \\ x_3 \\ x_4 \end{pmatrix}=\begin{pmatrix} 1 \\ 2 \\ 3 \end{pmatrix}$。

实验 2 求下列矩阵的行列式、逆、特征值、特征向量、各种范数和条件数:

(1) $\begin{pmatrix} 4 & 1 & -1 \\ 3 & 2 & -6 \\ 1 & -5 & 3 \end{pmatrix}$;

(2) $\begin{pmatrix} 4 & 3 & 1 \\ 3 & 3 & -5 \\ 1 & -5 & 3 \end{pmatrix}$;

(3) $\begin{pmatrix} 5 & 7 & 6 & 5 \\ 7 & 10 & 8 & 7 \\ 6 & 8 & 10 & 9 \\ 5 & 7 & 9 & 10 \end{pmatrix}$;

(4) n 阶方阵 $\begin{pmatrix} 5 & 6 & & & \\ 1 & 5 & 6 & & \\ & 1 & 5 & \ddots & \\ & & \ddots & \ddots & 6 \\ & & & 1 & 5 \end{pmatrix}$,$n=5,50$ 和 500。

提示:用循环语句生成。

实验 3 计算实验 2 第(1)小题的选列主元 LU 分解和奇异值分解,并验证计算结果。

实验 4 判断实验 2 各小题是否为正定矩阵,求正定矩阵的平方根分解,并验证计算结果。

实验 5 希尔伯特(Hilbert)矩阵是著名的病态矩阵,n 阶希尔伯特矩阵定义为 $\boldsymbol{A}=(a_{ij})$,其中 $a_{ij}=1/(i+j-1)$。设 $\boldsymbol{A}$ 为 12 阶希尔伯特矩阵,计算 cond($\boldsymbol{A}$),$\boldsymbol{A}^{-1}$,norm($\boldsymbol{A}^{-1}\boldsymbol{A}-\boldsymbol{E}$)及 $|\boldsymbol{A}||\boldsymbol{A}^{-1}|-1$,并分析结果的精度。再比较 MATLAB 求解希尔伯特矩阵及其逆函数 hilb(12),invhilb(12)的结果。

实验 6 用 MATLAB 指令验算本章习题 1,3,5,8,9,11,12,13 的计算结果。

实验 7 编写三角形矩阵的回代算法程序,并结合 LU 分解(程序 2.3)求解本章习题 6。

实验 8 分别用顺序高斯消去法(程序 2.1)和列选主元高斯消去法(程序 2.2)求解下列方程组,验证计算结果,并分析误差产生的原因:

$$\begin{pmatrix} 0.3\times 10^{-15} & 59.14 & 3 & 1 \\ 5.291 & -6.13 & -1 & 2 \\ 11.2 & 9 & 5 & 2 \\ 1 & 2 & 1 & 1 \end{pmatrix}\begin{pmatrix} x_1 \\ x_2 \\ x_3 \\ x_4 \end{pmatrix}=\begin{pmatrix} 59.17 \\ 46.78 \\ 1 \\ 2 \end{pmatrix}。$$

实验 9(范德蒙德(Vandermonde)矩阵) 设

$$\boldsymbol{A}=\begin{pmatrix} 1 & x_0 & x_0^2 & \cdots & x_0^n \\ 1 & x_1 & x_1^2 & \cdots & x_1^n \\ 1 & x_2 & x_2^2 & \cdots & x_2^n \\ \vdots & \vdots & \vdots & & \vdots \\ 1 & x_n & x_n^2 & \cdots & x_n^n \end{pmatrix},\quad \boldsymbol{b}=\begin{pmatrix} \sum_{i=0}^{n} x_0^i \\ \sum_{i=0}^{n} x_1^i \\ \sum_{i=0}^{n} x_2^i \\ \vdots \\ \sum_{i=0}^{n} x_n^i \end{pmatrix},$$

其中,$x_k=1+0.1k,k=0,1,\cdots,n$。

(1) 对 $n=2,5,8$,计算 $\boldsymbol{A}$ 的条件数。随 n 的增大,矩阵性态如何变化?

(2) 对 $n=5$,解方程组 $\boldsymbol{Ax}=\boldsymbol{b}$;设 $\boldsymbol{A}$ 的最后一个元素有扰动 10^{-4},再求解 $\boldsymbol{Ax}=\boldsymbol{b}$。

(3) 计算(2)扰动相对误差与解的相对偏差,分析它们与条件数的关系。

实验 10(追赶法的速度) 考虑 n 阶三对角方程组

$$\begin{pmatrix} 2 & 1 & & & \\ 1 & 2 & 1 & & \\ & 1 & 2 & \ddots & \\ & & \ddots & \ddots & 1 \\ & & & 1 & 2 \end{pmatrix}\boldsymbol{x}=\begin{pmatrix} 3 \\ 4 \\ \vdots \\ 4 \\ 3 \end{pmatrix},\quad n=300。$$

(1) 用选列主元高斯消去法(程序 2.2)求解;

(2) 编写追赶法程序,并求解;

(3) 用矩阵除法求解;

(4) 比较 3 种方法的计算时间和精度。

第3章 迭代法

在科学研究和工程设计中常常遇到非线性方程的求解问题。若方程是未知量 x 的多项式,称为**代数方程**;若方程包含 x 的超越函数,称为**超越方程**。一元非线性方程的一般形式为 $f(x)=0$。若对于数 α 有 $f(\alpha)=0$,则称 α 为方程 $f(x)=0$ 的解或根,也称为函数 $f(x)$的零点。方程的根可能是实数也可能是复数,相应地称为实根和复根。如果对于数 α 有 $f(\alpha)=0, f'(\alpha)\neq 0$,则 α 称为**单根**。如果有 $k>1, f(\alpha)=f'(\alpha)=\cdots=f^{(k-1)}(\alpha)=0$ 但 $f^{(k)}(\alpha)\neq 0$,则 α 称为 k **重根**。对于高次代数方程,其根的个数与其次数相同,如 4 次方程在复数范围内必有 4 个根(包括重数)。至于超越方程,其解可能是一个或几个甚至无穷多个,也可能无解。除少数特殊的方程可以利用公式直接定出它的零点(如 4 次以下代数方程),一般都没有解析求解方法,只能靠数值方法求得近似解。

本章介绍求非线性方程及线性方程组数值解的迭代算法。着重讨论迭代法的收敛性条件,包括非线性方程的二分法、迭代法和牛顿(Newton)迭代法、线性方程组的雅可比迭代法、高斯-赛德尔迭代法和 SOR 迭代法。最后介绍 MATLAB 求解非线性方程及非线性方程组的指令。

3.1 二分法

1. 根的估计

引理 3.1 (**连续函数的介值定理**)设 $f(x)$在有限闭区间$[a,b]$上连续,且 $f(a)f(b)<0$,则存在 $x^*\in(a,b)$使 $f(x^*)=0$。

引理 3.1 是微分学的一个基本定理,利用该引理,我们可以对一元函数的零点作出粗略的估计。

例 3.1 证明 $x^3-3x-1=0$ 有且仅有 3 个实根,并确定根的大致位置使误差不超过 $\varepsilon=0.5$。

解 首先我们分析 $f(x)=x^3-3x-1$ 的单调性。由于 $f'(x)=3x^2-3$,当 $x<-1$, $f'(x)>0$;当$-1<x<1$, $f'(x)<0$;当 $x>1$, $f'(x)>0$,而 $f(-\infty)=-\infty$, $f(-1)=1>0$, $f(1)=-3<0$, $f(+\infty)=+\infty$,所以 $f(x)$在$(-\infty,-1)$,$(-1,1)$,$(1,+\infty)$各区间最多有一个零点。又 $f(-3)=-19<0$, $f(3)=17>0$,所以 $f(x)$在$[-3,3]$之外没有零点。

取步长 $h=1$,计算$[-3,3]$表 3-1 所示的函数值。

表 3-1 函数值

x	-3	-2	-1	0	1	2	3
$f(x)$	-19	-3	1	-1	-3	1	17

根据引理 3.1,$f(x)$在$(-2,-1)$,$(-1,0)$,$(1,2)$各有一个零点,如图 3-1 所示。取各区间中点-1.5,-0.5,1.5 作为估计值,则误差不超过 $\varepsilon=0.5$。

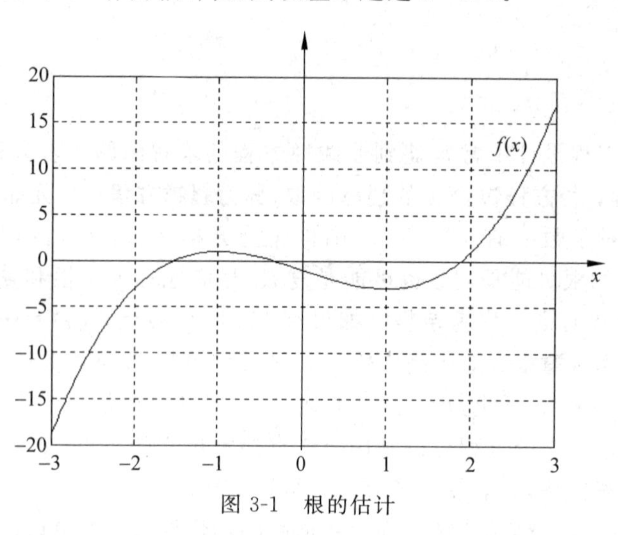

图 3-1 根的估计

2. 二分法(bisection method)

设 $f(x)$在$[a,b]$上连续,$f(x)=0$ 在$[a,b]$上存在唯一解,且 $f(a)f(b)<0$。记

$$a_0=a,\quad b_0=b,\quad x_0=\frac{a_0+b_0}{2}。$$

第一步,计算 $f(a_0)f(x_0)$,若 $f(a_0)f(x_0)<0$,则根据引理 3.1,$x^*\in(a_0,x_0)$,记 $a_1=a_0$,$b_1=x_0$;否则 $x^*\in[x_0,b_0]$,记 $a_1=x_0$,$b_1=b_0$。对两种情形均有 $x^*\in[a_1,b_1]$,记

$$x_1=\frac{a_1+b_1}{2}。$$

第 k 步,计算 $f(a_{k-1})f(x_{k-1})$,若 $f(a_{k-1})f(x_{k-1})<0$,则 $x^*\in[a_{k-1},x_{k-1}]$,记 $a_k=a_{k-1}$,$b_k=x_{k-1}$;否则 $x^*\in[x_{k-1},b_{k-1}]$,记 $a_k=x_{k-1}$,$b_k=b_{k-1}$。对两种情形均有 $x^*\in[a_k,b_k]$,记

$$x_k=\frac{a_k+b_k}{2},\quad k=1,2,\cdots。\tag{3.1}$$

对于任意 k,$x^*\in[a_k,b_k]$且 $x_k=\dfrac{a_k+b_k}{2}$,所以数列$\{x_k\}$满足

$$|x^*-x_k|\leqslant\frac{1}{2}(b_k-a_k)=\frac{1}{2^2}(b_{k-1}-a_{k-1})=\cdots=\frac{1}{2^{k+1}}(b_0-a_0)=\frac{1}{2^{k+1}}(b-a)\to 0,$$

即 $x_k\to x^*$。从而当 k 充分大时,$x^*\approx x_k$,且可由

$$|x^*-x_k|\leqslant\frac{1}{2^{k+1}}(b-a)\tag{3.2}$$

控制精度。

例 3.2 求例 3.1 在[1,2]内的根，使精度达到两位有效数字。

解 根据式(3.2)我们可以估计二分次数 k 的大小。设

$$|x^* - x_k| \leqslant \frac{1}{2^{k+1}}(b-a) \leqslant \varepsilon,$$

这里，$a=1$；$b=2$；精度 $\varepsilon=0.05$。那么可以求得 $k \geqslant (\ln 20/\ln 2)-1$，取 $k=4$。用式(3.1)求解得 $x^* \approx x_4 = 1.9063$。具体解题过程见表 3-2。

表 3-2 二分法

k	a_k	b_k	x_k	$b_k - a_k$	$f(a_k)f(x_k)$
0	1	2	1.5	1	+
1	1.5	2	1.75	0.5	+
2	1.75	2	1.875	0.25	+
3	1.875	2	1.9375	0.125	−
4	1.875	1.9375	1.90625	0.0675	

如果采用例 3.1 的方法达到例 3.2 的精度，需要调用 11 次 $f(x)$，使用二分法仅需调用 6 次 $f(x)$，提高了计算效率。二分法算法简单，且收敛有保证，是求解低精度问题的一种好方法。但是二分法对区间两端点选取条件苛刻，且对于高精度问题二分法收敛速度显得太慢。

3. 算法和程序

二分法的流程图如图 3-2 所示。

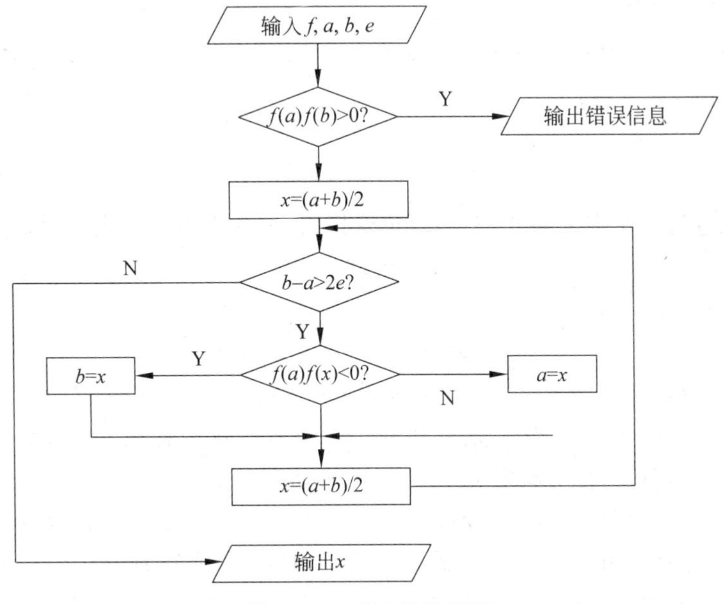

图 3-2 二分法的流程图

程序 3.1 (二分法)

```
function x=nabisect(fname,a,b,e)
%用途: 二分法解非线性方程 f(x)=0
%格式: x=nabisect(fname,a,b,e)。其中,fname 为用函数句柄或内嵌函数表达的 f(x);
%      a,b 为区间端点;e 为精度(默认值 10^-4);x 返回解。程序要求函数在两端点值必须
%      异号。中间变量 fa,fb,fx 引入可以最大限度减少 fname 调用次数,从而提高速度
if nargin<4,e=1e-4;end;
fa=fname(a);fb=fname(b);
if fa* fb>0,error('函数在两端点值必须异号');end
x=(a+b)/2
while (b-a)>(2*e)
    fx=fname(x);
    if fa*fx<0,b=x;fb=fx;else a=x;fa=fx;end
    x=(a+b)/2
end
```

用于解例 3.2,在 MATLAB 指令窗口执行:

```
>>fun=@(x)x^3-3*x -1;
>>x=nabisect(fun,1,2,0.05)
```

结果见表 3-1。

3.2 迭代法原理

1. 迭代法的思想

根据数学中"不动点原理"设计出的迭代法,可以大大提高收敛速度,是求解各类非线性方程 $f(x)=0$ 的主要算法。

设方程

$$f(x)=0 \tag{3.3}$$

在 x_0 附近有且仅有一个根。将式(3.3)等价变换成 x_0 附近映射形式的同解方程

$$x=g(x)。 \tag{3.4}$$

设

$$x_k=g(x_{k-1}),\quad k=1,2,\cdots, \tag{3.5}$$

计算得一序列$\{x_k\}$。若 $x_k \to x^*$ 且 $g(x)$连续,则 $x^*=g(x^*)$。从而 x^* 为式(3.4)的解,即式(3.3)的解。由 $x_k \to x^*$ 知,当 k 充分大时,$x^* \approx x_k$。我们称式(3.5)为一个**迭代格式**(iterative scheme),而 x^* 称为映射 $g(x)$的一个**不动点**(fixed point)。

迭代格式(3.5)求解成功有两个前提。第一,要保证变形式(3.4)的合理性,即要求它与式(3.3)在 x_0 附近同解。理论上,式(3.3)一定可等价写成式(3.4)的形式,如取 $g(x)=f(x)+x$,但这一取法不一定收敛。第二,要保证序列 $x_k \to x^*$,否则算法会陷入死循环;同时为了保证算法的效率,还需要具有一定的收敛速度。

2. 不动点原理

不动点原理(或压缩映像原理)是分析迭代法收敛性及收敛速度的基本定理。

定理 3.1(不动点原理) 设映射 $g(x)$ 在有限区间 $[a,b]$ 上有连续的一阶导数，且满足：

(1) 封闭性：对任意 $x\in[a,b]$，$g(x)\in[a,b]$；

(2) 压缩性：存在 $L\in(0,1)$，使得对任意 $x\in[a,b]$，$|g'(x)|\leqslant L$。

则 $g(x)$ 在 $[a,b]$ 上存在唯一的不动点 x^*，且对任意 $x_0\in[a,b]$，$x_k=g(x_{k-1})$ 收敛于 x^*。进一步，有误差估计式

$$|x^*-x_k|\leqslant\frac{L}{1-L}|x_k-x_{k-1}|\leqslant\frac{L^k}{1-L}|x_1-x_0|。\tag{3.6}$$

其中，第一个不等式用到 x_k 计算值，称为**后验估计**；而第二个不等式进行迭代计算前就可运用，称为**先验估计**。先验估计式表明，L 越小，收敛速度越快。

证明 (需证明：①$x=g(x)$ 在 $[a,b]$ 上的解 x^* 存在；②$x=g(x)$ 在 $[a,b]$ 上的解唯一；③对任意初值 x_0，$x_k\to x^*$；④误差估计式)

① 记 $f(x)=x-g(x)$，则 $f(x)$ 在 $[a,b]$ 上连续，且由定理 3.1 的(1)封闭性知

$$f(a)=a-g(a)\leqslant 0,\quad f(b)=b-g(b)\geqslant 0,$$

由引理 3.1 知，存在 $x^*\in[a,b]$，使 $f(x^*)=0$，即 $x^*=g(x^*)$，知 $x=g(x)$ 在 $[a,b]$ 上的解存在；

② 设 x^{**} 也是 $x=g(x)$ 在 $[a,b]$ 上的解，由微分中值定理及不动点原理的(2)压缩性得

$$|x^*-x^{**}|=|g(x^*)-g(x^{**})|=|g'(\xi)(x^*-x^{**})|\leqslant L|x^*-x^{**}|,$$

因 $0<L<1$，故得 $|x^*-x^{**}|=0$ 即 $x^*=x^{**}$，从而 $x=g(x)$ 在 $[a,b]$ 上的解唯一；

③ 类似于②的讨论，并考虑不动点原理的(1)封闭性，对于任意 $x_0\in[a,b]$，由于 $0<L<1$，知

$$\begin{aligned}|x^*-x_k|&=|g(x^*)-g(x_{k-1})|=|g'(\xi)(x^*-x_{k-1})|\\&\leqslant L|x^*-x_{k-1}|\leqslant\cdots\leqslant L^k|x^*-x_0|\xrightarrow{k\to\infty}0,\end{aligned}$$

从而 $x_k\to x^*$；

④ 类似于③的讨论，对于任意自然数 p，可得

$$\begin{aligned}|x_{k+p}-x_k|&\leqslant|x_{k+1}-x_k|+\cdots+|x_{k+p}-x_{k+p-1}|\\&\leqslant(L+\cdots+L^p)|x_k-x_{k-1}|=\frac{L-L^{p+1}}{1-L}|x_k-x_{k-1}|\leqslant\frac{L}{1-L}|x_k-x_{k-1}|\end{aligned}$$

令 $p\to\infty$ 得后验估计，再由 $|x_k-x_{k-1}|\leqslant L^{k-1}|x_1-x_0|$ 得先验估计。证毕。

注意：

(1) 不动点原理中，封闭性保证了 $[a,b]$ 上有不动点，而压缩性保证了不动点是唯一的。

(2) 压缩性是使得函数值的距离比对应自变量值的距离更小。

(3) 如果压缩性条件改为“对任意 $x\in[a,b]$，$|g'(x)|\leqslant 1$”，则迭代不一定收敛。例如，对于方程 $x=-x$，迭代函数 $g(x)=-x$ 满足：对任意 $x\in[a,b]$，$|g'(x)|\leqslant 1$。但对于任意迭代初值 $x_0\neq 0$，迭代序列发散。

例 3.3 用定理 3.1 讨论下列求 $x^3-x-1=0$ 在 $[1,2]$ 内根的迭代格式的合理性和收

敛性。

(1) $x_k=x_{k-1}^3-1$;

(2) $x_k=(x_{k-1}+1)^{\frac{1}{3}}$。

解 (1) 易知 $f(x)=0\Leftrightarrow x=x^3-1$,所以格式合理。记 $g(x)=x^3-1$,由于当 $x\in[1,2]$,$|g'(x)|=|3x^2|\geqslant 3$。定理 3.1 的条件不能满足。事实上,取 $x_0=1.5$,计算得 $x_1=2.375$,$x_2=12.3975$,$x_3=1904$,$\cdots$,可知该迭代是发散的。

(2) 由于 $f(x)=0\Leftrightarrow x=(x+1)^{\frac{1}{3}}$,所以格式合理。记 $g(x)=(x+1)^{\frac{1}{3}}$,则 $g'(x)=\frac{1}{3}\times\frac{1}{(x+1)^{\frac{2}{3}}}$。在[1,2]上,$|g'(x)|\leqslant\frac{1}{3}=L<1$。又根据 $g'(x)>0$ 得 $g(x)$ 单调上升,而 $g(1)=2^{\frac{1}{3}}$ 和 $g(2)=3^{\frac{1}{3}}\in[1,2]$,所以 $g:[1,2]\to[1,2]$。根据定理 3.1,对任意初值 $x_0\in[1,2]$,$x_k=(x_{k-1}+1)^{\frac{1}{3}}$ 收敛于方程在[1,2]上的唯一解 x^*,且有误差估计

$$|x^*-x_k|\leqslant\frac{L}{1-L}|x_k-x_{k-1}|=\frac{1}{2}|x_k-x_{k-1}|\leqslant\frac{L^k}{1-L}|x_1-x_0|=\frac{1}{2\times 3^{k-1}}|x_1-x_0|。$$

先验估计式 $\frac{1}{2\times 3^{k-1}}|x_1-x_0|\leqslant\varepsilon$,可用于计算前估算需迭代的次数。而后验估计式 $\frac{1}{2}|x_k-x_{k-1}|\leqslant\varepsilon$,用于在计算过程中判断数值解的精度。本例若需使结果有 4 位有效数字,则由 $x^*\in[1,2]$ 知 $\varepsilon=\frac{1}{2}\times 10^{-3}$。当取 $x_0=1.5$ 时得 $x_1=1.3572$,从而由先验估计式得 $k\geqslant 5$。进一步计算得 $x_2=1.3309$,$x_3=1.3259$,$x_4=1.3249$,由后验估计式知 $x^*\approx x_4=1.3249$ 已经有 4 位有效数字。如果用二分法,根据式(3.2)知需要二分 10 次,可见该迭代格式比二分法速度明显快。

定理 3.1 理论上很完备,但应用中需要估计 L 的大小,且定理 3.1 中的两个条件在讨论时互相牵制、使用不便。在实际编程计算中常由 $|x_k-x_{k-1}|\leqslant\varepsilon$ 控制精度。若 $L\leqslant 0.5$,根据式(3.6)的后验估计式,$|x_k-x_{k-1}|\leqslant\varepsilon$ 能保证 $|x^*-x_k|\leqslant\varepsilon$,但 $L>0.5$ 时,$|x_k-x_{k-1}|\leqslant\varepsilon$ 不能保证 $|x^*-x_k|\leqslant\varepsilon$。

3. 局部收敛性及收敛的阶

迭代计算过程不收敛,可能是因为迭代格式本身构造不成功,那么算法必须重新构造;也可能初值 x_0 选择不当,这时往往可通过调整初值解决。下述局部收敛定理可用于将这两种情况分开。

定理 3.2(局部收敛性) 设 $g(x)$ 在 $x=g(x)$ 的根 x^* 附近有连续的一阶导数,且 $|g'(x^*)|<1$,则存在充分靠近 x^* 的初值 x_0,使 $x_k=g(x_{k-1})$ 收敛于 x^*。

证明 (需说明存在闭区间$[a,b]$,使在$[a,b]$上 $g(x)$ 满足定理 3.1 的条件)

取

$$L=\frac{|g'(x^*)|+1}{2}\Rightarrow|g'(x^*)|<L<1。$$

此时由 $g'(x)$ 在 x^* 附近连续。知存在 $\delta>0$ 使在$[x^*-\delta,x^*+\delta]$上 $|g'(x)|\leqslant L$。又对任意 $x\in[x^*-\delta,x^*+\delta]$,有

$$|g(x)-x^*|=|g(x)-g(x^*)|=|g'(\xi)(x-x^*)|\leqslant L|x-x^*|\leqslant L\delta<\delta,$$

知 $g(x)\in[x^*-\delta,x^*+\delta]$。总之，$g(x)$在$[x^*-\delta,x^*+\delta]$上满足定理 3.1 的条件，导出对任意初值 $x_0\in[x^*-\delta,x^*+\delta]$，$x_k=g(x_{k-1})$收敛于 $x=g(x)$在$[x^*-\delta,x^*+\delta]$上的唯一解，即 x^*。证毕。

例 3.4　用局部收敛定理 3.2 讨论例 3.3 迭代格式。

解　(1) 因 $x^*\in(1,2)$，得$|g'(x^*)|>1$，所以无法保证格式 $x_k=x_{k-1}^3-1$ 的收敛性。

(2) 因 $x^*\in(1,2)$，得

$$|g'(x^*)|=\frac{1}{3}\times\frac{1}{(x^*+1)^{\frac{2}{3}}}<\frac{1}{3\times 2^{\frac{2}{3}}}<1,$$

从而根据局部收敛定理，可选取 x_0 充分靠近 x^*，使 $x_k=(x_{k-1}+1)^{\frac{1}{3}}$ 收敛于 x^*。事实上，满足全局收敛性定理 3.1 一定能保证局部收敛定理 3.2 得到满足。

定义 3.1　当 $x_k\to x^*$，记 $e_k=x^*-x_k$，若存在实数 p，使

$$\left|\frac{e_{k+1}}{e_k^p}\right|\xrightarrow{k\to\infty}c,\quad c\neq 0,$$

则称$\{x_k\}$有 ***p* 阶收敛速度**(convergence rate)。若一种迭代格式产生的收敛迭代序列至少具有 p 阶收敛速度，则称该迭代格式有 p 阶收敛速度。当 $p=1$ 时称为**线性收敛**(linear convergence)，当 $p=2$ 时称为**平方收敛**(quadratic convergence)。

定理 3.3　设 $g(x)$在 $x=g(x)$的根 x^* 附近有连续的二阶导数，且 $x_k=g(x_{k-1})$(取定 x_0)收敛于 x^*，则有：

(1) 如果 $g'(x^*)\neq 0$，那么$\{x_k\}$线性收敛；

(2) 如果 $g'(x^*)=0$ 而 $g''(x^*)\neq 0$，那么$\{x_k\}$平方收敛。

证明　(1) 设 $g'(x^*)\neq 0$，由

$$e_{k+1}=x^*-x_{k+1}=g(x^*)-g(x_k)=g'(\xi)(x^*-x_k)=g'(\xi)e_k,$$

得

$$\frac{e_{k+1}}{e_k}=g'(\xi)\,(\xi\text{ 位于 }x_k\text{ 与 }x^*\text{ 之间}),$$

从而由

$$\lim_{k\to\infty}\left|\frac{e_{k+1}}{e_k}\right|=\lim_{k\to\infty}|g'(\xi)|=|g'(x^*)|\neq 0,$$

知$\{x_k\}$线性收敛；

(2) 设 $g'(x^*)=0$ 而 $g''(x^*)\neq 0$，由

$$e_{k+1}=x^*-x_{k+1}=g(x^*)-g(x_k)=g'(x^*)(x^*-x_k)-\frac{g''(\xi)}{2}(x^*-x_k)^2=-\frac{g''(\xi)}{2}e_k^2,$$

得

$$\frac{e_{k+1}}{e_k^2}=-\frac{g''(\xi)}{2}\,(\xi\text{ 位于 }x_k\text{ 与 }x^*\text{ 之间}),$$

从而由

$$\lim_{k\to\infty}\left|\frac{e_{k+1}}{e_k^2}\right|=\lim_{k\to\infty}\left|-\frac{g''(\xi)}{2}\right|=\frac{1}{2}|g''(x^*)|\neq 0,$$

知$\{x_k\}$平方收敛。证毕。

例 3.3(2)中,由 $x^* \in (1,2)$,得

$$g'(x) = \frac{1}{3} \times \frac{1}{(x+1)^{\frac{2}{3}}} \Rightarrow g'(x^*) > \frac{1}{3 \times 3^{\frac{2}{3}}} > 0,$$

从而此格式只有线性收敛速度。

由 $\left|\frac{e_{k+1}}{e_k^p}\right| \approx c$ 知 $|e_{k+1}| \approx c\ |e_k^p|$,且 k 足够大时 $|e_k|<1$。故一般可以认为 p 越大,收敛速度越快。但需要注意的是,一个迭代格式收敛的阶只是一个局部性概念,只对 x_k 充分接近 x^* 时起作用。迭代序列实际是否收敛以及速度如何,还与初值的选取有关。

3.3 牛顿迭代法和迭代加速

1. 牛顿迭代法

设 $f(x)$在其单根 x^* 附近有连续的二阶导数,将 $f(x)$在 $x=x_{k-1}$处泰勒展开得

$$f(x) = f(x_{k-1}) + f'(x_{k-1})(x - x_{k-1}) + \frac{f''(\xi)}{2}(x - x_{k-1})^2,$$

从而有

$$f(x^*) = f(x_{k-1}) + f'(x_{k-1})(x^* - x_{k-1}) + \frac{f''(\xi)}{2}(x^* - x_{k-1})^2。$$

当 x_{k-1}充分靠近 x^* 时,得

$$f(x^*) \approx f(x_{k-1}) + f'(x_{k-1})(x^* - x_{k-1})。$$

这样,由 $f(x^*)=0$ 可以导出

$$x^* \approx x_{k-1} - \frac{f(x_{k-1})}{f'(x_{k-1})},$$

由此结果我们预期 $x_{k-1} - \frac{f(x_{k-1})}{f'(x_{k-1})}$是比 x_{k-1} 精度更高的近似值。这样得**牛顿迭代法**(Newton iterative method)

$$x_k = x_{k-1} - \frac{f(x_{k-1})}{f'(x_{k-1})}。 \tag{3.7}$$

从几何上理解,牛顿迭代法每次迭代是用切线代替曲线(见图 3-3),所以又称为**切线法**。

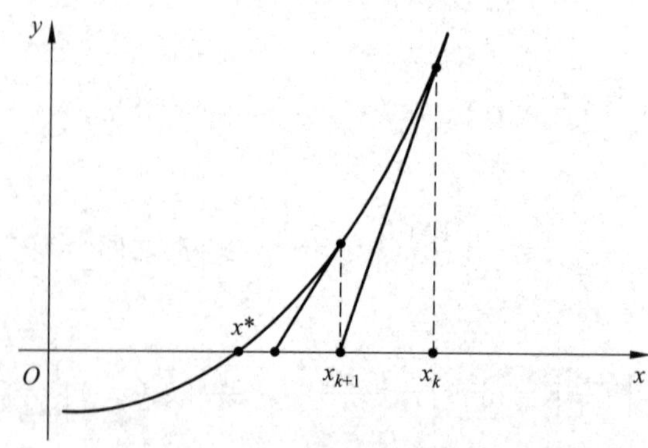

图 3-3 牛顿迭代法

牛顿迭代法的映射为 $g(x)=x-\dfrac{f(x)}{f'(x)}$。显见 $x=g(x)$ 等价于 $f(x)=0$，故迭代式(3.7)定义合理。由于 $f(x^*)=0$，而 x^* 是单根时，$f'(x^*)\neq 0$，则有

$$g'(x)=1-\frac{[f'(x)]^2-f(x)f''(x)}{[f'(x)]^2}=\frac{f(x)f''(x)}{[f'(x)]^2}\Rightarrow g'(x^*)=\frac{f(x^*)f''(x^*)}{[f'(x^*)]^2}=0。$$

由定理3.2和定理3.3知牛顿迭代法局部收敛，且至少具有二阶收敛速度。计算结束条件一般用 $|x_k-x_{k-1}|\leqslant\varepsilon$。这是由于 $g'(x^*)=0$，当 x_k 与 x^* 充分靠近时，L 很小，所以一般能保证 $|x^*-x_k|\leqslant\varepsilon$。

注意：

(1) 牛顿迭代法具体计算序列是否收敛还取决于初值 x_0 的选取。如果初值 x_0 的选取不恰当，牛顿迭代法产生的迭代序列可能发散(见图3-4)。

(2) 由于牛顿迭代法对单根具有平方阶收敛速度，特别适合求高精度的单根问题。牛顿迭代法也可用于求解方程的重根，但只有线性收敛速度(见习题6)。

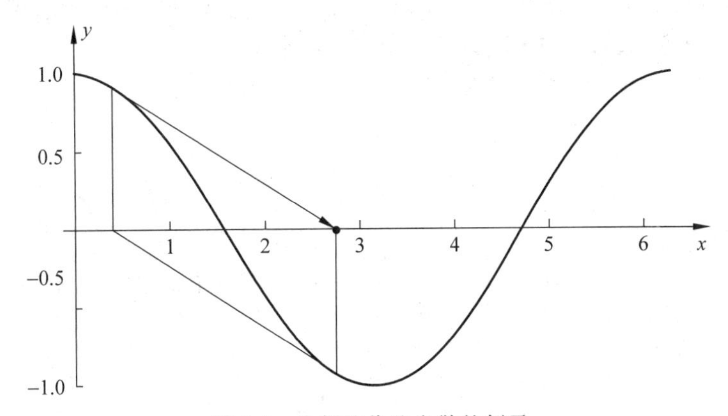

图3-4 牛顿迭代法发散的例子

例3.5 取 $x_0=1.5$，用牛顿迭代法求解 $x^3-x-1=0$，使计算结果有4位有效数字。

解 这里精度要求 $\varepsilon=0.5\times10^{-3}$，根据式(3.7)得迭代格式为

$$x_k=x_{k-1}-\frac{x_{k-1}^3-x_{k-1}-1}{3x_{k-1}^2-1},\quad k=1,2,\cdots,\tag{3.8}$$

计算得 $x_1=1.3478$，$x_2=1.3252$，$x_3=1.3247$。由于 $|x_3-x_2|\leqslant\varepsilon$，所以 x_3 已有4位有效数字。

2. 迭代-加速技术

利用迭代函数 $g(x)$ 的导数值，可以改进原迭代格式以加快迭代过程的收敛速度，甚至可将发散的迭代格式加工成收敛的迭代格式。下面介绍一种较常用的加速方法。

设迭代

$$x_k=g(x_{k-1})\tag{3.9}$$

收敛于方程 $x=g(x)$ 的根 x^*，记

$$\tilde{x}_k=g(x_{k-1})，在 x^* 附近 g'(x)\approx D\neq 1,$$

则

$$x^*-\tilde{x}_k=g(x^*)-g(x_{k-1})=g'(\xi)(x^*-x_{k-1})\approx D(x^*-x_{k-1}),$$

得

$$x^* \approx \frac{1}{1-D}(\tilde{x}_k - Dx_{k-1}) = \frac{1}{1-D}[g(x_{k-1}) - Dx_{k-1}],$$

由此可以预期

$$x_k = \frac{1}{1-D}[g(x_{k-1}) - Dx_{k-1}] \tag{3.10}$$

为一收敛速度更快的迭代格式。称式(3.10)为式(3.9)的迭代-加速格式。

式(3.10)的迭代函数

$$\tilde{g}(x) = \frac{1}{1-D}[g(x) - Dx]。$$

易知 $x=\tilde{g}(x)$ 等价于 $x=g(x)$,故式(3.10)定义合理。又由

$$\tilde{g}'(x) = \frac{1}{1-D}[g'(x) - D] \approx 0$$

知,有可能在适当选取 D 后,使在 x^* 的附近 $|\tilde{g}'(x)| \leqslant |g'(x)|$,从而按定理 3.1 中 L 的意义知此时式(3.10)应比原迭代格式具有更快的收敛速度。

例 3.6 由迭代-加速格式改进解 $x^3-x-1=0$ 的迭代格式:

(1) $x_k=(x_{k-1}+1)^{\frac{1}{3}}$;

(2) $x_k=x_{k-1}^3-1$。

解 (1) 记

$$g(x) = (x+1)^{\frac{1}{3}},g'(x) = \frac{1}{3} \times \frac{1}{(x+1)^{\frac{2}{3}}} \approx 0.2(\text{用初值 1.5 处的值作估计}),$$

得迭代-加速格式为

$$x_k = \frac{1}{1-0.2}[g(x_{k-1}) - 0.2x_{k-1}] = 1.25[(x_{k-1}+1)^{\frac{1}{3}} - 0.2x_{k-1}], \tag{3.11}$$

对应

$$\tilde{g}(x) = 1.25[(x+1)^{\frac{1}{3}} - 0.2x] \Rightarrow \tilde{g}'(x) = 1.25\left[\frac{1}{3(x+1)^{\frac{2}{3}}} - 0.2\right]。$$

在[1,2]上,有

$$-0.05 \leqslant \tilde{g}'(x) \leqslant 0.0125 \Rightarrow |\tilde{g}'(x)| \leqslant 0.05,$$

而

$$|g'(x)| = \frac{1}{3(x+1)^{\frac{2}{3}}} \geqslant \frac{1}{3\times(2+1)^{\frac{2}{3}}} \geqslant 0.16,$$

故式(3.11)比迭代格式(1)有更快的收敛速度。取 $x_0=1.5$,由式(3.11)计算得 $x_1=1.3215$,$x_2=1.3248$,$x_3=1.3247$,可知收敛速度加快了。

(2) 记 $h(x)=x^3-1$,$h'(x)=3x^2\approx 6.75$(用初值 1.5 处的值作估计),得迭代-加速格式为

$$x_k = \frac{1}{1-6.75}[h(x_{k-1}) - 6.75x_{k-1}] = 0.1739 + 1.174x_{k-1} - 0.1739x_{k-1}^3, \tag{3.12}$$

对应

$$\tilde{h}(x) = 0.1739 + 1.174x - 0.1739x^3, \quad \tilde{h}'(x) = 1.174 - 0.5217x^2。$$

在[1,2]上，$|\tilde{h}'(x)|\leqslant 0.9<1$。故由定理 3.1 知，对 $x_0=1.5$，式(3.12)收敛。

3. 算法与程序

牛顿迭代法的流程图如图 3-5 所示。

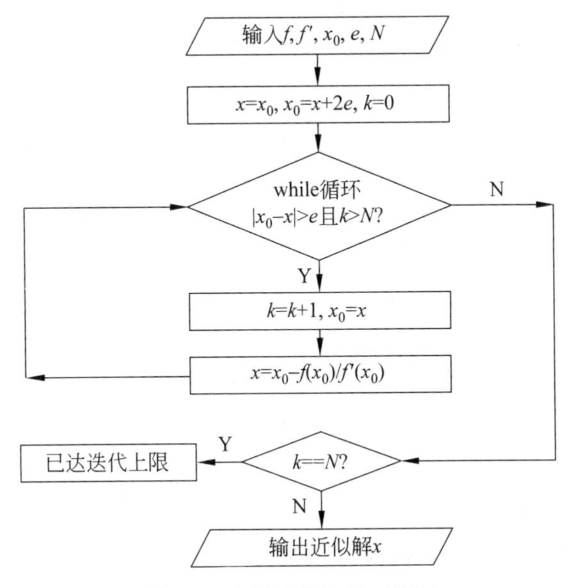

图 3-5　牛顿迭代法的流程图

程序 3.2　（牛顿迭代法）

```
function x=nanewton(fname,dfname,x0,e,N)
%用途：牛顿迭代法解非线性方程 f(x)=0
%格式：x=nanewton(fname,dfname,x0,e,N)。fname 和 dfname 分别为表示 f(x)及其导函
%      数的 M 函数句柄或内嵌函数,x0 为迭代初值,e 为精度要求(默认 1e-4),x 返回数值解,
%      并显示计算过程设置迭代次数上限 N 以防发散(默认 500)
if nargin<5,N=500;end
if nargin<4,e=1e-4;end
x=x0;x0=x+2*e;k=0;
while abs(x0-x)>e&k<N,
    k=k+1;
    x0=x;x=x0-fname(x0)/dfname(x0);
    disp(x)
end
if k==N,warning('已达迭代次数上限');end
```

用于解例 3.5，在 MATLAB 指令窗口执行：

```
>>fun=@(x)x^3 -x -1;dfun=@(x)3*x^2-1;
>>nanewton(fun,dfun,1.5,0.5e-3)
```

计算结果为 1.3247。

3.4 解线性方程组的迭代法

第 2 章已讨论了高斯消去法等线性方程组的直接解法,但对于一些大型稀疏型方程组(系数矩阵元素大部分为 0),直接解法难以利用稀疏矩阵的特点,所以内存浪费严重。对于这类线性方程组,可考虑采用迭代法来计算。

1. 迭代原理

设线性方程组

$$\boldsymbol{A}\boldsymbol{x} = \boldsymbol{b}, \tag{3.13}$$

这里,$\boldsymbol{A}=(a_{ij})_{n\times n}$ 非奇异;$\boldsymbol{b}=\begin{pmatrix} b_1 \\ \vdots \\ b_n \end{pmatrix}\neq\boldsymbol{0}$。将式(3.13)变换成映射形式同解线性方程组

$$\boldsymbol{x} = \boldsymbol{G}\boldsymbol{x} + \boldsymbol{f}, \tag{3.14}$$

由此构造迭代格式

$$\boldsymbol{x}^{(k)} = \boldsymbol{G}\boldsymbol{x}^{(k-1)} + \boldsymbol{f}。 \tag{3.15}$$

对取定的初始向量 $\boldsymbol{x}^{(0)}=\begin{pmatrix} x_1^{(0)} \\ \vdots \\ x_n^{(0)} \end{pmatrix}$,得迭代序列 $\boldsymbol{x}^{(k)}=\begin{pmatrix} x_1^{(k)} \\ \vdots \\ x_n^{(k)} \end{pmatrix}$,$k=1,2,\cdots$。若 $\boldsymbol{x}^{(k)}\to\boldsymbol{x}^*=\begin{pmatrix} x_1^* \\ \vdots \\ x_n^* \end{pmatrix}$(等价于 $\|\boldsymbol{x}^{(k)}-\boldsymbol{x}^*\|\xrightarrow{k\to\infty}0$,$\|\cdot\|$ 为某种向量范数),由式(3.15)取极限得

$$\boldsymbol{x}^* = \boldsymbol{G}\boldsymbol{x}^* + \boldsymbol{f}。$$

从而 $\boldsymbol{x}^*$ 为式(3.14)的解,即式(3.13)的解。当 k 充分大时,$\boldsymbol{x}^*\approx\boldsymbol{x}^{(k)}$。

2. 雅可比迭代和高斯-赛德尔迭代

对式(3.13)的系数矩阵作分解,得

$$\boldsymbol{A} = \boldsymbol{L} + \boldsymbol{D} + \boldsymbol{U},$$

其中,$\boldsymbol{L}$ 为严格下三角矩阵,$\boldsymbol{D}$ 为对角阵,$\boldsymbol{U}$ 为严格上三角矩阵,即

$$\boldsymbol{L}=\begin{pmatrix} 0 & & & \\ a_{21} & 0 & & \\ \vdots & \vdots & \ddots & \\ a_{n1} & a_{n2} & \cdots & 0 \end{pmatrix},\quad \boldsymbol{D}=\begin{pmatrix} a_{11} & & & \\ & a_{22} & & \\ & & \ddots & \\ & & & a_{nn} \end{pmatrix},\quad \boldsymbol{U}=\begin{pmatrix} 0 & a_{12} & \cdots & a_{1n} \\ & 0 & \cdots & a_{2n} \\ & & \ddots & \vdots \\ & & & 0 \end{pmatrix},$$

代入式(3.13)得

$$(\boldsymbol{L}+\boldsymbol{D}+\boldsymbol{U})\boldsymbol{x} = \boldsymbol{b} \Rightarrow \boldsymbol{D}\boldsymbol{x} = \boldsymbol{b} - (\boldsymbol{L}+\boldsymbol{U})\boldsymbol{x}。$$

当 $\boldsymbol{D}$ 可逆(即 $a_{ii}\neq0, i=1,\cdots,n$)时有

$$\boldsymbol{x} = \boldsymbol{D}^{-1}[\boldsymbol{b} - (\boldsymbol{L}+\boldsymbol{U})\boldsymbol{x}] = \boldsymbol{G}\boldsymbol{x} + \boldsymbol{f},$$

其中,$\boldsymbol{G}=-\boldsymbol{D}^{-1}(\boldsymbol{L}+\boldsymbol{U})$,$\boldsymbol{f}=\boldsymbol{D}^{-1}\boldsymbol{b}$。

对应迭代格式为

$$\boldsymbol{x}^{(k)} = \boldsymbol{G}\boldsymbol{x}^{(k-1)} + \boldsymbol{f}, \tag{3.16}$$

其中

$$G = -D^{-1}(L+U) = I - D^{-1}A, \quad f = D^{-1}b,$$

称式(3.16)为**雅可比迭代格式**(Jacobi iterative scheme),它的分量形式为

$$x_i^{(k)} = \frac{1}{a_{ii}}\left[b_i - \sum_{j=1,j\neq i}^{n} a_{ij}x_j^{(k-1)}\right], \quad i = 1,2,\cdots,n, \tag{3.17}$$

迭代结束条件一般用 $\| x^{(k)} - x^{(k-1)} \| \leqslant \varepsilon$,$\varepsilon$ 为精度要求,$\| \cdot \|$ 为某种向量范数(常用∞-范数)。

例 3.7　用雅可比迭代解线性方程组

$$\begin{cases} 10x_1 - x_2 - 2x_3 = 7.2, \\ -x_1 + 10x_2 - 2x_3 = 8.3, \\ -x_1 - x_2 + 5x_3 = 4.2, \end{cases}$$

初值取 $x_1^{(0)} = x_2^{(0)} = x_3^{(0)} = 1$,精度要求 $\varepsilon = 10^{-3}$。

解　由式(3.17)得雅可比迭代格式为

$$\begin{cases} x_1^{(k)} = 0.72 + 0.1x_2^{(k-1)} + 0.2x_3^{(k-1)}, \\ x_2^{(k)} = 0.83 + 0.1x_1^{(k-1)} + 0.2x_3^{(k-1)}, \\ x_3^{(k)} = 0.84 + 0.2x_1^{(k-1)} + 0.2x_2^{(k-1)}, \end{cases} \tag{3.18}$$

计算结果见表 3-3。$\| x^{(6)} - x^{(5)} \|_\infty \leqslant 10^{-3}$。

表 3-3　用雅可比迭代法求例 3.7 的解

k	$x_1^{(k)}$	$x_2^{(k)}$	$x_3^{(k)}$
1	1.0200	1.1300	1.2400
2	1.0810	1.1800	1.2700
3	1.0920	1.1921	1.2922
4	1.0977	1.1976	1.2968
5	1.0991	1.1991	1.2991
6	1.0997	1.1997	1.2997

在实际计算时,式(3.18)中的 3 个关系式将依次使用,这就需要考虑 $x_1^{(k)}, x_2^{(k)}, x_3^{(k)}$ 的存储问题。例如不能用式(3.18)第一个关系式求得的"新值"$x_1^{(k)}$ 替换"老值"$x_1^{(k-1)}$,因为在式(3.18)第 2 个关系式中还需使用"老值"。$x_2^{(k)}$ 的存储也存在同样的问题。进一步注意到,若式(3.18)是一个收敛的迭代格式,可以预期 $x_1^{(k)}$ 是比 $x_1^{(k-1)}$ 更好的解,同样 $x_2^{(k)}$ 应是比 $x_2^{(k-1)}$ 更好的解。上述分析启示我们将式(3.18)改写成下式更合理:

$$\begin{cases} x_1^{(k)} = 0.72 + 0.1x_2^{(k-1)} + 0.2x_3^{(k-1)}, \\ x_2^{(k)} = 0.83 + 0.1x_1^{(k)} + 0.2x_3^{(k-1)}, \\ x_3^{(k)} = 0.84 + 0.2x_1^{(k)} + 0.2x_2^{(k)}, \end{cases} \tag{3.19}$$

式(3.19)称为**高斯-赛德尔迭代格式**(Gauss-Seidel iterative scheme)。计算结果见表 3-4。由 $\| x^{(5)} - x^{(4)} \|_\infty \leqslant 10^{-3}$ 可见它比雅可比迭代收敛速度略快。

表 3-4 用高斯-赛德尔迭代求例 3.7 的解

k	$x_1^{(k)}$	$x_2^{(k)}$	$x_3^{(k)}$
1	1.0200	1.1320	1.2704
2	1.0873	1.1928	1.2960
3	1.0985	1.1991	1.2995
4	1.0998	1.1999	1.2999
5	1.1000	1.2000	1.3000

一般地,解线性方程组(3.13)的高斯-赛德尔迭代格式为

$$x_i^{(k)} = \frac{1}{a_{ii}}\Big[b_i - \sum_{j=1}^{i-1} a_{ij}x_j^{(k)} - \sum_{j=i+1}^{n} a_{ij}x_j^{(k-1)}\Big], \quad i = 1,2,\cdots,n \tag{3.20}$$

由之得对应矩阵形式为

$$\begin{pmatrix} x_1^{(k)} \\ x_2^{(k)} \\ \vdots \\ x_n^{(k)} \end{pmatrix} = \begin{pmatrix} 1/a_{11} & & & \\ & 1/a_{22} & & \\ & & \ddots & \\ & & & 1/a_{nn} \end{pmatrix} \left[\begin{pmatrix} b_1 \\ b_2 \\ \vdots \\ b_n \end{pmatrix} - \begin{pmatrix} 0 & & & \\ a_{21} & 0 & & \\ \vdots & \vdots & \ddots & \\ a_{n1} & a_{n2} & \cdots & 0 \end{pmatrix} \begin{pmatrix} x_1^{(k)} \\ x_2^{(k)} \\ \vdots \\ x_n^{(k)} \end{pmatrix} \right.$$

$$\left. - \begin{pmatrix} 0 & a_{12} & \cdots & a_{1n} \\ & 0 & \cdots & a_{2n} \\ & & \ddots & \vdots \\ & & & 0 \end{pmatrix} \begin{pmatrix} x_1^{(k-1)} \\ x_2^{(k-1)} \\ \vdots \\ x_n^{(k-1)} \end{pmatrix} \right],$$

即

$$\boldsymbol{x}^{(k)} = \boldsymbol{D}^{-1}[\boldsymbol{b} - \boldsymbol{L}\boldsymbol{x}^{(k)} - \boldsymbol{U}\boldsymbol{x}^{(k-1)}] \Rightarrow (\boldsymbol{L} + \boldsymbol{D})\boldsymbol{x}^{(k)} = \boldsymbol{b} - \boldsymbol{U}\boldsymbol{x}^{(k-1)}。$$

当 $\boldsymbol{L}+\boldsymbol{D}$ 可逆(即 $a_{ii}\neq 0, i=1,\cdots,n$)时有

$$\boldsymbol{x}^{(k)} = \widetilde{\boldsymbol{G}}\boldsymbol{x}^{(k-1)} + \widetilde{\boldsymbol{f}}。\tag{3.21}$$

其中

$$\widetilde{\boldsymbol{G}} = -(\boldsymbol{L} + \boldsymbol{D})^{-1}\boldsymbol{U}, \quad \widetilde{\boldsymbol{f}} = (\boldsymbol{L} + \boldsymbol{D})^{-1}\boldsymbol{b}。$$

由于格式(3.21)是将格式(3.16)改造后得到的,故需讨论它的合理性。事实上,式(3.21)对应方程

$$\boldsymbol{x} = \widetilde{\boldsymbol{G}}\boldsymbol{x} + \widetilde{\boldsymbol{f}},$$

即

$$\boldsymbol{x} = -(\boldsymbol{L} + \boldsymbol{D})^{-1}\boldsymbol{U}\boldsymbol{x} + (\boldsymbol{L} + \boldsymbol{D})^{-1}\boldsymbol{b} \Leftrightarrow (\boldsymbol{L} + \boldsymbol{D})\boldsymbol{x} = \boldsymbol{b} - \boldsymbol{U}\boldsymbol{x} \Leftrightarrow \boldsymbol{A}\boldsymbol{x} = \boldsymbol{b},$$

这说明迭代格式(3.21)的定义是合理的。

3. 迭代的收敛性

类似于定理 3.1,我们有

定理 3.4 设 $\boldsymbol{G}$ 的某种范数 $\|\boldsymbol{G}\|<1$,则式(3.14)存在唯一解 $\boldsymbol{x}^*$,且对任意 $\boldsymbol{x}^{(0)}$,迭代序列式(3.15) 收敛于 $\boldsymbol{x}^*$,进一步有误差估计式

$$\| \boldsymbol{x}^{(k)} - \boldsymbol{x}^* \| \leqslant \frac{\| \boldsymbol{G} \|}{1 - \| \boldsymbol{G} \|} \| \boldsymbol{x}^{(k)} - \boldsymbol{x}^{(k-1)} \|$$
$$\leqslant \frac{\| \boldsymbol{G} \|^k}{1 - \| \boldsymbol{G} \|} \| \boldsymbol{x}^{(1)} - \boldsymbol{x}^{(0)} \| 。 \tag{3.22}$$

其中,第一个不等式为后验估计,第二个不等式为先验估计。式中向量范数与矩阵范数相容。

证明 (需证明:①式(3.14)的解 $\boldsymbol{x}^*$ 唯一存在;②$\boldsymbol{x}^{(k)} \to \boldsymbol{x}^*$;③误差估计式(3.22))

① 若 $\boldsymbol{I}-\boldsymbol{G}$ 不可逆,则$(\boldsymbol{I}-\boldsymbol{G})\boldsymbol{x}=\boldsymbol{0}$ 有非零解 $\boldsymbol{x}$,使 $\boldsymbol{x}=\boldsymbol{G}\boldsymbol{x}$,从而

$$\| \boldsymbol{x} \| = \| \boldsymbol{G}\boldsymbol{x} \| \leqslant \| \boldsymbol{G} \| \, \| \boldsymbol{x} \| < \| \boldsymbol{x} \|,$$

此为矛盾,知 $\boldsymbol{I}-\boldsymbol{G}$ 可逆,得$(\boldsymbol{I}-\boldsymbol{G})\boldsymbol{x}=\boldsymbol{f}$ 有唯一解 $\boldsymbol{x}^*=(\boldsymbol{I}-\boldsymbol{G})^{-1}\boldsymbol{f}$,显见 $\boldsymbol{x}^*$ 也是式(3.14)的唯一解;

② 由

$$\| \boldsymbol{x}^{(k)} - \boldsymbol{x}^* \| = \| (\boldsymbol{G}\boldsymbol{x}^{(k-1)} + \boldsymbol{f}) - (\boldsymbol{G}\boldsymbol{x}^* + \boldsymbol{f}) \| = \| \boldsymbol{G}(\boldsymbol{x}^{(k-1)} - \boldsymbol{x}^*) \|$$
$$\leqslant \| \boldsymbol{G} \| \, \| \boldsymbol{x}^{(k-1)} - \boldsymbol{x}^* \|$$
$$\leqslant \cdots \leqslant \| \boldsymbol{G} \|^k \| \boldsymbol{x}^{(0)} - \boldsymbol{x}^* \| \xrightarrow{k\to\infty} 0,$$

得 $\boldsymbol{x}^{(k)} \to \boldsymbol{x}^*$;

③ 类似于定理 3.1 中④的证明,留作习题(习题 10)。证毕。

推论 3.1 若 $\boldsymbol{A}=(a_{ij})_{n\times n}$ 按行严格对角占优 $\left(即 |a_{ii}| > \sum\limits_{j=1,j\neq i}^{n} |a_{ij}|, i=1,2,\cdots,n\right)$,则解 $\boldsymbol{A}\boldsymbol{x}=\boldsymbol{b}$ 的雅可比迭代和高斯-赛德尔迭代均收敛。

证明 (1) 对于雅可比迭代,迭代矩阵为

$$\boldsymbol{G} = -\begin{pmatrix} 0 & \dfrac{a_{12}}{a_{11}} & \cdots & \dfrac{a_{1n}}{a_{11}} \\ \dfrac{a_{21}}{a_{22}} & 0 & \cdots & \dfrac{a_{2n}}{a_{22}} \\ \vdots & \vdots & & \vdots \\ \dfrac{a_{n1}}{a_{nn}} & \dfrac{a_{n2}}{a_{nn}} & \cdots & 0 \end{pmatrix} \Rightarrow \| \boldsymbol{G} \|_\infty = \max_{1\leqslant i\leqslant n} \sum_{j=1,j\neq i}^{n} \left| \frac{a_{ij}}{a_{ii}} \right| < 1,$$

由定理 3.4,结论成立。

(2) 对于高斯-赛德尔迭代,迭代矩阵 $\widetilde{\boldsymbol{G}}=-(\boldsymbol{L}+\boldsymbol{D})^{-1}\boldsymbol{U}$。记第 m 次迭代向量 $\boldsymbol{x}^{(m)}=\widetilde{\boldsymbol{G}}\boldsymbol{x}^{(m-1)}$。而不动点向量满足 $\boldsymbol{x}^*=\widetilde{\boldsymbol{G}}\boldsymbol{x}^*$。从而误差向量 $\boldsymbol{\varepsilon}^{(m)}=\boldsymbol{x}^*-\boldsymbol{x}^{(m)}=\widetilde{\boldsymbol{G}}\boldsymbol{\varepsilon}^{(m-1)}$,则

$$(\boldsymbol{L}+\boldsymbol{D})\boldsymbol{\varepsilon}^{(m)} = -\boldsymbol{U}\boldsymbol{\varepsilon}^{(m-1)} \Rightarrow \boldsymbol{\varepsilon}^{(m)} = -\boldsymbol{D}^{-1}(\boldsymbol{L}\boldsymbol{\varepsilon}^{(m)} + \boldsymbol{U}\boldsymbol{\varepsilon}^{(m-1)}),$$

写成分量形式,即

$$\varepsilon_i^{(m)} = -\frac{1}{a_{ii}}\left(\sum_{j=1}^{i-1} a_{ij}\varepsilon_j^{(m)} + \sum_{j=i+1}^{n} a_{ij}\varepsilon_j^{(m-1)} \right), \quad i=1,2,\cdots,n。$$

记 $\| \boldsymbol{\varepsilon}^{(m)} \|_\infty = |\varepsilon_k^{(m)}| = \max\limits_{1\leqslant i\leqslant n} |\varepsilon_i^{(m)}|, c = \max\limits_{i=1,2,\cdots,n} \dfrac{\sum\limits_{j=i+1}^{n} |a_{ij}|}{|a_{ii}| - \sum\limits_{j=1}^{i-1} |a_{ij}|}$。由于矩阵 $\boldsymbol{A}$ 按行严格对角占优,可知 $c<1$,则

$$\|\boldsymbol{\varepsilon}^{(m)}\|_\infty = \left|\frac{1}{a_{kk}}\left(\sum_{j=1}^{k-1} a_{kj}\varepsilon_j^{(m)} + \sum_{j=k+1}^{n} a_{kj}\varepsilon_j^{(m-1)}\right)\right|$$

$$\leqslant \frac{1}{|a_{kk}|}\left[\left(\sum_{j=1}^{k-1} |a_{kj}|\right)\|\boldsymbol{\varepsilon}^{(m)}\|_\infty + \left(\sum_{j=k+1}^{n} |a_{kj}|\right)\|\boldsymbol{\varepsilon}^{(m-1)}\|_\infty\right],$$

可得

$$\|\boldsymbol{\varepsilon}^{(m)}\|_\infty \leqslant \frac{\sum_{j=k+1}^{n} |a_{kj}|}{|a_{kk}| - \sum_{j=1}^{k-1} |a_{kj}|}\|\boldsymbol{\varepsilon}^{(m-1)}\|_\infty \leqslant c\|\boldsymbol{\varepsilon}^{(m-1)}\|_\infty$$

$$\leqslant \cdots \leqslant c^m\|\boldsymbol{\varepsilon}^{(0)}\|_\infty \to 0\ (k \to \infty),$$

即高斯-赛德尔迭代收敛。证毕。

为了得到式(3.15)收敛的充要条件,需要不加证明地引用矩阵理论的一个重要引理。

引理 3.2 设 $\boldsymbol{G}$ 为方阵,则 $\boldsymbol{G}^k \to \boldsymbol{0} \Leftrightarrow \rho(\boldsymbol{G}) < 1$。这里 $\rho(\boldsymbol{G})$ 是 $\boldsymbol{G}$ 的特征值模的最大值,称为 $\boldsymbol{G}$ 的谱半径。

定理 3.5 迭代式(3.15)对任意初始向量收敛 $\Leftrightarrow \rho(\boldsymbol{G}) < 1$。

证明 由于

$$\boldsymbol{x}^* - \boldsymbol{x}^{(k)} = \boldsymbol{G}(\boldsymbol{x}^* - \boldsymbol{x}^{(k-1)}) = \cdots = \boldsymbol{G}^k(\boldsymbol{x}^* - \boldsymbol{x}^{(0)}),$$

根据引理 3.2,得证。

比较非线性方程的迭代,线性方程组的迭代有复杂之处,也有简单之处。复杂之处在于这里是多维问题,首先计算量大;其次理论分析需要矩阵和向量理论,没有一维问题方便。简单之处在于这里是线性问题,理论性质比较好,表现在:①存在收敛性的充分必要条件;②迭代收敛性仅与方程组系数矩阵有关,与右端向量无关;③迭代收敛性不依赖于初始向量的选取。

注意:定理 3.4 和定理 3.5 都是从迭代矩阵 $\boldsymbol{G}$ 讨论,而推论 3.1 直接从方程组系数矩阵讨论,所以推论 3.1 使用更方便。但是推论 3.1 仅限于讨论雅可比迭代和高斯-赛德尔迭代,且条件太强,定理 3.4 条件要弱一些。定理 3.4 和推论 3.1 都只是充分条件,而定理 3.5 是充要条件。定理 3.5 的缺点是需要求特征值,计算比较困难。

例 3.8 判断高斯-赛德尔迭代应用于下列方程组的收敛性:

(1) $\begin{cases} 10x_1 - x_2 - 2x_3 = 7.2, \\ -x_1 + 10x_2 - 2x_3 = 8.3, \\ -x_1 - x_2 + 5x_3 = 4.2; \end{cases}$

(2) $\begin{cases} 4x_1 - 2x_2 - x_3 = 0, \\ -2x_1 + 4x_2 + 3x_3 = -2, \\ -x_1 - 2x_2 + 3x_3 = 1; \end{cases}$

(3) $\begin{cases} -x_1 - x_2 + 5x_3 = 4.2, \\ -x_1 + 10x_2 - 2x_3 = 8.3, \\ 10x_1 - x_2 - 2x_3 = 7.2。 \end{cases}$

解 (1) 由于该方程组对角占优,根据推论 3.1,高斯-赛德尔迭代收敛。

(2) 由于该方程组不是对角占优，推论 3.1 无法判断，但根据式(3.20)的高斯-赛德尔迭代矩阵

$$\widetilde{G}=-(L+D)^{-1}U=-\begin{pmatrix}4&0&0\\-2&4&0\\-1&-2&3\end{pmatrix}^{-1}\begin{pmatrix}0&-2&-1\\0&0&3\\0&0&0\end{pmatrix}=\begin{pmatrix}0&1/2&1/4\\0&1/4&-5/8\\0&1/3&-1/3\end{pmatrix},$$

从而

$$\|\widetilde{G}\|_{\infty}=\max\left\{\frac{3}{4},\frac{7}{8},\frac{2}{3}\right\}=\frac{7}{8}<1,$$

根据定理 3.4，高斯-赛德尔迭代收敛。

注意，由于 $\|\widetilde{G}\|_1=\max\left\{0,\frac{13}{12},\frac{29}{24}\right\}=\frac{29}{24}>1$，所以用 1-范数不能判断其收敛性。

(3) 用推论 3.1 和定理 3.4 不能判断其收敛性，其迭代矩阵为

$$\widetilde{G}=-(L+D)^{-1}U=\begin{pmatrix}0&-1&5\\0&-0.1&0.7\\0&-4.95&24.65\end{pmatrix}。$$

根据特征值的性质，$\widetilde{G}$ 的 3 个特征值之和为 24.55。由于谱半径 $\rho(\widetilde{G})>1$，所以发散。

实际上，例 3.8(1)与(3)两个方程组实际上是等价的。可见，一些不收敛的迭代法可能通过对原方程组的同解变换而改造成收敛的。

4. 迭代加速——SOR 迭代法

考虑高斯-赛德尔迭代格式(3.20)的加速算法。方法是选取一个参数 ω(称为松弛因子)，将高斯-赛德尔迭代第 k 步，即

$$\left[b_i-\sum_{j=1}^{i-1}a_{ij}x_j^{(k)}-\sum_{j=i+1}^{n}a_{ij}x_j^{(k-1)}\right]/a_{ii},$$

与第$(k-1)$步 $x_i^{(k-1)}$ 作适当加权平均得一新的迭代格式，即

$$x_i^{(k)}=(1-\omega)x_i^{(k-1)}+\frac{\omega}{a_{ii}}\left[b_i-\sum_{j=1}^{i-1}a_{ij}x_j^{(k)}-\sum_{j=i+1}^{n}a_{ij}x_j^{(k-1)}\right],\tag{3.23}$$

式(3.23)称为**逐次超松弛(SOR)迭代法**(successive over relaxation method)。容易验证，式(3.23)定义合理，并可以证明其收敛的必要条件是 $0<\omega<2$。当 $\omega=1$ 时，SOR 法退化为高斯-赛德尔迭代；当 $0<\omega<1$ 时，称式(3.23)为低松弛法；当 $1<\omega<2$ 时，称式(3.23)为超松弛法。SOR 法的加速效果依赖于松弛因子 ω 的选取。

5. 算法和程序

雅可比、高斯-赛德尔、SOR 迭代算法都有向量和分量两种形式的表达方式。雅可比迭代算法见式(3.16)和式(3.17)，高斯-赛德尔迭代算法见式(3.20)和式(3.21)，SOR 迭代算法见式(3.23)。这些迭代法都可能不收敛，所以没有第 2 章的直接法可靠。但对于一些大型稀疏方程组(系数矩阵元素大部分为 0)，直接解法难以利用稀疏矩阵的特点，所以内存浪费严重。对于这类线性方程组，可考虑采用迭代法(主要用分量形式或稀疏存储)进行计算，

可以节省存储空间。

程序 3.3 (解普通线性方程组的高斯-赛德尔迭代),根据式(3.21)编写。

```
function x=nags(A,b,x0,e,N)
%用途:用向量形式(普通存储格式)的高斯-赛德尔迭代解线性方程组 Ax=b
%格式:x=nags(A,b,x0,e,N)。A 为系数矩阵,b 为右端向量,x 返回解向量,
%       x0 为初始向量(默认原点),e 为精度(默认 1e-4),设置迭代次数上限 N 以防
%       发散(默认 500)
n=length(b);
if nargin<5,N=500;end
if nargin<4,e=1e-4;end
if nargin<3,x0=zeros(n,1);end
x=x0;x0=x+2*e;
k=0;Al=tril(A);iAl=inv(Al);
while norm(x0-x,inf)>e&k<N,
    k=k+1;
    x0=x;x=-iAl*(A-Al)*x0+iAl*b;
    x'
end
if k==N,warning('已达迭代次数上限');end
```

程序 3.4(解大型稀疏线性方程组的高斯-赛德尔迭代) 使用稀疏存储,提高计算速度。

```
function x=naspgs(A,b,x0,e,N)
%用途:用向量(稀疏存储)形式的高斯-赛德尔迭代解线性方程组 Ax=b
%格式:x=naspgs(A,b,x0,e,N)。A 为系数矩阵,b 为右端向量,x 返回解向量,
%        x0 为初始向量(默认原点);e 为精度(默认 1e-4),设置迭代次数上限 N 以防发散
%        (默认 500)
n=length(b);
if nargin<5,N=500;end
if nargin<4,e=1e-4;end
if nargin<3,x0=zeros(n,1);end
x0=sparse(x0);b=sparse(b);A=sparse(A);          %使用稀疏存储
x=x0;x0=x+2*e;x0=sparse(x0);
k=0;Al=tril(A);iAl=inv(Al);
while norm(x0-x,inf)>e&k<N,
    k=k+1;
    x0=x;x=-iAl*(A-Al)*x0+iAl*b;
end
x=full(x);                                       %稀疏矩阵转成满元素矩阵
if k==N,warning('已达迭代次数上限');end
```

程序 3.5 (分量形式的 SOR 迭代)根据式(3.23)编写。

```
function x=nasor(A,b,omega,x0,e,N)
%用途：用分量形式的 SOR 迭代解线性方程组 Ax=b
%格式：x=nasor(A,b,omega,x0,e,N)。A 为系数矩阵;b 为右端向量;x 返回解
%       向量;x0 为初始向量(默认零向量);e 为精度(默认 1e-4),设置迭代次数上限 N
%       以防发散(默认 500);omega 是松弛因子,一般取 1~ 2 之间的数(默认 1.5)
n=length(b);
if nargin<6,N=500;end
if nargin<5,e=1e-4;end
if nargin<4,x0=zeros(n,1);end
if nargin<3,omega=1.5;end
x=x0;x0=x+2*e;
k=0;L=tril(A,-1);U=triu(A,1);
while norm(x0-x,inf)>e&k<N,
    k=k+1,x0=x;
    for i=1:n
        x1(i)=(b(i)-L(i,1:i-1)*x(1:i-1,1)-U(i,i+1:n)*x0(i+1:n,1))/A(i,i);
        x(i)=(1-omega)*x0(i)+omega*x1(i);
    end
    x'
end
if k==N,warning('已达迭代次数上限');end
```

例 3.9 分别用高斯-赛德尔迭代法与 SOR 法解线性方程组

$$\begin{cases}4x_1-2x_2-x_3=0,\\-2x_1+4x_2-2x_3=-2,\\-x_1-2x_2+3x_3=3。\end{cases}\tag{3.24}$$

初值取 $x_1^{(0)}=x_2^{(0)}=x_3^{(0)}=1$,取松弛因子 $\omega=1.45$,精度取 10^{-6}。

解 使用程序 3.3,在指令窗口执行:

```
>>A=[4 -2 -1;-2 4 -2;-1 -2 3];b=[0 -2 3]';
>>format long;
>>x=nags(A,b,[1,1,1]',1e-6)
```

计算结果如表 3-5 所示。

表 3-5 计算结果(一)

k	0	1	2	3	…	69	70	71
$x_1^{(k)}$	1	0.75	0.5625	0.6510416	…	0.9999933	0.9999943	0.9999951
$x_2^{(k)}$	1	0.375	0.53125	0.5963541	…	0.9999923	0.9999934	0.9999944
$x_3^{(k)}$	1	1.5	1.541667	1.614583	…	1.9999926	1.9999937	1.9999946

使用程序 3.5,在指令窗口执行:

```
>>nasor(A,b,1.45,[1,1,1]',1e-6),format short
```

计算结果如表 3-6 所示。

表 3-6 计算结果(二)

k	0	1	2	3	…	22	23	24
$x_1^{(k)}$	1	0.6375	0.2004269	0.6550336	…	0.9999984	0.9999998	0.9999996
$x_2^{(k)}$	1	0.0121875	0.3717572	0.5340121	…	0.9999993	0.9999994	0.9999998
$x_3^{(k)}$	1	1.319906	1.692285	1.777193	…	1.9999989	1.9999998	1.9999997

可见 SOR 法加速收敛效果非常明显。

3.5 基于 MATLAB：非线性方程组

方程求根的主要 MATLAB 指令如表 3-7 所示。

表 3-7 方程求根的主要 MATLAB 指令

主题词	含义	主题词	含义
roots	多项式根	fzero	一元函数零点
polyval	多项式值	fsolve	非线性方程组

1. 多项式

```
x=roots(p)          求得多项式 p 的所有复根
y=polyval(p,x)      求得多项式 p 在 x 处的值 y,x 可以是一个或多个点
```

MATLAB 中一个多项式用系数降幂排列的向量来表示。例如,多项式 x^3+2x^2-5,在 MATLAB 指令中表示为[1 2 0 −5]。注意：这里不要遗漏一次项系数 0。

例 3.10 求多项式 x^3-x-1 的所有根.

解

```
>>roots([1 0 -1 -1])
ans=
    1.3247
    -0.6624+0.5623i
    -0.6624-0.5623i
```

2. 函数零点

```
x=fzero (Fun,x0)  返回一元函数 Fun 的一个零点。其中,Fun 为函数句柄或内嵌函数,也接
        受字符串表达方式。x0 为标量时,返回函数在 x0 附近的零点;x0 为向量[a,b]时,返
        回函数在[a,b]中的零点
[x,f,h]=fsolve(Fun,x0)  x 返回一元或多元函数 x0 附近 Fun 的一个零点。其中,Fun 为函
        数句柄或内嵌函数;x0 为迭代初值;f 返回 Fun 在 x 的函数值,应该接近 0;h 返回值如
        果大于 0,说明计算结果可靠,否则计算结果不可靠
```

例 3.11　求函数 $y=x\sin(x^2-x-1)$在$(-2,-0.1)$内的零点。

解

```
>>fun=@(x)x*sin(x^2-x-1);          %定义匿名函数
>>fzero(fun,[-2 -0.1])
??? Error using==>fzero
The function values at the interval endpoints must differ in sign.
```

fzero 对参数 x0 用区间情形，要求区间两端的函数值异号，先作图观察一下(见图 3-6)：

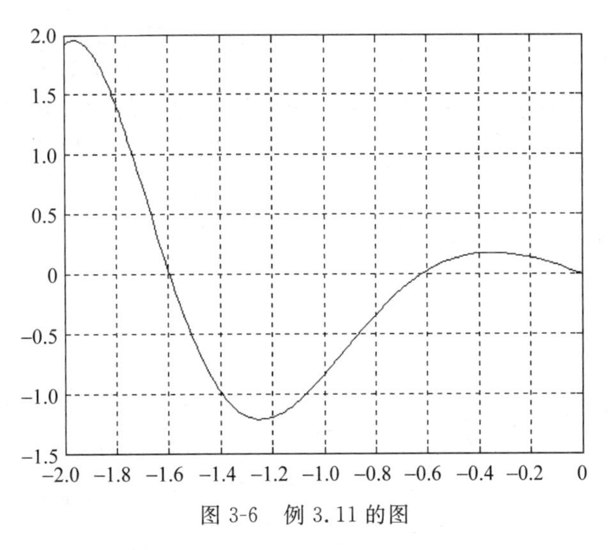

图 3-6　例 3.11 的图

```
>>fplot(fun,[-2,-0.1]);grid on;
```

由图 3-6 可见，在 $x=-1.6$ 和 $x=-0.6$ 附近各有一个零点。我们分两个小区间分别求解：

```
>>fzero(fun,[-2,-1.2]),fzero(fun,[-1.2,-0.1])          %可以正确求解
ans=
    -1.5956
ans=
    -0.6180

>>fzero(fun,-1.6),fzero(fun,-0.6)                      %参数 x0 也可以用一个点
ans=
    -1.5956
ans=
    -0.6180
>>[x,f,h]=fsolve(fun,-1.6),[x,f,h]=fsolve(fun,-0.6)    %也可以用 fsolve 求解

Equation solved.

fsolve completed because the vector of function values is near zero
as measured by the default value of the function tolerance,and
the problem appears regular as measured by the gradient.
```

```
<stopping criteria details>

x=
    -1.5956
f=
    1.4909e-009
h=
      1

Equation solved.
fsolve completed because the vector of function values is near zero
as measured by the default value of the function tolerance,and
the problem appears regular as measured by the gradient.
<stopping criteria details>
x=
    -0.6180
f=
  -3.3152e-012
h=
      1
```

例 3.12 求下列方程组在原点附近的解

$$\begin{cases} 4x-y+\dfrac{1}{10}\mathrm{e}^x=1, \\ -x+4y+\dfrac{1}{8}x^2=0。\end{cases}$$

解 若用函数句柄方式,先写一个 M 函数(注意,变量 x,y 在 MATLAB 代码中,要合写成向量变量 x):

```
    %M 函数 naeg3_12f.m
function f=fun(x)
f(1)=4*x(1)-x(2)+exp(x(1))/10-1;
f(2)=-x(1)+4*x(2)+x(1)^2/8;
```

然后在指令窗口执行:

```
>>[x,f,h]=fsolve(@naeg3_12f,[0,0])                %[0,0]为初始值

Equation solved.
fsolve completed because the vector of function values is near zero
as measured by the default value of the function tolerance,and
the problem appears regular as measured by the gradient.
<stopping criteria details>
x=
    0.2326    0.0565
f=
  1.0e-006 *
    0.0908    0.1798
h=
    1
```

迭代初始值为 $x=0, y=0$，解为 $x=0.2326, y=0.0565$，两个方程误差分别为 0.0908×10^{-6} 和 0.1798×10^{-6}，$h>0$ 说明结果是可靠的。

也可以用下列匿名函数方式求解：

```
>>fun=@(x)[4*x(1)-x(2)+exp(x(1))/10-1;-x(1)+4*x(2)+x(1)^2/8];
>>[x,f,h]=fsolve(fun,[0,0])

Equation solved.
fsolve completed because the vector of function values is near zero
as measured by the default value of the function tolerance,and
the problem appears regular as measured by the gradient.
<stopping criteria details>
x=
    0.2326    0.0565
f=
  1.0e-006 *
    0.0908    0.1798
h=
    1
```

注意：

(1) fzero 只能求零点附近变号的根，试用 fzero 和 fsolve 求解 $(x-1)^2=0$，看看发生了什么？

(2) fzero 和 fsolve 只能求实根，试求解 $x^2+x+1=0$，看看发生了什么？

习　　题

1. 用介值定理分析 $x^3-10x-40=0$ 的实根，并用二分法求解，要求结果有 3 位有效数字。

2. 讨论下列求 $x^3-2x-5=0$ 在[2,3]上根的 3 种迭代格式的合理性与收敛性：

(1) $x_k=\dfrac{x_{k-1}^3-5}{2}$；

(2) $x_k=\dfrac{5}{x_{k-1}^2-2}$；

(3) $x_k=(2x_{k-1}+5)^{\frac{1}{3}}$。

并取 $x_0=2.5$，由以上的一种收敛的迭代格式计算，使结果有 4 位有效数字。

3. 讨论习题 2 中 3 种迭代格式的局部收敛性。

4. 设 $g(x)$ 在 $x=g(x)$ 的根 x^* 附近有连续的一阶导数，且 $|g'(x^*)|>1$。证明：对于任意初值 $x_0\neq x^*$，迭代序列 $x_k=g(x_{k-1})$ 都不收敛于 x^*。

5. 设 $g(x)$ 在 $x=g(x)$ 的根 x^* 附近有连续的 p 阶导数，且 $x_k=g(x_{k-1})$（取定 x_0）收敛于 x^*。证明：当 $g'(x^*)=\cdots=g^{p-1}(x^*)=0$，而 $g^{(p)}(x^*)\neq0$ 时，$\{x_k\}$ 有 p 阶收敛速度。

6. 写出习题2中方程的牛顿迭代法格式，取 $x_0=2.5$，计算使结果有4位有效数字，并比较它与习题2中收敛格式的收敛速度。

7. 设 x^* 为方程 $f(x)=0$ 的 m 重根，即 $f(x)=(x-x^*)^m q(x)$，$q(x^*)\neq 0$，$m\geqslant 2$。证明：牛顿迭代法解此方程具有局部收敛性，但只有线性收敛速度。

8. 牛顿迭代法格式的一种变形——弦截法迭代格式如下：

$$x_k = x_{k-1} - \frac{f(x_{k-1})}{f(x_{k-1})-f(x_{k-2})}(x_{k-1}-x_{k-2}),\quad k=2,3,\cdots。$$

讨论此格式的合理性，并取 $x_0=2.5$，$x_1=2$，由此格式解习题2中的方程，使结果有4位有效数字。

9. 验证 $x_k=\mathrm{e}^{-x_{k-1}}$ 为 $[0.36,1]$ 上解 $x\mathrm{e}^x=1$ 收敛的迭代格式，由 $(\mathrm{e}^{-x})'\approx -0.5$ 建立其迭代-加速格式，并比较它们的收敛速度。

10. 分别写出解线性方程组

$$\begin{cases} x_1 - 5x_2 + x_3 = 16, \\ x_1 + x_2 - 4x_3 = 7, \\ -8x_1 + x_2 + x_3 = 1 \end{cases}$$

收敛的雅可比迭代格式与高斯-赛德尔迭代格式。

11. 证明定理3.4中的误差估计式(3.22)。

12. 讨论参数 a 取什么值时，由高斯-赛德尔迭代解 $\boldsymbol{A}\boldsymbol{x}=\boldsymbol{b}$ 时收敛？

(1) $\boldsymbol{A}=\begin{pmatrix} 1 & a \\ a & 1 \end{pmatrix}$；

(2) $\boldsymbol{A}=\begin{pmatrix} 1 & a & 0 \\ a & 1 & a \\ 0 & a & 1 \end{pmatrix}$。

13. 取原点为初值，分别由高斯-赛德尔迭代格式与 $\omega=0.9$ 时的逐次超松弛迭代格式解线性方程组（精度 0.5×10^{-2}）

$$\begin{cases} 5x_1 + 2x_2 + x_3 = -12, \\ -x_1 + 3x_2 + 2x_3 = 17, \\ 2x_1 - 3x_2 + 4x_3 = -9。 \end{cases}$$

14. 推导出逐次超松弛法迭代格式(3.23)对应 $\tilde{\boldsymbol{g}}(\boldsymbol{x})=\tilde{\boldsymbol{G}}\boldsymbol{x}+\tilde{\boldsymbol{f}}$ 中的 $\tilde{\boldsymbol{G}}$ 及 $\tilde{\boldsymbol{f}}$ 的表达式。

上机实验题

实验1　求下列多项式的根，并分析误差大小。

(1) x^2+x+1；

(2) $3x^5-4x^3+2x-1$；

(3) $5x^{23}-6x^7+8x^6-5x^2$。

实验2　用二分法(程序3.1)和牛顿迭代法(程序3.2)求下列方程的正根：

$$x\ln(\sqrt{x^2-1}+x)-\sqrt{x^2-1}-0.5x=0。$$

实验3 已知函数 $f(x)=x^4-2^x$ 在 $(-2,2)$ 内有两个根。作图求取初值,用 MATLAB 指令求这两个根。

实验4 求解下列非线性方程组在原点附近的根:

$$\begin{cases}9x^2+36y^2+4z^2=36,\\ x^2-2y^2-20z=0,\\ 16x-x^3-2y^2-16z^2=0。\end{cases}$$

实验5(椭圆的交点) 两个椭圆可能具有0~4个交点,求下列两个椭圆的所有交点坐标:

(1) $(x-2)^2+(y-3+2x)^2=5$;

(2) $2(x-3)^2+(y/3)^2=4$。

实验6(弦截法) 编写一个通用的弦截法(见习题8)计算机程序并用以解习题2。

实验7(雅可比迭代) 编写雅可比迭代解线性方程组的计算机程序并用以解习题13。

实验8(大型稀疏型方程组) 设 n 阶方阵

$$\boldsymbol{A}=\begin{pmatrix}3 & -1/2 & -1/4 & & & \\ -1/2 & 3 & -1/2 & -1/4 & & \\ -1/4 & -1/2 & 3 & -1/2 & \ddots & \\ & \ddots & \ddots & \ddots & \ddots & -1/4 \\ & & -1/4 & -1/2 & 3 & -1/2 \\ & & & -1/4 & -1/2 & 3\end{pmatrix},$$

$\boldsymbol{b}$ 为 $\boldsymbol{A}$ 的各行元素之和,显然 $\boldsymbol{Ax}=\boldsymbol{b}$ 的解为 $\boldsymbol{x}=(1,1,\cdots,1)^{\mathrm{T}}$。试用下列3种方法对于阶数 $n=100,200,\cdots,500$,精度 $\varepsilon=10^{-2},10^{-3},\cdots,10^{-5}$ 各种组合分析收敛速度。

(1) 选列主元的高斯消去法(程序2.2);

(2) 高斯-赛德尔迭代,普通存储方式(程序3.3);

(3) 高斯-赛德尔迭代,稀疏存储方式(程序3.4)。

注意:应对程序作稍许修改,使中间结果不显示,否则会浪费大量时间。

实验9(复数根) 本章介绍的迭代法可用于求复数根,试编写一程序求 $x^{41}+x^3+1=0$ 在 $\mathrm{e}^{\frac{\pi}{41}\mathrm{i}}$ 附近的复数根。

实验10 在二分法的程序3.1中,试分析:

(1) 指令"(a+b)/2"与"a+(b−a)/2"相比,可能会出现什么问题?

(2) 指令"fa * fx <0"可能会出现什么问题?

可以怎样修改这两个指令,使得避免出现相应的问题?请你构造数值例子,并验证你的结论。(提示:参考第1章。)

第 4 章

数据建模

已知函数 $y=f(x)$ 的一批数据 $(x_1,y_1),(x_2,y_2),\cdots,(x_n,y_n)$，而函数表达式未知，现在要从某函数类(如多项式函数、样条函数等)中求得一个函数 $\varphi(x)$ 作为 $f(x)$ 的近似。这类数值计算问题称为**数据建模**。有时尽管 $y=f(x)$ 有表达式，但比较复杂，我们也利用该方法建立一个近似模型。

数据建模有两大类方法(见图 4-1)：一类是插值方法，要求所求函数 $\varphi(x)$ 严格遵从数据 $(x_1,y_1),(x_2,y_2),\cdots,(x_n,y_n)$；另一类是拟合方法，允许函数 $\varphi(x)$ 在数据点上有误差，但要求达到某种误差指标最小化。常用的误差指标有两种：一种按照误差向量的 ∞-范数定义，称为一致数据拟合；另一种按照误差向量的 2-范数定义，称为最小二乘数据拟合。一般地说，插值方法比较适合数据准确且数据量小的情形，拟合方法比较适合数据有误差或数据量大的情形。

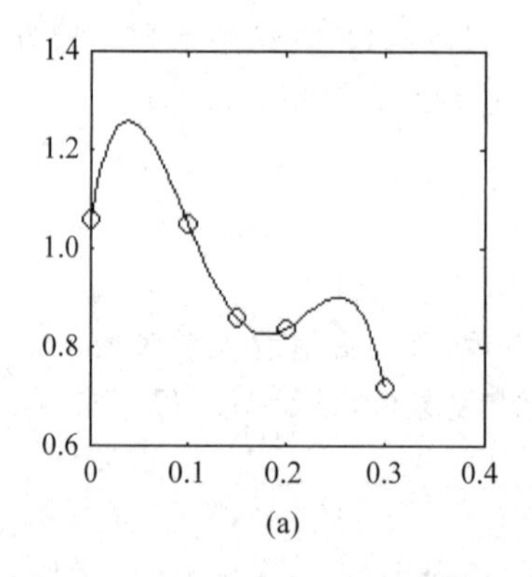

(a)

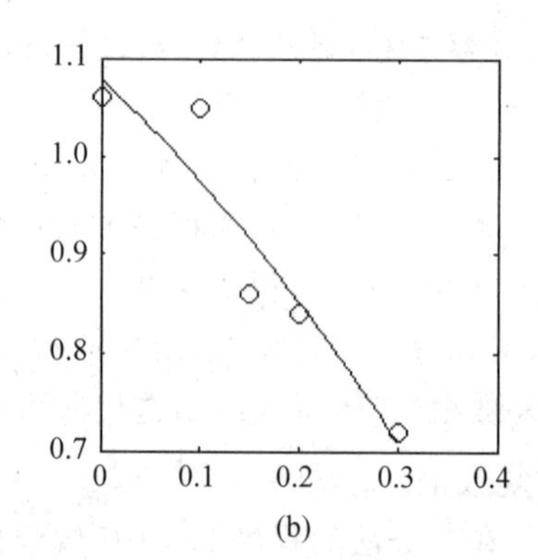

(b)

图 4-1 数据建模

(a) 插值；(b) 拟合

本章讨论数据建模中一些常用的方法，包括拉格朗日(Lagrange)插值、牛顿插值、埃尔米特(Hermite)插值、样条插值和最小二乘拟合等，并介绍了 MATLAB 的数据建模方法。

4.1 多项式插值

1. 基本概念

已知函数 $y=f(x)$ 在若干点 x_i 上的函数值 $y_i=f(x_i)$ $(i=0,1,\cdots,n)$，一个**插值(interpolation)问题**就是求一个"简单"的函数 $p(x)$ 满足

$$p(x_i)=y_i,\quad i=0,1,\cdots,n \tag{4.1}$$

这时称 $p(x)$为 $f(x)$的**插值函数**,而 $f(x)$称为**被插值函数**或**插值原函数**,$x_0,x_1,\cdots,x_n$ 称为**插值节点**,式(4.1)称为**插值条件**。如果对固定点$\bar{x}$求 $f(\bar{x})$数值解,我们称$\bar{x}$为一个**插值点**,$f(\bar{x})\approx p(\bar{x})$称为$\bar{x}$点的**插值**。当$\bar{x}\in[\min(x_0,x_1,\cdots,x_n),\max(x_0,x_1,\cdots,x_n)]$时,称为**内插**;否则称为**外推**。特别地,当 $p(x)$为不超过 n 次多项式时称为 n 次**拉格朗日插值**(Lagrange polynomial interpolation)。

定理 4.1 设节点 $x_0,x_1,\cdots,x_n$ 互不相同,则存在唯一次数不超过 n 的多项式 $L_n(x)$满足 $L_n(x_i)=y_i(i=0,1,\cdots,n)$。

证明 设 $L_n(x)=a_0+a_1x+a_2x^2+\cdots+a_nx^n$,只需证明存在唯一一组 $a_0,a_1,\cdots,a_n$ 满足插值条件式(4.1)。由 $L_n(x_i)=y_i(i=0,1,\cdots,n)$,得关于 $a_0,a_1,\cdots,a_n$ 的线性方程组为

$$\begin{cases}a_0+x_0a_1+x_0^2a_2+\cdots+x_0^na_n=y_0,\\ \vdots\\ a_0+x_na_1+x_n^2a_2+\cdots+x_n^na_n=y_n,\end{cases} \tag{4.2}$$

因系数行列式为范德蒙德(Vandermonde)行列式,且

$$D=\begin{vmatrix}1 & x_0 & x_0^2 & \cdots & x_0^n\\ \vdots & \vdots & \vdots & & \vdots\\ 1 & x_n & x_n^2 & \cdots & x_n^n\end{vmatrix}=\prod_{0\leqslant i<j\leqslant n}(x_j-x_i)\neq 0,$$

知式(4.2)有唯一解。证毕。

2. 拉格朗日插值公式

定理 4.1 从理论上解决了拉格朗日插值多项式的存在唯一性问题,但由于式(4.2)是一个线性方程组,计算量大。尤其当 n 较大时,为一个病态方程组(见第 2 章实验题 9),求解不可靠。下面我们通过基函数法得到的拉格朗日插值公式,不必求解线性方程组,并且避免了范德蒙德矩阵的病态现象。

(1) 线性插值(1 次拉格朗日插值)$L_1(x)$

设已知 x_0,x_1 及 $y_0=f(x_0),y_1=f(x_1)$,$L_1(x)$为不超过 1 次多项式且满足 $L_1(x_0)=y_0,L_1(x_1)=y_1$。几何上,$L_1(x)$为过$(x_0,y_0),(x_1,y_1)$的直线,从而得到

$$L_1(x)=y_0+\frac{y_1-y_0}{x_1-x_0}(x-x_0)。 \tag{4.3}$$

为了推广到高次问题,我们将式(4.3)变形为对称形式,即

$$L_1(x)=l_0(x)y_0+l_1(x)y_1, \tag{4.4}$$

其中

$$l_0(x)=\frac{x-x_1}{x_0-x_1},\quad l_1(x)=\frac{x-x_0}{x_1-x_0}$$

均为 1 次多项式且满足

$$\begin{cases}l_0(x_0)=1,\\ l_0(x_1)=0,\end{cases}\quad \begin{cases}l_1(x_0)=0。\\ l_1(x_1)=1。\end{cases}$$

两关系式可统一写成

$$l_i(x_j)=\begin{cases}1, & i=j,\\ 0, & i\neq j。\end{cases} \tag{4.5}$$

(2) 抛物插值(2 次拉格朗日插值)$L_2(x)$

设已知 x_0,x_1,x_2 及 $y_i=f(x_i)(i=0,1,2)$,$L_2(x)$为不超过 2 次多项式且满足 $L_2(x_i)=y_i(i=0,1,2)$。由 $L_1(x)$的表达式(4.4)猜测应有表达式

$$L_2(x)=l_0(x)y_0+l_1(x)y_1+l_2(x)y_2, \tag{4.6}$$

其中,$l_i(x)(i=0,1,2)$均为 2 次多项式且满足式(4.5)$(i,j=0,1,2)$。由于式(4.6)中的 $l_i(x)(i=0,1,2)$均为 2 次多项式,故式(4.6)给出的 $L_2(x)$为不超过 2 次多项式。进一步由式(4.6)得 $L_2(x_0)=1\times y_0+0\times y_1+0\times y_2=y_0$,同样有 $L_2(x_1)=y_1, L_2(x_2)=y_2$。所以猜测式(4.6)是正确的,问题转化为求 $l_i(x)(i=0,1,2)$。

由 $l_0(x)$为 2 次多项式及 $l_0(x_1)=l_0(x_2)=0$,可设

$$l_0(x)=c(x-x_1)(x-x_2),$$

其中,c 为待定系数。

再由

$$l_0(x_0)=c(x_0-x_1)(x_0-x_2)=1\Rightarrow c=\frac{1}{(x_0-x_1)(x_0-x_2)},$$

从而

$$l_0(x)=\frac{(x-x_1)(x-x_2)}{(x_0-x_1)(x_0-x_2)}。 \tag{4.7}$$

同理

$$l_1(x)=\frac{(x-x_0)(x-x_2)}{(x_1-x_0)(x_1-x_2)},\quad l_2(x)=\frac{(x-x_0)(x-x_1)}{(x_2-x_0)(x_2-x_1)}。 \tag{4.8}$$

(3) n 次拉格朗日插值 $L_n(x)$

设已知 $x_0,\cdots,x_n$ 及 $y_i=f(x_i)(i=0,1,\cdots,n)$,$L_n(x)$为不超过 n 次多项式且满足 $L_n(x_i)=y_i(i=0,1,\cdots,n)$。由对 $L_2(x)$的构造经验,设

$$L_n(x)=l_0(x)y_0+\cdots+l_n(x)y_n,$$

其中,$l_i(x)$均为 n 次多项式且满足式(4.5)$(i,j=0,1,\cdots,n)$。再由 $x_j(j\neq i)$为 n 次多项式 $l_i(x)$的 n 个根,可设 $l_i(x)=c\prod\limits_{\substack{j=0\\ j\neq i}}^{n}(x-x_j)$。最后由

$$l_i(x_i)=c\prod_{\substack{j=0\\ j\neq i}}^{n}(x_i-x_j)=1\Rightarrow c=\frac{1}{\prod\limits_{\substack{j=0\\ j\neq i}}^{n}(x_i-x_j)},\quad i=0,1,\cdots,n。$$

总之

$$L_n(x)=\sum_{i=0}^{n}l_i(x)y_i,\quad 其中\quad l_i(x)=\prod_{\substack{j=0\\ j\neq i}}^{n}\frac{x-x_j}{x_i-x_j}。 \tag{4.9}$$

称式(4.9)为 n 次**拉格朗日插值公式**,其中 $l_i(x)(i=0,1,\cdots,n)$称为 n 次**拉格朗日插值的基函数**。

3. 拉格朗日插值余项

定理 4.2 设 $x_0,\cdots,x_n\in[a,b]$,$f(x)$在$[a,b]$上有连续的 $n+1$ 阶导数,$L_n(x)$为 $f(x)$

关于节点 $x_0,\cdots,x_n$ 的 n 次拉格朗日插值多项式，则对任意 $x\in[a,b]$，插值余项公式为

$$R_n(x)=f(x)-L_n(x)=\frac{f^{(n+1)}(\xi)}{(n+1)!}\omega(x),\tag{4.10}$$

其中，ξ 位于 $x_0,\cdots,x_n$ 及 x 之间(依赖于 x)；$\omega(x)=\prod_{j=0}^{n}(x-x_j)$。

证明 若 x 为某节点 x_i，则式(4.10)左边与右边均为0，从而成立。设 $x\neq x_i(i=0,1,\cdots,n)$，构造辅助函数

$$g(t)=R_n(t)-\frac{R_n(x)}{\omega(x)}\omega(t)。$$

由于

$$g(x_i)=f(x_i)-L_n(x_i)-\frac{R_n(x)}{\omega(x)}\omega(x_i)=0,\quad i=0,1\cdots,n,$$

$$g(x)=R_n(x)-\frac{R_n(x)}{\omega(x)}\omega(x)=0,$$

知 $g(t)$ 存在 $n+2$ 个零点，由微分学罗尔(Rolle)中值定理，$g'(t)$ 存在 $n+1$ 个零点。同样对 $g'(t)$ 使用罗尔中值定理，知 $g''(t)$ 存在 n 个零点。依此递推，最后得 $g^{(n+1)}(t)$ 存在1个零点，记为 ξ(位于 $x_0,\cdots,x_n$ 及 x 之间)。又直接计算得

$$g^{(n+1)}(t)=R_n^{(n+1)}(t)-\frac{R_n(x)}{\omega(x)}\omega^{(n+1)}(t)=f^{(n+1)}(t)-\frac{R_n(x)}{\omega(x)}(n+1)!,$$

从而由 $g^{(n+1)}(\xi)=0$ 导出式(4.10)。证毕。

式(4.10)称为**拉格朗日插值余项公式**。根据余项公式我们可以分析插值结果的截断误差。式(4.10)表明，对于固定的插值点，我们应该选取与其相近的节点作插值，且内插精度一般比外推高。

例4.1 已知函数表 $\sin\frac{\pi}{6}=0.5000$，$\sin\frac{\pi}{4}=0.7071$，$\sin\frac{\pi}{3}=0.8660$，分别由线性插值与抛物插值求 $\sin\frac{2\pi}{9}$(即 $\sin 40°$)的数值解，并由余项公式估计计算结果的精度。

解 ① 这里有3个节点，线性插值需要两个节点。根据余项公式，我们选取前两个节点。由式(4.3)得

$$\sin\frac{2\pi}{9}\approx L_1\left(\frac{2\pi}{9}\right)=0.5000+\frac{0.7071-0.5000}{\frac{\pi}{4}-\frac{\pi}{6}}\left(\frac{2\pi}{9}-\frac{\pi}{6}\right)$$

$$=0.5000+0.2071\times\frac{2}{3}=0.6381。$$

由式(4.10)得截断误差为

$$\left|R_1\left(\frac{2\pi}{9}\right)\right|=\left|\frac{(\sin x)''}{2}\left(\frac{2\pi}{9}-\frac{\pi}{6}\right)\left(\frac{2\pi}{9}-\frac{\pi}{4}\right)\right|\leqslant\frac{1}{2}\times\frac{\pi}{18}\times\frac{\pi}{36}=7.615\times10^{-3},$$

得 $\varepsilon=7.615\times10^{-3}<0.5\times10^{-1}$，知结果至少有1位有效数字。

② 由式(4.6)、式(4.7)和式(4.8)得

$$\sin\frac{2\pi}{9}\approx L_2\left(\frac{2\pi}{9}\right)$$

$$
= \frac{\left(\frac{2\pi}{9}-\frac{\pi}{4}\right)\left(\frac{2\pi}{9}-\frac{\pi}{3}\right)}{\left(\frac{\pi}{6}-\frac{\pi}{4}\right)\left(\frac{\pi}{6}-\frac{\pi}{3}\right)} \times 0.5000 + \frac{\left(\frac{2\pi}{9}-\frac{\pi}{6}\right)\left(\frac{2\pi}{9}-\frac{\pi}{3}\right)}{\left(\frac{\pi}{4}-\frac{\pi}{6}\right)\left(\frac{\pi}{4}-\frac{\pi}{3}\right)}
$$

$$
\times 0.7071 + \frac{\left(\frac{2\pi}{9}-\frac{\pi}{6}\right)\left(\frac{2\pi}{9}-\frac{\pi}{4}\right)}{\left(\frac{\pi}{3}-\frac{\pi}{6}\right)\left(\frac{\pi}{3}-\frac{\pi}{4}\right)} \times 0.8660
$$

$$
= \frac{\left(-\frac{1}{36}\right)\times\left(-\frac{1}{9}\right)}{\left(-\frac{1}{12}\right)\times\left(-\frac{1}{6}\right)} \times 0.5000 + \frac{\frac{1}{18}\times\left(-\frac{1}{9}\right)}{\frac{1}{12}\times\left(-\frac{1}{12}\right)}
$$

$$
\times 0.7071 + \frac{\frac{1}{18}\times\left(-\frac{1}{36}\right)}{\frac{1}{6}\times\frac{1}{12}} \times 0.8660
$$

$$
= \frac{2}{9}\times 0.5000 + \frac{8}{9}\times 0.7071 - \frac{1}{9}\times 0.8660 = 0.6434。
$$

由式(4.10)求截断误差,即

$$
\left|R_2\left(\frac{2\pi}{9}\right)\right| = \left|\frac{(\sin x)'''}{6}\left(\frac{2\pi}{9}-\frac{\pi}{6}\right)\left(\frac{2\pi}{9}-\frac{\pi}{4}\right)\left(\frac{2\pi}{9}-\frac{\pi}{3}\right)\right|_{x=\xi}
$$

$$
\leqslant \frac{1}{6}\times\frac{\pi}{18}\times\frac{\pi}{36}\times\frac{\pi}{9} = 8.861\times 10^{-4},
$$

得 $\varepsilon = 8.861\times 10^{-4} < 0.5\times 10^{-2}$,知结果至少有 2 位有效数字。

比较本题精确解 $\sin\frac{2\pi}{9}=0.642787609\cdots$,实际误差限分别为 0.0047 和 0.00062。

4. 埃尔米特插值

拉格朗日插值仅考虑节点的函数值约束,而一些插值问题还需要在某些节点具有插值函数与被插值函数导函数值(包括高阶导函数值)的一致性,称具有节点的导函数值约束的插值为**埃尔米特插值**(Hermite polynomial interpolation)。下面我们采取与拉格朗日插值完全平行的过程讨论一种特殊的 3 次埃尔米特插值多项式的构造及其余项,它与样条插值有密切关系。

已知 $x_0, x_1, y_0=f(x_0), y_1=f(x_1)$ 及 $y_0'=f'(x_0), y_1'=f'(x_1)$,求不超过 3 次多项式 $H_3(x)$ 使满足 $H_3(x_0)=y_0, H_3(x_1)=y_1$ 及 $H_3'(x_0)=y_0', H_3'(x_1)=y_1'$。

首先,当 $x_0\neq x_1$ 时,类似于定理 4.1 可以证明 $H_3(x)$ 存在唯一。

其次,用基函数法导出 $H_3(x)$ 的计算公式。记 $h=x_1-x_0$,可用变量代换 $\hat{x}=\frac{x-x_0}{h}$,并令 $\hat{f}(\hat{x})=f(x)$。那么 $\hat{f}(0)=y_0, \hat{f}(1)=y_1$ 及 $\hat{f}(0)=hy_0', \hat{f}(1)=hy_1'$。参照 n 次拉格朗日插值多项式的基函数法,令

$$
H_3(x) = \alpha_0(\hat{x})y_0 + \alpha_1(\hat{x})y_1 + h\beta_0(\hat{x})y'_0 + h\beta_1(\hat{x})y'_1,
$$

其中,$\alpha_0(x), \alpha_1(x), \beta_0(x), \beta_1(x)$ 均为 3 次多项式且满足

$$\begin{cases}\alpha_0(0)=1,\\ \alpha_0(1)=0,\\ \alpha_0'(0)=0,\\ \alpha_0'(1)=0,\end{cases}\quad \begin{cases}\alpha_1(0)=0,\\ \alpha_1(1)=1,\\ \alpha_1'(0)=0,\\ \alpha_1'(1)=0,\end{cases}\quad \begin{cases}\beta_0(0)=0,\\ \beta_0(1)=0,\\ \beta_0'(0)=1,\\ \beta_0'(1)=0,\end{cases}\quad \begin{cases}\beta_1(0)=0,\\ \beta_1(1)=0,\\ \beta_1'(0)=0,\\ \beta_1'(1)=1。\end{cases}$$

由 $\alpha_0(x)$的第 2 个和第 4 个约束条件,令 $\alpha_0(x)=(ax+b)(x-1)^2$。再根据第 1 和第 3 约束条件得 $a=2,b=1$。这样 $\alpha_0(x)=(2x+1)(x-1)^2$。类似地,可求出 $\alpha_1(x),\beta_0(x),\beta_1(x)$。即有

$$\begin{aligned}&\alpha_0(x)=2x^3-3x^2+1,\quad \alpha_1(x)=-2x^3+3x^2,\\ &\beta_0(x)=x^3-2x^2+x,\quad \beta_1(x)=x^3-x^2。\end{aligned}\tag{4.11}$$

容易直接验证

$$H_3(x)=\alpha_0\left(\frac{x-x_0}{h}\right)y_0+\alpha_1\left(\frac{x-x_0}{h}\right)y_1+h\beta_0\left(\frac{x-x_0}{h}\right)y_0'+h\beta_1\left(\frac{x-x_0}{h}\right)y_1'\tag{4.12}$$

是问题的解。

最后导出 $H_3(x)$的余项 $R_3(x)=f(x)-H_3(x)$。构造辅助函数

$$g(t)=R_3(t)-\frac{R_3(x)}{\omega(x)}\omega(t),\quad \omega(t)=(t-x_0)^2(t-x_1)^2。$$

类似于定理 4.2 的证明,并注意到 $g'(x_0)=g'(x_1)=0$,可导出

$$R_3(x)=f(x)-H_3(x)=\frac{f^{(4)}(\xi)}{4!}(x-x_0)^2(x-x_1)^2。\tag{4.13}$$

其中,$x_0,x_1,x\in[a,b]$;$f(x)$在$[a,b]$上有 4 阶连续导数;ξ 位于 x_0,x_1 及 x 之间。

5. 算法和程序

根据拉格朗日插值公式(4.9),编写下列程序,可对于给定的数据求得插值点的插值结果。

注意: 该程序并不能输出插值函数表达式。

程序 4.1 (拉格朗日插值)

```
function yy=nalagr(x,y,xx)
%用途: Lagrange 插值法数值求解
%格式: yy=nalagr(x,y,xx)。x 是节点向量,y 是节点上的函数值,xx 是插值点(可以是
%       多个),yy 返回插值
m=length(x); n=length(y);
if m~=n,error('向量 x 与 y 的长度必须一致'); end
s=0;
for i=1:n
    t=ones(1,length(xx));
    for j=[1:i-1,i+1:n]
        t=t.*(xx-x(j))/(x(i)-x(j));
    end
    s=s+t*y(i);
end
yy=s;
```

用以求解例 4.1 并作图。

```
>>x=pi*[1/6 1/4]; y=[0.5 0.7071]; xx=2*pi/9;
>>yy1=nalagr(x,y,xx)
yy1=
   0.6381
>>x=pi*[1/6 1/4 1/3]; y=[0.5 0.7071 0.866];
>>yy2=nalagr(x,y,xx)
yy2=
   0.6434
>>fplot('sin',[pi/6,pi/3]); hold on;
>>plot(x,y,'o',xx,0.6381,'g^',xx,0.6434,'rv'); hold off;
```

图形中,圈点为数据,绿色上三角形为线性插值的结果,红色下三角形为抛物插值的结果。

4.2 牛顿插值

拉格朗日插值公式(4.9)计算缺少递推关系,每次新增加节点,都要重新计算,高次插值无法利用低次插值结果。以下通过引进差商的概念,给出一种可在增加节点时对拉格朗日插值多项式进行递推计算的方法,揭示出不同次拉格朗日插值多项式的内在联系。该方法称为牛顿插值法。

1. 差商及其性质

定义 4.1 设已知 $x_0,\cdots,x_n$,记

$$f[x_0,x_k]=\frac{f(x_k)-f(x_0)}{x_k-x_0},\quad k=1,\cdots,n$$

称为 $f(x)$关于节点 x_0,x_k 的**一阶差商**(divided difference)。又记

$$f[x_0,x_1,x_k]=\frac{f[x_0,x_k]-f[x_0,x_1]}{x_k-x_1},\quad k=2,3,\cdots,n$$

称为 $f(x)$关于节点 x_0,x_1,x_k 的**二阶差商**;一般地,若已定义了 $k-1$ 阶差商,则

$$f[x_0,\cdots,x_k]=\frac{f[x_0,\cdots,x_{k-2},x_k]-f[x_0,\cdots,x_{k-2},x_{k-1}]}{x_k-x_{k-1}},\quad k\leqslant n$$

称为 $f(x)$关于节点 $x_0,\cdots,x_k$ 的 k 阶差商。

例 4.2 设已知 $f(0)=1,f(-1)=5,f(2)=-1$,分别求 $f[0,-1,2],f[-1,2,0]$。

解 $f[0,-1]=\dfrac{5-1}{-1-0}=-4,$

$f[0,2]=\dfrac{(-1)-1}{2-0}=-1\Rightarrow f[0,-1,2]=\dfrac{(-1)-(-4)}{2-(-1)}=1;$

$f[-1,2]=\dfrac{(-1)-5}{2-(-1)}=-2,$

$f[-1,0]=\dfrac{1-5}{0-(-1)}=-4\Rightarrow f[-1,2,0]=\dfrac{(-4)-(-2)}{0-2}=1。$

由本例知 $f[0,-1,2]=f[-1,2,0]$。下列性质4.1表明,这不是偶然的。

性质 4.1

(1) $$f[x_0,\cdots,x_k]=\sum_{i=0}^{k}\frac{f(x_i)}{\prod\limits_{\substack{j=0\\j\neq i}}^{k}(x_i-x_j)}=\sum_{i=0}^{k}\frac{f(x_i)}{\omega'(x_i)},\omega(x)=\prod_{i=0}^{k}(x-x_i);\quad(4.14)$$

(2) 差商与节点的排列次序无关。

证明 (1) 当 $k=1$ 时,有

$$\sum_{i=0}^{1}\frac{f(x_i)}{\prod\limits_{\substack{j=0\\j\neq i}}^{k}(x_i-x_j)}=\frac{f(x_0)}{x_0-x_1}+\frac{f(x_1)}{x_1-x_0}=f[x_0,x_1],$$

知式(4.14)成立。

设对 $k-1$ 阶差商,即式(4.14)成立,则由 k 阶差商定义,对 $i=0,1,\cdots,k-2$,记 $y_i=x_i$ 及 $y_{k-1}=x_k$,得

$$\begin{aligned}f[x_0,\cdots,x_k]&=\frac{f[x_0,\cdots,x_{k-2},x_k]-f[x_0,\cdots,x_{k-1}]}{x_k-x_{k-1}}\\&=\frac{1}{x_k-x_{k-1}}\left[\sum_{i=0}^{k-1}\frac{f(y_i)}{\prod\limits_{\substack{j=0\\j\neq i}}^{k-1}(y_i-y_j)}-\sum_{i=0}^{k-1}\frac{f(x_i)}{\prod\limits_{\substack{j=0\\j\neq i}}^{k-1}(x_i-x_j)}\right]\\&=\frac{1}{x_k-x_{k-1}}\left\{\sum_{i=0}^{k-2}f(x_i)\left[\frac{1}{\left(\prod\limits_{\substack{j=0\\j\neq i}}^{k-2}(x_i-x_j)\right)(x_i-x_k)}-\frac{1}{\prod\limits_{\substack{j=0\\j\neq i}}^{k-2}(x_i-x_j)(x_i-x_{k-1})}\right]\right.\\&\quad\left.+\frac{f(x_k)}{\prod\limits_{j=0}^{k-2}(x_k-x_j)}-\frac{f(x_{k-1})}{\prod\limits_{j=0}^{k-2}(x_{k-1}-x_j)}\right\}\\&=\sum_{i=0}^{k-2}\frac{f(x_i)}{\prod\limits_{\substack{j=0\\j\neq i}}^{k}(x_i-x_j)}+\frac{f(x_{k-1})}{\prod\limits_{\substack{j=0\\j\neq k-1}}^{k}(x_{k-1}-x_j)}+\frac{f(x_k)}{\prod\limits_{\substack{j=0\\j\neq k}}^{k}(x_k-x_j)}=\sum_{i=0}^{k}\frac{f(x_i)}{\prod\limits_{\substack{j=0\\j\neq i}}^{k}(x_i-x_j)}。\end{aligned}$$

由数学归纳法知式(4.14)恒成立。

(2) 由式(4.14)的对称性立即得到。证毕。

2. 牛顿插值法

设已知 $x_0,\cdots,x_n$ 及 $y_i=f(x_i)(i=0,1,\cdots,n)$,由差商定义,当 $x\neq x_i(i=0,1,\cdots,n)$ 时,记

$$f[x_0,x]=\frac{f(x)-f(x_0)}{x-x_0}\Rightarrow f(x)=f(x_0)+f[x_0,x](x-x_0),$$

$$f[x_0,x_1,x]=\frac{f[x_0,x]-f[x_0,x_1]}{x-x_1}\Rightarrow f[x_0,x]=f[x_0,x_1]+f[x_0,x_1,x](x-x_1)。$$

从而

$$f(x)=f(x_0)+f[x_0,x_1](x-x_0)+f[x_0,x_1,x](x-x_0)(x-x_1)。$$

依此类推,得到

$$\begin{aligned} f(x) &= f(x_0)+f[x_0,x_1](x-x_0)+f[x_0,x_1,x_2](x-x_0)(x-x_1)+\cdots \\ &\quad +f[x_0,\cdots,x_n](x-x_0)\cdots(x-x_{n-1})+f[x_0,\cdots,x_n,x](x-x_0)\cdots(x-x_{n-1})(x-x_n) \\ &= N_n(x)+R_n(x)。\end{aligned}$$

其中

$$\begin{aligned} N_n(x) &= N_{n-1}(x)+f[x_0,\cdots,x_n](x-x_0)\cdots(x-x_{n-1}) \\ &= f(x_0)+f[x_0,x_1](x-x_0)+\cdots \\ &\quad +f[x_0,\cdots,x_n](x-x_0)\cdots(x-x_{n-1}), \end{aligned} \tag{4.15}$$

$$R_n(x)=f[x_0,\cdots,x_n,x]\omega(x),\omega(x)=\prod_{j=0}^{n}(x-x_j)。 \tag{4.16}$$

由于 $N_n(x)$为不超过 n 次多项式,且满足

$$N_n(x_i)=f(x_i)-R_n(x_i)=f(x_i),\quad i=0,1,\cdots,n,$$

故由定理 4.1 知,$N_n(x)\equiv L_n(x)$恰为 $f(x)$关于节点 $x_0,\cdots,x_n$ 的 n 次拉格朗日插值多项式。再由

$$R_n(x)=f(x)-N_n(x)=f(x)-L_n(x)$$

及定理 4.2 知

$$R_n(x)=\frac{f^{(n+1)}(\xi)}{(n+1)!}\omega(x),$$

结合式(4.16)即得

$$f[x_0,\cdots,x_n,x]=\frac{f^{(n+1)}(\xi)}{(n+1)!}(\xi\text{ 位于 }x_0,\cdots,x_n\text{ 及 }x\text{ 之间})。 \tag{4.17}$$

称由式(4.15)给出的 $N_n(x)$求 $f(x)$关于节点 $x_0,\cdots,x_n$ 的 n 次插值多项式为**牛顿插值**(Newton polynomial interpolation),这种方法在增加节点时可方便地进行递推计算。

例 4.3 由牛顿插值求解例 4.1。若进一步利用 $\sin\frac{\pi}{2}=1$,应如何计算?

解 $f(x)$关于节点$\frac{\pi}{6},\frac{\pi}{4},\frac{\pi}{3}$的各阶差商计算结果如表 4-1 所示。

表 4-1 例 4.3 计算结果(一)

x_k	$f(x_k)$	$f[x_0,x_k]$	$f[x_0,x_1,x_k]$
$\pi/6$	0.5000		
$\pi/4$	0.7071	0.7911	
$\pi/3$	0.8660	0.6990	−0.3518

从而由牛顿插值公式(4.15)得线性插值为

$$\sin\frac{2\pi}{9}\approx N_1\left(\frac{2\pi}{9}\right)=0.5000+0.7911\times\left(\frac{2\pi}{9}-\frac{\pi}{6}\right)=0.6381,$$

抛物插值为

$$\begin{aligned}\sin\frac{2\pi}{9} &\approx N_2\left(\frac{2\pi}{9}\right)=N_1\left(\frac{2\pi}{9}\right)-0.3518\times\left(\frac{2\pi}{9}-\frac{\pi}{6}\right)\times\left(\frac{2\pi}{9}-\frac{\pi}{4}\right) \\ &=0.6381+0.3518\times\frac{\pi}{18}\times\frac{\pi}{36}=0.6434。\end{aligned}$$

进一步利用 $\sin\frac{\pi}{2}=1$ 得 4 阶差商，结果如表 4-2 所示。

表 4-2　例 4.3 计算结果(二)

x_k	$f(x_k)$	$f[x_0,x_k]$	$f[x_0,x_1,x_k]$	$f[x_0,x_1,x_2,x_3]$
π/6	0.5000			
π/4	0.7071	0.7911		
π/3	0.8660	0.6990	−0.3518	
π/2	1.000	0.4775	−0.3993	−0.09072

$$\sin\frac{2\pi}{9}\approx N_3\left(\frac{2\pi}{9}\right)=N_2\left(\frac{2\pi}{9}\right)-0.09072\times\left(\frac{2\pi}{9}-\frac{\pi}{6}\right)\times\left(\frac{2\pi}{9}-\frac{\pi}{4}\right)\times\left(\frac{2\pi}{9}-\frac{\pi}{3}\right)$$

$$=0.6434-0.09072\times\frac{\pi}{18}\times\frac{\pi}{36}\times\frac{\pi}{9}=0.6429。$$

对照例 4.1 的运算过程可见，使用牛顿插值各次插值间有递推关系，增加节点要方便得多。

4.3　三次样条插值

1. 高阶插值的龙格(Runge)现象

从拉格朗日插值余项公式的分母部分可见节点数的增加对提高精度是有利的，但这只是问题的一方面。以下讨论的著名例子指出了问题的另一方面。

例 4.4　设 $f(x)=\frac{1}{1+x^2}$，分别讨论将[−5,5]区间 5 等分与 10 等分后拉格朗日插值的效果。

解　根据拉格朗日插值算法，作出 $L_5(x)$ 与 $L_{10}(x)$ 的图像(见上机实验题 2 及图 4-2)

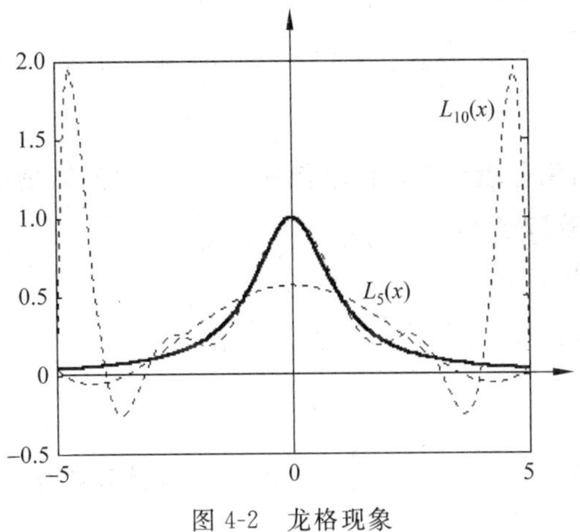

图 4-2　龙格现象

分析插值结果可见，在[−5,−4]∪[4,5]部分，$L_{10}(x)$ 比 $L_5(x)$ 效果更差。此高阶插值的振荡现象称为龙格现象。从拉格朗日插值余项公式(4.10)不难找出龙格现象发生的原

因。事实上,这里

$$f(x)=\frac{1}{1+x^2}=\frac{1}{2\mathrm{i}}\left(\frac{1}{x-\mathrm{i}}-\frac{1}{x+\mathrm{i}}\right)\Rightarrow f^{(n+1)}(x)$$
$$=\frac{(-1)^{n+1}}{2\mathrm{i}}\left[\frac{1}{(x-\mathrm{i})^{n+2}}-\frac{1}{(x+\mathrm{i})^{n+2}}\right](n+1)!,$$

从而

$$f(x)-L_n(x)=\frac{(-1)^{n+1}}{2\mathrm{i}}\left[\frac{1}{(\xi-\mathrm{i})^{n+2}}-\frac{1}{(\xi+\mathrm{i})^{n+2}}\right]\omega(x)$$
$$=\frac{(-1)^{n+1}\omega(x)}{(\xi^2+1)^{\frac{n}{2}+1}}\sin(n+2)\theta,$$

这里,$\theta=\arctan\frac{1}{\xi}$。$n\to\infty$时,无法保证余项的收敛性。

2. 分段插值

避免高阶插值龙格现象的基本方法是使用分段函数进行分段插值。

(1) 分段线性插值 $I_1(x)$

设已知 $x_0<x_1<\cdots<x_n$ 及 $y_i=f(x_i)(i=0,1,\cdots,n)$,$I_1(x)$为$[x_{i-1},x_i]$上的不超过 1 次多项式,且满足 $I_1(x_{i-1})=y_{i-1}$,$I_1(x_i)=y_i(i=1,2,\cdots,n)$。由线性插值公式得

$$I_1(x)=\frac{x-x_i}{x_{i-1}-x_i}y_{i-1}+\frac{x-x_{i-1}}{x_i-x_{i-1}}y_i,x_{i-1}\leqslant x\leqslant x_i,\quad i=1,2,\cdots,n。\tag{4.18}$$

其余项为

$$R_1(x)=f(x)-I_1(x)=\frac{f''(\xi)}{2}(x-x_{i-1})(x-x_i),x_{i-1}\leqslant x\leqslant x_i,\quad i=1,2,\cdots,n。\tag{4.19}$$

由于 $\max\limits_{x_{i-1}\leqslant x\leqslant x_i}|(x-x_{i-1})(x-x_i)|=(x_i-x_{i-1})^2/4$,由式(4.19)得误差上界为

$$|R_1(x)|=|f(x)-I_1(x)|\leqslant\frac{h^2}{8}M_2。\tag{4.20}$$

这里,$h=\max\limits_{1\leqslant i\leqslant n}(x_i-x_{i-1})$;$M_2=\max\limits_{x_0\leqslant x\leqslant x_n}|f''(x)|$。当 $h\to 0$ 时,$I_1(x)\to f(x)$,所以分段线性插值具有收敛性。

例 4.5 10 等分时,用分段线性插值求例 4.4 中 $f(x)$的数值解的误差限,并分析多少等分可使结果有 3 位有效数字。

解 由题意 $h=1$,得

$$f''(x)=\frac{6x^2-2}{(1+x^2)^3}\Rightarrow M_2=\max_{-5\leqslant x\leqslant 5}|f''(x)|=2,$$

从而误差

$$|f(x)-I_1(x)|\leqslant\frac{1^2}{8}\times 2=\frac{1}{4}(\text{与由 }L_{10}(x)\text{ 计算相比效果大为改善})。$$

当 $0<|x|\leqslant 3$ 时,$0.1\leqslant f(x)<1$,得

$$|f(x)-I_1(x)|\leqslant\frac{h^2}{4}\leqslant\frac{1}{2}\times 10^{-3}\Rightarrow h\leqslant\sqrt{2\times 10^{-3}}\Rightarrow n\geqslant\frac{10}{\sqrt{2\times 10^{-3}}}=224;$$

当 $3<|x|\leqslant 5$ 时，$0.01\leqslant f(x)<0.1$，得

$$|f(x)-I_1(x)|\leqslant \frac{h^2}{4}\leqslant \frac{1}{2}\times 10^{-4}\Rightarrow h\leqslant \sqrt{2\times 10^{-4}}\Rightarrow n\geqslant \frac{10}{\sqrt{2\times 10^{-4}}}=708。$$

分段线性插值简单，易于应用。同时由式(4.20)知，可通过选取适当的步长 h 来控制精度，但它不具有光滑性。使用埃尔米特插值原理，可得到具有光滑性的分段插值。

(2) 分段 3 次埃尔米特插值 $I_3(x)$

设已知 $x_0<x_1<\cdots<x_n$，$y_i=f(x_i)$ 及 $y'_i=f'(x_i)(i=0,1,\cdots,n)$，$I_3(x)$ 为 $[x_{i-1},x_i]$ 上的不超过 3 次多项式，且满足 $I_3(x_{i-1})=y_{i-1}$，$I_3(x_i)=y_i$，$I'_3(x_{i-1})=y'_{i-1}$，$I'_3(x_i)=y'_i(i=1,2,\cdots,n)$。由 3 次埃尔米特插值式(4.12)得

$$I_3(x)=\alpha_0\left(\frac{x-x_{i-1}}{h_i}\right)y_{i-1}+\alpha_1\left(\frac{x-x_{i-1}}{h_i}\right)y_i+h_i\beta_0\left(\frac{x-x_{i-1}}{h_i}\right)y'_{i-1}+h_i\beta_1\left(\frac{x-x_{i-1}}{h_i}\right)y'_i,$$

$$x_{i-1}\leqslant x\leqslant x_i,i=1,2,\cdots,n, \tag{4.21}$$

其中，$h_i=x_i-x_{i-1}$；基函数 $\alpha_0(x)$，$\alpha_1(x)$，$\beta_0(x)$ 及 $\beta_1(x)$ 表达式见式(4.11)。

再由式(4.13)得式(4.21)的余项为

$$R_3(x)=f(x)-I_3(x)=\frac{f^{(4)}(\xi)}{4!}(x-x_{i-1})^2(x-x_i)^2,$$

$$x_{i-1}\leqslant x\leqslant x_i,i=1,2,\cdots,n。\tag{4.22}$$

由此得误差估计式为

$$|R_3(x)|=|f(x)-I_3(x)|\leqslant \frac{h^4}{384}M_4, \tag{4.23}$$

其中，$h=\max\limits_{1\leqslant i\leqslant n}(x_i-x_{i-1})$；$M_4=\max\limits_{x_0\leqslant x\leqslant x_n}|f^{(4)}(x)|$。

由式(4.23)知分段 3 次埃尔米特插值具有收敛性，同时它显然有连续的一阶导数。但是，在实际应用中一般并不知道也不必固定 $f'(x_i)$ 的值。利用这一自由度，我们可以得到光滑性更好的、在实际工程中使用更广泛的插值——三次样条插值。

3. 三次样条插值

设已知 $x_0<x_1<\cdots<x_n$ 及 $y_i=f(x_i)(i=0,1,\cdots,n)$，插值函数 $S(x)$ 在每个小区间 $[x_{i-1},x_i]$ 上是不超过 3 次的多项式且具有二阶连续导数，则称 $S(x)$ 为**三次样条插值**(cubic spline interpolation)。具体地，三次样条插值是满足下列条件的分段 3 次多项式。

(1) 插值条件：$S(x_i)=y_i(i=0,1,\cdots,n)$；

(2) 连接条件：$S(x_i-0)=S(x_i+0)$，$S'(x_i-0)=S'(x_i+0)$，$S''(x_i-0)=S''(x_i+0)$ $(i=1,2,\cdots,n-1)$。

我们来分析一下三次样条插值解的存在性。这里 $S(x)$ 为 n 个不超过 3 次的多项式，共含 $4n$ 个待定参数。插值条件给出了 $n+1$ 个约束，连接条件给出了 $3(n-1)$ 个约束，从而插值条件与连接条件共给出了 $4n-2$ 个约束。与待定参数相比尚少 2 个约束，为此可按实际需要添加 2 个边界条件。常用的边界条件有下列 4 类条件。

(1) 一阶导数：$S'(x_0)=y'_0$，$S'(x_n)=y'_n$。

(2) 二阶导数：$S''(x_0)=y''_0$，$S''(x_n)=y''_n$；特别地，自然样条：$S''(x_0)=S''(x_n)=0$。

(3) 周期样条：$S'(x_0)=S'(x_n),S''(x_0)=S''(x_n)$(其前提条件 $S(x_0)=S(x_n)$)，当被插值函数为周期函数或封闭曲线，宜用周期样条。

(4) 非扭结：第一、二段多项式三次项系数相同，最后一段和倒数第二段三次项系数相同。

下面我们利用分段 3 次埃尔米特插值给出三次样条插值的一种算法。

设 $S'(x_i)=m_i(i=0,1,\cdots,n)$，由分段 3 次埃尔米特插值式(4.21)，在$[x_{i-1},x_i]$上，有

$$S(x)=\alpha_0\left(\frac{x-x_{i-1}}{h_i}\right)y_{i-1}+\alpha_1\left(\frac{x-x_{i-1}}{h_i}\right)y_i+h_i\beta_0\left(\frac{x-x_{i-1}}{h_i}\right)m_{i-1}+h_i\beta_1\left(\frac{x-x_{i-1}}{h_i}\right)m_i,\tag{4.24}$$

其中，$h_i=x_i-x_{i-1}$；基函数 $\alpha_0(x),\alpha_1(x),\beta_0(x),\beta_1(x)$ 由式(4.11)定义。

由分段 3 次埃尔米特插值的性质，写出 $S(x)$表达式的过程中实际上已使插值条件和连接条件的连续性和一阶光滑性得到满足，故以下只需由 $n-1$ 个二阶光滑性约束条件 $S''(x_i-0)=S''(x_i+0)$和两个边界条件来求 $n+1$ 个待定参数 $m_0,m_1,\cdots,m_n$。计算得

$$\alpha_0''(x)=12x-6,\quad \alpha_1''(x)=-12x+6,\quad \beta_0''(x)=6x-4,\quad \beta_1''(x)=6x-2,$$

用$[x_{i-1},x_i]$上 $S(x)$表达式求得

$$\begin{aligned}S''(x_i-0)&=\frac{1}{h_i^2}\alpha_0''(1)y_{i-1}+\frac{1}{h_i^2}\alpha_1''(1)y_i+\frac{1}{h_i}\beta_0''(1)m_{i-1}+\frac{1}{h_i}\beta_1''(1)m_i\\&=\frac{2}{h_i}m_{i-1}+\frac{4}{h_i}m_i-\frac{6}{h_i^2}(y_i-y_{i-1})。\end{aligned}\tag{4.25}$$

用$[x_i,x_{i+1}]$上 $S(x)$表达式求得

$$\begin{aligned}S''(x_i+0)&=\frac{1}{h_{i+1}^2}\alpha_0''(0)y_i+\frac{1}{h_{i+1}^2}\alpha_1''(0)y_{i+1}+\frac{1}{h_{i+1}}\beta_0''(0)m_i+\frac{1}{h_{i+1}}\beta_1''(0)m_{i+1}\\&=-\frac{4}{h_{i+1}}m_i-\frac{2}{h_{i+1}}m_{i+1}+\frac{6}{h_{i+1}^2}(y_{i+1}-y_i)。\end{aligned}\tag{4.26}$$

由 $S''(x_i-0)=S''(x_i+0)$得

$$\lambda_i m_{i-1}+2m_i+\mu_i m_{i+1}=g_i,\quad i=1,2,\cdots,n-1,\tag{4.27}$$

其中

$$\lambda_i=\frac{h_{i+1}}{h_i+h_{i+1}},\mu_i=1-\lambda_i,$$

$$g_i=3\left[\lambda_i\frac{f(x_i)-f(x_{i-1})}{x_i-x_{i-1}}+\mu_i\frac{f(x_{i+1})-f(x_i)}{x_{i+1}-x_i}\right],\quad i=1,2,\cdots,n-1。\tag{4.28}$$

如果具有第一类(一阶导数)边界条件，则 $m_0=y_0',m_n=y_n'$，式(4.27)可写成

$$\begin{pmatrix}2&\mu_1&&&\\\lambda_2&2&\mu_2&&\\&\ddots&\ddots&\ddots&\\&&\lambda_{n-2}&2&\mu_{n-2}\\&&&\lambda_{n-1}&2\end{pmatrix}\begin{pmatrix}m_1\\m_2\\\vdots\\m_{n-2}\\m_{n-1}\end{pmatrix}=\begin{pmatrix}g_1-\lambda_1y_0'\\g_2\\\vdots\\g_{n-2}\\g_{n-1}-\mu_{n-1}y_n'\end{pmatrix}。\tag{4.29}$$

如果具有第二类(二阶导数)边界条件，式(4.26)中取 $i=0$，式(4.25)中取 $i=n$，得

$$\begin{cases}-\dfrac{4}{h_1}m_0-\dfrac{2}{h_1}m_1+\dfrac{6}{h_1^2}(y_1-y_0)=y_0'',\\ \dfrac{2}{h_n}m_{n-1}+\dfrac{4}{h_n}m_n-\dfrac{6}{h_n^2}(y_n-y_{n-1})=y_n''。\end{cases}$$

整理得

$$\begin{cases}2m_0+m_1=3\dfrac{f(x_1)-f(x_0)}{x_1-x_0}-\dfrac{h_1}{2}y_0'',\\ m_{n-1}+2m_n=3\dfrac{f(x_n)-f(x_{n-1})}{x_n-x_{n-1}}+\dfrac{h_n}{2}y_n''。\end{cases}$$

令 $\mu_0=1,\lambda_n=1,g_0=3\dfrac{f(x_1)-f(x_0)}{x_1-x_0},g_n=\dfrac{f(x_n)-f(x_{n-1})}{x_n-x_{n-1}}$，这样结合式(4.27)和式(4.28)得

$$\begin{pmatrix}2 & \mu_0 & & & \\ \lambda_1 & 2 & \mu_1 & & \\ & \ddots & \ddots & \ddots & \\ & & \lambda_{n-1} & 2 & \mu_{n-1}\\ & & & \lambda_n & 2\end{pmatrix}\begin{pmatrix}m_0\\ m_2\\ \vdots\\ m_{n-1}\\ m_n\end{pmatrix}=\begin{pmatrix}g_0-\dfrac{h_1}{2}y''_0\\ g_1\\ \vdots\\ g_{n-1}\\ g_n+\dfrac{h_n}{2}y''_n\end{pmatrix}。\tag{4.30}$$

式(4.29)和式(4.30)都为三对角线性方程组，可由第2章介绍的追赶法进行数值求解。其他边界条件情况也可转化为线性方程组求解问题。

例4.6 求满足表4-3所示的数据表的三次样条插值函数 $S(x)$。

表4-3 数据表

x	-1	0	1
$f(x)$	-1	0	1
$f'(x)$	0		-1

解法一(分析推导，称为**承袭法**) 设 $S'(0)=m$，先求分段埃尔米特插值。

(1) 在$[-1,0]$上

① 设一次函数 $H_1(x)$满足 $H_1(-1)=f(-1)=-1,H_1(0)=f(0)=0$，可得 $H_1(x)=x$。

② 增加一个插值条件，由一次函数 $H_1(x)$构造二次函数 $H_2(x)$。

设二次函数 $H_2(x)$满足 $H_2(-1)=f(-1)=-1,H_2(0)=f(0)=0$ 及 $H_2'(-1)=f'(-1)=0$，且 $H_2(x)=H_1(x)+R_1(x)$。由插值条件知，余项 $R_1(x)=c_1[x-(-1)](x-0)=c_1(x+1)x$，可得 $H_2(x)=x+c_1(x+1)x$。而 $H_2'(x)=1+c_1(2x+1)$，再由 $H_2'(-1)=0$ 得 $c_1=1$。从而，$H_2(x)=x+(x+1)x=x^2+2x$。

③ 再增加一个插值条件，由二次函数 $H_2(x)$构造三次函数 $S(x)$。

设三次函数 $S(x)$在$[-1,0]$上满足 $S(-1)=f(-1)=-1,S(0)=f(0)=0$，$S'(-1)=f'(-1)=0$，及 $S'(0)=f'(0)=m$，且 $S(x)=H_2(x)+R_2(x)$。

由插值条件知，余项 $R_2(x)=c_2[x-(-1)]^2(x-0)=c_2(x+1)^2x$，可得 $S(x)=x^2+$

$2x+c_2(x+1)^2x$。而 $S'(x)=2x+2+c_2[2(x+1)x+1(x+1)^2]$,再由 $S'(0)=m$,得 $c_2=m-2$。从而,在$[-1,0]$上,$S(x)=x^2+2x+(m-2)(x+1)^2x$。

(2) 在$[0,1]$上

由承袭法得 $p_2(x)=-2x^2+3x$ 满足 $p_2(0)=0,p_2(1)=1$ 及 $P_2'(1)=-1$。由插值条件,三次函数 $S(x)$在$[0,1]$上满足 $S(0)=f(0)=0,S(1)=f(1)=1,S'(0)=f'(0)=m$,及 $S'(1)=f'(1)=-1$,可设

$$S(x)=p_2(x)+d_2x(x-1)^2 \Rightarrow S'(x)=-4x+3+d_2[(x-1)^2+2x(x-1)],$$

显然 $S(0)=p_2(0)=0,S(1)=p_2(1)=1$ 及 $S'(1)=P_2'(1)=-1$。又由

$$S'(0)=3+d_2=m \Rightarrow d_2=m-3。$$

从而,在$[0,1]$上,有

$$S(x)=-2x^2+3x+(m-3)x(x-1)^2。$$

求导得

$$S'(x)=\begin{cases}2x+2+(m-2)[2(x+1)x+(x+1)^2], & -1\leqslant x\leqslant 0,\\ -4x+3+(m-3)[(x-1)^2+2x(x-1)], & 0\leqslant x\leqslant 1,\end{cases}$$

$$S''(x)=\begin{cases}2+(m-2)[2x+4(x+1)], & -1\leqslant x\leqslant 0,\\ -4+(m-3)[4(x-1)+2x], & 0\leqslant x\leqslant 1。\end{cases}$$

最后由

$$S''(0-0)=S''(0+0)\Rightarrow 2+4(m-2)=-4-4(m-3)\Rightarrow m=\frac{7}{4},$$

得

$$S(x)=\begin{cases}-\frac{1}{4}x^3+\frac{1}{2}x^2+\frac{7}{4}x, & -1\leqslant x\leqslant 0,\\ -\frac{5}{4}x^3+\frac{1}{2}x^2+\frac{7}{4}x, & 0\leqslant x\leqslant 1。\end{cases} \tag{4.31}$$

解法二(待定系数法) 设 $S(x)=\begin{cases}a_0+a_1x+a_2x^2+a_3x^3, -1\leqslant x\leqslant 0,\\ b_0+b_1x+b_2x^2+b_3x^3, 0<x\leqslant 1,\end{cases}$

由插值条件、连接条件、边界条件列出 8 阶线性方程组为

$$\begin{cases}a_0-a_1+a_2-a_3=-1,\\ a_0=0,\\ b_0+b_1+b_2+b_3=1,\\ a_0=b_0,\\ a_1=b_1,\\ 2a_2=2b_2,\\ a_1-2a_2+3a_3=0,\\ b_2+2b_2+3b_3=-1,\end{cases} \tag{4.32}$$

然后联立求解。

解法三(用计算公式) 这里 $x_0=-1,x_1=0,x_2=1,y_0=-1,y_1=0,y_2=1,m_0=0,m_2=-1,h_1=1,h_2=1$。由式(4.28)得 $\lambda_1=0.5,\mu_1=0.5,g_1=3.5$,这样由式(4.29)得

$$2m_1=3.5, \tag{4.33}$$

求得 $m_1=1.75$,代入式(4.24)得解。

在 3 种方法中,解法一是完全按照推导样条插值公式的过程来求解,对学习理解样条插值很有好处。待定系数法思路简单,计算方便。需要指出的是,解法一不适合编程,解法二导致高阶线性方程组,计算量大,这两种方法都不适合数值计算。解法三尽管需要复杂的公式,不适合手工计算,但却是三次样条插值计算机数值求解的有效算法。

4. 算法和程序

具有一阶导数边界条件的三次样条插值的计算机数值求解算法的主要过程是:①由式(4.28)计算 λ_i,μ_i,g_i 等辅助量;②用追赶法求解式(4.29)得 $m_1,\cdots,m_{n-1}$;③判断插值点所在区间;④用式(4.24)计算插值。下列程序中包含了 5 个子函数,一个是追赶法解三对角线性方程组,另外 4 个是基函数。

程序 4.2 (三次样条插值)

```
function m=naspline(x,y,dy0,dyn,xx)
%用途:三次样条插值(一阶导数边界条件)
%格式:m=naspline(x,y,dy0,dyn,xx)。x为节点向量;y为数据;dy0,dyn为左右
%      两端点的一阶导数值;如果xx缺省,则输出各节点的一阶导数值;m为xx
%      (可以是向量)的三次样条插值

n=length(x)-1;             %计算小区间的个数
h=diff(x); lambda=h(2:n)./(h(1:n-1)+h(2:n)); mu=1-lambda;
g=3*(lambda.*diff(y(1:n))./h(1:n-1)+mu.*diff(y(2:n+1))./h(2:n));
g(1)=g(1)-lambda(1)*dy0; g(n-1)=g(n-1)-mu(n-1)*dyn;
%求解三对角方程组
dy=nachase(lambda,2*ones(1:n-1),mu,g);
%若给插值点,计算插值
m=[dy0; dy; dyn];
if nargin>=5
    s=zeros(size(xx));
    for i=1:n
        if i==1,
            kk=find(xx<=x(2));
        elseif i==n
            kk=find(xx>x(n));
        else
            kk=find(xx>x(i)&xx<=x(i+1));
        end
        xbar=(xx(kk)-x(i))/h(i);
        s(kk)=alpha0(xbar)*y(i)+alpha1(xbar)*y(i+1)+...
            h(i)*beta0(xbar)*m(i)+h(i)*beta1(xbar)*m(i+1);
```

```
    end
    m=s;
end
%追赶法
function x=nachase(a,b,c,d)
n=length(a);
for k=2:n
    b(k)=b(k)-a(k)/b(k-1)*c(k-1);
    d(k)=d(k)-a(k)/b(k-1)*d(k-1);
end
x(n)=d(n)/b(n);
for k=n-1:-1:1
    x(k)=(d(k)-c(k)*x(k+1))/b(k);
end
x=x(:);
%基函数
function y=alpha0(x)
y=2*x.^3-3*x.^2+1;
function y=alpha1(x)
y=-2*x.^3+3*x.^2;
function y=beta0(x)
y=x.^3-2*x.^2+x;
function y=beta1(x)
y=x.^3-x.^2;
```

以下程序用于求解例 4.6:

```
>>naspline([-1 0 1],[-1 0 1],0,-1)                 %输出 m 值
ans=
         0
    1.7500
   -1.0000
>>naspline([-1 0 1],[-1 0 1],0,-1,-1:0.25:1)   %输出插值点-1:0.25:1 的插值
ans=
   -1.0000  -0.9258  -0.7188  -0.4023  0  0.4492  0.8438  1.0664  1.0000
```

4.4 最小二乘拟合

1. 最小二乘法

设研究对象变量 x 与 y 间是线性关系,现测得一组数据 x_0,x_1,x_2,x_3 及 $y_i=f(x_i)(i=0,1,\cdots,3)$,如图 4-3 所示。

可由拉格朗日插值法对这组数据进行数据建模。理论上,由于 x 与 y 间是线性关系,

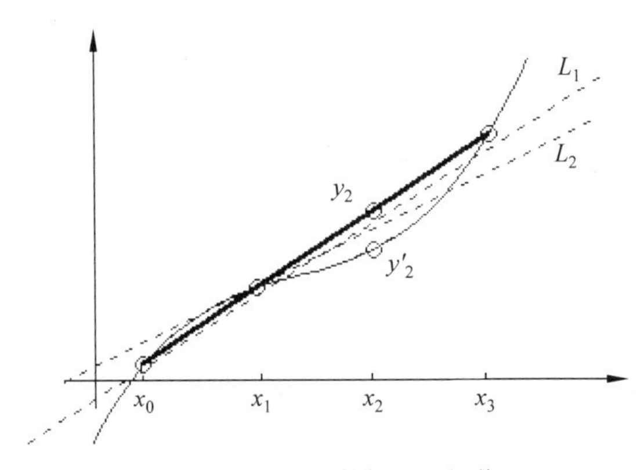

图 4-3 有误差数据时的插值

拉格朗日插值法所得 3 次多项式应退化为线性函数。但是,实际问题中由于数据往往存在误差,如 y_2 成为 y_2',就成为一个真 3 次多项式,造成结果与事实差异较大(见图 4-3 曲线)。是否能通过获取更多的数据来弱化由于 y_2 不准而造成的差异呢? 由于插值曲线必须通过已给数据,这使我们无法在插值时通过增加节点约束来弱化由于"测不准"而造成的"差异"。解决方法是允许节点上有误差,将"满足节点约束"改为"使在节点的误差总体上最小",由此产生了在解决实际问题中常用的拟合算法。

问题:设已知 $x_1,\cdots,x_n$ 及 $y_i=f(x_i)(i=1,2,\cdots,n)$,要在一类曲线 Φ 中求一曲线 $\varphi(x)$,使与 $f(x)$在节点 $x_1,\cdots,x_n$ 的误差 $e_i=|y_i-\varphi(x_i)|(i=1,2,\cdots,n)$总体上最小。

这里,一类曲线 Φ 可指全体直线、全体抛物线、全体不超过 n 次的多项式、全体指数函数 $a\mathrm{e}^{bx}$、全体正弦函数 $a\sin(bx+c)$等。另外,上述 $e_i(i=1,2,\cdots,n)$总体上最小,一般指误差向量 $\boldsymbol{e}=(e_1,\cdots,e_n)$的范数 $\|\boldsymbol{e}\|$ 最小。在第 2 章讨论的 3 种向量范数中,∞-范数会导致个别大误差数据点起主导作用(例如,对应 $\|\boldsymbol{e}\|_\infty$,图 4-3 中的 L_2 较 L_1 更优,与常识显然不符);1-范数的光滑性差,不便于微分学应用。所以在拟合算法中一般取 2-范数,即

$$\|\boldsymbol{e}\|_2=\sqrt{\sum_{i=1}^{n}e_i^2}=\sqrt{\sum_{i=1}^{n}[y_i-\varphi(x_i)]^2} \tag{4.34}$$

作为总体误差的定义,称为**最小二乘法**(least square method)。**最小二乘拟合**(least square fitting)就是在一类曲线 Φ 中求一曲线 $\varphi(x)$,使它与被拟合曲线 $f(x)$在节点 $x_1,\cdots,x_n$ 的误差平方和 $\sum_{i=1}^{n}[f(x_i)-\varphi(x_i)]^2$ 最小。

例 4.7(线性拟合) 已知 $x_1,\cdots,x_n$ 及 $y_i=f(x_i)(i=1,2,\cdots,n)$,由最小二乘法求 $f(x)$的拟合直线 $\varphi(x)=a+bx$。

解 记

$$g(a,b)=\sum_{i=1}^{n}[y_i-\varphi(x_i)]^2=\sum_{i=1}^{n}[y_i-(a+bx_i)]^2。$$

由$\frac{\partial g}{\partial a}=\frac{\partial g}{\partial b}=0$ 得

$$\begin{cases} na + \left(\sum_{i=1}^{n} x_i\right)b = \sum_{i=1}^{n} y_i, \\ \left(\sum_{i=1}^{n} x_i\right)a + \left(\sum_{i=1}^{n} x_i^2\right)b = \sum_{i=1}^{n} x_i y_i。 \end{cases} \tag{4.35}$$

当 $n>1$ 时,式(4.35)的系数行列式为

$$D = \begin{vmatrix} n & \sum_{i=1}^{n} x_i \\ \sum_{i=1}^{n} x_i & \sum_{i=1}^{n} x_i^2 \end{vmatrix} = n\sum_{i=1}^{n} x_i^2 - \left(\sum_{i=1}^{n} x_i\right)^2 = n\sum_{i=1}^{n} (x_i - \bar{x})^2 \neq 0,$$

其中,$\bar{x} = \frac{1}{n}\sum_{i=1}^{n} x_i$。从而式(4.35)有唯一解。

例 4.8(线性化拟合) 已知 $x_1,\cdots,x_n$ 及 $y_i=f(x_i)(i=1,2,\cdots,n)$,由最小二乘法求 $f(x)$ 的拟合曲线 $\varphi(x)=ae^{bx}$。

解 本例与例 4.7 不同,这里若记 $g(a,b) = \sum_{i=1}^{n} [y_i - \varphi(x_i)]^2$,则由 $\frac{\partial g}{\partial a}=\frac{\partial g}{\partial b}=0$ 得一非线性方程组,难以求解。为此,考虑使用对数将曲线拉直。

记

$$z_i = \ln y_i (i = 1,2,\cdots,n), \quad \psi(x) = \ln \varphi(x) = \tilde{a} + bx (\tilde{a} = \ln a),$$

则可由式(4.35)求得 $\tilde{a}$ 及 b,从而 $\varphi(x)=e^{\psi(x)}=ae^{bx}(a=e^{\tilde{a}})$。

例 4.9 由最小二乘法求超定线性方程组

$$\begin{cases} x_1 + 2x_2 = 1, \\ 2x_1 + x_2 = 0, \\ x_1 + x_2 = 0 \end{cases}$$

的数值解。

解 当线性方程组无解时,称为超定方程。此时由最小二乘法可求数值解使各方程的误差平方和最小。

记

$$g(x_1,x_2) = (x_1 + 2x_2 - 1)^2 + (2x_1 + x_2)^2 + (x_1 + x_2)^2,$$

由

$$\frac{\partial g}{\partial x_1} = \frac{\partial g}{\partial x_2} = 0 \Rightarrow \begin{cases} 6x_1 + 5x_2 = 1, \\ 5x_1 + 6x_2 = 2 \end{cases} \Rightarrow \begin{cases} x_1 = -4/11, \\ x_2 = 7/11。 \end{cases}$$

这里,所得的 x_1,x_2 虽然不是线性方程组的解,但却是最小二乘意义下的最佳近似解。

应当指出,这些例题都是通过微分法求出了误差函数的驻点,但并没有证明它们是最小值点。因而就产生这样一个问题:误差函数的驻点是最小值点吗?下面我们将建立最小二乘拟合的一般理论,可以回答这一问题。

2. 法方程组

定义 4.2 给定节点 $x_1,\cdots,x_n$,分别称函数 $f(x),g(x)$ 在节点上取值向量的**内积**

(inner product)和2-**范数**(norm)

$$(f,g)=\sum_{i=1}^{n}f(x_i)g(x_i),\ \|f\|=\sqrt{(f,f)}$$

为 f,g 关于节点 $x_1,\cdots,x_n$ 的内积和 f 关于节点 $x_1,\cdots,x_n$ 的范数。根据向量内积和2-范数的性质,对任意函数 f,g,h 和数 λ,有:

(1) $(f,g+h)=(f,g)+(f,h)$;

(2) $(\lambda f,g)=\lambda(f,g)$;

(3) $(f,g)=(g,f)$;

(4) $\|f\|\geqslant 0$,等号成立当且仅当 $f(x_i)=0,i=1,2,\cdots,n$。

定义 4.3 称函数 $\varphi_0(x),\varphi_1(x),\cdots,\varphi_m(x)$ 关于节点 $x_1,\cdots,x_n$ **线性无关**(linearly independent),如果它们的取值向量线性无关,即只有当 $k_0,k_1,\cdots,k_m$ 全为零时,

$$k_0\varphi_0(x_i)+k_1\varphi_1(x_i)+\cdots+k_m\varphi_m(x_i)=0,\quad i=1,2,\cdots,n \tag{4.36}$$

才全部成立。

线性无关函数 $\varphi_0,\varphi_1,\cdots,\varphi_m$ 的线性组合全体 Φ 称为由 $\varphi_0,\varphi_1,\cdots,\varphi_m$ 张成的**函数空间**(functional space),记为

$$\Phi=\mathrm{span}\{\varphi_0,\varphi_1,\cdots,\varphi_m\}=\{\varphi(x)=a_0\varphi_0(x)+a_1\varphi_1(x)+\cdots+a_m\varphi_m(x)\mid a_0,a_1,\cdots,a_m\in\mathbb{R}\},$$

而 $\varphi_0,\varphi_1,\cdots,\varphi_m$ 称为 Φ **的基函数**(basis function)。

最小二乘拟合用数学语言表述为:已知数据 $x_i,y_i=f(x_i)(i=1,2,\cdots,n)$ 和函数空间

$$\Phi=\mathrm{span}\{\varphi_0,\varphi_1,\cdots,\varphi_m\},$$

求一函数 $\varphi^*\in\Phi$,使

$$\|f-\varphi^*\|=\min_{\varphi\in\Phi}\|f-\varphi\|。\tag{4.37}$$

令 $\varphi(x)=\sum_{j=0}^{m}a_j\varphi_j(x),\varphi^*(x)=\sum_{j=0}^{m}a_j^*\varphi_j(x)$,那么

$$S(a_0,a_1,\cdots,a_m)=\|f-\varphi\|^2=\sum_{i=1}^{n}\Big[y_i-\sum_{j=0}^{m}a_j\varphi_j(x_i)\Big]^2 \tag{4.38}$$

问题等价于求 $a_0^*,a_1^*,\cdots,a_m^*\in\mathbb{R}$,使

$$S(a_0^*,a_1^*,\cdots,a_m^*)=\min_{a_0,a_1,\cdots,a_m\in R}S(a_0,a_1,\cdots,a_m)。\tag{4.39}$$

从抽象意义上说,是要在函数空间 Φ 中找与 f 最近的元素;从通俗意义上讲,是一个关于 $a_0,a_1,\cdots,a_m$ 的二次函数的最小化问题。

根据函数极值的必要条件,对 $a_0,a_1,\cdots,a_m$ 求偏导,即

$$\frac{\partial S}{\partial a_k}=0,\quad k=0,1,\cdots,m,$$

得

$$-2\sum_{i=1}^{n}\Big[y_i-\sum_{j=0}^{m}a_j\varphi_j(x_i)\Big]\varphi_k(x_i)=0,$$

即

$$\sum_{j=0}^{m}\sum_{i=1}^{n}a_j\varphi_j(x_i)\varphi_k(x_i)=\sum_{i=1}^{n}y_i\varphi_k(x_i)。$$

用内积表示为线性方程组

$$\sum_{j=0}^{m}(\varphi_j,\varphi_k)a_j=(f,\varphi_k),\quad k=0,1,\cdots,m, \tag{4.40}$$

其矩阵形式为

$$\begin{pmatrix}(\varphi_0,\varphi_0) & (\varphi_0,\varphi_1) & \cdots & (\varphi_0,\varphi_m)\\ (\varphi_1,\varphi_0) & (\varphi_1,\varphi_1) & \cdots & (\varphi_1,\varphi_m)\\ \vdots & \vdots & & \vdots\\ (\varphi_m,\varphi_0) & (\varphi_m,\varphi_1) & \cdots & (\varphi_m,\varphi_m)\end{pmatrix}\begin{pmatrix}a_0\\ a_1\\ \vdots\\ a_m\end{pmatrix}=\begin{pmatrix}(f,\varphi_0)\\ (f,\varphi_1)\\ \vdots\\ (f,\varphi_m)\end{pmatrix}。 \tag{4.41}$$

式(4.40)或式(4.41)称为**法方程组或正规方程组**(normal equations system)。

定理 4.3 如果函数 $\varphi_0(x),\varphi_1(x),\cdots,\varphi_m(x)$ 关于节点 $x_1,\cdots,x_n$ 线性无关,则法方程组(4.40)或式(4.41)的解存在唯一,且是式(4.39)的唯一最优解。

证明 用 $\varphi_k(x_i)$ 乘以式(4.36)并求和得

$$k_0(\varphi_0,\varphi_k)+k_1(\varphi_1,\varphi_k)+\cdots+k_m(\varphi_m,\varphi_k)=0,\quad k=0,1,\cdots,m。 \tag{4.42}$$

由于 $\varphi_0(x),\varphi_1(x),\cdots,\varphi_m(x)$ 关于节点 $x_1,\cdots,x_n$ 线性无关,所以式(4.42)只有零解。那么

$$\begin{vmatrix}(\varphi_0,\varphi_0) & (\varphi_0,\varphi_1) & \cdots & (\varphi_0,\varphi_m)\\ (\varphi_1,\varphi_0) & (\varphi_1,\varphi_1) & \cdots & (\varphi_1,\varphi_m)\\ \vdots & \vdots & & \vdots\\ (\varphi_m,\varphi_0) & (\varphi_m,\varphi_1) & \cdots & (\varphi_m,\varphi_m)\end{vmatrix}\neq 0,$$

这样式(4.41) 的解存在唯一。

进一步证明式(4.39)。设 $a_0^*,a_1^*,\cdots,a_m^*$ 是法方程组的解,则有

$$\sum_{j=0}^{m}(\varphi_j,\varphi_k)a_j^*=(f,\varphi_k),\quad k=0,1,\cdots,m,$$

即

$$(\varphi^*,\varphi_k)=(f,\varphi_k),\quad k=0,1,\cdots,m,$$

或

$$(f-\varphi^*,\varphi_k)=0,\quad k=0,1,\cdots,m。$$

根据内积性质,对任意 $g\in\Phi$,

$$(f-\varphi^*,g)=0。$$

对任意 $a_0,a_1,\cdots,a_m$,根据内积性质,有

$$\begin{aligned}S(a_0,a_1,\cdots,a_m)&=\|f-\varphi\|^2=(f-\varphi,f-\varphi)=(f-\varphi^*+\varphi^*-\varphi,f-\varphi^*+\varphi^*-\varphi)\\&=(f-\varphi^*,f-\varphi^*)+2(f-\varphi^*,\varphi^*-\varphi)+(\varphi^*-\varphi,\varphi^*-\varphi)\\&=S(a_0^*,a_1^*,\cdots,a_m^*)+2(f-\varphi^*,\varphi^*-\varphi)+\|\varphi^*-\varphi\|^2,\end{aligned}$$

由于 $\varphi^*-\varphi\in\Phi$,第二项为 0,而第三项非负,且仅当 $\varphi=\varphi^*$ 时等于零(由于 $\varphi_0(x),\varphi_1(x),\cdots,\varphi_m(x)$关于节点 $x_1,\cdots,x_n$ 线性无关)。所以 $a_0^*,a_1^*,\cdots,a_m^*$ 是式(4.39)的唯一最优解。证毕。

最小二乘法拟合的流程图如图 4-4 所示。

例 4.10 已知 $\sin 0=0,\sin\frac{\pi}{6}=\frac{1}{2},\sin\frac{\pi}{3}=\frac{\sqrt{3}}{2},\sin\frac{\pi}{2}=1$。由最小二乘法求 $\sin x$ 的拟合曲线 $\varphi(x)=ax+bx^3$。

解 这里 $f(x)=\sin(x)$，$\varphi_0(x)=x$，$\varphi_1(x)=x^3$。计算得

$$(\varphi_0,\varphi_0)=\sum_{i=1}^{4}x_i^2=3.8382,$$

$$(\varphi_0,\varphi_1)=(\varphi_1,\varphi_0)=\sum_{i=1}^{4}x_i^4=7.3658,\quad (f,\varphi_0)=\sum_{i=1}^{4}x_iy_i=2.7395,$$

$$(\varphi_1,\varphi_1)=\sum_{i=1}^{4}x_i^6=16.3611,$$

$$(f,\varphi_1)=\sum_{i=1}^{4}x_i^3y_i=4.9421。$$

得法方程组

$$\begin{cases}3.8382a+7.3658b=2.7395,\\7.3658a+16.3611b=4.9421,\end{cases}$$

解得 $a=0.9856$，$b=-0.1417$。从而对应已知数据 $\sin x$ 的最小二乘拟合曲线为

$$\varphi(x)=0.9856x-0.1417x^3。$$

注意： 本例导出的关于 $\sin x$ 的近似计算公式，比三次泰勒展开 $\sin x\approx x-\frac{1}{6}x^3$ 总体上有更高的精度(见图 4-5)。

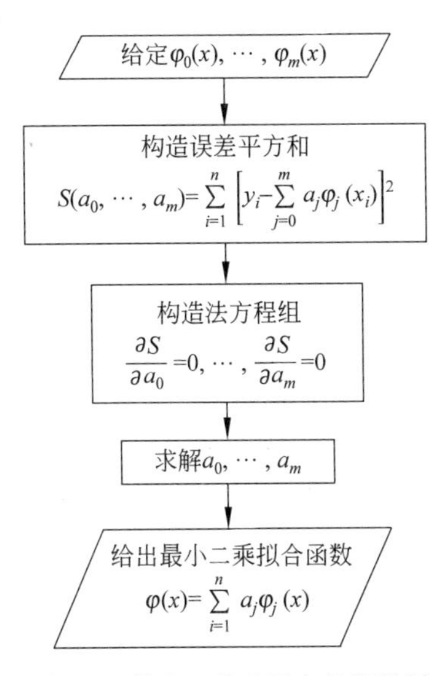

图 4-4 最小二乘法拟合的流程图

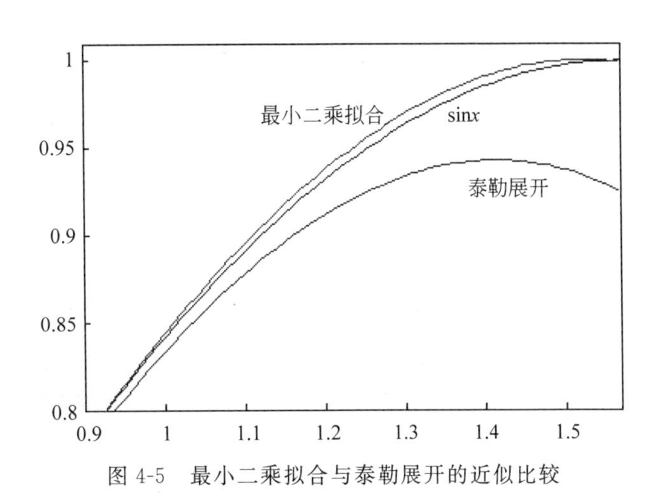

图 4-5 最小二乘拟合与泰勒展开的近似比较

3. 正交最小二乘拟合

最常见的拟合函数类是多项式，其基函数一般取幂函数

$$\varphi_0(x)=1,\quad \varphi_1(x)=x,\quad \cdots,\quad \varphi_m(x)=x^m。$$

由于 $(\varphi_j,\varphi_k)=\sum_{i=1}^{n}x_i^{j+k}$，$(f,\varphi_k)=\sum_{i=1}^{n}x_i^ky_i$，这样由式(4.40)得到法方程组

$$
\begin{pmatrix}
n & \sum_{i=1}^{n} x_i & \cdots & \sum_{i=1}^{n} x_i^m \\
\sum_{i=1}^{n} x_i & \sum_{i=1}^{n} x_i^2 & \cdots & \sum_{i=1}^{n} x_i^{m+1} \\
\vdots & \vdots & & \vdots \\
\sum_{i=1}^{n} x_i^m & \sum_{i=1}^{n} x_i^{m+1} & \cdots & \sum_{i=1}^{n} x_i^{2m}
\end{pmatrix}
\begin{pmatrix} a_0 \\ a_1 \\ \vdots \\ a_m \end{pmatrix}
=
\begin{pmatrix} \sum_{i=1}^{n} y_i \\ \sum_{i=1}^{n} x_i y_i \\ \vdots \\ \sum_{i=1}^{n} x_i^m y_i \end{pmatrix}, \tag{4.43}
$$

但遗憾的是,当 m 比较大时,该线性方程组往往是病态的,从而导致计算结果误差很大(见实验题 9).

定义 4.4 给定节点 $x_1,\cdots,x_n$ 和函数 f 与 g,如果 $(f,g)=0$,称 f 与 g 关于节点 $x_1,\cdots,x_n$ **正交**(orthogonal)。如果函数类 Φ 的基函数 $\psi_0,\psi_1,\cdots,\psi_m$ 两两正交,则称为一组**正交基**(orthogonal basis)。

设 $\psi_0,\psi_1,\cdots,\psi_m$ 为函数类 Φ 的一组正交基,那么正规方程组(4.41)就成为简单的对角方程组,其解由

$$
a_k = \frac{(f,\psi_k)}{(\psi_k,\psi_k)}, \quad k = 0,1,\cdots,m \tag{4.44}
$$

直接给出,从而避免了求解病态方程组。寻求正交基可由任意基 $\varphi_0,\varphi_1,\cdots,\varphi_m$ 使用线性代数标准的施密特(Schmit)正交化方法得到,即

$$
\begin{aligned}
\psi_0(x) &= \varphi_0(x), \\
\psi_1(x) &= \varphi_1(x) - \frac{(\varphi_1,\psi_0)}{(\psi_0,\psi_0)}\psi_0(x), \\
\psi_2(x) &= \varphi_2(x) - \frac{(\varphi_2,\psi_0)}{(\psi_0,\psi_0)}\psi_0(x) - \frac{(\varphi_2,\psi_1)}{(\psi_1,\psi_1)}\psi_1(x), \\
&\vdots \\
\psi_m(x) &= \varphi_m(x) - \frac{(\varphi_m,\psi_0)}{(\psi_0,\psi_0)}\psi_0(x) - \frac{(\varphi_m,\psi_1)}{(\psi_1,\psi_1)}\psi_1(x) - \cdots - \frac{(\varphi_m,\psi_{m-1})}{(\psi_{m-1},\psi_{m-1})}\psi_{m-1}(x)。
\end{aligned}
$$

例 4.11 已知数据如表 4-4 所示,求拟合曲线 $\varphi(x)=a_0+a_1x+a_2x^2+a_3x^3$。

表 4-4 例 4.11 数据

x	-2	-1	0	1	2
$f(x)$	-1	-1	0	1	1

解法一 取 $\varphi_0(x)=1,\varphi_1(x)=x,\varphi_2(x)=x^2,\varphi_3(x)=x^3$,由式(4.43)计算得

$$
\begin{cases}
5a_0 + 10a_2 = 0, \\
10a_1 + 34a_3 = 6, \\
10a_0 + 34a_2 = 0, \\
34a_1 + 130a_3 = 18
\end{cases}
\Rightarrow
\begin{cases}
a_0 = 0, \\
a_1 = \dfrac{7}{6}, \\
a_2 = 0, \\
a_3 = -\dfrac{1}{6}
\end{cases}
\Rightarrow \varphi(x) = \frac{7}{6}x - \frac{1}{6}x^3。
$$

解法二 先进行施密特正交化，即

$$\psi_0(x)=\varphi_0(x)=1,$$

$$\psi_1(x)=\varphi_1-\frac{(\varphi_1,\psi_0)}{(\psi_0,\psi_0)}\psi_0(x)=x,$$

$$\psi_2(x)=\varphi_2(x)-\frac{(\varphi_2,\psi_0)}{(\psi_0,\psi_0)}\psi_0(x)-\frac{(\varphi_2,\psi_1)}{(\psi_1,\psi_1)}\psi_1(x)=x^2-2,$$

$$\psi_3(x)=\varphi_3(x)-\frac{(\varphi_3,\psi_0)}{(\psi_0,\psi_0)}\psi_0(x)-\frac{(\varphi_3,\psi_1)}{(\psi_1,\psi_1)}\psi_1(x)-\frac{(\varphi_3,\psi_2)}{(\psi_2,\psi_2)}\psi_2(x)=x^3-\frac{17}{5}x,$$

则 $\psi_0,\psi_1,\psi_2,\psi_3$ 两两正交。计算得

$$(\psi_0,\psi_0)=5,\quad(\psi_1,\psi_1)=10,\quad(\psi_2,\psi_2)=14,\quad(\psi_3,\psi_3)=\frac{72}{5},$$

$$(f,\psi_0)=0,\quad(f,\psi_1)=6,\quad(f,\psi_2)=0,\quad(f,\psi_3)=-\frac{12}{5},$$

从而由式(4.44)得

$$a_0=0,\quad a_1=\frac{6}{10}=\frac{3}{5},\quad a_2=0,\quad a_3=\frac{-12/5}{72/5}=-\frac{1}{6}。$$

因此，得

$$\varphi(x)=\frac{3}{5}x-\frac{1}{6}\left(x^3-\frac{17}{5}x\right)=\frac{7}{6}x-\frac{1}{6}x^3。$$

4. 算法和程序

程序 4.3 （多项式拟合）

```
function p=nafit(x,y,m)
%用途：多项式拟合
%格式：p=nafit(x,y,m)。x,y为数据向量,m为拟合多项式次数,p返回多项式
%       系数降幂排列
A=zeros(m+1,m+1);
for i=0:m
    for j=0:m
        A(i+1,j+1)= sum(x.^(i+j));
    end
        b(i+1)=sum(x.^i.* y);
end
a=A\b';
p=fliplr(a');
```

以下程序用于求解例4.11：

```
>>x=-2:2;y=[-1 -1 0 1 1];
>>nafit(x,y,3)
ans=
    -0.1667        0     1.1667        0
```

正交多项式拟合避免了求解病态方程组，但在正交化过程中由于涉及高阶多项式求值，从而产生新的病态问题。与施密特正交化相比，下列的递推正交化公式可减轻病态影响。

$$\psi_0(x)=1,$$

$$\psi_1(x)=(x-\alpha_0)\psi_0(x),\alpha_0=\frac{(x\psi_0,\psi_0)}{(\psi_0,\psi_0)},$$

$$\psi_{k+1}(x)=(x-\alpha_k)\psi_k(x)-\beta_k\psi_{k-1}(x),\alpha_k=\frac{(x\psi_k,\psi_k)}{(\psi_k,\psi_k)},\beta_k=\frac{(\psi_k,\psi_k)}{(\psi_{k-1},\psi_{k-1})},k=1,\cdots,m-1。$$

程序 4.4 (正交多项式拟合)

```
function p=naorthfit(x,y,m)
%用途:正交多项式拟合
%格式:p=naorthfit(x,y,m)。x,y为数据向量,m为拟合多项式次数,p返回多项式
%      系数降幂排列
psi=fliplr(eye(m+1,m+1));p=zeros(1,m+1);
psi(2,m+1)=-sum(x)/length(x);
for k=2:m
    t=polyval(psi(k,:),x);t1=polyval(psi(k-1,:),x);
    a=(x.*t)*t'/(t*t');
    b=(t*t')/(t1*t1');
    psi(k+1,:)=conv([1 -a],psi(k,2:m+1))-b*psi(k-1,:);
end
for k=0:m
    t=polyval(psi(k+1,:),x);
    p(k+1)=y*t'/(t*t');
end
p=p*psi;
```

以下程序用于求解例 4.11:

```
>>x=-2:2; y=[-1 -1 0 1 1];
>>naorthfit(x,y,3)
ans=
    -0.1667        0    1.1667        0
```

4.5 基于 MATLAB:非线性拟合与多元插值

插值与拟合 MATLAB 指令如表 4-5 所示。

表 4-5 插值与拟合 MATLAB 指令

主题词	含义	主题词	含义
polyfit	多项式拟合	lsqnonlin	最小二乘法
interp1	一元插值	lsqcurvefit	曲线拟合
spline	样条插值	interp2	二元插值
csape	各种边界样条插值	griddata	杂乱数据二元插值
csaps	样条拟合	interp3	三元插值

1. 多项式插值和拟合

p=polyfit(x,y,k)	用k次多项式拟合向量数据(x,y),返回多项式的降幂系数. 当k>=n-1时,polyfit实现多项式插值. 这里n是向量维数

例4.12 拟合表4-6所示的数据。

表4-6 例4.12数据

x	0.1	0.2	0.15	0	−0.2	0.3
y	0.95	0.84	0.86	1.06	1.50	0.72

解

```
>>clear; x=[0.1,0.2,0.15,0,-0.2,0.3];
>>y=[0.95,0.84,0.86,1.06,1.50,0.72];
>>p=polyfit(x,y,2)              %2次拟合多项式p(1)x^2+p(2)x+p(3)
  p=
     1.7432    -1.6959    1.0850
>>xi=-0.2:0.01:0.3;
>>yi=polyval(p,xi); subplot(2,2,1);
>>plot(x,y,'o',xi,yi,'k');
>>title('polyfit');
>>p=polyfit(x,y,5)              %5次拟合多项式(等价于多项式插值)
  p=
   1.0e+003 *
    -1.8524    0.7560    0.0079    -0.0275    0.0010    0.0011
>>yi=polyval(p,xi); subplot(2,2,2);
>>plot(x,y,'o',xi,yi,'k');
>>title('polyinterp');
```

2. 一元插值

```
yi=interp1(x,y,xi)   根据数据(x,y)给出在xi的分段线性插值结果yi
yi=interp1(x,y,xi,'spline')   使用三次样条插值
yi=interp1(x,y,xi,'cubic')   使用分段3次插值
```

```
>>xi=-0.2:0.01:0.3;
>>yi=interp1(x,y,xi);                %分段线性插值
>>subplot(2,2,3)
>>plot(x,y,'o',xi,yi,'k')
>>title('linear');
>>yi=interp1(x,y,xi,'spline');       %三次样条插值
>>subplot(2,2,4)
>>plot(x,y,'o',xi,yi,'k')
>>title('spline');
```

直观上,多项式插值误差大,多项式拟合不一定经过数据点,分段线性插值不光滑,样条插值过数据点且光滑(见图 4-6)。

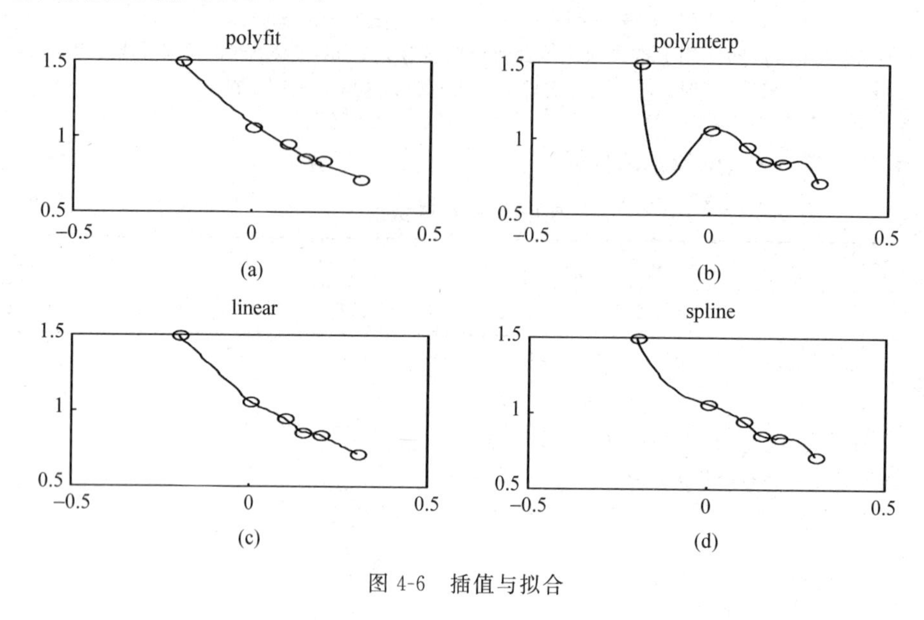

图 4-6 插值与拟合

3. 样条插值和拟合

YI=spline(x,y,xi) 等价于 YI=interp1(x,y,xi,'spline')
pp=spline(x,y) 返回样条插值的分段多项式(pp)形式结构("非扭结"端点条件)
pp=csape(x,y,'边界类型',边界值) 生成各种边界条件的三次样条插值.其中,边界类型可为:'complete',给定边界一阶导数;'not-a-knot',非扭结条件,不用给边界值(默认);'periodic',周期性边界条件,不用给边界值;'second',给定边界二阶导数;'variational',自然样条(边界二阶导数为 0)
pp=csaps(x,y,p) 实现光滑拟合。其中,p 为权因子,0< p< 1,p 值越大,与数据越接近.特别地,若 p=0,则为线性拟合;若 p=1,则为自然样条
yi=ppval(pp,xi) pp 样条在 xi 的函数值
fnplt(pp) 画出 pp 样条的图

考虑例 4.12 数据:

```
>>clear; x=[0.1,0.2,0.15,0,-0.2,0.3];
>>y=[0.95,0.84,0.86,1.06,1.50,0.72];
>>pp=spline(x,y)
pp=
     form: 'pp'
   breaks: [-0.2000 0 0.1000 0.1500 0.2000 0.3000]
    coefs: [5x4 double]
   pieces: 5
    order: 4
      dim: 1
>>pp.coefs
```

```
ans=
 -36.3850   21.8592  -5.1164  1.5000
 -36.3850    0.0282  -0.7390  1.0600
 227.6995  -10.8873  -1.8249  0.9500
-143.0047   23.2676  -1.2059  0.8600
-143.0047    1.8169   0.0484  0.8400
```

显示样条函数的 5 个分段三次多项式系数：

$$s(x)=\begin{cases}-36.385(x+0.2)^3+21.8592(x+0.2)^2\\\quad -5.1164(x+0.2)+1.5, & -0.2\leqslant x\leqslant 0,\\ -36.385x^3+0.0282x^2-0.739x+1.06, & 0\leqslant x\leqslant 0.1,\\ 227.6995(x-0.1)^3-10.8873(x-0.1)^2\\\quad -1.8249(x-0.1)+0.95, & 0.1\leqslant x\leqslant 0.15,\\ -143.0047(x-0.15)^3+23.2676(x-0.15)^2\\\quad -1.2059(x-0.15)+0.86, & 0.15\leqslant x\leqslant 0.2,\\ -143.0047(x-0.2)^3+1.8169(x-0.2)^2\\\quad +0.0484(x-0.2)+0.84, & 0.2\leqslant x\leqslant 0.3。\end{cases}$$

spline 使用"非扭结"端点条件，即强迫第一、二段多项式三次项系数相同，最后一段和倒数第二段三次项系数相同。

```
>>clear; x=[0.1,0.2,0.15,0,-0.2,0.3];
>>y=[0.95,0.84,0.86,1.06,1.50,0.72];
>>pp=csape(x,y) ;               %等价于 spline(x,y)
>>xi=-0.2:0.01:0.3;
>>yi=ppval(pp,xi)               %所得结果应与上述 yi=spline(x,y,xi)一致
>>fnplt(pp)                     %画出 pp 样条的图
```

若边界条件 S"(−0.2)=1.0，S"(0.3)=0.5，则程序如下：

```
>>pp2=csape(x,y,'second',[1.0,0.5]); pp2.coefs
ans=
  11.9962    0.5000  -2.7798  1.5000
 -72.9468    7.6977  -1.1403  1.0600
 279.3923  -14.1863  -1.7892  0.9500
-269.5085   27.7225  -1.1124  0.8600
  43.1792  -12.7038  -0.3614  0.8400
```

当数据明显有误差，样条插值是不合适的。以下数据是带随机干扰的正弦曲线：

```
>>clear;close;
>>x=linspace(0,2*pi,21);
>>y=sin(x)+(rand(1,21)-0.5)*0.1;
>>plot(x,y,'o'); hold on; fnplt(csape(x,y));
```

可见，插值结果光滑性不好(见图 4-7 中的实线)。

```
>>fnplt(csaps(x,y,0.8),'r:');hold off;
```

光滑拟合清除了噪声干扰(见图 4-7 中的虚线)。

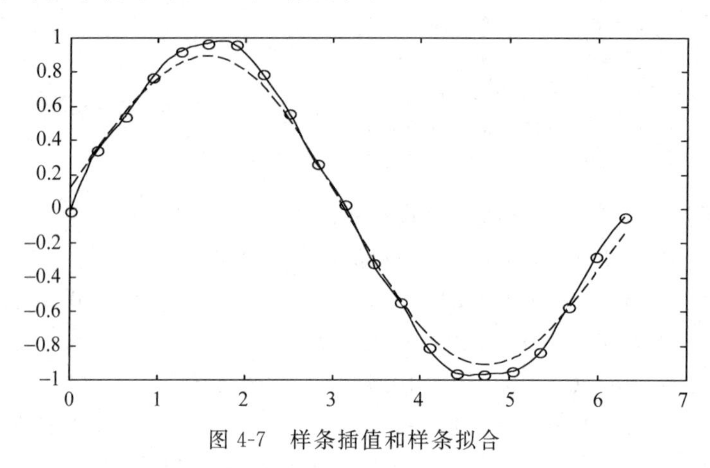

图 4-7 样条插值和样条拟合

4. 非线性最小二乘拟合

> c=lsqcurvefit(Fun,c0,x,y) Fun 为两变量函数 f(c,x) ; c0 为参数 c 的近似值,且作为迭代初值; x,y 为数据向量
>
> c=lsqcurvefit(Fun,c0,x,y,lc,uc,options,p1,p2,...) 可以设定参数 c 取值于区间 [lc,uc];options 为优化计算参数选项,设置见 8.1 节;p1,p2,…为向函数 Fun 传送的附加参数

设有函数 $y=f(c,x)$,其中 c 为未知参数向量,现有一批有误差的数据如表 4-7 所示。

表 4-7 有误差的数据

x	x_1	x_2	…	x_n
y	y_1	y_2	…	y_n

考虑例 4.12 的数据拟合非线性函数 $y=ae^{bx}$,首先将参数 a,b 合写为向量 $\boldsymbol{c}$。

```
>>fun=@(c,x) c(1)*exp(c(2)*x);
>>x=[0.1,0.2,0.15,0,-0.2,0.3];y=[0.95,0.84,0.86,1.06,1.50,0.72];
>>c=lsqcurvefit(fun,[0,0],x,y)        %初始值 a=0,b=0
Local minimum found.

Optimization completed because the size of the gradient is less than
the default value of the function tolerance.

< stopping criteria details>
c=
    1.0997    -1.4923
>>norm(fun(c,x)-y)^2                    %误差平方和
ans=
   0.0031
```

lsqcurvefit 可以作各种类型曲线的拟合。最小二乘法能找到符合经验公式的最优曲线，但是这一经验公式是否有效，还需要事后检验。一般可从图像上作出判断。定量方法是计算误差平方和，再进行统计检验。

5. 多元插值

与一元函数类似，可以建立多元函数插值方法。设给定二元函数 $y=f(x,y)$ 在平面矩形格点上的函数值为

$$z_{ij} = f(x_i, y_j), \quad i = 0,1,\cdots,n, j = 0,1,\cdots,m,$$

二元双线性插值公式为

$$P(x,y) = \sum_{i=p}^{p+1}\sum_{j=q}^{q+1}\left(\prod_{\substack{k=p\\k\neq i}}^{p+1}\frac{x-x_k}{x_i-x_k}\right)\left(\prod_{\substack{l=q\\l\neq i}}^{q+1}\frac{y-y_l}{y_j-y_l}\right)z_{ij}$$

$$x_p < x < x_{p+1}, y_q < y < y_{q+1}, p = 0,1,\cdots,n-1, q = 0,1,\cdots,m-1。\quad (4.45)$$

ZI=interp2(x,y,z,xi,yi)　使用双线性插值.其中,x,xi 为行向量,y,yi 为列向量,z 为矩阵
ZI=interp2(...,'spline')　使用二元三次样条插值
ZI=interp2(...,'cubic')　使用二元三次插值
WI=interp3(x,y,z,w,xi,yi,zi,...)　三元插值

```
>>clear; close; x=0:4; y=[2:4]';
>>z=[82 81 80 82 84; 79 63 61 65 81; 84 84 82 85 86];
>>subplot(2,2,1);
>>mesh(x,y,z); title('RAW DATA');
>>xi=0:0.1:4; yi=[2:0.1:4]';
>>zspline=interp2(x,y,z,xi,yi,'spline');
>>subplot(2,2,2);
>>mesh(xi,yi,zspline);
>>title('SPLINE');
```

结果见图 4-8。

若数据是不规则的，即 z 的数据不完全，不能构成一个矩阵，从而不能直接用 interp2 插值。可以由 griddata 求插值。

ZI=griddata(x,y,z,xi,yi)　采用三角形线性插值.其中,x,y,z 均为向量(不必单调)表示数据,xi,yi 为网格向量
ZI=griddata(x,y,z,xi,yi,'cubic')　采用三角形三次插值

如果上述数据残缺不全(见表 4-8)，则由 griddata 求插值。

表 4-8　数据不全

y \ x	0	1	2	3	4
2	*	*	80	82	84
3	79	*	61	65	*
4	84	84	*	*	86

```
>>x=[2,3,4,0,2,3,0,1,4];
>>y=[2,2,2,3,3,3,4,4,4];
>>z=[80,82,84,79,61,65,84,84,86];
>>subplot(2,2,3); stem3(x,y,z); title('RAW DATA');
>>ZI=griddata(x,y,z,xi,yi,'cubic');
>>subplot(2,2,4); mesh(xi,yi,ZI); title('GRIDDATA');
```

结果见图 4-8。

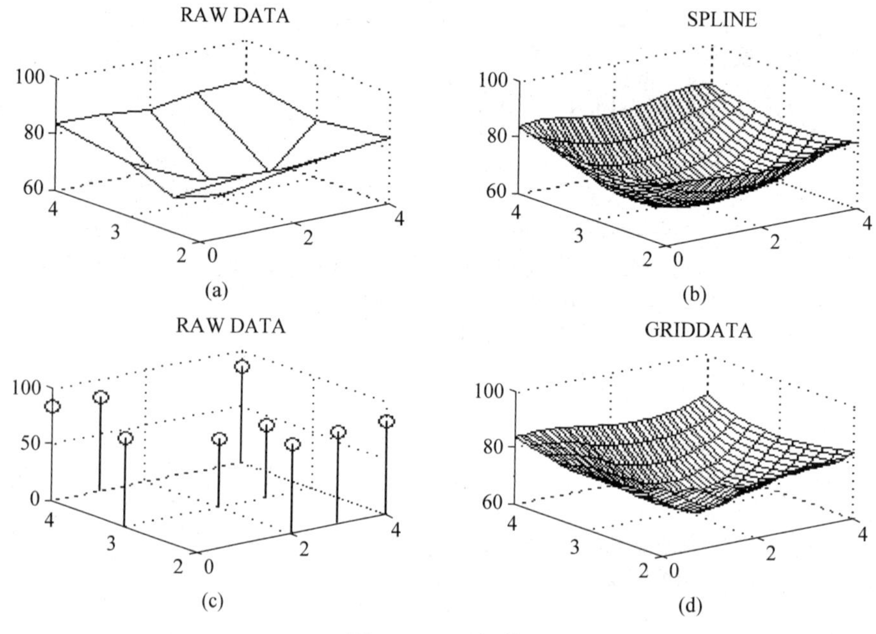

图 4-8 二元插值

习 题

1. 设 $l_i(x)(i=0,1,\cdots,n)$ 为关于节点 $x_0,x_1,\cdots,x_n$ 的 n 次拉格朗日插值的基函数。证明:

(1) $\sum\limits_{i=0}^{n} l_i(x) = 1$;

(2) $\sum\limits_{i=0}^{n} l_i(x)x_i^m = x^m$;

(3) $\sum\limits_{i=0}^{n} l_i(x)\ (x_i - x)^m \equiv 0(m = 1,2,\cdots,n)$。

2. 已知 $f(1)=0, f(-1)=-3, f(2)=4$,由抛物插值求 $f(0)$ 的数值解,并当 $|f'''(x)|\leqslant 0.001$ 时估计结果有几位有效数字。

3. 利用函数 $f(x)=\sqrt{x}$ 在 100,121,144 的值,分别用线性插值和抛物插值求 $\sqrt{115}$ 的近似值,并估计计算结果的误差限和有效数字。

4. 设 $a<c<b$,$f(x)$ 在 $[a,b]$ 上 4 阶可导,$H(x)$ 为满足 $H(a)=f(a),H(b)=f(b)$,

$H(c)=f(c)$及 $H'(c)=f'(c)$的不超过 3 次多项式。证明当 $x\in[a,b]$，存在 $\xi\in[a,b]$，使得

$$f(x)-H(x)=\frac{f^{(4)}(\xi)}{4!}(x-a)(x-c)^2(x-b)。$$

5. 求不超过 4 次多项式 $H(x)$，使满足 $H(0)=H'(0)=0,H(1)=H'(1)=1,H(2)=1$。并当 $f(x)$也满足上述关于 $H(x)$的约束时，写出余项 $f(x)-H(x)$。

6. 插值节点 $x_0,\cdots,x_n$ 互不相同。证明 n 次拉格朗日插值的基函数线性无关，且构成 n 次多项式函数空间的一组基。

7. 证明 n 阶差商有下列性质：

(1) 若 $F(x)=cf(x)$，则 $F[x_0,x_1,\cdots,x_n]=cf[x_0,x_1,\cdots,x_n]$；

(2) 若 $F(x)=f(x)+g(x)$，则 $F[x_0,x_1,\cdots,x_n]=f[x_0,x_1,\cdots,x_n]+g[x_0,x_1,\cdots,x_n]$。

8. 设 $f(x)=x^7+x^4+3x+1$，求 $f[2^0,2^1,\cdots,2^7]$及 $f[2^0,2^1,\cdots,2^8]$。

9. 用牛顿插值法解习题 3。

10. 比较拉格朗日插值法和牛顿插值法，回答下列问题：

(1) 当一组固定的节点 x_i对应多组不同的数值 y_i 时，此时用哪种插值法好？

(2) 当在给定的插值数据$(x_0,y_0),(x_1,y_1),\cdots,(x_n,y_n)$上，添加新的数据$(x_{n+1},y_{n+1})$时，此时用哪种插值法好？

11. 对一组已知数据 $x_0,x_1,\cdots,x_n,y_i=f(x_i)(i=0,1,\cdots,n)$及 $\bar{y}$，由插值多项式求 $\bar{x}$ 使满足 $f(\bar{x})\approx\bar{y}$ 称为反插值。特别当 $\bar{y}=0$ 时，$\bar{x}$ 为方程 $f(x)=0$ 根的近似值。由反插值法取 $x_i=0.3i(i=0,1,2,3)$，求 $xe^x=1$ 在$[0,0.9]$内的根，计算过程保留 5 位有效数字。

12. 将区间$[0.5,1]n$ 等分，求 $f(x)=x^2$ 的分段线性插值。当 n 为多大时，插值结果有 5 位有效数字？

13. 求三次样条 $S(x)$，满足下列插值条件：

(1) 已知数据如表 4-9 所示。

表 4-9　习题 13 数据表(一)

x	-1	0	1	2
$f(x)$	-1	0	1	0
$f'(x)$	0			-1

(2) 已知数据如表 4-10 所示。

表 4-10　习题 13 数据表(二)

x	-1	0	1
$f(x)$	-1	0	1
$f''(x)$	0		-1

14. 已知 $f(2)=1,S(x)=\begin{cases}\dfrac{1}{3}x^3-x^2+1, & 0\leqslant x\leqslant 1,\\ p(x), & 1\leqslant x\leqslant 2\end{cases}$为 $f(x)$关于节点 0,1,2 的三次样条，求多项式 $p(x)$的表达式。

15. 已知 $\cos 0=1$,$\cos\frac{\pi}{6}=\frac{\sqrt{3}}{2}$,$\cos\frac{\pi}{3}=0.5$,由最小二乘法求 $\cos x$ 的拟合曲线,比较它们的拟合误差(误差平方和):

(1) $\varphi(x)=a+bx$;

(2) $\psi(x)=a+bx^2$;

(3) $\psi(x)=ae^{bx}$。

16. 由最小二乘法解超定线性方程组

$$\begin{cases}4x_1+2x_2=2,\\3x_1-x_2=10,\\11x_1+3x_2=8。\end{cases}$$

17. 求 $f(x)=x^4+3x^3-1$ 关于节点 $-1,0,1,2,3$ 的最小二乘三次逼近多项式:

(1) 由基 $1,x,x^2,x^3$ 直接计算;

(2) 将基 $1,x,x^2,x^3$ 正交化后计算。

上机实验题

实验 1 应用对应的 MATLAB 插值或者拟合指令解习题 3、习题 13、习题 15、习题 16、习题 17。

实验 2 利用拉格朗日插值(程序 4.1)作出 Runge 现象(例 4.4)的图像。

实验 3 编写牛顿插值法程序,并解习题 9。

实验 4 用样条插值(程序 4.2)解习题 13(1)。

实验 5 编写二阶导数边界条件的样条插值程序,并解习题 13(2)。

实验 6 现有一平面上的封闭曲线,取一点建立坐标系,每隔 $\frac{\pi}{9}$ 弧度测一点,数据如表 4-11 所示。

表 4-11 实验 6 数据表

i	0 和 18	1	2	3	4	5
x_i	100	134	164	180	198	195
y_i	503	525	514.3	451.0	326.5	188.6
i	6	7	8	9	10	11
x_i	186	160	136	100	66	35
y_i	92.2	59.6	62.2	102.7	147.1	191.6
i	12	13	14	15	16	17
x_i	15	0	5	17	32	63
y_i	236.0	280.5	324.9	369.4	413.8	458.3

用周期样条求曲线轮廓,并作图。

实验7　用电压 $V_1=10\text{V}$ 的电池给电容器充电，电容器上 t 时刻的电压 $V(t)=V_1-(V_1-V_0)\exp(-t/\tau)$，其中 V_0 是电容器的初始电压，τ 是充电常数. 试由表4-12所示的一组 t 和 V 数据确定 V_0 和 τ。

表4-12　实验7数据表

t/s	0.5	1	2	3	4	5	7	9
V/V	6.36	6.48	7.26	8.22	8.66	8.99	9.43	9.63

实验8　假定某天的气温变化记录如表4-13所示，试用最小二乘方法找出这一天的气温变化规律。

表4-13　实验8数据表

t/h	0	1	2	3	4	5	6	7	8	9	10	11	12
T/℃	15	14	14	14	14	15	16	18	20	22	23	25	28
t/h	13	14	15	16	17	18	19	20	21	22	23	24	
T/℃	31	32	31	29	27	25	24	22	20	18	17	16	

考虑下列类型函数，计算误差平方和，并作图比较效果。

(1) 二次函数；

(2) 三次函数；

(3) 四次函数；

(4) 函数 $C=a\exp[-b(t-c)^2]$。

实验9(病态)　考虑将区间[0,1]30等分节点，用多项式 $y=1+x+\cdots+x^5$ 生成数据，再分别用程序4.3、程序4.4和polyfit求其3次、5次、10次、15次插值多项式，分析误差产生原因。

实验10　在一丘陵地带测量高程，x 方向和 y 方向每隔100m测一个点，得高程数据如表4-14所示。试拟合一曲面，确定合适的模型，并由此找出最高点和该点的高程。

表4-14　实验10数据表

y \ x	100	200	300	400
100	636	697	624	478
200	698	712	630	478
300	680	674	598	412
400	662	626	552	334

实验11　某种合成纤维的强度 $y(\text{N/mm}^2)$ 与其拉伸倍数 x 有关，测得试验数据如表4-15所示。

表 4-15　实验 11 数据表

x_i	y_i	x_i	y_i	x_i	y_i
2.0	16	4.0	35	7.1	65
2.5	24	4.5	42	8.0	73
2.7	25	5.2	50	9.0	80
3.5	27	6.3	64	10.0	81

求对 x 与 y 的一次、二次拟合多项式。

实验 12　温度可以影响反应速率，即温度每升高 10K，反应速率增加 2～4 倍。Arrhenius 通过实验研究提出了活化能的概念，并揭示了反应的速率常数与温度的依赖关系，即 $k=Ae^{-\frac{E}{RT}}$，式中，k 是温度为 T 时反应的速率常数，R 是摩尔气体常数，A 是指前因子，E 是表观活化能。已知某反应速率常数 k 随反应温度 $1/T$ 变化的实验数据如表 4-16 所示。

表 4-16　实验 12 数据表

$10^{-4}/(RT)$	3.313	3.224	3.140	3.060	2.984
$\ln k$	−4.9370	−4.2864	−3.6119	−2.9528	−2.3314

根据表 4-16，用最小二乘法的线性拟合确定公式 $k=Ae^{-\frac{E}{RT}}$ 中的未知参数 A 和 E。

第5章 数值微积分

由积分学基本理论,定积分可由牛顿-莱布尼茨(Newton-Leibniz)公式计算。若在$[a,b]$上$F'(x)=f(x)$,则

$$\int_a^b f(x)\mathrm{d}x = F(b) - F(a)。$$

但是如第1章所述,对诸如$f(x)=\frac{1}{\ln x},\frac{\sin x}{x},\mathrm{e}^{-x^2}$之类的函数无法找到$f(x)$的原函数$F(x)$使$F'(x)=f(x)$。另外,有时还可能$f(x)$没有解析表达式,仅由一组离散数据$y_i=f(x_i)(i=0,1,\cdots,n)$给出。总之,牛顿-莱布尼茨公式只是理论上给出了对定积分进行计算的方法,解决实际问题中定积分的计算问题,主要还是依靠数值计算方法。

本章介绍定积分的常用数值算法及数值微分原理。5.1节介绍数值积分公式的构造方法,包括积分中值定理法、插值法和代数精度法,得到牛顿-科茨(Newton-Cotes)系列公式、高斯系列公式等;5.2节介绍了数值积分公式余项的推导;5.3节给出非常实用的复化求积法及相关的递推和步长选取技术;5.4节简单介绍了数值微分原理;5.5节介绍MATLAB数值微积分指令,并基于MATLAB讨论了广义积分和重积分的数值方法。

5.1 数值积分公式

1. 机械求积

记

$$I(f) = \int_a^b f(x)\mathrm{d}x,$$

则I为**泛函**(即将函数F映射为一个数)。由定积分中值定理,当$f(x)$在$[a,b]$上连续时,存在$\xi\in[a,b]$使

$$I(f) = (b-a)f(\xi)$$

(见图5-1)。据此,积分计算问题转化为对$f(\xi)$进行估计的问题。采用数值计算中常用的加权平均法,即取节点$x_0,x_1,\cdots,x_n\in[a,b]$,$x_0<x_1<\cdots<x_n$,由$f(x)$在$x_i(i=0,1,\cdots,n)$处的加权平均值

$$\sum_{i=0}^{n} C_i f(x_i)\left(\sum_{i=0}^{n} C_i = 1\right)$$

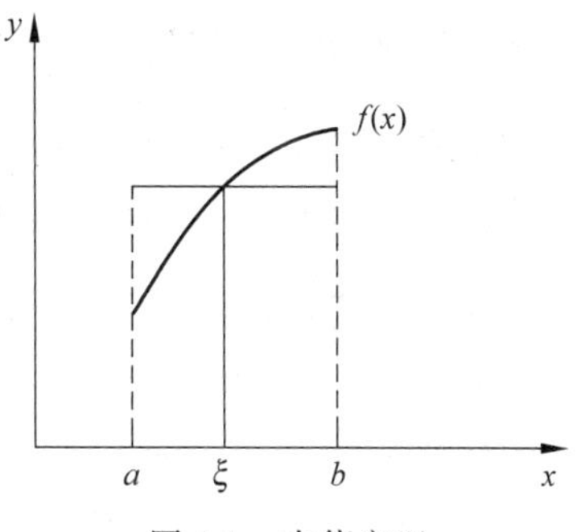

图5-1 中值定理

作为 $f(\xi)$的近似值,由此得到机械**求积公式** $Q(f)$(quadrature formula),即有

$$I(f)=\int_a^b f(x)\mathrm{d}x\approx Q(f)=(b-a)\sum_{i=0}^{n}C_i f(x_i)=\sum_{i=0}^{n}A_i f(x_i),\tag{5.1}$$

其中,$x_i(i=0,1,\cdots,n)$称为**求积节点**(quadrature knot);$A_i(i=0,1,\cdots,n)$称为**求积系数**(quadrature coefficient)。

例 5.1 当 $n=0$ 时,对应式(5.1),分别取 $x_0=a,b,c=\dfrac{a+b}{2}$ 得 3 个**矩形公式**。

(1) 左矩形公式:

$$I(f)\approx G_a(f)=(b-a)f(a);\tag{5.2}$$

(2) 右矩形公式:

$$I(f)\approx G_b(f)=(b-a)f(b);\tag{5.3}$$

(3) 中矩形公式:

$$I(f)\approx G_c(f)=(b-a)f(c)。\tag{5.4}$$

矩形公式的几何意义为:将矩形面积作为曲边梯形面积的近似值(见图 5-2)。

例 5.2 当 $n=1$ 时,对应式(5.1),取 $x_0=a,x_1=b,A_0=A_1=\dfrac{b-a}{2}$,得**梯形公式**(trapezoidal rule):

$$I(f)\approx T(f)=\frac{b-a}{2}[f(a)+f(b)]。\tag{5.5}$$

梯形公式的几何意义为:将梯形面积作为曲边梯形面积的近似值(见图 5-3)。

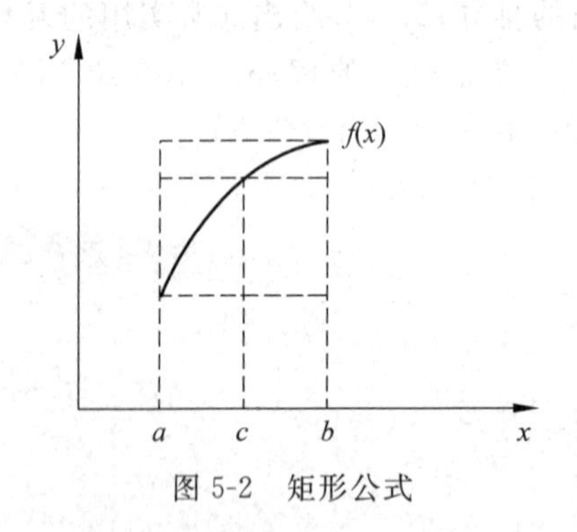

图 5-2 矩形公式

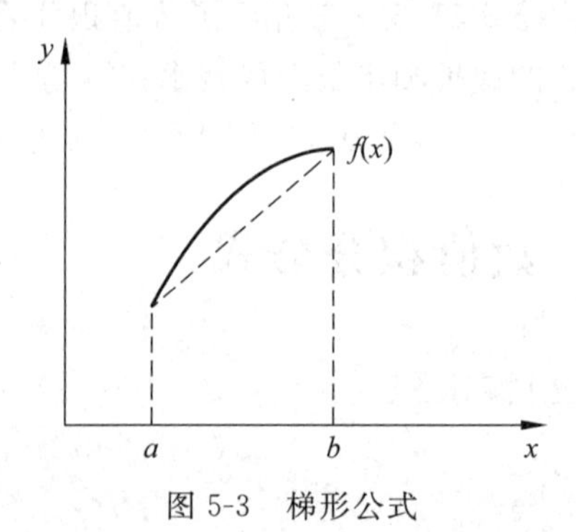

图 5-3 梯形公式

2. 牛顿-科茨公式

利用被积函数的插值函数进行积分是导出数值求积公式的一种常用方法。特别当取$[a,b]$上的等分节点时,由拉格朗日插值多项式可导出牛顿-科茨系列求积公式。

取 $h=\dfrac{b-a}{n}$,$x_i=a+ih(i=0,1,\cdots,n)$及

$$L_n(x)=\sum_{i=0}^{n}l_i(x)f(x_i)$$

为 $f(x)$关于节点 $x_i(i=0,1,\cdots,n)$的 n 次拉格朗日插值多项式。由 $f(x)\approx L_n(x)$得牛顿-科茨系列求积公式为

$$I(f)=\int_a^b f(x)\mathrm{d}x\approx\int_a^b L_n(x)\mathrm{d}x=\sum_{i=0}^{n}\left[\int_a^b l_i(x)\mathrm{d}x\right]f(x_i)=\sum_{i=0}^{n}A_if(x_i),$$

其中

$$A_i=\int_a^b l_i(x)\mathrm{d}x=\int_a^b\prod_{\substack{j\neq i\\ j=0}}^{n}\frac{x-x_j}{x_i-x_j}\mathrm{d}x,\quad i=0,1,\cdots,n。$$

例 5.3 由 $f(x)$以 a,b 为节点的线性插值得

$$I(f)=\int_a^b f(x)\mathrm{d}x\approx\int_a^b L_1(x)\mathrm{d}x=\int_a^b\left[\frac{x-b}{a-b}f(a)+\frac{x-a}{b-a}f(b)\right]\mathrm{d}x$$

$$=\frac{1}{b-a}\left[-\frac{1}{2}(x-b)^2f(a)+\frac{1}{2}(x-a)^2f(b)\right]_a^b=\frac{b-a}{2}[f(a)+f(b)],$$

恰为梯形公式(5.5)。

一般地,令 $x=a+th,C_i=A_i/(b-a)$,得

$$C_i=\frac{1}{b-a}\int_a^b\prod_{\substack{j\neq i\\ j=0}}^{n}\frac{x-x_j}{x_i-x_j}\mathrm{d}x=\frac{(-1)^{n-i}}{n\times i!(n-i)!}\int_0^n\prod_{\substack{j\neq i\\ j=0}}^{n}(t-j)\mathrm{d}t,$$

这里,C_i 是既不依赖于被积函数 $f(x)$,也不依赖于积分区间的常数,称为**科茨系数**。

特别地,当 $n=2,C_0=C_2=\frac{1}{6},C_1=\frac{2}{3}$,得以 $a,b,c=\frac{a+b}{2}$为节点的 2 阶牛顿-科茨求积公式为

$$I(f)=\int_a^b f(x)\mathrm{d}x\approx S(f)=\int_a^b L_2(x)\mathrm{d}x=\frac{b-a}{6}[f(a)+4f(c)+f(b)],\qquad(5.6)$$

式(5.6)称为**辛普森公式**(Simpson's rule)。与梯形公式相比,这是一个高效率的求积公式。

当 $n=4,C_0=C_4=\frac{7}{90},C_1=C_3=\frac{16}{45},C_2=\frac{2}{15}$,得 4 阶牛顿-科茨求积公式为

$$I(f)=\int_a^b f(x)\mathrm{d}x\approx C(f)$$

$$=\frac{b-a}{90}\left[7f(a)+32f\left(\frac{3a+b}{4}\right)+12f\left(\frac{a+b}{2}\right)+32f\left(\frac{a+3b}{4}\right)+7f(b)\right],\qquad(5.7)$$

式(5.7)称为**科茨公式或布尔公式**(Boole's rule)。

若将牛顿-科茨系列求积公式记为

$$I(f)=\int_a^b f(x)\mathrm{d}x\approx Q(f)=(b-a)\sum_{i=0}^{n}C_if(x_i),\qquad(5.8)$$

对于 $n\leqslant7$,均有 $\sum\limits_{i=0}^{n}C_i=1,C_i\geqslant0$;当 $n\geqslant8$ 时,C_i 中开始出现负数,这有可能影响求积公式(5.8)的稳定性。事实上若 $f(x_i)$有扰动 $\varepsilon_i(i=0,1,\cdots,n)$使求积公式

$$Q(f)=(b-a)\sum_{i=0}^{n}C_if(x_i)$$

产生偏差 $\Delta Q(f)$,则

$$|\Delta Q(f)|=\left|(b-a)\sum_{i=0}^{n}C_i[f(x_i)+\varepsilon_i]-(b-a)\sum_{i=0}^{n}C_if(x_i)\right|$$

$$= (b-a)\left|\sum_{i=0}^{n} C_i\varepsilon_i\right| \leqslant (b-a)\left(\sum_{i=0}^{n}|C_i|\right)\max_{0\leqslant i\leqslant n}|\varepsilon_i|。$$

当 C_i 非负，且 $\sum_{i=0}^{n} C_i = 1$ 时，有

$$|\Delta Q(f)| \leqslant (b-a)\max_{0\leqslant i\leqslant n}|\varepsilon_i|,$$

此时牛顿-科茨公式(5.8)数值稳定。又当 C_i 中出现负数时，虽然仍有 $\sum_{i=0}^{n} C_i = 1$(可由第 4 章习题 1 证明)，但可能由 $\sum_{i=0}^{n}|C_i| \gg 1$ 造成式(5.8)数值不稳定。由于数值稳定性问题以及拉格朗日插值不收敛，牛顿-科茨系列求积公式并不能通过无限度地提高阶数来提高计算精度，一般实际应用中牛顿-科茨系列求积公式阶数不超过 8 阶。

3. 代数精度

当泛函 $F(f)$ 对任意函数 f,g，实数 k,l 满足

$$F(kf+lg) = kF(f)+lF(g)$$

时，称 $F(f)$ 为**线性泛函**。显见机械求积公式(5.1)的左边 $I(f)$ 及右边 $Q(f)$ 均为线性泛函。

定义 5.1 设求积公式

$$I(f) = \int_a^b f(x)\mathrm{d}x \approx Q(f), \tag{5.9}$$

其中，$Q(f)$ 为一线性泛函。若式(5.9)对一切不超过 m 次多项式准确，而对 $m+1$ 次多项式不准确，则称式(5.9)有 m 次**代数精度**(algebraic accuracy)。

例 5.4 将 $f(x)\equiv\alpha$(常数)分别代入矩形公式(5.2)及梯形公式(5.5)得

$$I(f) = \int_a^b \alpha\mathrm{d}x = (b-a)\alpha,\quad G_a(f) = (b-a)\alpha,\quad T(f) = \frac{b-a}{2}(\alpha+\alpha) = (b-a)\alpha,$$

知 $G_a(f)$，$T(f)$ 均准确。再将 $f(x)=\alpha x+\beta$ 分别代入上述两公式得

$$I(f) = \int_a^b (\alpha x+\beta)\mathrm{d}x = \frac{\alpha}{2}(b^2-a^2)+\beta(b-a),\quad G_a(f) = (b-a)(\alpha a+\beta),$$

$$T(f) = \frac{b-a}{2}(\alpha a+\beta+\alpha b+\beta) = \frac{\alpha}{2}(b^2-a^2)+\beta(b-a),$$

知 $I(f)\neq G_a(f)$ 而 $I(f)=T(f)$，从而 $G_a(f)$ 只有零次代数精度而 $T(f)$ 至少有一次代数精度。最后对 $f(x)=x^2$，有

$$I(f) = \frac{b^3-a^3}{3} \neq T(f) = \frac{b-a}{2}(a^2+b^2),$$

知 $T(f)$ 有一次代数精度。

由定义验证求积公式(5.9)的代数精度十分不便，而利用 $I(f)$ 及 $Q(f)$ 均为线性泛函的特性可简化代数精度的验证过程。

性质 5.1 式(5.9)有 m 次代数精度的充要条件为式(5.9)对 $1,x,\cdots,x^m$ 准确，而对 x^{m+1} 不准确。

证明：只需证明充分性。设式(5.9)对 $1,x,\cdots,x^m$ 准确，而对 x^{m+1} 不准确，则对不超过 m 次多项式 $f(x)=a_0+a_1x+\cdots+a_mx^m$，由 $I(f)$ 及 $Q(f)$ 均为线性泛函得

$$I(f) = a_0I(1)+a_1I(x)+\cdots+a_mI(x^m) = a_0Q(1)+a_1Q(x)+\cdots+a_mQ(x^m) = Q(f),$$

知式(5.9)准确,而式(5.9)对 x^{m+1} 不准确,从而式(5.9)有 m 次代数精度。证毕。

例 5.5 由性质 5.1 讨论中矩形公式(5.4)与辛普森公式(5.6)的代数精度。

解 对 $f(x)=1$,有

$$G_c(f)=b-a,\quad S(f)=\frac{b-a}{6}(1+4+1)=b-a,$$

均准确;对 $f(x)=x$,有

$$G_c(f)=(b-a)\left(\frac{a+b}{2}\right)=\frac{b^2-a^2}{2},\quad S(f)=\frac{b-a}{6}[a+2(a+b)+b]=\frac{b^2-a^2}{2},$$

仍均准确;对 $f(x)=x^2$,有

$$G_c(f)=(b-a)\left(\frac{a+b}{2}\right)^2,\quad S(f)=\frac{b-a}{6}[a^2+(a+b)^2+b^2]=\frac{b^3-a^3}{3},$$

可知,式(5.4)不准确而式(5.6)准确。至此,由性质 5.1 知 $G_c(f)$ 有 1 次代数精度,而 $S(f)$ 至少有 2 次代数精度。按上述过程继续进行,可得 $S(f)$ 对 $f(x)=x^3$ 准确而对 $f(x)=x^4$ 不准确,从而 $S(f)$ 有 3 次代数精度。类似方法可验证科茨公式(5.7)有 5 次代数精度(见习题 1)。

一般地,可以证明 n 为奇数时,n 阶牛顿-科茨系列求积公式的代数精度为 n 次;n 为偶数时,n 阶牛顿-科茨系列求积公式的代数精度为 $n+1$ 次。

4. 高斯求积公式

对已知求积公式(5.9)可讨论它们的代数精度,反之也可按代数精度要求导出求积公式。考虑机械求积公式(5.1),当 $x_i(i=0,1,\cdots,n)$ 固定时(如牛顿-科茨系列求积公式中为等分节点),式(5.1)有 $n+1$ 个待定参数 $A_i(i=0,1,\cdots,n)$,故此时可要求它满足“对 $1,x,\cdots,x^n$ 准确”这样 $n+1$ 个约束条件,从而使之至少具有 n 次代数精度。例 5.4 及例 5.5 说明上述猜测是正确的。

进一步考虑将 $x_i(i=0,1,\cdots,n)$ 也视为待定参数,此时式(5.1)的待定参数达 $2n+2$ 个,从而可期望式(5.1)的代数精度达到 $2n+1$ 次,称此类高精度的求积公式为**高斯公式**(Gaussian quadrature rule),而对应 $x_i(i=0,1,\cdots,n)$ 称为$[a,b]$上的**高斯点**。

例 5.6 导出一点高斯公式

$$I(f)=\int_a^b f(x)\mathrm{d}x\approx A_0 f(x_0)。\tag{5.10}$$

解 由式(5.10)有 $2\times0+1=1$ 次代数精度知,式(5.10)对 $f(x)=1$ 及 $f(x)=x$ 均准确,得

$$\begin{cases}A_0=b-a,\\ x_0A_0=\dfrac{b^2-a^2}{2}\end{cases}\Rightarrow\begin{cases}A_0=b-a,\\ x_0=\dfrac{a+b}{2}\end{cases}\Rightarrow I(f)=\int_a^b f(x)\mathrm{d}x\approx(b-a)f\left(\frac{a+b}{2}\right),$$

恰为中矩形公式 $G_c(f)$,知$[a,b]$上的 1 阶高斯点为 $x_0=\dfrac{a+b}{2}$。

例 5.7 导出两点高斯公式

$$I(f)=\int_a^b f(x)dx\approx A_0f(x_0)+A_1f(x_1)。\tag{5.11}$$

解 由式(5.11)有 $2\times1+1=3$ 次代数精度知,式(5.11)对 $f(x)=1,f(x)=x,f(x)=$

x^2 及 $f(x)=x^3$ 准确,由此可得一个四元非线性方程组,求解困难。简化运算的方法为如下。

(1) 先设 $a=-1,b=1$,此时得

$$\begin{cases}A_0+A_1=2, & (1)\\ x_0A_0+x_1A_1=0, & (2)\\ x_0^2A_0+x_1^2A_1=2/3, & (3)\\ x_0^3A_0+x_1^3A_1=0。 & (4)\end{cases}$$

构造以 x_0,x_1 为根的辅助函数 $g(x)=(x-x_0)(x-x_1)=x^2+cx+d$,其中 c,d 为待定系数。易知 $g(x_0)=g(x_1)=0$。

分别由 $1\times(3)+c\times(2)+d\times(1)$ 和 $1\times(4)+c\times(3)+d\times(2)$ 得

$$\begin{cases}A_0g(x_0)+A_1g(x_1)=0=1\times\dfrac{2}{3}+c\times 0+d\times 2,\\ A_0x_0g(x_0)+A_1x_1g(x_1)=0=1\times 0+c\times\dfrac{2}{3}+d\times 0,\end{cases}$$

从而,有

$$\begin{cases}c=0,\\ d=-\dfrac{1}{3}。\end{cases}$$

因此,$g(x)=x^2-\dfrac{1}{3}=\left(x+\dfrac{1}{\sqrt{3}}\right)\left(x-\dfrac{1}{\sqrt{3}}\right)$。可得 $x_0=-\dfrac{1}{\sqrt{3}},x_1=\dfrac{1}{\sqrt{3}}$。由此再由(1)和(2)得 $A_0=A_1=1$,即有

$$\int_{-1}^{1}f(x)\mathrm{d}x\approx f\left(-\frac{1}{\sqrt{3}}\right)+f\left(\frac{1}{\sqrt{3}}\right)。\tag{5.12}$$

注意:这个方法的优点在于,把关于 x_0,x_1 的非线性方程组化为关于 c,d 的线性方程组(求以 x_0,x_1 为根的多项式系数),很容易求解。

(2) 对一般情形,只需通过线性变换将积分区间[a,b]变为[$-1,1$],即

$$\begin{aligned}\int_a^b f(x)\mathrm{d}x &\xlongequal{x=\frac{b-a}{2}t+\frac{a+b}{2}}\int_{-1}^{1}f\left(\frac{b-a}{2}t+\frac{a+b}{2}\right)\frac{b-a}{2}\mathrm{d}t\\ &\xlongequal{g(t)=f\left(\frac{b-a}{2}t+\frac{a+b}{2}\right)}\frac{b-a}{2}\int_{-1}^{1}g(t)\mathrm{d}t\\ &\approx\frac{b-a}{2}\left[g\left(-\frac{1}{\sqrt{3}}\right)+g\left(\frac{1}{\sqrt{3}}\right)\right]\\ &=\frac{b-a}{2}\left[f\left(-\frac{b-a}{2\sqrt{3}}+\frac{a+b}{2}\right)+f\left(\frac{b-a}{2\sqrt{3}}+\frac{a+b}{2}\right)\right],\end{aligned}$$

得有 3 次代数精度的两点高斯公式为

$$I(f)=\int_a^b f(x)\mathrm{d}x\approx\frac{b-a}{2}\left[f\left(-\frac{b-a}{2\sqrt{3}}+\frac{a+b}{2}\right)+f\left(\frac{b-a}{2\sqrt{3}}+\frac{a+b}{2}\right)\right],$$

[a,b]上的 2 阶高斯点为

$$x_0=-\frac{b-a}{2\sqrt{3}}+\frac{a+b}{2},\quad x_1=\frac{b-a}{2\sqrt{3}}+\frac{a+b}{2}。$$

更高阶的高斯公式可以由构造以节点 $x_0,x_1,\cdots,x_n$ 为根的辅助函数 $g(x)=(x-x_0)(x-x_1)\cdots(x-x_n)$ 来导出，但比较困难。以下不加证明地给出$[-1,1]$上高斯点的一般求解方法。

定理 5.1 $[-1,1]$上 n 阶高斯点恰为勒让德(Legendre)多项式$\frac{\mathrm{d}^n}{\mathrm{d}x^n}[(x^2-1)^n]$的根。

例 5.8 当 $n=1$ 时，由

$$\frac{\mathrm{d}^n}{\mathrm{d}x^n}[(x^2-1)^n]=\frac{\mathrm{d}}{\mathrm{d}x}(x^2-1)=2x,$$

得$[-1,1]$上 1 阶高斯点 $x_0=0$(结果与例 5.6 一致)。

当 $n=2$ 时，由

$$\frac{\mathrm{d}^n}{\mathrm{d}x^n}[(x^2-1)^n]=\frac{\mathrm{d}^2}{\mathrm{d}x^2}(x^4-2x^2+1)=12x^2-4,$$

得$[-1,1]$上 2 阶高斯点 $x_0=-\frac{1}{\sqrt{3}},x_1=\frac{1}{\sqrt{3}}$(结果与例 5.7 一致)。

当 $n=3$ 时，由

$$\frac{\mathrm{d}^n}{\mathrm{d}x^n}[(x^2-1)^n]=\frac{\mathrm{d}^3}{\mathrm{d}x^3}(x^6-3x^4+3x^2-1)=120x^3-72x,$$

得$[-1,1]$上 3 阶高斯点 $x_0=-\sqrt{\frac{3}{5}},x_1=0,x_2=\sqrt{\frac{3}{5}}$，然后再利用插值计算求积系数

$$A_i=\int_{-1}^{1}l_i(x)\mathrm{d}x,\quad i=0,1,\cdots,n。$$

或者用待定系数法解一线性方程组，可得三点高斯公式

$$\int_{-1}^{1}f(x)\mathrm{d}x=\frac{5}{9}f\left(-\sqrt{\frac{3}{5}}\right)+\frac{8}{9}f(0)+\frac{5}{9}f\left(\sqrt{\frac{3}{5}}\right) \tag{5.13}$$

具有 5 次代数精度。

5 阶以下高斯积分公式的高斯点和求积系数见表 5-1。

表 5-1 高斯积分公式的高斯点和求积系数

n	高斯点	求积系数	代数精度
0	0	2	1
1	$\pm 1/\sqrt{3}$	1	3
2	0 $\pm\sqrt{3/5}$	8/9 5/9	5
3	±0.861136 ±0.339981	0.347855 0.652145	7
4	0 ±0.906180 ±0.538469	0.568889 0.236927 0.478629	9

5.2 数值积分的余项

数值积分公式 $I(f)\approx Q(f)$ 能否应用于解决实际问题取决于其对误差的控制,这要求探讨相应的余项公式。以下通过一些实际例子讨论常用求积公式余项的导出方法。

引理 5.1(积分中值定理) 若 $f(x)$,$g(x)$ 均在 $[a,b]$ 上连续,且 $g(x)$ 在 $[a,b]$ 上不变号,则存在 $\eta\in[a,b]$ 使

$$\int_a^b f(x)g(x)\mathrm{d}x = f(\eta)\int_a^b g(x)\mathrm{d}x。\tag{5.14}$$

注意:直接用积分中值定理推导插值型求积公式余项会有问题。插值多项式余项中的参数 ξ 是自变量 x 的函数,但不一定是 x 的连续函数,因此不能直接用积分中值定理。为此,引入如下复合函数的积分中值定理。只要保证函数 $\xi(x)$ 满足在 $[a,b]$ 上封闭,就能避免此问题。

引理 5.2(复合函数的积分中值定理) 若 $f(x)$,$g(x)$ 均在 $[a,b]$ 上连续 ,$g(x)$ 在 $[a,b]$ 上不变号,且对于任意 $x\in[a,b]$,都有 $h(x)\in[a,b]$,则存在 $\eta\in[a,b]$ 使

$$\int_a^b f(h(x))g(x)\mathrm{d}x = f(\eta)\int_a^b g(x)\mathrm{d}x。\tag{5.14′}$$

证明 由于 $f(x)$ 在 $[a,b]$ 上连续,从而存在实数 m 和 M 分别为 $f(x)$ 在 $[a,b]$ 上的最小值和最大值。并且对于任意 $x\in[a,b]$,有 $h(x)\in[a,b]$,从而有 $f(h(x))\in[m,M]$。由于 $g(x)$ 在 $[a,b]$ 上不变号,不妨设 $g(x)\geqslant 0$,则

$$m\int_a^b g(x)\mathrm{d}x \leqslant \int_a^b f(h(x))g(x)\mathrm{d}x \leqslant M\int_a^b g(x)\mathrm{d}x。$$

若 $\int_a^b g(x)\mathrm{d}x = 0$,则由上式知 $\int_a^b f(h(x))g(x)\mathrm{d}x = 0$,从而式(5.14′)成立。

若 $\int_a^b g(x)\mathrm{d}x > 0$,则由上式得 $m \leqslant \dfrac{\int_a^b f(h(x))g(x)\mathrm{d}x}{\int_a^b g(x)\mathrm{d}x} \leqslant M$。

再由连续函数 $f(x)$ 的介值性质知,存在 $\eta\in[a,b]$,使得 $f(\eta) = \dfrac{\int_a^b f(h(x))g(x)\mathrm{d}x}{\int_a^b g(x)\mathrm{d}x}$,即式(5.14′)成立。

假设以下 $f(x)$ 相应阶的导函数都连续。

例 5.9 导出矩形公式

$$I(f) = \int_a^b f(x)\mathrm{d}x \approx G_a(f) = (b-a)f(a)$$

的余项 $R_{G_a}(f)=I(f)-G_a(f)$。

解 由拉格朗日微分中值定理,存在 $\xi(x)\in(a,x)\subset[a,b]$,使得

$$R_{G_a}(f) = \int_a^b f(x)\mathrm{d}x - \int_a^b f(a)\mathrm{d}x = \int_a^b [f(x)-f(a)]\mathrm{d}x = \int_a^b f'(\xi(x))(x-a)\mathrm{d}x。$$

由于这里 ξ 是 x 的函数,故一般有

$$\int_a^b f'(\xi(x))(x-a)\mathrm{d}x \neq f'(\xi(x))\int_a^b (x-a)\mathrm{d}x。$$

由引理 5.2，注意到“$x-a$”在$[a,b]$上不变号，得

$$R_{G_a}(f) = f'(\eta)\int_a^b (x-a)\mathrm{d}x = f'(\eta)\frac{(x-a)^2}{2}\bigg|_a^b = \frac{(b-a)^2}{2}f'(\eta)。\tag{5.15}$$

例 5.10　导出中矩形公式

$$I(f) = \int_a^b f(x)\mathrm{d}x \approx G_c(f) = (b-a)f(c)\left(c = \frac{a+b}{2}\right)$$

的余项 $R_{G_c}(f)=I(f)-G_c(f)$。

解　$R_{G_c}(f) = \int_a^b f(x)\mathrm{d}x - \int_a^b f(c)\mathrm{d}x = \int_a^b [f(x)-f(c)]\mathrm{d}x = \int_a^b f'(\xi(x))(x-c)\mathrm{d}x$。

由于“$x-c$”在$[a,b]$上变号，故无法应用引理 5.2。由泰勒公式得

$$\begin{aligned} R_{G_c}(f) &= \int_a^b [f(x)-f(c)]\mathrm{d}x = \int_a^b \left[f'(c)(x-c) + \frac{f''(\xi(x))}{2}(x-c)^2\right]\mathrm{d}x \\ &= f'(c)\int_a^b (x-c)\mathrm{d}x + \int_a^b \frac{f''(\xi(x))}{2}(x-c)^2\mathrm{d}x。\end{aligned}$$

注意到 $\int_a^b (x-c)\mathrm{d}x = 0$，而“$(x-c)^2$”在$[a,b]$上不变号，由引理 5.2 得

$$R_{G_c}(f) = \frac{f''(\eta)}{2}\int_a^b (x-c)^2\mathrm{d}x = \frac{(b-a)^3}{24}f''(\eta)。\tag{5.16}$$

注意：若不顾“$x-c$”在$[a,b]$上变号，进行以下计算：$R_{G_c}(f)=f'(\eta)\int_a^b (x-c)\mathrm{d}x = 0$，则得到十分荒谬的结论。

例 5.11　导出梯形公式

$$I(f) = \int_a^b f(x)dx \approx T(f) = \frac{b-a}{2}[f(a)+f(b)]$$

的余项 $R_T(f)=I(f)-T(f)$。

解　直观上较难看出 $T(f)$的积分形式，这里可由 $T(f)$为 1 阶牛顿-科茨系列求积公式来导出它的余项。根据例 5.3，若 $L_1(x)$为 $f(x)$以 a,b 为节点的线性插值，则由拉格朗日插值余项公式可得

$$T(f) = \int_a^b L_1(x)\mathrm{d}x \Rightarrow R_T(f) = \int_a^b [f(x)-L_1(x)]\mathrm{d}x = \int_a^b \frac{f''(\xi(x))}{2}(x-a)(x-b)\mathrm{d}x。$$

注意到“$(x-a)(x-b)$”在$[a,b]$上不变号，由引理 5.1 得

$$\begin{aligned} R_T(f) &= \frac{f''(\eta)}{2}\int_a^b (x-a)(x-b)\mathrm{d}x = \frac{f''(\eta)}{2}\int_a^b [(x-a)^2-(b-a)(x-a)]\mathrm{d}x \\ &= \frac{f''(\eta)}{2}\left[\frac{(x-a)^3}{3} - (b-a)\frac{(x-a)^2}{2}\right]_a^b \\ &= \frac{f''(\eta)}{2}\left(\frac{1}{3}-\frac{1}{2}\right)(b-a)^3 = -\frac{(b-a)^3}{12}f''(\eta)。\end{aligned}\tag{5.17}$$

例 5.12　导出辛普森公式

$$I(f) = \int_a^b f(x)\mathrm{d}x \approx S(f) = \frac{b-a}{6}[f(a)+4f(c)+f(b)]$$

的余项 $R_S(f)=I(f)-S(f)$。

解 按例 5.11 的方法可得

$$R_S(f)=\int_a^b[f(x)-L_2(x)]\mathrm{d}x=\int_a^b\frac{f'''(\xi(x))}{3!}(x-a)(x-b)(x-c)\mathrm{d}x,$$

其中,$L_2(x)$为 $f(x)$以 $a,b,c=\dfrac{a+b}{2}$为节点的抛物插值。由于"$(x-a)(x-b)(x-c)$"在$[a,b]$上变号,故无法直接应用引理 5.1。显见问题的实质在于"$x-c$"变号,由此使我们想到引进因子"$(x-a)(x-b)(x-c)^2$",而此恰好对应于某埃尔米特插值余项中的因子(第 4 章习题 4)。

取 $H(x)$为满足 $H(a)=f(a)$,$H(b)=f(b)$,$H(c)=f(c)$及 $H'(c)=f'(c)$的不超过 3 次多项式。由辛普森公式 $S(f)$(式(5.6))有 3 次代数精度及"$(x-a)(x-b)(x-c)^2$"不变号得

$$I(H)=S(H)=\frac{b-a}{6}[H(a)+4H(c)+H(b)]=\frac{b-a}{6}[f(a)+4f(c)+f(b)]=S(f)$$

$$\Rightarrow R_S(f)=I(f)-S(f)=I(f)-I(H)=\int_a^b[f(x)-H(x)]\mathrm{d}x$$

$$=\int_a^b\frac{f^{(4)}\xi(x)}{24}(x-a)(x-b)(x-c)^2\mathrm{d}x=\frac{f^{(4)}(\eta)}{24}\int_a^b(x-a)(x-b)(x-c)^2\mathrm{d}x$$

$$=-\frac{(b-a)^5}{2880}f^{(4)}(\eta)=-\frac{1}{90}\left(\frac{b-a}{2}\right)^5f^{(4)}(\eta)。\tag{5.18}$$

注意:用线性变换 $x=\dfrac{b-a}{2}t+\dfrac{a+b}{2}$,把 $x=\left[a,\dfrac{a+b}{2},b\right]$映射到 $t=[-1,0,1]$,可以化简余项证明中的多项式定积分计算。

以下两定理给出了一般牛顿-科茨系列求积公式与高斯系列公式的余项(证明略)。

定理 5.2 设

$$I(f)=\int_a^b f(x)\mathrm{d}x\approx Q(f)$$

为 n 阶牛顿-科茨系列求积公式,则余项为

$$R(f)=I(f)-Q(f)=\begin{cases}\dfrac{f^{(n+1)}(\eta)}{(n+1)!}\displaystyle\int_a^b\omega(x)\mathrm{d}x, & n\text{ 为奇数},\\ \dfrac{f^{(n+2)}(\eta)}{(n+2)!}\displaystyle\int_a^b(x-c)\omega(x)\mathrm{d}x, & n\text{ 为偶数},\end{cases}\tag{5.19}$$

其中,$\omega(x)=\prod\limits_{j=0}^{n}(x-x_j)$,$x_j=a+jh$,$h=\dfrac{b-a}{n}$;$c=\dfrac{a+b}{2}$。

定理 5.3 设

$$I(f)=\int_a^b f(x)\mathrm{d}x\approx Q(f)=\sum_{i=0}^{n}A_if(x_i)$$

为高斯公式($x_i(i=0,1,\cdots,n)$为$[a,b]$上 $n+1$ 阶高斯点),则余项为

$$R(f)=I(f)-Q(f)=\frac{f^{(2n+2)}(\eta)}{(2n+2)!}\int_a^b\omega^2(x)\mathrm{d}x,\tag{5.20}$$

其中,$\omega(x)=\prod\limits_{j=0}^{n}(x-x_j)$。

5.3 复化求积法与步长的选取

由于多项式插值一般不具有收敛性，要提高数值积分的精度仅靠提高求积公式的阶数是无济于事的，甚至还会出现数值不稳定。

在定积分的定义中，它的背景为通过矩形面积来计算曲边梯形的面积。具体地说，是将曲边梯形的面积视为无数小矩形面积之和的极限。与插值问题一样，我们采用“分段”的思想来达到收敛性。设 $a=x_0<x_1<\cdots<x_n=b$，由定积分性质知

$$I(f)=\int_a^b f(x)\mathrm{d}x=\sum_{i=1}^{n}\int_{x_{i-1}}^{x_i} f(x)\mathrm{d}x。\tag{5.21}$$

应用数值求积公式对式(5.21)中的积分 $\int_{x_{i-1}}^{x_i} f(x)\mathrm{d}x$ 进行数值计算，从而得到 $I(f)$ 数值解的方法称为**复化求积法**。

1. 定步长梯形法

取 $h=\frac{b-a}{n}$，$x_i=a+ih(i=0,1,\cdots,n)$，由梯形公式及式(5.21)得

$$\begin{aligned}I(f)&=\int_a^b f(x)\mathrm{d}x\approx T_n(f)\\&=\sum_{i=1}^{n}\frac{h}{2}\left[f(x_{i-1})+f(x_i)\right]=\frac{h}{2}\left[f(a)+f(b)+2\sum_{i=1}^{n-1}f(x_i)\right],\end{aligned}\tag{5.22}$$

称式(5.22)为**复化梯形公式**(composite trapezoidal rule)。又由梯形公式的余项式(5.17)，得式(5.22)的余项为

$$R_{T_n}(f)=I(f)-T_n(f)=\sum_{i=1}^{n}\left[-\frac{h^3}{12}f''(\eta_i)\right]=-\frac{h^2}{12}(b-a)\left[\frac{1}{n}\sum_{i=1}^{n}f''(\eta_i)\right]。$$

当 $f''(x)$ 在 $[a,b]$ 上连续时，记

$$m=\min_{a\leqslant x\leqslant b}f''(x),\quad M=\max_{a\leqslant x\leqslant b}f''(x)\Rightarrow m\leqslant\frac{1}{n}\sum_{i=1}^{n}f''(\eta_i)\leqslant M。$$

由连续函数的介值定理知，存在 $\eta\in[a,b]$ 使

$$f''(\eta)=\frac{1}{n}\sum_{i=1}^{n}f''(\eta_i),$$

得到复化梯形公式的余项为

$$R_{T_n}(f)=-\frac{h^2}{12}(b-a)f''(\eta)。\tag{5.23}$$

当 $|f''(x)|\leqslant M_2$ 时，可由

$$|R_{T_n}(f)|=\left|-\frac{h^2}{12}(b-a)f''(\eta)\right|\leqslant\frac{(b-a)^3}{12n^2}M_2\leqslant\varepsilon$$

选取适当的步长 $h=\frac{b-a}{n}$ 来控制复化梯形公式的计算精度，称这种方法为**定步长梯形法**。

2. 定步长辛普森法

取 $h=\frac{b-a}{n}, x_i=a+ih(i=0,1,\cdots,n), x_{i-\frac{1}{2}}=\frac{x_{i-1}+x_i}{2}=x_i-\frac{h}{2}(i=1,2,\cdots,n)$,由辛普森公式及复化求积法得

$$
\begin{aligned}
I(f)=\int_a^b f(x)\mathrm{d}x \approx S_n(f) &= \sum_{i=1}^{n}\frac{h}{6}\left[f(x_{i-1})+f(x_i)+4f(x_{i-\frac{1}{2}})\right] \\
&= \frac{h}{6}\left[f(a)+f(b)+2\sum_{i=1}^{n-1}f(x_i)+4\sum_{i=1}^{n}f(x_{i-\frac{1}{2}})\right],
\end{aligned} \tag{5.24}
$$

称式(5.24)为**复化辛普森公式**(composite Simpson's rule)。类似于复化梯形公式余项的讨论,由辛普森公式的余项得复化辛普森公式的余项(见习题 6)为

$$
R_{s_n}(f)=I(f)-S_n(f)=-\frac{h^4}{2880}(b-a)f^{(4)}(\eta)。 \tag{5.25}
$$

同样,当 $|f^{(4)}(x)|\leqslant M_4$ 时,可由

$$
|R_{s_n}(f)|\leqslant \frac{(b-a)^5}{2880n^4}M_4\leqslant \varepsilon
$$

选取适当的步长 $h=\frac{b-a}{n}$ 来控制复化辛普森公式计算的精度,称这种方法为**定步长辛普森法**。

例 5.13 分别讨论利用复化梯形公式或复化辛普森公式计算积分 $I=\int_0^1\frac{\sin x}{x}\mathrm{d}x$ 时,若欲使结果的误差限为10^{-4},则应将[0,1]几等分?并计算结果。

解 由

$$
f(x)=\frac{\sin x}{x}=\int_0^1\cos(tx)\mathrm{d}t \Rightarrow f^{(k)}(x)=\int_0^1\frac{\mathrm{d}^k}{\mathrm{d}x^k}(\cos(tx))\mathrm{d}t=\int_0^1 t^k\cos\left(tx+\frac{k\pi}{2}\right)\mathrm{d}t
$$

$$
\Rightarrow |f^{(k)}(x)|\leqslant\int_0^1\left|t^k\cos\left(tx+\frac{k\pi}{2}\right)\right|\mathrm{d}t\leqslant\int_0^1 t^k\mathrm{d}t=\frac{1}{k+1}。
$$

从而,有

$$
|R_{T_n}(f)|=\left|-\frac{1}{12n^2}f''(\eta)\right|\leqslant\frac{1}{12n^2}\cdot\frac{1}{2+1}=\frac{1}{36n^2}\leqslant 10^{-4}\Rightarrow n=17。
$$

这时 $h=1/17, x_i=i/17$,由式(5.22)求得(注意:sin0/0 用其极限值 1 代入)

$$
I\approx T_{17}=0.9459962。
$$

由

$$
|R_{s_n}(f)|=\left|-\frac{1}{2880n^4}f^{(4)}(\eta)\right|\leqslant\frac{1}{2880n^4}\times\frac{1}{4+1}=\frac{1}{14400n^4}\leqslant 10^{-4}\Rightarrow n=1。
$$

这时 $h=1, x_0=0, x_{1/2}=0.5, x_1=1$,由式(5.24)求得(注意:sin0/0 用其极限值 1 代入)

$$
I\approx S_1=0.9461459。
$$

由本例可见,与梯形公式相比,辛普森公式确实是一个高效率的求积公式。对于上述同样的精度,用梯形公式计算需计算 18 个节点,而用辛普森公式计算只需计算 3 个节点。

3. 变步长梯形法与龙贝格(Romberg)公式

在数值求积过程中,步长的选取是一个困难的问题,由余项公式确定步长时,由于涉及

高阶导数估计,实际中难以使用。实际应用中求积主要依靠自动选择步长的方法。对给定的n,当由梯形公式$I(f)\approx T_n(f)$计算不能满足精度要求时,可考虑进一步由$I(f)\approx T_{2n}(f)$计算。为在由后者$T_{2n}(f)$计算时充分利用前者$T_n(f)$的信息,以下探求$T_n(f)$与$T_{2n}(f)$的递推关系。

取$h=\dfrac{b-a}{n}$,$x_i=a+ih(i=0,1,\cdots,n)$,$x_{i-\frac{1}{2}}=\dfrac{x_{i-1}+x_i}{2}=x_i-\dfrac{h}{2}(i=1,2,\cdots,n)$,由式(5.22)得

$$T_{2n}(f)=\frac{h/2}{2}\left[f(a)+f(b)+2\sum_{i=1}^{n-1}f(x_i)+2\sum_{i=1}^{n}f(x_{i-\frac{1}{2}})\right],$$

从而,有

$$T_{2n}(f)=\frac{1}{2}T_n(f)+\frac{h}{2}\sum_{i=1}^{n}f(x_{i-\frac{1}{2}}),\tag{5.26}$$

式(5.26)称为**变步长梯形公式**。由式(5.26)可方便地逐级计算$T_1,T_2,T_4,\cdots$。而在增加新节点时,不浪费原先的计算量,并且可由$|T_{2n}(f)-T_n(f)|\leqslant\varepsilon$控制计算精度。

由复化梯形公式余项式(5.23)得

$$R_{T_{2n}}(f)=-\frac{(h/2)^2}{12}(b-a)f''(\tilde{\eta}),$$

如果$f''(\eta)\approx f''(\tilde{\eta})$,有

$$\frac{R_{T_{2n}}(f)}{R_{T_n}(f)}=\frac{I(f)-T_{2n}(f)}{I(f)-T_n(f)}\approx\frac{1}{4}\Rightarrow I(f)\approx\frac{4}{3}T_{2n}(f)-\frac{1}{3}T_n(f)。$$

自然猜测"是否$Q(f)=\dfrac{4}{3}T_{2n}(f)-\dfrac{1}{3}T_n(f)$的精度比$T_{2n}(f)$更高"?回答此问题只需实施实际计算。事实上,由式(5.22)得

$$\begin{aligned}\frac{4}{3}T_{2n}(f)-\frac{1}{3}T_n(f)&=\frac{4}{3}\left[\frac{1}{2}T_n(f)+\frac{h}{2}\sum_{i=1}^{n}f(x_{i-\frac{1}{2}})\right]-\frac{1}{3}T_n(f)\\&=\frac{1}{3}T_n(f)+\frac{2h}{3}\sum_{i=1}^{n}f(x_{i-\frac{1}{2}})\\&=\frac{1}{3}\left\{\frac{h}{2}\left[f(a)+f(b)+2\sum_{i=1}^{n-1}f(x_i)\right]\right\}+\frac{2h}{3}\sum_{i=1}^{n}f(x_{i-\frac{1}{2}})\\&=\frac{h}{6}\left[f(a)+f(b)+2\sum_{i=1}^{n-1}f(x_i)+4\sum_{i=1}^{n}f(x_{i-\frac{1}{2}})\right],\end{aligned}$$

恰为复化辛普森公式,即

$$S_n(f)=\frac{4}{3}T_{2n}(f)-\frac{1}{3}T_n(f),\tag{5.27}$$

这就证实了上述猜测。依此思路进一步探讨复化辛普森公式的余项式(5.25),记

$$R_{S_{2n}}(f)=-\frac{(h/2)^4}{2880}(b-a)f^{(4)}(\tilde{\eta}),$$

由

$$\frac{R_{S_{2n}}(f)}{R_{S_n}(f)}=\frac{I(f)-S_{2n}(f)}{I(f)-S_n(f)}\approx\frac{1}{16}$$

$$\Rightarrow I(f) \approx \frac{16}{15}S_{2n}(f) - \frac{1}{15}S_n(f)。\tag{5.28'}$$

可以验证

$$C_n(f) = \frac{16}{15}S_{2n}(f) - \frac{1}{15}S_n(f)\tag{5.28}$$

恰为由科茨公式(5.7)导出的复化科茨公式。同样由科茨公式余项(见定理 5.2)可得

$$I(f) \approx \frac{64}{63}C_{2n}(f) - \frac{1}{63}C_n(f),$$

记

$$R_n(f) = \frac{64}{63}C_{2n}(f) - \frac{1}{63}C_n(f)。\tag{5.29}$$

值得注意的是,$T_n(f)$,$S_n(f)$,$C_n(f)$均由牛顿-科茨系列求积公式导出,而 $R_n(f)$不能由牛顿-科茨系列求积公式导出(见习题 9)。

式(5.26)～式(5.29)统称为**龙贝格公式**,计算可按图 5-4 进行,由$|R_{2n}(f)-R_n(f)|\leqslant\varepsilon$ 控制计算精度。

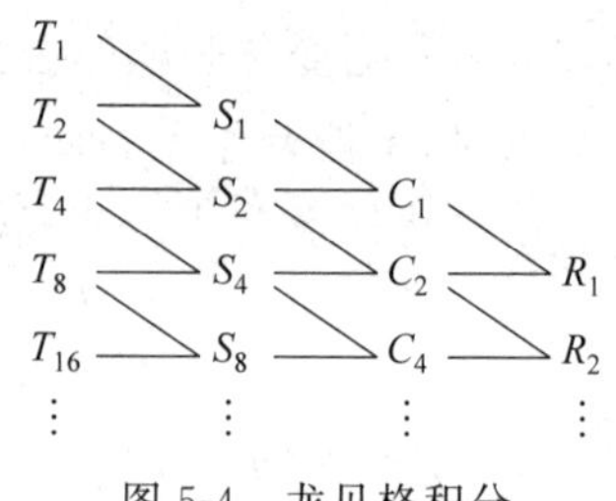

图 5-4 龙贝格积分

例 5.14 用龙贝格积分公式计算积分 $I=\int_0^1 \frac{\sin x}{x}\mathrm{d}x$ 时,要求结果的误差限为 0.5×10^{-6}。

解 先由式(5.26)计算 $T_1,\cdots,T_{16}$,再用式(5.27)～式(5.29)计算,计算结果如表 5-2 所示。

表 5-2 例 5.14 计算结果

$T_1=0.9207355$			
$T_2=0.9397933$	$S_1=0.9461459$		
$T_4=0.9445135$	$S_2=0.9460869$	$C_1=0.9460830$	
$T_8=0.9456909$	$S_4=0.9460833$	$C_2=0.9460830$	$R_1=0.9460830$
$T_{16}=0.9459850$	$S_8=0.9460831$	$C_4=0.9460831$	$R_2=0.9460831$

由于$|R_2-R_1|\leqslant 0.5\times10^{-6}$,已达到计算精度。

注意:本例主要计算量在计算梯形积分部分,调用被积函数 17 次。这时 T_{16} 只有 3 位有效数字,经过龙贝格公式的简单加工可达到 6 位有效数字。容易通过例 5.13 的方法可知,若用定步长梯形法达到该精度需要调用函数 3465 次。

4. 自适应步长法

龙贝格积分公式尽管具有很高的精度,但是它必须采用等步长方法,这限制了它的效率。下面我们介绍一种更加灵活选取步长的方法,它根据被积函数的陡缓自动选择局部步长,称为**自适应步长法**(adaptive quadrature)。

以辛普森积分法为例,考虑某区间$[a_k,b_k]$,记 $h_k=b_k-a_k$,考虑该区间上的辛普森积分和二等分以后的两个辛普森积分和,即

$$S_1 = \frac{h_k}{6}\left[f(a_k)+4f\left(a_k+\frac{1}{2}h_k\right)+f(b_k)\right],\tag{5.30}$$

$$S_2 = \frac{h_k}{12}\left[f(a_k) + 4f\left(a_k + \frac{1}{4}h_k\right) + 2f\left(a_k + \frac{1}{2}h_k\right) + 4f\left(a_k + \frac{3}{4}h_k\right) + f(b_k)\right], \tag{5.31}$$

根据复化辛普森公式的余项式(5.28′)得

$$I(f) - S_2 \approx \frac{1}{15}(S_2 - S_1)。 \tag{5.32}$$

这样，当 $\Delta = |0.1(S_2 - S_1)| \leqslant \varepsilon$ $\left(考虑到式(5.32)仅为约等式，将\frac{1}{15}改为\frac{1}{10}\right)$时，可认为区间$[a_k, b_k]$上辛普森积分 S_2 达到精度 ε。

自适应步长辛普森法从$[a,b]$开始按式(5.30)～式(5.32)的方法检查精度 ε，若满足精度则以 S_2 为计算结果，否则分成两个小区间各自重复上述过程，每个小区间精度用 $\varepsilon/2$。这样重复下去，直至每个分段部分达到相应精度(步长为 $h=(b-a)/2^k$ 时精度为 $\varepsilon/2^k$)，这样不同段的步长可能是不一样的，积分结果为每一小段积分的总和。

例 5.15　用自适应步长辛普森法计算积分 $\int_{1.5}^{5} \frac{1}{\ln x} dx$，要求结果有 3 位有效数字。

解　这里 $\varepsilon = 0.005$，先考虑$[1.5,5]$，由式(5.30)～式(5.32)计算得 $S_1 = 3.7808$，$S_2 = 3.5675$，$\Delta = 0.021 > \varepsilon$，需要二分。

考虑$[1.5,3.25]$，由式(5.30)～式(5.32)计算得 $S_1 = 2.3155$，$S_2 = 2.2667$，$\Delta = 0.005 > \varepsilon/2$，需要二分。

考虑$[1.5,2.375]$，由式(5.30)～式(5.32)计算得 $S_1 = 1.4102$，$S_2 = 1.4027$，$\Delta = 0.00075 < \varepsilon/4$，该区间终止。

考虑$[2.375,3.25]$，由式(5.30)～式(5.32)计算得 $S_1 = 0.8564$，$S_2 = 0.8562$，$\Delta = 0.00002 < \varepsilon/4$，该区间终止。

考虑$[3.25,5]$，由式(5.30)～式(5.32)计算得 $S_1 = 1.2520$，$S_2 = 1.2515$，$\Delta = 0.0005 < \varepsilon/2$，该区间终止。

至此，全部分段已探明。将 3 个终止区间的 S_2 相加得积分数值解为 3.5104。这里共使用了 4 个端点，调用函数 13 次，如果用等步长辛普森法达到该精度，需要调用函数 17 次。主要原因是自适应步长利用了函数的陡缓自动选择局部步长，变化快的地方细分，变化慢的地方粗分(见图 5-5)。

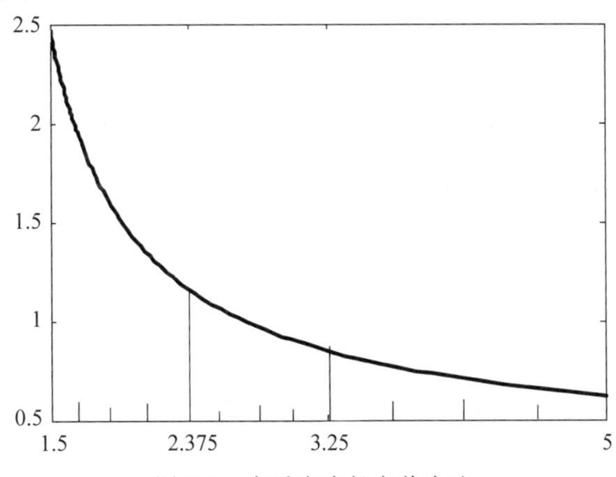

图 5-5　自适应步长辛普森法

5. 算法与程序

程序 5.1 (定步长梯形法)

```
function t=natrapz(fname,a,b,n)
%用途:定步长梯形法求函数的积分
%格式:t=natrapz(fname,a,b,n)。其中,fname 是被积函数,a,b 分别为下上限,n 为等分数
h=(b-a)/n;
fa=fname(a); fb=fname(b); f=fname(a+h:h:b-h+0.001*h);
t=h*(0.5*(fa+fb)+sum(f));
```

以下程序用于求解例 5.13:

```
>>format long; natrapz(@(x) sin(x)./x,eps,1,16),format short;
ans=
  0.94599622524238
```

注意:这里程序中节点 b—h 加小量 0.001 * h 是为了防止由于作实数相等时遗漏端点,而执行计算时加小量 eps 是为了避开 sin0/0 定义无意义。

高斯积分公式可使用式(5.21)及

$$\int_a^b f(x)\mathrm{d}x \xlongequal{x=\frac{b-a}{2}t+\frac{a+b}{2}} \int_{-1}^{1} f\left(\frac{b-a}{2}t+\frac{a+b}{2}\right)\frac{b-a}{2}\mathrm{d}t$$

进行高斯复化求积。

程序 5.2 (定步长高斯积分)

```
function g=nagsint(fname,a,b,n,m)
%用途:定步长高斯法求函数的积分
%格式:g=nagsint(fname,a,b,n,m)。其中,fname 是被积函数,a,b 分别为下上限,n 为等分数,
%      m 为每段高斯点数
switch m
case 1
    t=0,A=2;
case 2
    t=[-1/sqrt(3),1/sqrt(3)]; A=[1,1];
case 3
    t=[-sqrt(0.6),0,sqrt(0.6)]; A=[5/9,8/9,5/9];
case 4
    t=[-0.861136 -0.339981 0.339981 0.861136];
A=[0.347855 0.652145 0.652145 0.347855];
case 5
    t=[-0.906180 -0.538469 0 0.538469 0.906180];
    A=[0.236927 0.478629 0.568889 0.478629 0.236927];
otherwise
    error('本程序 Gauss 点数只能取 1,2,3,4,5');
end
```

```
x=linspace(a,b,n+1);
g=0;
for i=1:n
    g=g+gsint(fname,x(i),x(i+1),A,t);
end
%子函数
function g=gsint(fname,a,b,A,t)
g=(b-a)/2*sum(A.* fname((b-a)/2*t+(a+b)/2));
```

以下程序用于解例 5.13：

```
>>format long; nagsint(@(x) sin(x)./x,eps,1,2,3),format short;
ans=
  0.94608307134303
```

这里使用 2 段复化三点高斯公式，调用函数 6 次，已达到很高精度(8 位有效数字)。

龙贝格求积过程还可在式(5.29)的基础上继续进行下去。龙贝格求积一般迭代形式为

$$T_{i+1}^{j+1}(f)=\frac{4^j}{4^j-1}T_{i+1}^{j}(f)-\frac{1}{4^j-1}T_i^j(f),\quad j\leqslant i=1,2,\cdots,$$

T_2^2 得辛普森公式 $S_1(f)$，T_3^3 得科茨公式 $C_1(f)$，由 $|T_i^i(f)-T_{i-1}^{i-1}(f)|\leqslant\varepsilon$ 控制计算精度。

程序 5.3 (龙贝格求积)

```
function t=naromberg(fname,a,b,e)
%用途：龙贝格法求函数的积分
%格式：t=naromberg(fname,a,b,e)。 其中，fname 是被积函数，a,b 分别为下上限，
%       e 为精度(默认 1e-4)
if nargin<4,e=1e-4; end;
i=1; j=1; h=b-a;
T(i,1)=h/2*(fname(a)+fname(b));
T(i+1,1)=T(i,1)/2+sum(fname(a+h/2:h:b-h/2+0.001*h))*h/2;
T(i+1,j+1)=4^j*T(i+1,j)/(4^j-1)-T(i,j)/(4^j-1);
while abs(T(i+1,i+1)-T(i,i))>e
    i=i+1;h=h/2;
    T(i+1,1)=T(i,1)/2+sum(fname(a+h/2:h:b-h/2+0.001*h))*h/2;
    for j=1:i
        T(i+1,j+1)=4^j*T(i+1,j)/(4^j-1)-T(i,j)/(4^j-1);
    end
end
T
t=T(i+1,j+1);
```

以下程序用于解例 5.14：

```
>>format long; naromberg(@(x) sin(x)./x,eps,1,0.5e-6),format short;
T=
```

```
  0.92073549240395                  0                  0                  0
  0.93979328480618  0.94614588227359                  0                  0
  0.94451352166539  0.94608693395179  0.94608300406367                  0
  0.94569086358270  0.94608331088847  0.94608306935092  0.94608307038722
ans=
  0.94608307038722
```

程序 5.4 (自适应辛普森法)

```
function [q,srm,err]=naadapt(fname,a,b,e)
%用途:自适应辛普森法求函数的积分
%格式:[q,srm,err]=naadapt(fname,a,b,e)。其中,fname 是被积函数;a,b 分别为下上限;
%     e 为精度;srm 返回计算过程,其第一列为小区间左端点,第二列为小区间右端点,第三
%     列为小区间积分值,第四列为二分小区间积分值,第五列为小区间积分值误差估计,
%     第六列为小区间积分值控制精度;q 为 srm 第四列的和,
%     返回积分值;err 为误差估计
srm=zeros(30,6);
it=0; done=1; m=1;
sr=simpson(fname,a,b,e);
srm(1,1:6)=sr;
state=it;
while(state==it)
    n=m;
    for j=n:-1:1
        p=j;
        sr0=srm(p,:);
        err=sr0(5); e=sr0(6);
        if e< =err
            state=done;
            a=sr0(1); b=sr0(2); err=sr0(5); e=sr0(6);
            c=0.5*(a+b);e2=0.5*e;
            sr1=simpson(fname,a,c,e2);
            sr2=simpson(fname,c,b,e2);
            err=abs(sr0(3)-sr1(3)-sr2(3))/10;
            if err< e
                srm(p,:)=sr0;
                srm(p,4)=sr1(3)+sr2(3);
                srm(p,5)=err;
            else
                srm(p+1:m+1,:)=srm(p:m,:);
                m=m+1;
                srm(p,:)=sr1;
                srm(p+1,:)=sr2;
                state=it;
            end
        end
```

```
    end
end
q=sum(srm(:,4));
err=sum(abs(srm(:,5)));
srm=srm(1:m,:);
function z=simpson(fname,a,b,e)
h=b-a;c=0.5*(a+b);
f=fname([a c b]);
s=h*(f(1)+4*f(2)+f(3))/6;
s2=s;err=e;
z=[a b s s2 err e];
```

以下程序用于解例 5.15：

```
>>[q,srm,err]=naadapt(@(x)1./log(x),1.5,5,5e-3)
q=
    3.5104
srm=
    1.5000    2.3750    1.4102    1.4027    0.0007    0.0013
    2.3750    3.2500    0.8564    0.8562    0.0000    0.0013
    3.2500    5.0000    1.2520    1.2515    0.0000    0.0025
err=
  8.1956e-004
```

5.4　数值微分法

1. 差商法

由导数定义可得到一些简单的数值微分(numerical differentiation)公式。

已知 $f(x)$在 $x=a$ 处的导数为

$$f'(a)=\lim_{\Delta x\to 0}\frac{f(a+\Delta x)-f(a)}{\Delta x}。\tag{5.33}$$

在式(5.33)中分别取 $\Delta x=h$ 及 $\Delta x=-h(h>0)$得

$$f'(a)\approx\frac{f(a+h)-f(a)}{h},\tag{5.34}$$

$$f'(a)\approx\frac{f(a)-f(a-h)}{h},\tag{5.35}$$

式(5.34)和式(5.35)分别称为**向前差商**(forward difference quotient)公式与**向后差商**(backward difference quotient)公式。又将式(5.34)与式(5.35)平均得

$$f'(a)\approx\frac{f(a+h)-f(a-h)}{2h},\tag{5.36}$$

式(5.36)称为**中心差商**(central difference quotient)公式。式(5.34)～式(5.36)的几何意义均表示用割线的斜率近似代替切线的斜率(见图 5-6)。

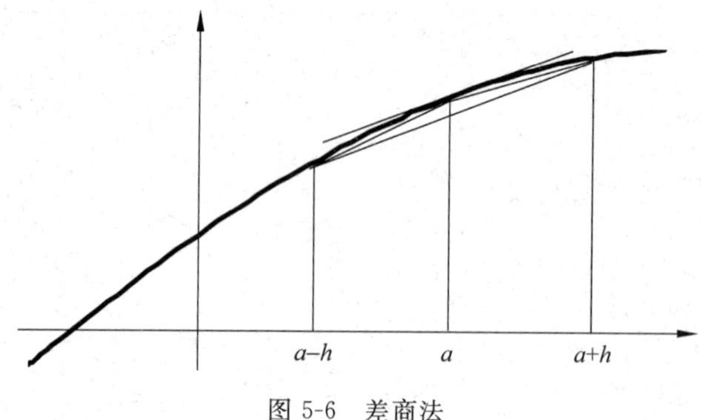

图 5-6 差商法

2. 插值型求导公式

设 $L_n(x)$为 $f(x)$关于节点 $x_i(i=0,1,\cdots,n)$的 n 阶拉格朗日插值多项式,则

$$f(x)\approx L_n(x)。$$

考虑由

$$f'(x)\approx L_n'(x) \tag{5.37}$$

得到相应的数值微分公式。分析式(5.37)的余项

$$\begin{aligned}R(x)&=f'(x)-L_n'(x)=[f(x)-L_n(x)]'=\left[\frac{f^{(n+1)}(\xi)}{(n+1)!}\omega(x)\right]'\\&=\frac{f^{(n+1)}(\xi)}{(n+1)!}\omega'(x)+\frac{\mathrm{d}}{\mathrm{d}x}\left[\frac{f^{(n+1)}(\xi)}{(n+1)!}\right]\omega(x)\left(\omega(x)=\prod_{j=0}^{n}(x-x_j)\right),\end{aligned}$$

发现其中第二项$\frac{\mathrm{d}}{\mathrm{d}x}\left[\frac{f^{(n+1)}(\xi)}{(n+1)!}\right]$一般无法控制(注意 ξ 与 x 有关)。但是,当 x 为某节点 x_i 时,$\omega(x)=0$,这时式(5.37)的余项

$$R(x)=\frac{f^{(n+1)}(\xi)}{(n+1)!}\omega'(x) \tag{5.38}$$

可控制,因此可由式(5.37)导出节点 x_i 的数值微分公式为

$$f'(x_i)\approx L_n'(x_i),\quad i=0,1,\cdots,n。$$

例 5.16 取 $x_0=a,x_1=a+h$,得

$$L_1(x)=f(a)+\frac{f(a+h)-f(a)}{a+h-a}(x-a)\Rightarrow L_1'(x)=\frac{f(a+h)-f(a)}{h},$$

从而有

$$f'(a)\approx L_1'(a)=\frac{f(a+h)-f(a)}{h},$$

恰为向前差商公式(5.34)。对应

$$\omega(x)=(x-a)(x-a-h)=(x-a)^2-h(x-a)\Rightarrow\omega'(x)=2(x-a)-h,$$

得式(5.34)的余项为

$$f'(a)-L_1'(a)=\frac{f''(\xi)}{2}\omega'(a)=-\frac{h}{2}f''(\xi)。$$

同样,取 $x_0=a-h,x_1=a$,由线性插值可得向后差商公式(5.35)及其余项(见习题 10)。

例 5.17 取 $x_0=a-h,x_1=a,x_2=a+h$,得

$$L_2(x)=\frac{(x-a)(x-a-h)}{(a-h-a)(a-h-a-h)}f(a-h)+\frac{(x-a+h)(x-a-h)}{(a-a+h)(a-a-h)}f(a)$$

$$+\frac{(x-a+h)(x-a)}{(a+h-a+h)(a+h-a)}f(a+h)$$

$$=\frac{(x-a)^2-h(x-a)}{2h^2}f(a-h)+\frac{(x-a)^2-h^2}{-h^2}f(a)+\frac{(x-a)^2+h(x-a)}{2h^2}f(a+h)$$

$$\Rightarrow L_2'(x)=\frac{2(x-a)-h}{2h^2}f(a-h)+\frac{2(x-a)}{-h^2}f(a)+\frac{2(x-a)+h}{2h^2}f(a+h),$$

从而有

$$f'(a)\approx L_2'(a)=\frac{f(a+h)-f(a-h)}{2h},$$

恰为中心差商公式(5.36)。对应

$$\omega(x)=(x-a+h)(x-a)(x-a-h)=(x-a)^3-h^2(x-a)\Rightarrow\omega'(x)=3(x-a)^2-h^2,$$

从而得式(5.36)的余项为

$$f'(a)-L_2'(a)=\frac{f'''(\xi)}{6}\omega'(a)=-\frac{h^2}{6}f'''(\xi)。$$

高阶导数的数值方法也可根据插值法得到。三点二阶数值求导公式为

$$f''(a)\approx L''_2(a)=\frac{f(a-h)-2f(a)+f(a+h)}{h^2}。\tag{5.39}$$

5.5 基于 MATLAB：数值微积分

数值微积分主要 MATLAB 指令如表 5-3 所示。

表 5-3 数值微积分主要 MATLAB 指令

主 题 词	含 义	主 题 词	含 义
diff	数值差分	integral	高精度积分
gradient	数值导数和梯度	integral2	二重积分
polyder	多项式求导	integral3	三重积分
trapz	梯形积分法		

1. 数值差分

n 维向量 $\boldsymbol{x}=(x_1,x_2,\cdots,x_n)$ 的差分定义为 $n-1$ 维向量 $\Delta\boldsymbol{x}=(x_2-x_1,x_3-x_2,\cdots,x_n-x_{n-1})$。

```
diff(x)   如果 x 是向量,返回向量 x 的差分;如果 x 是矩阵,则按各列作差分
diff(x,k)   k 阶差分,即差分 k 次
```

```
>>x=[1 3 8 7]; diff(x),diff(x,2)
ans=
     2     5    -1
ans=
    3    -6
```

```
>>A=[1 3;5 2;6 5;7 7]; diff(A)
ans=
     4    -1
     1     3
     1     2
```

2. 求导数

q=polyder(p)　求得由向量 p 表示的多项式导函数的向量表示 q
Fx=gradient(F,x)　返回向量 F 表示的一元函数沿 x 方向的导函数 F'(x).其中 x 是与 F 同维数的向量
[Fx,Fy]=gradient(F,x,y)　返回矩阵 F 表示的二元函数的数值梯度(F'x,F'y).当 F 为 m×n　矩阵时,x,y 分别为 n 维和 m 维的向量

用 MATLAB 数值求导最经济的方法是将其处理成差分的商,例如:

```
>>clear; x=[1 1.1 1.2 1.3]; y=x.^3;
>>dy=diff(y)./diff(x)
dy=
    3.3100    3.9700    4.6900
```

求得 $y'(1)$,$y'(1.1)$和 $y'(1.2)$的近似值(向前差商)。若用梯度求解:

```
>>dy=gradient(y,x)
dy=
    3.3100    3.6400    4.3300    4.6900
```

求得 $y'(1)$,$y'(1.1)$,$y'(1.2)$和 $y'(1.3)$的近似值。准确解为:

```
>>3*x.^2
ans=
    3.0000    3.6300    4.3200    5.0700
```

可见 gradient 内点使用中心差商,从而误差较小,左端使用向前差商,右端使用向后差商。

3. 向量梯形积分

z=trapz(x,y)　x 是表示积分区间的离散化向量;y 是与 x 同维数的向量,表示被积函数;z 返回积分的近似值

例 5.18　求积分 $\int_{-1}^{1} e^{-x^2}dx$。

```
>>clear;x=-1:0.1:1;
>>y=exp(-x.^2);
>>trapz(x,y)
ans=
    1.4924
```

4. 高精度数值积分

q=integral(Fun,a,b) 求得函数 Fun 在区间[a,b]上的定积分,且可计算广义积分

再次求解例 5.18：

```
>>q=integral(@(x) exp(-x.^2),-1,1)
q=
   1.4936
```

例 5.19(广义积分)　计算积分 $I=\int_{-\infty}^{\infty} e^{-x^2}dx$。

```
>>x=-Inf:0.1:Inf; y=exp(-x.^2); q=trapz(x,y)          %trapz 不能求广义积分
Maximum variable size allowed by the program is exceeded.
>>q=integral(@(x) exp(-x.^2),-Inf,Inf)                %integral 能求广义积分
q=
   1.7725
```

例 5.20(奇点积分)　计算积分 $I=\int_{0}^{0.5}\frac{dx}{\sqrt[3]{x-3x^2+2x^3}}$。

```
>>x=0:0.01:0.5; y=(x-3*x.^2+2*x.^3).^(-1/3); q=trapz(x,y)       %trapz 不能求奇点积分
q=

Inf
>>q=integral(@(x) (x-3*x.^2+2*x.^3).^(-1/3),0,0.5)  %integral 能求奇点积分
q=
   1.4396
```

注意：trapz 不能用于求广义积分。此外由于数值方法的特点,对于一些假奇异积分也不能直接求解,如 $\int_{-2}^{1} x^{\frac{1}{3}}dx$。因为数值方法对 $x^{\frac{1}{3}}$ 是通过 exp(ln(x)/3) 计算,对 $x\leqslant 0$ 就会出错。这类情况在分段定义被积函数($x<0$ 时用 $-(-x)^{\frac{1}{3}}$)后仍可正确求解。

5. 重积分

q=integral2 (Fun,a,b,cx,dx)　求得二元函数 Fun(x,y)的重积分。a,b 为变量 x 的下、上限;cx,dx 为变量 y 的下、上限函数(自变量为 x)
q=integral3 (Fun,a,b,cx,dx,exy,fxy)　求得三元函数 Fun(x,y,z)的三重积分。a,b 为变量 x 的下、上限,cx,dx 为变量 y 的下、上限函数(自变量为 x),exy,fxy 为变量 z 的下、上限函数(自变量为 x,y)

例 5.21　计算重积分 $\int_{0}^{1}dx\int_{0}^{3}\frac{1}{(1+x+y)^2}dy$，$\iint\limits_{x^2+y^2\leqslant 1}\ln(2+x^3+y\cos x)dxdy$ 和 $\iiint\limits_{0\leqslant x\leqslant 1,x^2+y^2+z^2\leqslant 1}(x\sin y+z^2\cos y)dxdydz$。

解 分别求解如下:

```
>>fun1=@(x,y) 1./ (1+x+y).^2;
>>q1=integral2 (fun1,0,1,0,3)
q1=
    0.4700

>>fun2=@(x,y) log(2+x.^3+y.*cos(x));
>>ymin=@(x) -sqrt(1 -x.^2);
>>ymax=@(x) sqrt(1 -x.^2);
>>q2=integral2(fun2,-1,1,ymin,ymax)
q2=
    2.0545

>>fun3=@(x,y,z) x.*sin(y)+z.^2.*cos(y);
>>xmin=0; xmax=1;
>>ymin=@(x)-sqrt(1 -x.^2);
>>ymax=@(x) sqrt(1 -x.^2);
>>zmin=@(x,y)-sqrt(1 -x.^2 -y.^2);
>>zmax=@(x,y) sqrt(1 -x.^2 -y.^2);
>>q3=integral3(fun3,xmin,xmax,ymin,ymax,zmin,zmax)
q3=
    0.3898
```

习　　题

1. 取 $a=0,b=1$,验证科茨公式(5.7)的代数精度为5次。

2. 确定以下求积公式的参数使其有尽可能高的代数精度:

(1) $\int_{-1}^{1} f(x)\mathrm{d}x \approx c[f(x_1)+f(x_2)+f(x_3)], x_1 < x_2 < x_3$;

(2) $\int_{-2h}^{2h} f(x)\mathrm{d}x \approx A_1 f(-h)+A_2 f(0)+A_3 f(h)$ ($h>0$ 为给定常数)。

3. 确定 A_1,A_2,A_3 使求积公式

$$\int_{-1}^{1} f(x)\mathrm{d}x \approx A_1 f(-1)+A_2 f\left(-\frac{1}{3}\right)+A_3 f\left(\frac{1}{3}\right)$$

有尽可能高的代数精度,并导出此求积公式的余项。

4. 确定 A_0,A_1 及 $x_0,x_1(x_0<x_1)$,使求积公式

$$\int_{-1}^{1} |x| f(x)\mathrm{d}x \approx A_0 f(x_0)+A_1 f(x_1)$$

对 $f(x)$ 为三次以内的多项式准确成立,并导出余项。

5. 证明高斯求积公式余项式(5.20)。

6. 证明复化辛普森公式的余项式(5.25)。

7. (1) 将区间[0,1]4等分由复化梯形公式求 $I=\int_0^1 \mathrm{e}^x\mathrm{d}x$ 的数值解;

(2) 估计需将[0,1]多少等分，才能使由复化梯形公式计算上述积分的结果有 7 位有效数字？

(3) 估计需将[0,1]多少等分，才能使由复化辛普森公式计算上述积分的结果有 7 位有效数字？

8. 由龙贝格公式求习题 7 中积分的数值解，使结果有 7 位有效数字。

9. 设 $L_8(x)$ 为 $f(x)$ 的 8 阶牛顿－科茨系列求积公式，$Q(f)=\int_a^b L_8(x)\mathrm{d}x$，说明 $Q(f)\neq R_1(f)=\frac{64}{63}C_2(f)-\frac{1}{63}C_1(f)$ $\left(\text{已知对 } L_8(x),\int_a^b l_0(x)\mathrm{d}x=\frac{989}{28350}(b-a)\right)$。

10. 由插值多项式导出向后差商公式(5.35)及其余项。

11. 以 $a,a+h,a+2h$ 为节点，由 2 阶拉格朗日插值多项式导出数值微分公式 $f'(a)\approx L_2'(a)$ 及其余项。

12. 已知 $f(1.0)=0.2500, f(1.1)=0.2268, f(1.2)=0.2066$ 均有 4 位有效数字，$|f'''(x)|\leqslant 0.75$。由中心差商式(5.36)求 $f'(1.1)$ 的数值解，并估计运算过程的舍入误差与截断误差，从而说明结果有几位有效数字。

上机实验题

实验 1　用 MATLAB 指令计算下列积分：

(1) $\int_0^1 \frac{1}{\sqrt{2\pi}}\exp\left(-\frac{x^2}{2}\right)\mathrm{d}x$；

(2) $\int_0^1 \frac{\sin(x)}{x}\mathrm{d}x$；

(3) $\int_0^1 x^{-x}\mathrm{d}x$；

(4) $\int_0^{2\pi} \exp(2x)\sin^2(x)\mathrm{d}x$；

(5) $\int_0^{2\pi}\mathrm{d}\theta\int_0^1 \sqrt{1+r^2\sin(\theta)}\mathrm{d}r$。

实验 2(假奇异积分)　试求积分 $I=\int_{-1}^1 x^{0.2}\cos(x)\mathrm{d}x$，会出现什么问题？分析原因，设法求出正确的解。

实验 3(假收敛现象)　考虑积分 $I(k)=\int_0^{k\pi}|\sin(x)|\mathrm{d}x=2k$，试分别用龙贝格积分法(程序 5.3)、quad 和 integral 求解 $I(4), I(8), I(32)$，发现什么问题？

实验 4(辛普森积分法)　编制一个定步长辛普森法数值积分程序。并取 $n=10$ 计算实验 1(1)，比较 $n=20$ 的定步长梯形法(程序 5.1)的精度。

实验 5　编制一个变步长梯形法程序，解例 5.14。比较与龙贝格积分法(程序 5.3)的计算量。

实验 6　计算积分：

(1) $\int_{-\infty}^{\infty}\frac{\exp(-x^2)}{1+x^2}\mathrm{d}x$；

(2) $\int_0^1 \frac{\tan(x)}{x^{0.7}} dx$;

(3) $\int_0^1 \frac{\exp(x)}{\sqrt{1-x^2}} dx$;

(4) $\iint_D (1+x+y^2) dy dx$,D 为 $x^2+y^2 \leqslant 2x$。

实验 7　取 $n=4$,用复化高斯三点公式(程序 5.2)解实验 6(2)和 6(3)。

实验 8　分别用变步长梯形法、龙贝格积分法(程序 5.3)、自适应辛普森积分法(程序 5.4)计算积分 $\int_0^4 13(x-x^2)\exp(-1.5x) dx$,并比较计算量(精度 1e−8)。

第 6 章

常微分方程的数值解法

许多工程实际问题的数学模型可以用常微分方程来描述。但是，除了常系数线性微分方程和一些特殊的微分方程可以用解析方法求解以外，绝大多数常微分方程都难以求得精确解，主要使用各类差分格式求数值解。

本章讨论解常微分方程初值问题的常用数值算法，分析欧拉(Euler)系列格式、龙格-库塔(Runge-Kutta)系列格式和亚当斯(Adams)系列格式等构造方法，给出步长的确定方法，简要讨论收敛性和数值稳定性问题、刚性方程组问题等。并且，简单介绍基于 MATLAB 指令的常微分方程初边值问题的数值解法。

6.1 欧拉法及其改进

1. 数值解

考虑一阶常微分方程初值问题 (initial value problem of ordinary differential equation)

$$\begin{cases} y' = f(x,y), \\ y(x_0) = y_0, \end{cases} \tag{6.1}$$

根据常微分方程理论，在 $f(x,y)$满足一定条件时存在唯一解函数 $y(x)$。

取步长 h，记 $x_n = x_0 + nh, n=1,2,\cdots$，求得各节点 x_n 解函数值 $y(x_n)$的近似值 y_n，称 $y_0, y_1, \cdots, y_n, \cdots$为常微分方程(6.1)的**数值解**(numerical solution)(见图 6-1)。并称由 $y_0, y_1, \cdots, y_n$ 求 y_{n+1}的递推公式为解(6.1)的**差分格式**(difference scheme)。

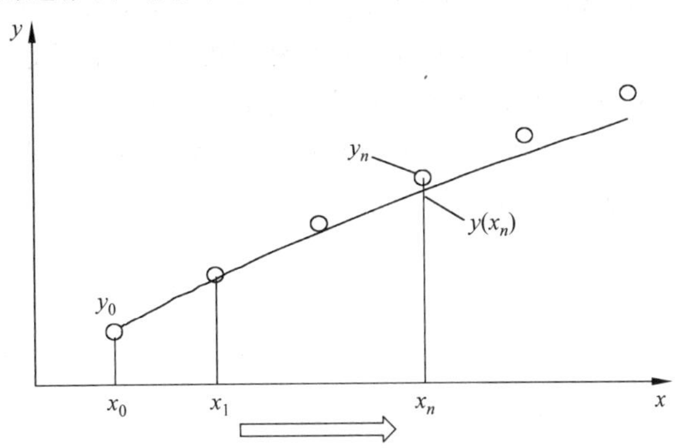

图 6-1 常微分方程的数值解

2. 欧拉格式

容易想到,可从式(6.1)中的 y' 着手解决它的数值计算问题。由数值微分向前差商公式

$$f'(a) \approx \frac{f(a+h)-f(a)}{h}$$

得

$$y'(x_n) \approx \frac{y(x_n+h)-y(x_n)}{h} = \frac{y(x_{n+1})-y(x_n)}{h} \Rightarrow y(x_{n+1}) \approx y(x_n)+hy'(x_n)。$$

式(6.1)实际上给出

$$y'(x)=f(x,y(x)) \Rightarrow y'(x_n)=f(x_n,y(x_n)),$$

故得

$$y(x_{n+1}) \approx y(x_n)+hf(x_n,y(x_n))。$$

再由 $y_n \approx y(x_n)$,$y_{n+1} \approx y(x_{n+1})$导出差分格式

$$y_{n+1}=y_n+hf(x_n,y_n), \quad n=0,1,2,\cdots, \tag{6.2}$$

称式(6.2)为**欧拉格式**(Euler scheme or forward Euler scheme)。同样由向后差商公式及中心差商公式可导出另两个差分格式:

$$y_{n+1}=y_n+hf(x_{n+1},y_{n+1}), \quad n=0,1,2,\cdots, \tag{6.3}$$

及

$$y_{n+1}=y_{n-1}+2hf(x_n,y_n), \quad n=1,2,\cdots, \tag{6.4}$$

式(6.3)为一关于 y_{n+1} 的方程,称为**隐式欧拉格式**(implicit Euler scheme or backward Euler scheme)。隐式格式使用不便,但它一般比显式格式具有更好的稳定性(见6.3节)。式(6.4)为另一类型的差分格式,它含有 y_{n-1},无法通过 y_n 直接计算,称为**两步欧拉格式**。两步格式在使用时需通过其他格式求得 y_1 来启动。

定义 6.1 设(*)为解式(6.1)的差分格式,h 为步长。假设 $y_1,\cdots,y_n$ 准确,称

$$\varepsilon_{n+1}=y(x_{n+1})-y_{n+1} \tag{6.5}$$

为(*)的**局部截断误差**(local truncation error)。当 $\varepsilon_{n+1}=O(h^{p+1})$时,称(*)为 **$p$ 阶格式**或(*)有 **p 阶精度**。

常微分方程的误差分析有比较大的难度。由定义6.1定义的精度概念实际上是一种局部概念,它给出由 $y_0,\cdots,y_n$ 求 y_{n+1}时差分格式的精度级别(定性描述)。我们将在6.3节证明当局部截断误差 $\varepsilon_n=O(h^{p+1})$时,整体截断误差为 $e_n=O(h^p)$。

例 6.1 讨论欧拉格式(6.2)、隐式欧拉格式(6.3)、两步欧拉格式(6.4)的精度。

解 熟知 $y(x)$在 x_n 点的泰勒展开式为

$$\begin{aligned} y(x) &= y(x_n)+\frac{(x-x_n)}{1!}y'(x_n)+\frac{(x-x_n)^2}{2!}y''(x_n)+\cdots \\ &\Rightarrow y(x_{n+1}) = y(x_n)+\frac{h}{1!}y'(x_n)+\frac{h^2}{2!}y''(x_n)+\cdots。 \end{aligned} \tag{6.6}$$

(1) 对应欧拉格式(6.2),当 $y_n=y(x_n)$时,有

$$y_{n+1}=y_n+hf(x_n,y_n)=y(x_n)+hf(x_n,y(x_n))=y(x_n)+hy'(x_n),$$

从而比较式(6.6)得 $y(x_{n+1})-y_{n+1}=O(h^2)$,知欧拉格式为1阶格式。

(2) 对应隐式欧拉格式(6.3),由二元函数的泰勒展开式

$$f(x,y)=f(x_n,y_n)+(x-x_n)f_x(x_n,y_n)+(y-y_n)f_y(x_n,y_n)$$
$$+O((x-x_n)^2+(y-y_n)^2),$$

当 $y_n=y(x_n)$ 时,有

$$\begin{aligned}f(x_{n+1},y_{n+1})&=f(x_n,y_n)+hf_x(x_n,y_n)+(y_{n+1}-y_n)f_y(x_n,y_n)+O(h^2+(y_{n+1}-y_n)^2)\\&=f(x_n,y(x_n))+h[f_x(x_n,y(x_n))+f(x_{n+1},y_{n+1})f_y(x_n,y(x_n))+O(h)]\\&=y'(x_n)+O(h)\\&\Rightarrow y_{n+1}=y(x_n)+hy'(x_n)+O(h^2),\end{aligned}$$

从而比较式(6.6)得 $y(x_{n+1})-y_{n+1}=O(h^2)$,知隐式欧拉格式也为1阶格式。

(3) 对应两步欧拉格式(6.4),当 $y_n=y(x_n)$ 时,将 $y(x_{n-1})$ 在 x_n 点展开得

$$y_{n+1}=y(x_{n-1})+2hf(x_n,y(x_n))=y(x_n)-hy'(x_n)+\frac{h^2}{2}y''(x_n)+O(h^3)+2hy'(x_n)$$

$$=y(x_n)+hy'(x_n)+\frac{h^2}{2}y''(x_n)+O(h^3),$$

从而比较式(6.6)得 $y(x_{n+1})-y_{n+1}=O(h^3)$,知两步欧拉格式为2阶格式。

3. 欧拉法的改进

下面我们利用数值积分法导出新的差分格式,在此基础上提高欧拉格式的阶数。由导数与积分的关系知,对任意 n,有

$$y(x_{n+1})=y(x_n)+\int_{x_n}^{x_{n+1}}f(x,y(x))\mathrm{d}x。\tag{6.7}$$

应用数值积分公式解式(6.7)中的积分可得相应的差分格式。如由矩形公式

$$\int_a^b f(x)\mathrm{d}x\approx(b-a)f(a)$$

$$\Rightarrow y(x_{n+1})\approx y(x_n)+hf(x_n,y(x_n))\Rightarrow y_{n+1}=y_n+hf(x_n,y_n),$$

恰为欧拉格式(6.2)。同样由矩形公式

$$\int_a^b f(x)\mathrm{d}x\approx(b-a)f(b)$$

可导出隐式欧拉格式(6.3)(见习题2)。又由梯形公式

$$\int_a^b f(x)\mathrm{d}x\approx\frac{b-a}{2}[f(a)+f(b)]$$

$$\Rightarrow y(x_{n+1})\approx y(x_n)+\frac{h}{2}[f(x_n,y(x_n))+f(x_{n+1},y(x_{n+1}))]$$

$$\Rightarrow y_{n+1}=y_n+\frac{h}{2}[f(x_n,y_n)+f(x_{n+1},y_{n+1})],\tag{6.8}$$

称式(6.8)为**梯形格式**。

对于梯形格式(6.8),当 $y_n=y(x_n)$ 时,同隐式欧拉格式局部截断误差的推导过程,得

$$f(x_{n+1},y_{n+1})=y'(x_n)+hf_x(x_n,y(x_n))+\frac{h}{2}[f(x_n,y_n)$$
$$+f(x_{n+1},y_{n+1})]f_y(x_n,y(x_n))+O(h^2)$$

$$\Rightarrow f(x_{n+1},y_{n+1})=\frac{1}{1-\frac{h}{2}f_y(x_n,y(x_n))}\Big[y'(x_n)+hf_x(x_n,y(x_n))$$

$$+\frac{h}{2}f(x_n,y_n)f_y(x_n,y(x_n))+O(h^2)\Big]。$$

由于$\frac{1}{1-x}=1+x+x^2+\cdots$及 $y''(x)=f_x(x,y(x))+y'(x)f_y(x,y(x))$,上式等于

$$\Big[1+\frac{h}{2}f_y(x_n,y(x_n))+O(h^2)\Big]\Big[y'(x_n)+hf_x(x_n,y(x_n))$$

$$+\frac{h}{2}y'(x_n)f_y(x_n,y(x_n))+O(h^2)\Big]$$

$$=y'(x_n)+h[f_x(x_n,y(x_n))+y'(x_n)f_y(x_n,y(x_n))]+O(h^2)$$

$$=y'(x_n)+hy''(x_n)+O(h^2)$$

$$\Rightarrow y_{n+1}=y(x_n)+\frac{h}{2}[y'(x_n)+y'(x_n)+hy''(x_n)+O(h^2)]$$

$$=y(x_n)+hy'(x_n)+\frac{h^2}{2}y''(x_n)+O(h^3),$$

从而比较式(6.6)得 $y(x_{n+1})-y_{n+1}=O(h^3)$,知梯形格式为 2 阶格式。

梯形格式(6.8)使用不便的原因在于,它与式(6.3)一样,等式的右边含有 y_{n+1},是一个隐式格式。为此考虑先由其他显示格式对式(6.8)右边的 y_{n+1} 进行预报,再用式(6.8)求解,这类方法称为**预报-校正法**。如先由欧拉格式(6.2)对 y_{n+1} 进行计算,将结果记为 $\widetilde{y}_{n+1}$,再代入式(6.8)可得预报-校正形式的差分格式,即

$$\begin{cases}\widetilde{y}_{n+1}=y_n+hf(x_n,y_n), & \text{(预报)}\\ y_{n+1}=y_n+\frac{h}{2}[f(x_n,y_n)+f(x_{n+1},\widetilde{y}_{n+1})], & \text{(校正)}\end{cases}\tag{6.9}$$

称式(6.9)为**改进欧拉格式**(predictor-corrector scheme)。

对于改进欧拉格式,当 $y_n=y(x_n)$时,由二元函数的泰勒展开式

$$f(x_{n+1},\widetilde{y}_{n+1})=f(x_n,y_n)+hf_x(x_n,y_n)+hf(x_n,y_n)f_y(x_n,y_n)+O(h^2)$$

$$=f(x_n,y(x_n))+h[f_x(x_n,y(x_n))+y'(x_n)f_y(x_n,y(x_n))]+O(h^2)$$

$$=y'(x_n)+hy''(x_n)+O(h^2)$$

$$\Rightarrow y_{n+1}=y(x_n)+\frac{h}{2}[y'(x_n)+y'(x_n)+hy''(x_n)+O(h^2)]$$

$$=y(x_n)+hy'(x_n)+\frac{1}{2}h^2y''(x_n)+O(h^3),$$

从而比较式(6.6)得 $y(x_{n+1})-y_{n+1}=O(h^3)$,知改进欧拉格式也为 2 阶格式。

虽然改进欧拉格式与梯形格式具有同样的精度级别,但改进欧拉格式为显式格式,使用更方便。

例 6.2 取 $h=0.2$,分别用欧拉法、隐式欧拉法和改进欧拉法解微分方程

$$\begin{cases}y'=y-\frac{2x}{y}, & 0\leqslant x\leqslant 1,\\ y(0)=1,\end{cases}\tag{6.10}$$

并比较精度(解析解 $y=\sqrt{1+2x}$)。

解 $h=0.2, x_0=0, x_1=0.2, x_2=0.4, x_3=0.6, x_4=0.8, x_5=1$,根据式(6.2)得欧拉格式为

$$y_{n+1}=y_n+h(y_n-2x_n/y_n),\quad n=0,1,2,3,4。$$

根据式(6.3)得隐式欧拉格式为

$$y_{n+1}=y_n+h(y_{n+1}-2x_{n+1}/y_{n+1}),\quad n=0,1,2,3,4。$$

变形为显式格式,即

$$y_{n+1}=\frac{y_n\sqrt{y_n^2-8h(1-h)x_{n+1}}}{2(1-h)},$$

根据式(6.9)得改进欧拉格式

$$\begin{cases}\tilde{y}_{n+1}=y_n+h(y_n-2x_n/y_n),\\ y_{n+1}=y_n+\dfrac{h}{2}(y_n-2x_n/y_n+\tilde{y}_{n+1}-2x_{n+1}/\tilde{y}_{n+1}),\end{cases}$$

计算结果见表6-1。由表6-1可以看出改进欧拉法精度明显更高。

表6-1 例6.2的计算结果

x_{n+1}	精确解	欧拉格式	隐式欧拉格式	改进欧拉格式
0.2	1.1832	1.2000	1.1641	1.1867
0.4	1.3416	1.3733	1.3014	1.3483
0.6	1.4832	1.5315	1.4148	1.4937
0.8	1.6125	1.6811	1.5022	1.6279
1	1.7321	1.8269	1.5565	1.7542

4. 算法与程序

程序 6.1 (欧拉法解常微分方程)

```
function [x,y]=naeuler(dyfun,xspan,y0,h)
%用途:欧拉法解常微分方程 y'=f(x,y),y(x0)=y0
%格式:[x,y]=naeuler(dyfun,xspan,y0,h)。其中,dyfun 为函数 f(x,y),xspan 为求解区
%      间[x0,xN],y0 为初值 y(x0),h 为步长,x 返回节点,y 返回数值解
x=xspan(1):h:xspan(2);
y(1)=y0;
for n=1:length(x)-1
    y(n+1)=y(n)+h* dyfun(x(n),y(n));
end
x=x';y=y';
```

由于隐式欧拉格式涉及解非线性方程,所以下列隐式欧拉格式的程序包含一个迭代子函数:

$$y_{n+1}^{(k)}=y_n+hf(x_{n+1},y_{n+1}^{(k-1)}),\quad k=0,1,2,\cdots,$$

计算到$|y_{n+1}^{(k)}-y_{n+1}^{(k-1)}|\leqslant\varepsilon$(取 1e−4)时停止。为了防止发散,设最大迭代次数 K(取 1e+4),当 h 足够小,其收敛性有保证。

程序 6.2 (隐式欧拉法解常微分方程)

```
function [x,y]=naeulerb(dyfun,xspan,y0,h)
%用途: 隐式欧拉法解常微分方程 y'=f(x,y),y(x0)=y0
%格式: [x,y]=naeulerb(dyfun,xspan,y0,h)。其中,dyfun 为函数 f(x,y),xspan 为求解
%       区间[x0,xN],y0 为初值 y(x0),h 为步长,x 返回节点,y 返回数值解
x=xspan(1):h:xspan(2);
y(1)=y0;
for n=1:length(x)-1
    y(n+1)=iter(dyfun,x(n+1),y(n),h);
end
x=x';y=y';
function y=iter(dyfun,x,y,h)
y0=y;e=1e-4;K=1e+4;
y=y+h * dyfun(x,y);
y1=y+2 * e;k=1;
while abs(y-y1)> * e
    y1=y;
    y=y0+h * dyfun(x,y);
    k=k+1; if k> * K,error('迭代发散'); end
end
```

改进欧拉法的流程图如图 6-2 所示。

程序 6.3 (改进欧拉法解常微分方程)

```
function [x,y]=naeuler2(dyfun,xspan,y0,h)
%用途: 改进欧拉法解常微分方程 y'=f(x,y),y(x0)
      =y0
%格式: [x,y]=naeuler2(dyfun,xspan,y0,h)。
      其中,dyfun 为函数 f(x,y),xspan 为求解
%     区间[x0,xN],y0 为初值 y(x0),h 为步长,x
      返回节点,y 返回数值解
x=xspan(1):h:xspan(2); y(1)=y0;
for n=1:length(x)-1
    k1=dyfun(x(n),y(n));
    y(n+1)=y(n)+h * k1;
k2=dyfun(x(n+1),y(n+1));
    y(n+1)=y(n)+h * (k1+k2)/2;
end
x=x';y=y';
```

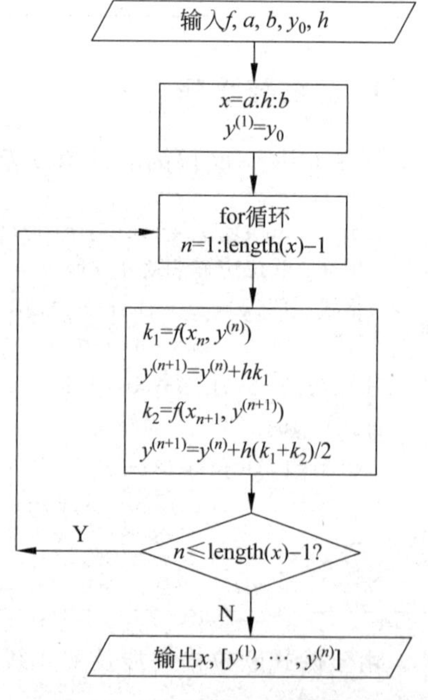

图 6-2 改进欧拉法的流程图

以下程序用以求解例 6.2:

```
>>clear;dyfun=@(x,y) y-2*x/y;
>>[x,y]=naeuler(dyfun,[0,1],1,0.2); [x,y]        %欧拉格式
ans=
         0    1.0000
    0.2000    1.2000
    0.4000    1.3733
    0.6000    1.5315
    0.8000    1.6811
    1.0000    1.8269
>>[x,y]=naeulerb(dyfun,[0,1],1,0.2); [x,y]       %隐式欧拉格式
ans=
         0    1.0000
    0.2000    1.1641
    0.4000    1.3014
    0.6000    1.4146
    0.8000    1.5019
    1.0000    1.5561
>>[x,y]=naeuler2(dyfun,[0,1],1,0.2); [x,y]       %改进欧拉格式
ans=
         0    1.0000
    0.2000    1.1867
    0.4000    1.3483
    0.6000    1.4937
    0.8000    1.6279
    1.0000    1.7542
```

6.2　龙格-库塔格式

1. 龙格-库塔格式的基本思想

考虑方程(6.1)，由拉格朗日微分中值定理知存在 $\xi\in(x_n,x_{n+1})$使

$$y'(\xi)=\frac{y(x_{n+1})-y(x_n)}{h}\Rightarrow y(x_{n+1})=y(x_n)+hy'(\xi)=y(x_n)+hK^*,$$

其中，$K^*=y'(\xi)=f(\xi,y(\xi))$，称为 $y(x)$在$[x_n,x_{n+1}]$上的平均斜率(见图 6-3)。

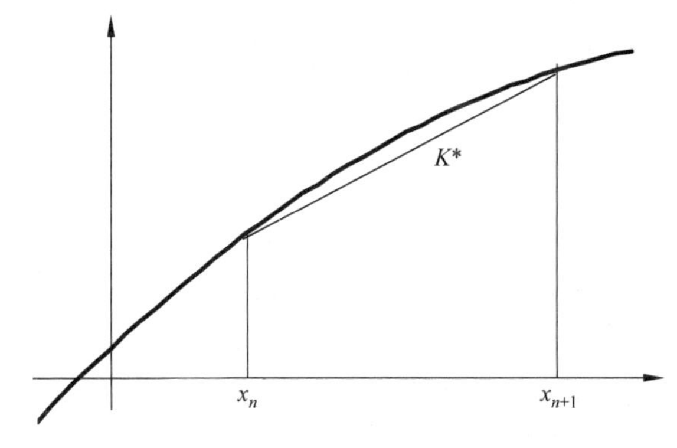

图 6-3　龙格-库塔法的基本思想

问题已转化为如何对 K^* 进行数值计算。如同机械求积公式的导出,可取 $y(x)$ 在 $[x_n, x_{n+1}]$ 上若干个点的斜率值,或预报斜率值 $K_1, \cdots, K_r$ 的加权平均值 $\sum_{i=1}^{r} a_i K_i \left(\sum_{i=1}^{r} a_i = 1 \right)$ 作为 K^* 的近似值。设计 $[x_n, x_{n+1}]$ 上若干个点斜率值或预报斜率值 $K_1, \cdots, K_r$ 及权系数 $a_1, \cdots, a_r$,使得差分格式

$$y_{n+1} = y_n + h \sum_{i=1}^{r} a_i K_i \tag{6.11}$$

达到 r 阶,则称其为 r 阶**龙格-库塔格式**(Runge-Kutta scheme)。

2. 龙格-库塔格式

对差分格式

$$\begin{cases} y_{n+1} = y_n + h(\lambda_1 K_1 + \lambda_2 K_2), \\ K_1 = f(x_n, y_n), \\ K_2 = f(x_n + ph, y_n + phK_1), \quad 0 < p \leqslant 1, \end{cases} \tag{6.12}$$

其中,K_1 视为 $y(x)$ 在 x_n 点的斜率,K_2 视为 $y(x)$ 在 $x_{n+p} = x_n + ph$ 点的预报斜率,若参数 λ_1, λ_2 及 p 使式(6.12)为 2 阶格式,则称之为 **2 阶龙格-库塔格式**。

为导出 2 阶龙格-库塔格式(6.12)中参数 λ_1, λ_2 及 p 应满足的条件,设 $y_n = y(x_n)$ 准确,得 $K_1 = y'(x_n)$,由二元函数泰勒展开得

$$\begin{aligned} K_2 &= f(x_n, y_n) + phf_x(x_n, y_n) + phK_1 f_y(x_n, y_n) + O(h^2) \\ &= f(x_n, y(x_n)) + ph[f_x(x_n, y(x_n)) + y'(x_n) f_y(x_n, y(x_n))] + O(h^2) \\ &= y'(x_n) + phy''(x_n) + O(h^2), \\ y_{n+1} &= y(x_n) + h[\lambda_1 y'(x_n) + \lambda_2 y'(x_n) + \lambda_2 phy''(x_n) + O(h^2)] \\ &= y(x_n) + (\lambda_1 + \lambda_2)hy'(x_n) + \lambda_2 ph^2 y''(x_n) + O(h^3), \end{aligned}$$

从而由 $y(x_{n+1}) - y_{n+1} = O(h^3)$,比较式(6.6)得 $\lambda_1 + \lambda_2 = 1, \lambda_2 p = \frac{1}{2}$。

2 阶龙格-库塔格式为一个系列的差分格式。如取 $\lambda_1 = \lambda_2 = \frac{1}{2}, p = 1$,则得改进欧拉格式(6.9)。又如,取 $\lambda_1 = 0, \lambda_2 = 1, p = \frac{1}{2}$,则得

$$\begin{cases} y_{n+1} = y_n + hK_2, \\ K_1 = f(x_n, y_n), \\ K_2 = f\left(x_{n+\frac{1}{2}}, y_n + \frac{h}{2} K_1\right), \end{cases} \tag{6.13}$$

式(6.13)称为中点格式,它也可由中矩形公式导出(见习题 4)。

在 2 阶龙格-库塔格式的基础上可进一步构造更高阶龙格-库塔格式。如对差分格式

$$\begin{cases} y_{n+1} = y_n + h(\lambda_1 K_1 + \lambda_2 K_2 + \lambda_3 K_3), & \lambda_1 + \lambda_2 + \lambda_3 = 1, \\ K_1 = f(x_n, y_n) \\ K_2 = f(x_{n+p}, y_n + phK_1), & 0 < p \leqslant 1, \\ K_3 = f(x_{n+q}, y_n + qh[(1-\alpha)K_1 + \alpha K_2]), & p \leqslant q \leqslant 1, \end{cases} \tag{6.14}$$

其中,K_1 视为 $y(x)$ 在 x_n 点的斜率,K_2, K_3 分别视为 $y(x)$ 在 $x_{n+p} = x_n + ph$ 点及 $x_{n+q} = x_n + qh$ 点的预报斜率,若参数 $\lambda_1, \lambda_2, \lambda_3, p, q$ 及 α 使式(6.14)为 3 阶格式,则称之为 **3 阶龙格-库塔格式**。常用 3 阶龙格-库塔格式有以下两种。

3 阶 Heun 格式：

$$\begin{cases} y_{n+1} = y_n + \frac{h}{4}(K_1 + 3K_3), \\ K_1 = f(x_n, y_n), \\ K_2 = f\left(x_{n+\frac{1}{3}}, y_n + \frac{h}{3}K_1\right), \\ K_3 = f\left(x_{n+\frac{2}{3}}, y_n + \frac{2}{3}hK_2\right); \end{cases} \tag{6.15}$$

3 阶库塔格式：

$$\begin{cases} y_{n+1} = y_n + \frac{h}{6}(K_1 + 4K_2 + K_3), \\ K_1 = f(x_n, y_n), \\ K_2 = f\left(x_{n+\frac{1}{2}}, y_n + \frac{h}{2}K_1\right), \\ K_3 = f(x_{n+1}, y_n + h(-K_1 + 2K_2)). \end{cases} \tag{6.16}$$

常用 4 阶龙格-库塔格式有以下两种。

4 阶经典龙格-库塔格式：

$$\begin{cases} y_{n+1} = y_n + \frac{h}{6}(K_1 + 2K_2 + 2K_3 + K_4), \\ K_1 = f(x_n, y_n), \\ K_2 = f\left(x_{n+\frac{1}{2}}, y_n + \frac{h}{2}K_1\right), \\ K_3 = f\left(x_{n+\frac{1}{2}}, y_n + \frac{h}{2}K_2\right), \\ K_4 = f(x_{n+1}, y_n + hK_3); \end{cases} \tag{6.17}$$

4 阶隐式龙格-库塔格式：

$$\begin{cases} y_{n+1} = y_n + \frac{h}{2}(K_1 + K_2), \\ K_1 = f\left(x_n + \frac{3+\sqrt{3}}{6}h, y_n + \frac{h}{4}K_1 + \frac{3+2\sqrt{3}}{12}hK_2\right), \\ K_2 = f\left(x_n + \frac{3-\sqrt{3}}{6}h, y_n + \frac{3-2\sqrt{3}}{12}hK_1 + \frac{h}{4}K_2\right). \end{cases} \tag{6.18}$$

其中，4 阶经典龙格-库塔格式最为常用。

例 6.3 取 $h=0.4$，用 4 阶经典龙格-库塔格式解例 6.2。

解 $h=0.4, x_0=0, x_1=0.4, x_2=0.8$，根据式(6.17)得 4 阶经典龙格-库塔格式为

$$\begin{cases} y_{n+1} = y_n + \frac{h}{6}(K_1 + 2K_2 + 2K_3 + K_4), \\ K_1 = y_n - 2x_n/y_n, \\ K_2 = y_n + \frac{h}{2}K_1 - 2\left(x_n + \frac{h}{2}\right)\Big/\left(y_n + \frac{h}{2}K_1\right), \\ K_3 = y_n + \frac{h}{2}K_2 - 2\left(x_n + \frac{h}{2}\right)\Big/\left(y_n + \frac{h}{2}K_2\right), \\ K_4 = y_n + hK_3 - 2(x_{n+1})/(y_n + hK_3), \end{cases}$$

计算结果见表 6-2。可见 4 阶经典龙格-库塔格式比改进欧拉法精度明显高。这里用 $h=0.4$ 与改进欧拉法 $h=0.2$ 相比是平等的,因为这时它们使用了同样的函数调用次数。

表 6-2　4 阶经典龙格-库塔格式

x_{n+1}	精确解	K_1	K_2	K_3	K_4	y_{n+1}
0.4	1.3416	1.0000	0.8667	0.8324	0.7328	1.3421
0.8	1.6125	0.7460	0.6866	0.6682	0.6152	1.6134

3. 算法和程序

程序 6.4　(4 阶经典龙格-库塔法解常微分方程)

```
function [x,y]=nark4(dyfun,xspan,y0,h)
%用途: 4 阶经典龙格-库塔法解常微分方程 y'=f(x,y),y(x0)=y0
%格式: [x,y]=nark4(dyfun,xspan,y0,h)。其中,dyfun 为函数 f(x,y),xspan 为求解区间
%        [x0,xN],y0 为初值 y(x0),h 为步长,x 返回节点,y 返回数值解
x=xspan(1):h:xspan(2);
y(1)=y0;
for n=1:length(x)-1
    k1=dyfun(x(n),y(n));
    k2=dyfun(x(n)+h/2,y(n)+h/2*k1);
    k3=dyfun(x(n)+h/2,y(n)+h/2*k2);
    k4=dyfun(x(n+1),y(n)+h*k3);
    y(n+1)=y(n)+h*(k1+2*k2+2*k3+k4)/6;
end
x=x'; y=y';
```

以下程序用于解例 6.3:

```
>>clear;dyfun=@(x,y) y-2*x/y;
>>[x,y]=nark4(dyfun,[0,1],1,0.4); [x,y]
ans=
         0    1.0000
    0.4000    1.3421
    0.8000    1.6134
```

6.3　收敛性与稳定性

关于差分格式的误差问题要从两个方面考虑。首先是截断误差问题,定义 6.1 已讨论的差分格式的精度实际上给出了对差分格式局部截断误差的定性描述,而本节要对整体截断误差作出定性描述,即讨论差分格式的收敛性问题。其次是舍入误差问题,本节要对试验方程讨论数据偏差是否会被差分格式放大,即差分格式的绝对稳定性问题。

1. 收敛性

定义 6.2　如果对任意固定的 $x=x_N=x_0+Nh$，当 $N\to\infty$（同时 $h\to 0$）时，数值解 $y_N\to y(x)$，称求解常微分方程(6.1)的**差分格式收敛**。

例 6.4　证明欧拉格式对于下列方程收敛：

$$\begin{cases} y' = \lambda y, & \lambda < 0, \\ y(0) = y_0。 \end{cases} \tag{6.19}$$

证明　对取 $h=\dfrac{\bar{x}}{N}$，$x_n=nh(n=0,1,\cdots,N)$，则有 $\bar{x}=x_N$，且可由欧拉格式得

$$y_{n+1} = y_n + hf(x_n, y_n) = (1+h\lambda)y_n = (1+h\lambda)^{n+1}y_0,$$

那么

$$y_N(h) = y_N = (1+h\lambda)^N y_0 = \left[\left(1+\frac{\bar{x}\lambda}{N}\right)^{\frac{N}{\bar{x}\lambda}}\right]^{\lambda\bar{x}} y_0 \xrightarrow{N\to\infty} \mathrm{e}^{\lambda\bar{x}} y_0。$$

又易知 $y(x)=\mathrm{e}^{\lambda x}y_0$ 为式(6.19)的解，故得 $y_N(h)\xrightarrow{N\to\infty}y(\bar{x})$。证毕。

更一般地，有下述定理。

定理 6.1　设差分格式

$$y_{n+1} = y_n + h\varphi(x_n, y_n, h) \tag{6.20}$$

为解式(6.1)的 p 阶格式，即局部截断误差为 $O(h^{p+1})$。若增量函数 $\varphi(x,y,h)$ 关于 y 满足利普希茨(Lipschitz)条件，即存在 $L_\varphi>0$ 使得对于任意 $x,y,\bar{y},h$，有

$$|\varphi(x,y,h) - \varphi(x,\bar{y},h)| \leqslant L_\varphi |y-\bar{y}|, \tag{6.21}$$

则数值解的(整体)截断误差 $e_n=y(x_n)-y_n=O(h^p)$。

证明　记

$$\bar{y}_{n+1} = y(x_n) + h\varphi(x_n, y(x_n), h)$$

（$\bar{y}_{n+1}$ 表示当 y_n 准确时由式(6.20)求得的结果），则由式(6.20)为 p 阶格式得存在 $c>0$，使

$$\begin{aligned}
& |y(x_{n+1}) - \bar{y}_{n+1}| \leqslant ch^{p+1} \\
\Rightarrow\ & |y(x_{n+1}) - y_{n+1}| \leqslant |y(x_{n+1}) - \bar{y}_{n+1}| + |\bar{y}_{n+1} - y_{n+1}| \\
& \leqslant ch^{p+1} + |[y(x_n) + h\varphi(x_n, y(x_n), h)] - [y_n + h\varphi(x_n, y_n, h)]| \\
& \leqslant ch^{p+1} + |y(x_n) - y_n| + hL_\varphi |y(x_n) - y_n| \\
& = ch^{p+1} + (1+hL_\varphi)|y(x_n) - y_n|
\end{aligned}$$

$$\Rightarrow |e_{n+1}| \leqslant ch^{p+1} + (1+hL_\varphi)|e_n|$$

$$\Rightarrow |e_n| \leqslant ch^{p+1}\frac{1-(1+hL_\varphi)^n}{1-(1+hL_\varphi)} + (1+hL_\varphi)^n|e_0| = \frac{ch^p}{L_\varphi}[(1+hL_\varphi)^n - 1] + 0\text{(注①)}$$

$$\leqslant \frac{ch^p}{L_\varphi}(\mathrm{e}^{hnL_\varphi}-1) = \frac{ch^p}{L_\varphi}[\mathrm{e}^{(x_n-x_0)L_\varphi}-1]\text{(注②)},$$

知 $e_n=O(h^p)$。证毕。

注：① 若 $u_{n+1}\leqslant a+bu_n$，则

$$\begin{aligned}
u_n &\leqslant a + bu_{n-1} \leqslant a + b(a+bu_{n-2}) \leqslant \cdots \leqslant a(1+b+b^2+\cdots+b^{n-1}) + b^n u_0 \\
&= a\frac{1-b^n}{1-b} + b^n u_0;
\end{aligned}$$

② $(1+x)^n \leqslant \mathrm{e}^{nx}$。

例 6.5 若方程(6.1)的 $f(x,y)$ 满足利普希茨条件,即存在 $L>0$,使得对于任意 $y,\bar{y},x$,有

$$|f(x,y)-f(x,\bar{y})|\leqslant L|y-\bar{y}|, \tag{6.22}$$

讨论欧拉格式(6.2)与改进欧拉格式(6.9)的收敛性问题。

解 对应欧拉格式 $y_{n+1}=y_n+hf(x_n,y_n)$,增量函数 $\varphi(x,y,h)=f(x,y)$。故当 $f(x,y)$ 对 y 满足利普希茨条件时,由定理 6.1 知 $y(x_n)-y_n=O(h)$,从而格式收敛。特别在例 6.4 中,因

$$f(x,y)=\lambda y\Rightarrow|f(x,y)-f(x,\bar{y})|=|\lambda|\,|y-\bar{y}|$$

满足利普希茨条件,故由欧拉格式(6.2)计算是收敛的。

又对应改进欧拉格式

$$y_{n+1}=y_n+\frac{h}{2}[f(x_n,y_n)+f(x_{n+1},y_n+hf(x_n,y_n))],$$

增量函数

$$\varphi(x,y,h)=\frac{1}{2}[f(x,y)+f(x+h,y+hf(x,y))],$$

则有

$$\begin{aligned}|\varphi(x,y,h)-\varphi(x,\bar{y},h)|&\leqslant\frac{1}{2}|f(x,y)-f(x,\bar{y})|\\&\quad+\frac{1}{2}|f(x+h,y+hf(x,y))-f(x+h,\bar{y}+hf(x,\bar{y}))|\\&\leqslant\frac{L}{2}|y-\bar{y}|+\frac{L}{2}[|y-\bar{y}|+h|f(x,y)-f(x,\bar{y})|]\\&\leqslant\left(\frac{L}{2}+\frac{L}{2}+\frac{L^2h}{2}\right)|y-\bar{y}|=L\left(1+\frac{Lh}{2}\right)|y-\bar{y}|\\&<L\left(1+\frac{L}{2}\right)|y-\bar{y}|\ (\text{只要 } h<1),\end{aligned}$$

$\varphi(x,y,h)$ 满足式(6.21),由定理 6.1 知 $y(x_n)-y_n=O(h^2)$,从而格式收敛。

2. 绝对稳定性

差分格式的数值稳定性问题很难作一般性讨论,通常我们仅用试验方程

$$y'=\lambda y,\quad\lambda<0 \tag{6.23}$$

作讨论,这是由于 $\lambda>0$ 时式(6.23)的解不是渐近稳定的,即任意初始偏差都可能造成解的巨大差异,是病态问题。这里 λ 代表了 $f(x,y)$ 对于 y 偏导数的大致取值。

定义 6.3 设由某差分格式求试验方程(6.23)的数值解,若当 y_n 有扰动(数据误差或舍入误差)ε 时,y_{n+1} 因此产生偏差的绝对值不超过 $|\varepsilon|$,则称该差分格式是**绝对稳定**(absolutely stable)的。

例 6.6 对于试验方程 $y'=\lambda y(\lambda<0)$,分别讨论当步长 h 在什么范围取值时,欧拉格式(6.2)及隐式欧拉格式(6.3)是绝对稳定的。

解 对应欧拉格式,由试验方程得

$$y_{n+1}=y_n+hf(x_n,y_n)=(1+h\lambda)y_n。$$

若 y_n 有扰动 ε_n,y_{n+1} 因此产生偏差 ε_{n+1},则得

$$y_{n+1}+\varepsilon_{n+1}=(1+h\lambda)(y_n+\varepsilon_n)\Rightarrow\varepsilon_{n+1}=(1+h\lambda)\varepsilon_n,$$

从而

$$\text{欧拉格式稳定} \Leftrightarrow |\varepsilon_{n+1}| = |1+h\lambda||\varepsilon_n| \leqslant |\varepsilon_n| \Leftrightarrow |1+h\lambda| \leqslant 1$$

$$\Leftrightarrow 1+h\lambda \geqslant -1 \Leftrightarrow h\lambda \geqslant -2 \Leftrightarrow h \leqslant -\frac{2}{\lambda}。$$

由此结果可见欧拉格式是条件稳定的,且$|\lambda|$越大,稳定区域越小。说明对于下降很快的方程,步长 h 应取足够小,否则不能保证数值稳定性。

又对应隐式欧拉格式,由试验方程得

$$y_{n+1} = y_n + hf(x_{n+1}, y_{n+1}) = y_n + h\lambda y_{n+1} \Rightarrow y_{n+1} = \frac{y_n}{1-h\lambda} \Rightarrow \varepsilon_{n+1} = \frac{\varepsilon_n}{1-h\lambda}$$

$$\Rightarrow |\varepsilon_{n+1}| = \frac{|\varepsilon_n|}{1-h\lambda} \leqslant |\varepsilon_n|。$$

由此结果可见隐式欧拉格式是绝对稳定的。

用类似方法可以得到,改进欧拉格式具有与欧拉格式相仿的稳定性,而梯形格式是绝对稳定的(见习题 10)。一般地,隐式格式比显示格式具有较好的稳定性。

6.4 RKF 格式与亚当斯格式

1. 变步长龙格-库塔法

与数值积分计算一样,微分方程的数值解也有选择步长的问题。步长太大,达不到需要的精度;步长太小,会浪费计算量而影响求解速度。确定步长的问题包括两个方面: ①怎样判断计算结果的精度? ②怎样根据需要的精度来选定步长?

考察经典龙格-库塔格式,从节点 x_n 出发,先以 h 为步长求出一个 y_{n+1} 近似值,记为 $y^{(h)}$,由于经典龙格-库塔格式局部截断误差为 $O(h^5)$,故有

$$y(x_{n+1}) - y^{(h)} \approx ch^5。\tag{6.24}$$

再将步长折半,经过两步求出一个 y_{n+1} 近似值,记为 $y^{(h/2)}$,每步误差 $c(h/2)^5$,故有

$$y(x_{n+1}) - y^{(h/2)} \approx 2c(h/2)^5。\tag{6.25}$$

比较式(6.24)与式(6.25),步长折半约使误差缩小到 1/16,即

$$\frac{y(x_{n+1}) - y^{(h/2)}}{y(x_{n+1}) - y^{(h)}} \approx \frac{1}{16},$$

变形得后验估计为

$$y(x_{n+1}) - y^{(h/2)} \approx \frac{1}{15}[y^{(h/2)} - y^{(h)}]。\tag{6.26}$$

所以可用式(6.26)来判断计算结果的精度。为保守起见,用步长折半前后结果的偏差的 1/10,即

$$\Delta = |y^{(h/2)} - y^{(h)}|/10 \tag{6.27}$$

作为计算结果的误差估计。

定步长方法往往在最初求得的几个点具有很高的精度,随着计算步骤的增加误差会越来越大,所以变步长方法比较好。对于给定精度 ε,变步长经典龙格-库塔法的步长按下列规则确定:

(1) 用上一步步长作为初始步长 h;

(2) 计算 $y^{(h)}$ 和 $y^{(h/2)}$，如果 $\Delta>\varepsilon$,继续折半步长直到 $\Delta\leqslant\varepsilon$,并将 $y^{(h/2)}$ 作为结果；反之若 $\Delta\leqslant\varepsilon$,将步长加倍直到 $\Delta>\varepsilon$,这时再将步长折半一次,就得到结果。

2. RKF 格式

上述变步长龙格-库塔法计算过程中会因频繁加倍或折半步长而浪费计算量。Fehlberg 对传统龙格-库塔法提出了改进,得到**龙格-库塔-费尔伯格**(Runge-Kutta-Fehlberg)**格式**即 **RKF 格式**,比较好地解决了步长确定问题,并得到了更高的精度和稳定性,为 MATLAB 等许多标准数值计算软件采用。

4/5 阶 RKF 格式由一个 4 阶龙格-库塔格式和一个 5 阶龙格-库塔格式组合而成：

$$\begin{aligned}
y_{n+1} &= y_n + h\left(\frac{25}{216}K_1 + \frac{1408}{2565}K_3 + \frac{2197}{4101}K_4 - \frac{1}{5}K_5\right),\\
\hat{y}_{n+1} &= y_n + h\left(\frac{16}{135}K_1 + \frac{6656}{12825}K_3 + \frac{28561}{56430}K_4 - \frac{9}{50}K_5 + \frac{2}{55}K_6\right),\\
K_1 &= f(x_n, y_n),\\
K_2 &= f\left(x_n + \frac{h}{4}, y_n + \frac{h}{4}K_1\right),\\
K_3 &= f\left(x_n + \frac{3h}{8}, y_n + \frac{3}{32}K_1 + \frac{9}{32}K_2\right),\\
K_4 &= f\left(x_n + \frac{12h}{13}, y_n + \frac{1932}{2197}K_1 - \frac{7200}{2197}K_2 + \frac{7296}{2197}K_3\right),\\
K_5 &= f\left(x_n + h, y_n + \frac{439}{216}K_1 - 8K_2 + \frac{3680}{513}K_3 - \frac{845}{4104}K_4\right),\\
K_6 &= f\left(x_n + \frac{h}{2}, y_n - \frac{8}{27}K_1 + 2K_2 - \frac{3544}{2565}K_3 + \frac{1859}{4104}K_4 - \frac{11}{40}K_5\right),
\end{aligned} \tag{6.28}$$

Fehlberg 得到最佳步长为当前步长乘以系数,即

$$s = \left(\frac{h\varepsilon}{|\hat{y}_{n+1} - y_{n+1}|}\right)^{1/4} \tag{6.29}$$

其中,ε 为精度要求;h 为当前步长。若 $s<0.75$,折半步长；若 $s>1.5$,加倍步长。

3. 亚当斯格式

龙格-库塔格式依靠在求解节点以外新增分点的斜率值来提高阶数,计算量比较大。亚当斯格式直接利用求解节点的斜率值来提高阶数。其中,将 $y(x)$在 $x_n, x_{n-1}, x_{n-2}, \cdots$处的斜率值加权平均作为 K^* 的近似值所得到的格式称为**显式亚当斯格式**,而将 $y(x)$在 $x_{n+1}, x_n, x_{n-1}, \cdots$处的斜率值加权平均作为 K^* 的近似值所得到的格式称为**隐式亚当斯格式**。由于这类方法需要用到多个节点,也称**线性多步法**。

为简化讨论,以下记 $f_i=f(x_i,y_i)(i=n+1,n,n-1,n-2,\cdots)$。若差分格式

$$y_{n+1} = y_n + h\sum_{i=1}^{r}\lambda_i f_{n-i+1}, \quad \sum_{i=1}^{r}\lambda_i = 1 \tag{6.30}$$

为 r 阶格式,则称之为 r 阶显式亚当斯格式。又若差分格式

$$y_{n+1} = y_n + h\sum_{i=1}^{r}\lambda_i f_{n-i+2}, \quad \sum_{i=1}^{r}\lambda_i = 1 \tag{6.31}$$

为 r 阶格式，则称之为 r 阶隐式亚当斯格式。

例 6.7　分别导出 2 阶显式与隐式亚当斯格式。

解　设 $f_i=y'(x_i)(i=1,2,\cdots,n)$。

(1) 由

$$\begin{aligned}y_{n+1} &= y_n+h[(1-\lambda)f_n+\lambda f_{n-1}] = y(x_n)+h[(1-\lambda)y'(x_n)+\lambda y'(x_{n-1})]\\&= y(x_n)+h[(1-\lambda)y'(x_n)+\lambda y'(x_n)-\lambda h y''(x_n)+O(h^2)]\\&= y(x_n)+hy'(x_n)-\lambda h^2 y''(x_n)+O(h^3),\end{aligned}$$

及 $y(x_{n+1})-y_{n+1}=O(h^3)$，比较式(6.6)得 $\lambda=-\dfrac{1}{2}$，从而有 2 阶显式亚当斯格式

$$y_{n+1} = y_n+\frac{h}{2}(3f_n-f_{n-1})。\tag{6.32}$$

(2) 由二元函数的泰勒展开式，得(为简略起见，用 f 表示 $f(x_n,y_n)$，f'_x，f'_y类似)

$$f_{n+1} = f(x_{n+1},y_{n+1}) = f+hf'_x+f'_y(y_{n+1}-y_n)+O(h^2+(y_{n+1}-y_n)^2)。$$

由

$$y_{n+1} = y_n+h[(1-\lambda)f_n+\lambda f_{n+1}],$$

得

$$f_{n+1} = f+hf'_x+(1-\lambda)hf'_yf+\lambda hf'_y+O(h^2),$$

那么

$$\begin{aligned}f_{n+1}&=[f+hf'_x+(1-\lambda)hf'_yf+O(h^2)]/(1-\lambda hf'_y)\\f_{n+1}&=[f+hf'_x+(1-\lambda)hf'_yf+O(h^2)](1+\lambda hf'_y+O(h^2))\\&=f+hf'_x+hf'_yf+O(h^2)\\&=y'(x_n)+hy''(x_n)+O(h^2)。\end{aligned}$$

这样

$$\begin{aligned}y_{n+1}&= y_n+h[(1-\lambda)f_n+\lambda f_{n+1}]\\&= y(x_n)+h[(1-\lambda)y'(x_n)+\lambda y'(x_n)+\lambda hy''(x_n)+O(h^2)]\\&= y(x_n)+hy'(x_n)+\lambda h^2y''(x_n)+O(h^3)\end{aligned}$$

及 $y(x_{n+1})-y_{n+1}=O(h^3)$，比较式(6.6)得 $\lambda=\dfrac{1}{2}$，从而有 2 阶隐式亚当斯格式

$$y_{n+1} = y_n+\frac{h}{2}(f_n+f_{n+1}),\tag{6.33}$$

恰为梯形格式。

例 6.8　导出 3 阶显式亚当斯格式。

解　设 $f_i=y'(x_i)(i=1,2,\cdots,n)$。

由

$$\begin{aligned}y_{n+1}&= y_n+h(\lambda_1f_n+\lambda_2f_{n-1}+\lambda_3f_{n-2})\\&= y(x_n)+h[\lambda_1y'(x_n)+\lambda_2y'(x_{n-1})+\lambda_3y'(x_{n-2})]\\&= y(x_n)+h\Big[\lambda_1y'(x_n)+\lambda_2y'(x_n)-\lambda_2hy''(x_n)+\frac{\lambda_2h^2}{2}y'''(x_n)\\&\quad+\lambda_3y'(x_n)-2\lambda_3hy''(x_n)+2\lambda_3h^2y'''(x_n)+O(h^3)\Big]\\&= y(x_n)+h(\lambda_1+\lambda_2+\lambda_3)y'(x_n)+h^2(-\lambda_2-2\lambda_3)y''(x_n)\end{aligned}$$

$$+h^3\left(\frac{1}{2}\lambda_2+2\lambda_3\right)y'''(x_n)+O(h^4),$$

及 $y(x_{n+1})-y_{n+1}=O(h^4)$,比较式(6.6)得

$$\begin{cases}\lambda_1+\lambda_2+\lambda_3=1,\\ -\lambda_2-2\lambda_3=\dfrac{1}{2},\\ \dfrac{1}{2}\lambda_2+2\lambda_3=\dfrac{1}{6}\end{cases}\Rightarrow\begin{cases}\lambda_1=\dfrac{23}{12},\\ \lambda_2=-\dfrac{4}{3},\\ \lambda_3=\dfrac{5}{12},\end{cases}$$

从而有 3 阶显式亚当斯格式

$$y_{n+1}=y_n+\frac{h}{12}(23f_n-16f_{n-1}+5f_{n-2})。\tag{6.34}$$

4. 算法与程序

程序 6.5 (变步长 4 阶经典龙格-库塔法解常微分方程)

```
function [x,y]=nark4v(dyfun,xspan,y0,e,h)
%用途:变步长 4 阶经典龙格-库塔法解常微分方程 y'=f(x,y),y(x0)=y0
%格式:[x,y]=nark4v(dyfun,xspan,y0,e,h)。其中,dyfun 为函数 f(x,y),xspan 为求解
%      区间[x0,xn],y0 为初值 y(x0),x 返回节点,y 返回数值解,e 为精度要求,h 为初始步长
%      (默认为 xspan 的 1/10)
if nargin<5,h=(xspan(2)-xspan(1))/10; end
n=1; x(n)=xspan(1); y(n)=y0;
[y1,y2]=comput(dyfun,x(n),y(n),h);
while x(n)<xspan(2)-eps
    if abs(y2-y1)/10> * e
      while abs(y2-y1)/10> * e
          h=h/2;
          [y1,y2]=comput(dyfun,x(n),y(n),h);
      end
else
      while abs(y2-y1)/10<=e
          h=2 * h;
          [y1,y2]=comput(dyfun,x(n),y(n),h);
      end
      h=h/2; h=min(h,xspan(2)-x(n));
      [y1,y2]=comput(dyfun,x(n),y(n),h);
end
    n=n+1; x(n)=x(n-1)+h; y(n)=y2;
    [y1,y2]=comput(dyfun,x(n),y(n),h);
end
x=x';y=y';
function [y1,y2]=comput(dyfun,x,y,h)
y1=rk4(dyfun,x,y,h);
y21=rk4(dyfun,x,y,h/2);
```

```
y2=rk4(dyfun,x+h/2,y21,h/2);
function y=rk4(dyfun,x,y,h)
k1=dyfun(x,y);
k2=dyfun(x+h/2,y+h/2*k1);
k3=dyfun(x+h/2,y+h/2*k2);
k4=dyfun(x+h,y+h*k3);
y=y+h*(k1+2*k2+2*k3+k4)/6;
```

考虑例 6.3,要求精度 0.5×10^{-6},初始步长取 0.4:

```
>>clear; dyfun=@(x,y) y-2*x/y;
>>format long; [x,y]=nark4v(dyfun,[0,1],1,0.5e-6,0.4); [x,y],format short;
ans=
                 0  1.00000000000000
  0.10000000000000  1.09544513988411
  0.20000000000000  1.18321600399908
  0.30000000000000  1.26491113434284
  0.40000000000000  1.34164088147644
  0.50000000000000  1.41421368489740
  0.60000000000000  1.48323985131317
  0.80000000000000  1.61245209536160
  1.00000000000000  1.73205184556464
```

可见,该方法不是等步长的。

6.5　微分方程组与高阶微分方程

一阶常微分方程(6.1)只是一类最简单的常微分方程模型,而在实际问题中我们可能遇到含多个待求函数的常微分方程组或含高阶导数的高阶常微分方程。一阶常微分方程的数值方法均可以推广到一阶常微分方程组,而高阶常微分方程可以通过变换化为一阶常微分方程组来解决。这里我们仅通过一些简单的例子,给出求解方程组与高阶方程的基本思路。

1. 常微分方程组

例 6.9　写出解

$$\begin{cases} y' = f(x,y,z), & y(x_0) = y_0, \\ z' = g(x,y,z), & z(x_0) = z_0 \end{cases} \tag{6.35}$$

的改进欧拉格式。

解　仿造式(6.9),可得式(6.35)的改进欧拉格式为

$$\begin{cases} \tilde{y}_{n+1} = y_n + hf(x_n, y_n, z_n), \\ \tilde{z}_{n+1} = z_n + hg(x_n, y_n, z_n), \end{cases} \quad \text{(预报)} \tag{6.36}$$

$$\begin{cases} y_{n+1} = y_n + \dfrac{h}{2}[f(x_n, y_n, z_n) + f(x_{n+1}, \tilde{y}_{n+1}, \tilde{z}_{n+1})], \\ z_{n+1} = z_n + \dfrac{h}{2}[g(x_n, y_n, z_n) + g(x_{n+1}, \tilde{y}_{n+1}, \tilde{z}_{n+1})] \end{cases} \quad \text{(校正)。} \tag{6.37}$$

其中,$h>0$;$x_n=x_0+nh$;$y_n\approx y(x_n)$;$z_n\approx z(x_n)$。

对于一般的一阶 m 维常微分方程组初值问题

$$\boldsymbol{y}'=\boldsymbol{f}(x,\boldsymbol{y}),\quad x_0<x<x_f,\quad \boldsymbol{y}(x_0)=\boldsymbol{y}_0,\tag{6.38}$$

其中,$\boldsymbol{y}=(y^1,y^2,\cdots,y^m)^{\mathrm{T}}$,$\boldsymbol{f}=(f^1,f^2,\cdots,f^m)^{\mathrm{T}}$,$\boldsymbol{y}_0=(y_0^1,y_0^2,\cdots,y_0^m)^{\mathrm{T}}$,这里 T 表示转置。其向量形式的改进欧拉格式为

$$\begin{cases}\tilde{\boldsymbol{y}}_{n+1}=\boldsymbol{y}_n+h\boldsymbol{f}(x_n,\boldsymbol{y}_n), & \text{(预报)}\\ \boldsymbol{y}_{n+1}=\boldsymbol{y}_n+\dfrac{h}{2}[\boldsymbol{f}(x_n,\boldsymbol{y}_n)+\boldsymbol{f}(x_{n+1},\tilde{\boldsymbol{y}}_{n+1})], & \text{(校正)}\end{cases}\tag{6.39}$$

可见式(6.39)与式(6.9)形式完全一样,不同的是,这里的 $\boldsymbol{y}=(y^1,y^2,\cdots,y^m)^{\mathrm{T}}$ 都是 m 维向量。4 阶经典龙格-库塔格式以及其他格式也类似可以得到。

2. 高阶常微分方程

例 6.10 写出解

$$\begin{cases}y''=f(x,y,y'),\\ y(x_0)=y_0,\quad y'(x_0)=y_0'\end{cases}\tag{6.40}$$

的改进欧拉格式。

解 令 $y'=z$,代入式(6.40)得

$$\begin{cases}y'=z, & y(x_0)=y_0,\\ z'=f(x,y,z), & z(x_0)=z_0,\end{cases}$$

此为式(6.35)的特例,故由式(6.36)得解式(6.40)的改进欧拉格式为

$$\begin{cases}\tilde{y}_{n+1}=y_n+hz_n,\\ \tilde{z}_{n+1}=z_n+hf(x_n,y_n,z_n),\end{cases}\quad\text{(预报)}\tag{6.41}$$

$$\begin{cases}y_{n+1}=y_n+\dfrac{h}{2}(z_n+\tilde{z}_{n+1}),\\ z_{n+1}=z_n+\dfrac{h}{2}[f(x_n,y_n,z_n)+f(x_{n+1},\tilde{y}_{n+1},\tilde{z}_{n+1})],\end{cases}\quad\text{(校正)}\tag{6.42}$$

其中,$h>0$;$x_n=x_0+nh$;$z_0=y_0'$;$y_n\approx y(x_n)$;$z_n\approx y'(x_n)$。

例 6.11 解

$$\begin{cases}y''-2y^3=0,\\ y(1)=y'(1)=-1,\end{cases}\tag{6.43}$$

取 $h=0.1$,由改进欧拉格式求 $y(1.1)$ 及 $y(1.2)$ 的数值解。

解 令 $y'=z$,取 $h=0.1$,由式(6.41)和式(6.42)得差分格式为

$$\begin{cases}\tilde{y}_{n+1}=y_n+0.1z_n,\\ \tilde{z}_{n+1}=z_n+0.1\times 2y_n^3,\end{cases}\quad\text{(预报)}$$

$$\begin{cases}y_{n+1}=y_n+\dfrac{0.1}{2}(z_n+\tilde{z}_{n+1}),\\ z_{n+1}=z_n+\dfrac{0.1}{2}(2y_n^3+2\,\tilde{y}_{n+1}^3)\end{cases}\quad\text{(校正)}$$

$$\Rightarrow\begin{cases}\tilde{y}_1=y_0+0.1z_0=-1+0.1\times(-1)=-1.1,\\ \tilde{z}_1=z_0+0.2y_0^3=-1+0.2\times(-1)^3=-1.2,\end{cases}$$

$$\begin{cases} y_1 = y_0 + 0.05(z_0 + \tilde{z}_1) = -1 + 0.05 \times (-1 - 1.2) = -1.11, \\ z_1 = z_0 + 0.1(y_0^3 + \tilde{y}_1^3) = -1 + 0.1 \times [(-1)^3 + (-1.1)^3] = -1.2331, \end{cases}$$

$$\begin{cases} \tilde{y}_2 = y_1 + 0.1z_1 = -1.11 + 0.1 \times (-1.2331) = -1.2333, \\ \tilde{z}_2 = z_1 + 0.1(y_1^3 + \tilde{y}_2^3) = -1.2331 + 0.1 \times [(-1.11)^3 + (-1.2333)^3] = -1.5575, \end{cases}$$

$$y_2 = y_1 + 0.05(z_1 + \tilde{z}_2) = -1.11 + 0.05 \times (-1.2331 - 1.5575) = -1.2495,$$

知 $y(1.1) \approx y_1 = -1.11$，$y(1.2) \approx y_2 = -1.2495$。注意本例的精确解为 $y(x) = \dfrac{1}{x-2}$，比较 $y(1.1) = -1.1111, \cdots, y(1.2) = -1.25$ 可见数值计算的结果具有一定精度。

一般地，已给一个 n 阶方程

$$y(n) = f(x, y, y', \cdots, y(n-1)), \tag{6.44}$$

设 $y_1 = y, y_2 = y', \cdots, y_n = y^{(n-1)}$，式(6.44)化为一阶方程组

$$\begin{cases} y_1' = y_2, \\ y_2' = y_3, \\ \vdots \\ y_{n-1}' = y_n, \\ y_n' = f(x, y_1, y_2, \cdots, y_n)。 \end{cases} \tag{6.45}$$

当然，高阶常微分方程组也可按此方法解决。

3. 刚性方程组

考虑微分方程组

$$\begin{cases} y' = -0.01y - 99.99z, & y(0) = 2, \\ z' = -100z, & z(0) = 1, \end{cases} \tag{6.46}$$

其解析解为

$$y = e^{-0.01x} + e^{-100x}, \quad z = e^{-100x}。$$

显然当 $x \to \infty$，$y \downarrow 0$，$z \downarrow 0$。但是二者趋向于0的速度相差悬殊。z 下降很快，而 y 下降太慢。$z(0.1) < 0.0001$，而 $y(500) > 0.01$。由于 y,z 必须同步计算，一方面，由于 z 下降太快，为了保证数值稳定性，步长 h 需足够小。若用欧拉法，$h < 2/100 = 0.02$；另一方面，由于 y 下降太慢，为了反映解的完整性，x 区间需足够长。若以 $h = 0.01$ 计算至500就需要50000步，这就造成计算速度很慢。这类方程组称为**刚性方程组**。

一般地，对于 n 阶常微分方程组

$$y' = \mathbf{A}y + \phi(x), \tag{6.47}$$

如果矩阵 $\mathbf{A}$ 的特征值 $\lambda_1, \lambda_2, \cdots, \lambda_n$ 的实部 $\mathrm{Re}(\lambda_i)$ 均小于0，则称

$$S = \frac{\max\limits_{1 \leqslant i \leqslant n} |\mathrm{Re}(\lambda_i)|}{\min\limits_{1 \leqslant i \leqslant n} |\mathrm{Re}(\lambda_i)|} \tag{6.48}$$

为式(6.47)的**刚性比**，当刚性比很大时，称式(6.47)为**刚性方程组**。式(6.46)的刚性比为 $100/0.01 = 10000$。对于一般常微分方程组(6.38)，可用雅可比矩阵 $f_y(x, y) = (\partial f^i / \partial y_j)_{m \times m}$ 代替式(6.47)中的 $\mathbf{A}$ 进行分析。

对于刚性方程组，需要采用绝对稳定性比较好的方法，如隐式欧拉格式、梯形格式、隐式龙格-库塔格式等。

4. 算法与程序

程序 6.6 (改进欧拉法解常微分方程组)

```
function [x,y]=naeuler2s(dyfun,xspan,y0,h)
%用途：2 阶改进欧拉法解常微分方程组 y'=f(x,y),y(x0)=y0
%格式：[x,y]=naeuler2s(dyfun,xspan,y0,h)。其中,dyfun 为函数 f(x,y),xspan 为求解
%      区间[x0,xN],y0 为初值向量 y(x0),h 为步长,x 返回节点,y 返回数值解
x=xspan(1):h:xspan(2);
y=zeros(length(y0),length(x));
y(:,1)=y0(:);
for n=1:length(x)-1
    k1=dyfun(x(n),y(:,n));
    y(:,n+1)=y(:,n)+h*k1;
    k2=dyfun(x(n+1),y(:,n+1));
    y(:,n+1)=y(:,n)+h*(k1+k2)/2;
end
x=x';y=y';
```

用以求解方程组(6.46),先写 M 函数 dyfun.m:

```
function f=dyfun(t,y)
f(1)=-0.01*y(1)-99.99*y(2);
f(2)=-100*y(2);
f=f(:);
```

然后,取步长 0.01,在 MATLAB 指令窗口执行:

```
>>[x,y]=naeuler2s(@dfun,[0 500],[2,1],0.01);plot(x,y);axis([-50 500 -0.5 2])
```

得到的结果如图 6-4 所示。

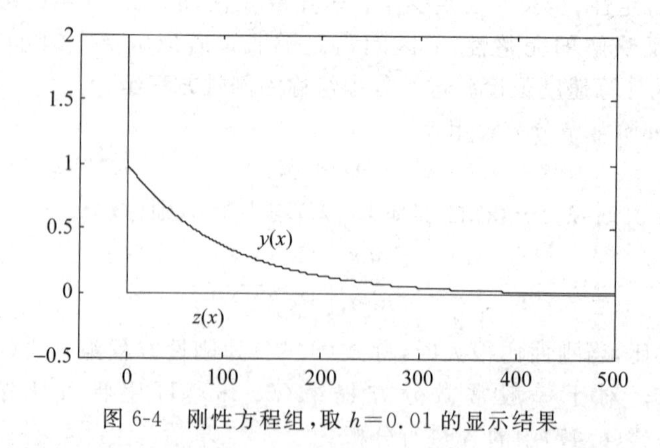

图 6-4　刚性方程组,取 $h=0.01$ 的显示结果

但是,如果取步长 0.02,在 MATLAB 窗口执行:

```
[x,y]=naeuler2s(@dfun,[0 500],[2,1],0.02);plot(x,y);axis([-50 500 -0.5 2])
```

得到的结果(错误结果)如图 6-5 所示。

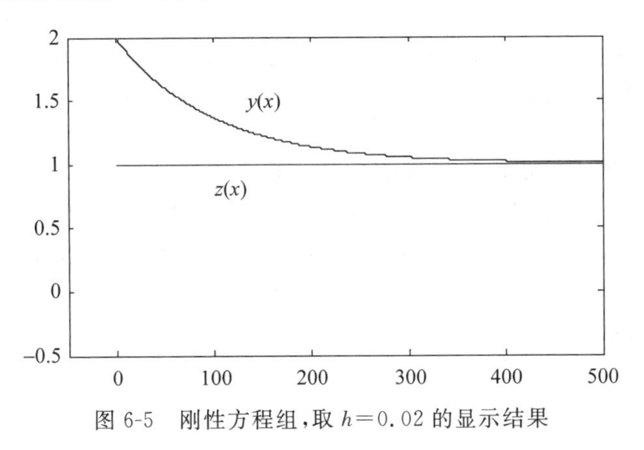

图 6-5　刚性方程组,取 $h=0.02$ 的显示结果

6.6　基于 MATLAB:刚性方程组和边值问题

解常微分方程主要 MATLAB 指令如表 6-3 所示。

表 6-3　解常微分方程主要 MATLAB 指令

指令	含　义	指令	含　义
ode45	4,5 阶龙格-库塔格式	ode23s	刚性方程组 2 阶罗森布罗克(Rosenbrock)法
ode23	2,3 阶龙格-库塔格式	ode23tb	刚性方程组低精度算法
ode113	多步亚当斯算法	bvpinit	边值问题预估解
odeset	解 ode 选项设置	bvp4c	边值问题解法
ode23t	适度刚性问题梯形算法	deval	微分方程解的求值
ode15s	刚性方程组多步 Gear 法		

1. 初值问题求解

常微分方程初值问题的求解 MATLAB 指令具有相同的格式,下面以最常用的 ode45 为例说明。

[t,y]=ode45(odefun,tspan,y0)　常用格式

参数说明:

odefun——用以表示 f(t,y)的函数句柄或内嵌函数,t 是标量,y 是标量或向量;

tspan——如果是二维向量[t0,tf],表示自变量初值 t_0 和终值 t_f;如果是高维向量[t0,t1,…,tn],则表示输出节点列向量;

y0——表示初值向量 y_0;

t——表示节点列向量 $(t_0,t_1,\cdots,t_n)^T$;

```
y——表示数值解矩阵,每一列对应 y 的一个分量。若无输出参数,则作出图形
[t,y]=ode45(odefun,tspan,y0,options,p1,p2,...)      完整格式
参数说明:
options——为用 odeset 设置的计算参数(如精度要求),默认可用空矩阵[]表示;
p1,p2,...——为附加传递参数,这时 odefun 的表示为 f(t,y,flag,p1,p2,…)
```

ode45 是最常用的求解常微分方程的指令。它采用变步长 4,5 阶 RKF 法,适合高精度问题。ode23 与 ode45 类似,只是精度低一些。ode113 是多步法,高低精度均可。这些指令对于刚性方程组(见本章上机实验题)不宜采用。ode23t,ode23s,ode23tb,ode15s 都是求解刚性方程组的指令。

例 6.12 解微分方程

$$y' = y - 2t/y, \quad y(0) = 1, \quad 0 < t < 4 \tag{6.49}$$

解 在指令窗口执行:

```
>>odefun=@(t,y) y-2*t/y;
>>[t,y]=ode45(odefun,[0,4],1);
>>[t,y]
ans=
    0          1.0000
    0.0502    1.0490
    0.1005    1.0959
    0.1507    1.1408
    ....................
    3.8507    2.9503
    3.9005    2.9672
    3.9502    2.9839
    4.0000    3.0006
>>plot(t,y,'o-')                              %解函数图形表示,见图 6-6
>>ode45(odefun,[0,4],1);                      %不用输出变量,则直接输出图 6-6
>>[t,y]=ode45(odefun,0:4,1); [t,y]
ans=
    0          1.0000
    1.0000    1.7321
    2.0000    2.2361
    3.0000    2.6458
    4.0000    3.0006
```

事实上,方程(6.49)的准确解为 $y=\sqrt{1+2t}$。我们来比较一下几种方法的计算量和精度。下列程序中 n 为节点个数,反映计算量大小;e 为每个节点均方误差。

```
>>[t,y]=ode45(odefun,[0,4],1); n=length(t); e=sqrt(sum((sqrt(1+2*t)-y).^2)/n); [n,e]
ans=
   45.0000    0.0002
>>[t,y]=ode23(odefun,[0,4],1); n=length(t); e=sqrt(sum((sqrt(1+2*t)-y).^2)/n); [n,e]
ans=
   13.0000    0.1905
>>[t,y]=ode113(odefun,[0,4],1); n=length(t); e=sqrt(sum((sqrt(1+2*t)-y).^2)/
n); [n,e]
```

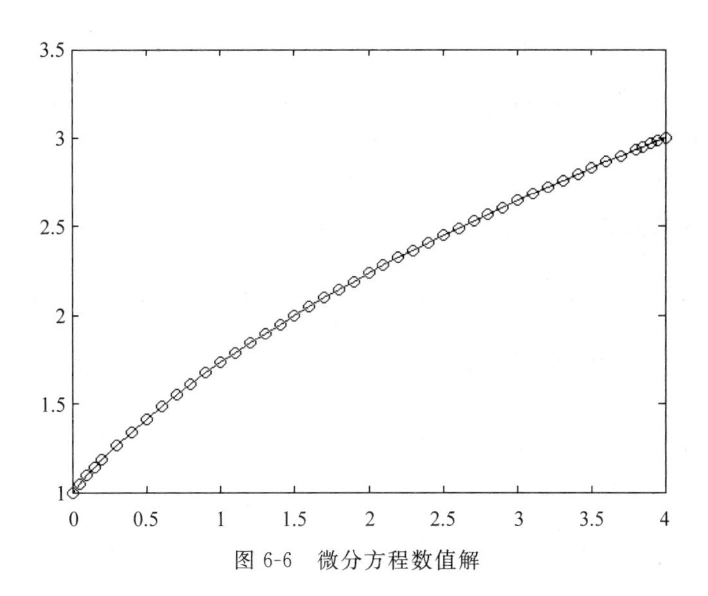

图 6-6 微分方程数值解

```
ans=
  18.0000    0.0097
>>[t,y]=ode23t(odefun,[0,4],1); n=length(t); e=sqrt(sum((sqrt(1+2*t)-y).^2)/
n); [n,e]
ans=
  18.0000    0.0392
>>[t,y]=ode23s(odefun,[0,4],1); n=length(t); e=sqrt(sum((sqrt(1+2*t)-y).^2)/
n); [n,e]
ans=
  81.0000    2.5437
>>[t,y]=ode23tb(odefun,[0,4],1); n=length(t); e=sqrt(sum((sqrt(1+2*t)-y).^
2)/n); [n,e]
ans=
  15.0000    0.2431
>>[t,y]=ode15s(odefun,[0,4],1); n=length(t); e=sqrt(sum((sqrt(1+2*t)-y).^2)/
n); [n,e]
ans=
  22.0000    0.4551
```

可见，ode45 精度高，但计算量比较大；ode23 计算量小，但误差大；ode113 适中。用刚性方程组解法解非刚性问题不合适，特别是 ode23s，计算量大且误差大。

例 6.13 解微分方程组

$$\begin{cases} x' = -x^3 - y, & x(0) = 1, \\ y' = x - y^3, & y(0) = 0.5, \end{cases} \quad 0 < t < 30。 \tag{6.50}$$

解 将变量 x,y 合写成向量变量 x，先写 M 函数 naeg6_13f.m：

```
%M 函数 naeg6_13f.m
function f=naeg6_13f(t,x)
f(1)=-x(1)^3-x(2);
f(2)=x(1)-x(2)^3;
f=f(:);                        %保证 f 为列向量
```

再在指令窗口执行：

```
>>clear; [t,x]=ode45(@naeg6_13f,[0 30],[1;0.5]);
>>subplot(1,2,1); plot(t,x(:,1),t,x(:,2),':');
>>subplot(1,2,2); plot(x(:,1),x(:,2));
```

图 6-7 作出了解函数图和相平面图。

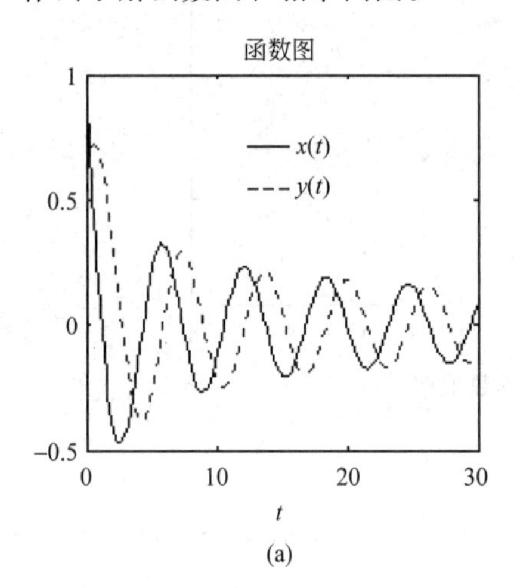

(a)

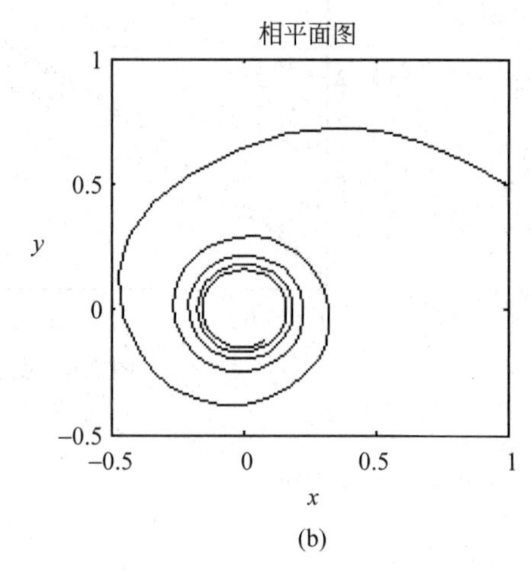

(b)

图 6-7　例 6.13 的图

例 6.14　求解微分方程组(竖直加热板的自然对流)

$$\frac{d^3 f}{d\eta^3}+3f\frac{d^2 f}{d\eta^2}-2\left(\frac{df}{d\eta}\right)^2+T=0,$$

$$\frac{d^2 T}{d\eta^2}+2.1f\frac{dT}{d\eta}=0。$$

已知当 $\eta=0$ 时，$f=0,\frac{df}{d\eta}=0,\frac{d^2 f}{d\eta^2}=0.68,T=1,\frac{dT}{d\eta}=-0.5$。

解　首先引入辅助变量

$$t=\eta,\quad y_1=f,\quad y_2=\frac{df}{d\eta},\quad y_3=\frac{d^2 f}{d\eta^2},\quad y_4=T,\quad y_5=\frac{dT}{d\eta},$$

化为一阶方程组：

$$\begin{cases}\frac{dy_1}{dt}=y_2,\\ \frac{dy_2}{dt}=y_3,\\ \frac{dy_3}{dt}=-3y_1y_3+2y_2^2-y_4,\\ \frac{dy_4}{dt}=y_5,\\ \frac{dy_5}{dt}=-2.1y_1y_5。\end{cases}\tag{6.51}$$

先写 M 函数 naeg6_14f.m：

```
%M 函数 naeg6_14f.m
function f=naeg6_14f(t,y)
f=[y(2); y(3); -3*y(1)*y(3)+2*y(2)^2-y(4); y(5); -2.1*y(1)*y(5)];
```

再在指令窗口执行：

```
>>y0=[0,0,0.68,1,-0.5];
>>[t,y]=ode45(@naeg6_14f,[0 5],y0);
>>plot(t,y(:,1),t,y(:,4),':');
```

图 6-8 作出了 f 和 T 的图(以 η 为自变量)。

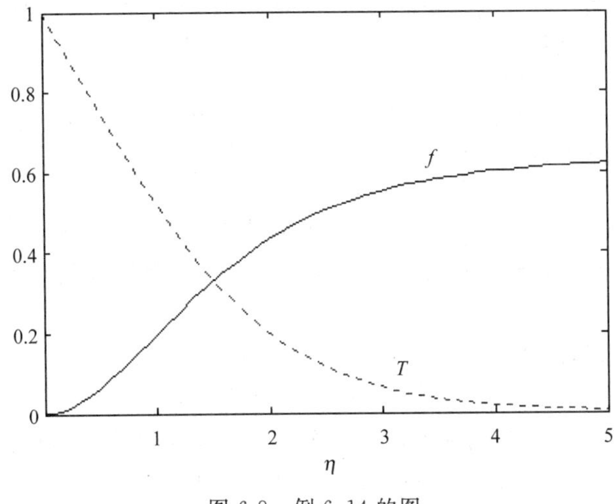

图 6-8　例 6.14 的图

2. 求解选项设置

```
options=odeset('选项名 1',选项值 1,'选项名 2',选项值 2,...) 用以设置初值问题求解选项
```

常用选项见表 6-4。用 odeset 可显示当前 options 的值。

表 6-4　初值问题求解选项

选　项　名	功　　能	可　选　值	缺　省　值
AbsTol	设定绝对误差	正数	1e−6
RelTol	设定相对误差	正数	1e−3
InitialStep	设定初始步长	正数	自动
MaxStep	设定步长上界	正数	tspan/10
MaxOrder	设定 ode15s 的最高阶数	1,2,3,4,5	5
Stats	显示计算成本统计	on,off	off
BDF	设定 ode15s 是否用反向差分	on,off	off

3. 解边值问题

常微分方程边值问题 MATLAB 的标准提法为

$$\begin{cases} y'(t) = f(t, y(t)), \\ g(y(a), \quad y(b)) = 0。\end{cases} \tag{6.52}$$

```
sinit=bvpinit(tinit,yinit)  由在粗略节点 tinit 的预估解 yinit 生成粗略解网
      络 sinit
sol=bvp4c(odefun,bcfun,sinit,options)  odefun 是微分方程组函数句柄或内嵌函数,
      bcfun 为边值条件函数,sinit 是由 bvpinit 得到的粗略解网络。求的边值问题解 sol
      是一个结构,sol.x 为求解节点,sol.y 是 y(t)的数值解。注意,这里的域名只能是 x 和
      y;options 为用 bvpset 设置的计算选项
sx=deval(sol,ti) 计算由 bvp4c 得到的解在 ti 的值
options =bvpset('选项名 1',选项值 1,'选项名 2',选项值 2,…)  用以设置边值问题求解
      选项,与 odeset 类似
```

bvp4c 先利用网络 sinit 将整个积分区间分成若干个子区间,通过求解一个代数方程组得到数值解,然后在每一个子区间上估计误差。若此解不满足误差要求,则调整网络,重复上述过程。

例 6.15 求解边值问题

$$z'' + |z| = 0, \quad z(0) = 0, \quad z(4) = -2。$$

解 首先改写为式(6.52)的标准形式。令 $y(1)=z, y(2)=z'$,则方程为

$$y'(1) = y(2), \quad y'(2) = -|y(1)|,$$

边界条件为

$$ya(1) = 0, \quad yb(1) + 2 = 0。$$

求解用下列 M 文件 naeg6_15.m:

```
%M 文件 naeg6_15.m.
clear;close;
sinit=bvpinit(0:4,[1;0])                          %注意 sinit 的域名
odefun=@(t,y) [y(2);-abs(y(1))];
bcfun=@(ya,yb) [ya(1);yb(1)+2];
sol=bvp4c(odefun,bcfun,sinit)                     %注意 sol 的域名
t=linspace(0,4,101);
y=deval(sol,t);
plot(t,y(1,:),sol.x,sol.y(1,:),'o',sinit.x,sinit.y(1,:),'s')
legend('解曲线','解点','粗略解')
```

运行 M 文件 naeg6_15.m,得下列结果和图 6-9。

```
sinit=                                        %注意 sinit 的域名
    x: [0 1 2 3 4]
    y: [2x5 double]
```

```
sol=                                      %注意 sol 的域名
       x: [1x22 double]
       y: [2x22 double]
      yp: [2x22 double]
  solver: 'bvp4c'
```

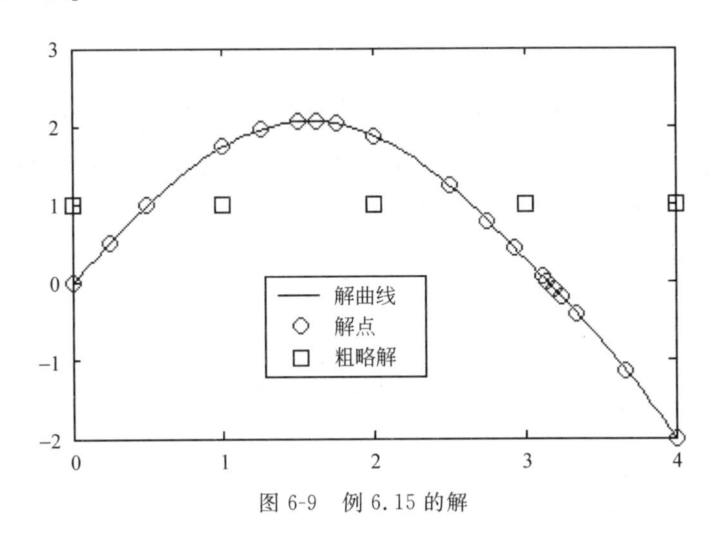

图 6-9　例 6.15 的解

习　　题

1. 由数值微分法导出隐式欧拉格式(6.3)及两步欧拉格式(6.4)。

2. 由数值积分法导出隐式欧拉格式(6.3)。

3. 取 $h=0.1$,分别由欧拉格式(6.2)、隐式欧拉格式(6.3)、两步欧拉格式(6.4)(由欧拉格式求 y_1 及改进欧拉格式(6.9)解下列初值问题:

$$\begin{cases} y' = x + y, \\ y(0) = 1, \end{cases} \quad 0 \leqslant x \leqslant 0.4,$$

并与精确解 $y(x)=-x-1+2e^x$ 比较。

4. 由中矩形公式导出差分格式(6.13)。

5. 验证对于任意 t,$\begin{cases} y_{n+1}=y_n+\dfrac{h}{2}(K_2+K_3), \\ K_1=f(x_n,y_n), \\ K_2=f(x_n+th,y_n+thK_1), \\ K_3=f(x_n+(1-t)h,y_n+(1-t)hK_1) \end{cases}$ 为 2 阶格式。

6. 证明 Heun 格式(6.15)是 3 阶的。

7. 取 $h=0.2$,用 4 阶经典龙格-库塔格式(6.17)解习题 3。

8. 就初值问题

$$y' = ax + b, \quad y(0) = 0$$

分别导出由欧拉格式(6.2)和改进欧拉格式(6.9)求近似解的表达式,并证明其收敛性。

9. 设 $f(x,y)$ 满足利普希茨条件(6.22),由定理 6.1 讨论 4 阶经典龙格-库塔格式(6.17)的收敛性。

10. 对于试验方程(6.23)分别讨论梯形格式(6.8)与改进欧拉格式(6.9)的绝对稳定性。

11. 分别由2阶显式亚当斯格式、2阶隐式亚当斯格式解

$$\begin{cases} y' = 1 - y, \\ y(0) = 0。 \end{cases}$$

取 $h=0.2$, $y_1=0.181$,计算 $y(0.2)$, $y(0.4)$ 的数值解,并与精确解 $y(x)=1-\frac{1}{e^x}$ 比较。

12. 设 $f_{n+1}=y'(x_{n+1})$,导出3阶隐式亚当斯格式,并写出与3阶显式亚当斯格式(6.34)共同构成的预报-校正形式的差分格式。

13. 分别写出解

$$\begin{cases} y_1' = f_1(x, y_1, y_2, y_3), & y_1(x_0) = y_0^{(1)}, \\ y_2' = f_2(x, y_1, y_2, y_3), & y_2(x_0) = y_0^{(2)}, \\ y_3' = f_3(x, y_1, y_2, y_3), & y_3(x_0) = y_0^{(3)} \end{cases}$$

及解

$$\begin{cases} y''' = f(x, y, y', y''), \\ y(x_0) = y_0, \quad y'(x_0) = y_0', \quad y''(x_0) = y''_0 \end{cases}$$

的改进欧拉格式。

14. 取 $h=0.2$,由改进欧拉格式解下列微分方程:

(1) $y''-0.1(1-y^2)y'+y=0$, $y(0)=1$, $y'(0)=0$, $0\leqslant x\leqslant 0.4$;

(2) $y'''=2y''+x^2y+1+x$, $y(1)=0$, $y'(1)=1$, $y''(1)=0$, $1\leqslant x\leqslant 1.4$。

15. 求刚性方程组

$$\begin{cases} y_1' = -1000.25y_1 + 999.75y_2 + 0.5, & y_1(0) = 1, \\ y_2' = 999.75y_1 - 1000.25y_2 + 0.5, & y_2(0) = -1, \end{cases} \quad 0 < x < 50$$

的刚性比,并分析其改进欧拉格式的步长绝对稳定条件。

上机实验题

实验1 用ode45, ode23和ode113解下列微分方程:

(1) $y'=x+y$, $y(0)=1$, $0<x<3$(要求输出 $x=1,2,3$ 点的 y 值);

(2) $x'=2x+3y$, $y'=2x+y$, $x(0)=-2.7$, $y(0)=2.8$, $0<t<10$,作相平面图;

(3) $y''-0.01(y')^2+2y=\sin(t)$, $y(0)=0$, $y'(0)=1$, $0<t<5$,作 y 的图;

(4) $2x''(t)-5x'(t)-3x(t)=45e^{2t}$, $x(0)=2$, $x'(0)=1$. $0<t<2$,作 x 的图;

(5) Vanderpol方程 $y''+\mu(y^2-1)y'+y=0$, $y(0)=2$, $y'(0)=0$, $0<x<20$, $\mu=1$ 和2,作相平面图。

实验2 求解下列边值问题:

(1) $x''=(-2/t)x'+(2/t^2)x+(10\cos(\ln(t)))/t^2$,其中 $x(1)=1$, $x(3)=3$。输出 $t=1.5, 2, 2.5$ 时 x 的值,并作 x 的图。

(2) $y''+(1/t)y'+(1-1/(4t^2))y=\sqrt{t}\cos t$,其中 $y(1)=1$, $y(6)=-0.5$。输出 $t=2,3,$

4,5时 y 的值,并作 y 的图。

实验3　分别用ode45和ode15s求解习题15刚性方程组,并比较计算效率。

实验4　已知Appolo卫星的运动轨迹 (x,y) 满足下面的方程:

$$\frac{d^2x}{dt^2}=2\frac{dy}{dt}+x-\frac{\lambda(x+\mu)}{r_1^3}-\frac{\mu(x-\lambda)}{r_2^3},$$

$$\frac{d^2y}{dt^2}=-2\frac{dx}{dt}+y-\frac{\lambda y}{r_1^3}-\frac{\mu y}{r_2^3},$$

其中,$\mu=1/82.45$;$\lambda=1-\mu$;$r_1=\sqrt{(x+\mu)^2+y^2}$;$r_2=\sqrt{(x+\lambda)^2+y^2}$。试在初值 $x(0)=1.2$,$x'(0)=0$,$y(0)=0$,$y'(0)=-1.04935371$ 下求解,并绘制Appolo卫星轨迹图。

实验5　分别用定步长的4阶经典龙格-库塔格式(程序6.4,步长 $h=0.01$)和变步长的4阶经典龙格-库塔格式(程序6.5,要求精度 10^{-5})解习题3。

实验6　考虑用欧拉格式(程序6.1)、隐式欧拉格式(程序6.2)、中点欧拉格式、改进欧拉格式(程序6.3)、4阶经典龙格-库塔格式(程序6.4)求解微分方程

$$y'=-50y,$$

取步长 $h=0.1,0.05,0.025,0.001$,试验其稳定性。

实验7　(1) 用改进欧拉格式(程序6.6)解习题15刚性方程组,试验得到最小稳定步长;

(2) 编写4阶经典龙格-库塔格式解常微分方程组程序,试验得到最小稳定步长;

(3) 编写隐式欧拉格式解常微分方程组程序,试验得到最小稳定步长;

(4) 比较上述方法的效率,并与ode15s的求解效率进行比较。

第 7 章

MATLAB 偏微分方程数值解

偏微分方程(partial differential equation,PDE)定解问题具有广泛的实际背景,很多重要的物理和力学问题的基本数学模型都是偏微分方程。人们用偏微分方程来描述、解释或预测各种自然现象,并应用于科学和工程领域。随着计算机技术的飞速发展,编制高效的程序求解各种偏微分方程问题成为可能。

MATLAB 的偏微分方程工具箱(PDE Toolbox)提供了空间二维问题高速、准确的求解过程。用户只要使用界面或 M 文件,画出所需要的区域,输入方程类型和有关系数,就可显示解的图形和输出解的数值。

7.1 偏微分方程有限元法

偏微分方程(PDE)数值解法包括**有限元法**(finite element method)和**有限差分法**(finite difference method)两类。MATLAB 的偏微分方程工具箱主要采用有限元法。

有限元法的基本思想是:将 PDE 的定义域分解为小三角形网格;在每个三角形上用二元线性函数作近似;选取二元线性函数的参数,使在各网格点满足 PDE 和边界条件(见图 7-1)。

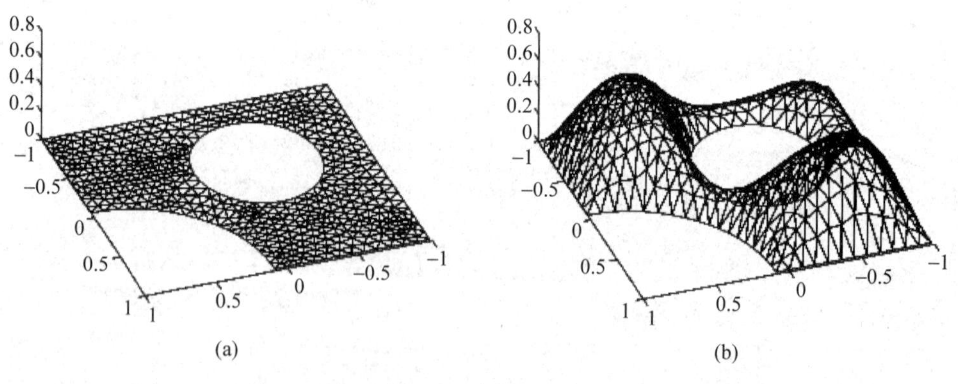

图 7-1 有限元法

(a) 三角形网格;(b) 网格上的二元线性函数

1. 椭圆型方程(elliptic PDE)

考虑平面有界区域 Ω 上的 2 阶椭圆型 PDE 边值问题

$$-\nabla\cdot(c\,\nabla u)+au=f,\quad x=(x_1,x_2)\in\Omega,\tag{7.1}$$

其中，$\nabla=\left(\frac{\partial}{\partial x_1},\frac{\partial}{\partial x_2}\right)$为梯度算子；$c,a,f$ 都是 Ω 上的已知函数，c 也可以是 2×2 函数方阵；u 为 Ω 上的复函数。边界条件有以下三类。

（1）狄利克雷(Dirichlet)条件

$$hu=r,\quad x\in\partial\Omega,\tag{7.2}$$

这里，$\partial\Omega$ 表示 Ω 的边界；h,r 是 $\partial\Omega$ 上的已知函数。

（2）广义诺伊曼(Neumann)条件

$$\boldsymbol{n}(c\,\nabla u)+qu=g,\quad x\in\partial\Omega,\tag{7.3}$$

其中，$\boldsymbol{n}$ 为边界 $\partial\Omega$ 的单位法向量；q,g 是 $\partial\Omega$ 上的已知函数. 特别地，当 $q=0$ 时，称为诺伊曼条件。

（3）混合条件

在 $\partial\Omega$ 上部分为狄利克雷条件，部分为广义诺伊曼条件。

有限元解实际上是微分方程弱形式在有限维函数空间的投影。下面仅考虑广义诺伊曼条件，因为狄利克雷条件可以视作广义诺伊曼条件的逼近。取任意试验函数 v 乘以式(7.1)的两边，并在 Ω 上积分，即

$$\int_\Omega -(\nabla\cdot(c\,\nabla u))v+auv\mathrm{d}x=\int_\Omega fv\mathrm{d}x,$$

利用格林(Green)公式和式(7.3)，可得

$$\int_\Omega(c\,\nabla u)\cdot\nabla v+auv\mathrm{d}x-\int_{\partial\Omega}\boldsymbol{n}\cdot(c\,\nabla u)v\mathrm{d}s=\int_\Omega fv\mathrm{d}x。$$

则原问题的弱形式为：求 u 使得

$$\int_\Omega(c\,\nabla u)\cdot\nabla v+auv-fv\mathrm{d}x-\int_{\partial\Omega}(-qu+g)v\mathrm{d}s=0,\text{对于任意 }v,\tag{7.4}$$

在一定条件下，弱形式(7.4)与原问题，即式(7.1)和式(7.3)同解。

设 $\phi_1,\phi_2,\cdots,\phi_{N_p}$ 是 N_p 维函数空间 V 的基，设

$$u=\sum_{j=1}^{N_p}U_j\phi_j,$$

由式(7.4)得

$$\sum_{j=1}^{N_p}\left(\int_\Omega(c\,\nabla\phi_j)\cdot\nabla\phi_i+a\phi_j\phi_i\mathrm{d}x+\int_{\partial\Omega}q\phi_j\phi_i\mathrm{d}s\right)U_j$$

$$=\int_\Omega f\phi_i\mathrm{d}x+\int_{\partial\Omega}g\phi_i\mathrm{d}s,\quad i=1,\cdots,N_p,\tag{7.5}$$

记

$$K_{i,j}=\int_\Omega(c\,\nabla\phi_j)\cdot\nabla\phi_i\mathrm{d}x\quad\text{（刚度矩阵）},\quad M_{i,j}=\int_\Omega a\phi_j\phi_i\mathrm{d}x\quad\text{（质量矩阵）},$$

$$Q_{i,j}=\int_{\partial\Omega}q\phi_j\phi_i\mathrm{d}s,\quad F_i=\int_\Omega f\phi_i\mathrm{d}x,\quad G_i=\int_{\partial\Omega}g\phi_i\mathrm{d}s,$$

这样，方程(7.5)等价于

$$(\boldsymbol{K}+\boldsymbol{M}+\boldsymbol{Q})\boldsymbol{U}=\boldsymbol{F}+\boldsymbol{G},\tag{7.6}$$

其中，$\boldsymbol{K},\boldsymbol{M},\boldsymbol{Q}$ 为 N_p 阶方阵；$\boldsymbol{U},\boldsymbol{F},\boldsymbol{G}$ 为 N_p 维向量。在 MATLAB 中，$\boldsymbol{K},\boldsymbol{M},\boldsymbol{F}$ 可由 assema 得到，$\boldsymbol{Q},\boldsymbol{G}$ 可由 assemb 得到。式(7.6)也可简单写成

$$\widetilde{\boldsymbol{K}}\boldsymbol{U} = \widetilde{\boldsymbol{F}},$$

在 MATLAB 中用 assempde 得到.

现在讨论基函数的选取. 对于 Ω 进行三角形剖分,设 x^i 为节点,$i=1,2,\cdots,N_p$,取函数 ϕ_i 满足

$$\phi_i(x^i) = 1, \quad \phi_i(x^j) = 0, \quad i \neq j,$$

且在每个三角形上为线性函数. 那么

$$u(x^i) = U_i, \quad i = 1,2,\cdots,N_p,$$

根据 ϕ_i 的特征,刚度矩阵 $\boldsymbol{K}_{ij}$ 和质量矩阵 $\boldsymbol{M}_{ij}$ 只有当 x_i 与 x_j 为同一三角形节点时才不为 0,从而 $\boldsymbol{K}$ 和 $\boldsymbol{M}$ 为稀疏矩阵. 有限元法通过"组装"每个三角形的刚度矩阵 $\boldsymbol{K}_{ij}$ 和质量矩阵 $\boldsymbol{M}_{ij}$ 得到 $\boldsymbol{K}$ 和 $\boldsymbol{M}$,在 MATLAB 用 assempde 得到.

2. 抛物型方程(parabolic PDE)

下面说明抛物型方程如何简化成椭圆型方程来求解。考虑

$$d\,\frac{\partial u}{\partial t} - \nabla\cdot(c\,\nabla u) + au = f, \quad x \in \Omega \tag{7.7}$$

的初值为

$$u(x,0) = u_0(x), \quad x \in \Omega。 \tag{7.8}$$

边界条件类似椭圆边值问题的提法,这里仅讨论诺伊曼条件。

对 Ω 作三角形网格剖分,对于任意给定 $t \geqslant 0$,PDE 的解按有限元法的基可以展开成

$$u(x,t) = \sum_i U_i(t)\phi_i(x)。 \tag{7.9}$$

代入方程 (7.7),类似于椭圆型方程的讨论得到大型的线性稀疏的常微分方程组为

$$\boldsymbol{M}\,\frac{\mathrm{d}U}{\mathrm{d}t} + \boldsymbol{K}\boldsymbol{U} = \boldsymbol{F}。 \tag{7.10}$$

解常微分方程组初值问题

$$\sum_i \int_\Omega d\phi_j\phi_i\,\mathrm{d}x\,\frac{\mathrm{d}U_i(t)}{\mathrm{d}t} + \sum_i \Big(\int_\Omega \nabla\phi_j\cdot(c\,\nabla\phi_i) + a\phi_j\phi_i\,\mathrm{d}x + \int_{\partial\Omega} q\phi_j\theta_i\,\mathrm{d}s\Big)U_i(t)$$

$$= \int_\Omega f\phi_j\,\mathrm{d}x + \int_{\partial\Omega} g\phi_j\,\mathrm{d}s, \quad \text{对于任意 } j, \tag{7.11}$$

$$U_i(0) = u_0(x_i),$$

得每一个节点 x_i 任一时刻 t 的 ODE 解。这里 $\boldsymbol{K}$ 和 $\boldsymbol{F}$ 是原边界条件下椭圆型方程

$$-\nabla\cdot(c\,\nabla u) + au = f$$

的刚度矩阵和荷载向量,$\boldsymbol{M}$ 是椭圆型方程

$$-\nabla\cdot(0\,\nabla u) + \mathrm{d}u = 0$$

的质量矩阵。

PDE Toolbox 中提供的求解抛物型方程的指令函数是 parabolic。

3. 双曲型方程(hyperbolic PDE)

类似于抛物型方程的有限元法,可以解得双曲型问题

$$\mathrm{d}\,\frac{\partial^2 u}{\partial t^2} - \nabla\cdot(c\,\nabla u) + au = f, \quad x \in \Omega \tag{7.12}$$

的初值为

$$u(x,0)=u_0(x),\quad \frac{\partial u}{\partial t}(x,0)=v_0(x),\quad x\in\Omega,\tag{7.13}$$

边界条件同上。

对区域作三角形网格剖分，与抛物型方程处理方法一样，可以得到2阶常微分方程组

$$\boldsymbol{M}\frac{\mathrm{d}^2U}{\mathrm{d}t^2}+\boldsymbol{KU}=\boldsymbol{F}\tag{7.14}$$

的初值为

$$U_i(0)=u_0(x_i),\quad \frac{\partial}{\partial t}U_i(0)=v_0(x_i),\quad \forall i,\tag{7.15}$$

其中，$\boldsymbol{K}$ 和 $\boldsymbol{M}$ 是相应椭圆型方程的刚度矩阵和质量矩阵。

PDE Toolbox 中提供的求解双曲型方程的指令函数是 hyperbolic。

4. 特征值方程（eigenvalue PDE problem）

在 PDE Toolbox 中求解的基本特征值问题是

$$-\nabla\cdot(c\,\nabla u)+au=\lambda du\tag{7.16}$$

其中，λ 是未知复数。数值解包括方程的离散和代数特征值问题的求解。

首先考虑离散化。按有限元基底将 u 展开，两边同乘基函数，再在 Ω 上作积分，可以得到广义特征值方程为

$$\boldsymbol{KU}=\lambda\boldsymbol{MU},\tag{7.17}$$

其中，$\boldsymbol{M}$ 对应于右端项的质量矩阵的元素为

$$M_{i,j}=\int_\Omega d(x)\phi_j(x)\phi_i(x)\mathrm{d}x。\tag{7.18}$$

广义特征值方程利用 Arnoldi 算法进行移位和求逆矩阵，直到所有的特征值都落在用户事先确定的区间。

PDE Toolbox 中提供的求解特征值问题的指令函数是 pdeeig。

5. 非线性方程（nonlinear PDE）

由于实际计算的许多问题是非线性的，因此在 PDE Toolbox 的 assempde 函数上建立了一个非线性求解器。

采用的基本方法是高斯-牛顿（Gauss-Newton）迭代法。求解的非线性方程为

$$r(u)=-\nabla\cdot(c(u)\,\nabla u)+a(u)u-f(u)=0。\tag{7.19}$$

先作

$$u=\sum_j U_j\phi_j,$$

方程(7.19)两边同乘以试验基函数、积分，再利用格林公式和边界条件得

$$\begin{aligned}0=\rho(U)=&\sum_j\Big(\int_\Omega(c(x,U)\,\nabla\phi_j(x))\cdot\nabla\phi_j(x)+a(x,U)\phi_j(x)\phi_i(x)\mathrm{d}x\\&+\int_{\partial\Omega}q(x,U)\phi_j(x)\phi_i(x)\mathrm{d}s\Big)U_j\\&-\int_\Omega f(x,U)\phi_i(x)\mathrm{d}x-\int_{\partial\Omega}g(x,U)\phi_i(x)\mathrm{d}s,\end{aligned}\tag{7.20}$$

残差向量为

$$\rho(U)=(\boldsymbol{K}+\boldsymbol{M}+\boldsymbol{Q})\boldsymbol{U}-(\boldsymbol{F}+\boldsymbol{G}),$$

其中,$\boldsymbol{K},\boldsymbol{M},\boldsymbol{Q},\boldsymbol{F},\boldsymbol{G}$ 由下列椭圆型方程装配:

$$-\nabla\cdot(c(\boldsymbol{U})\ \nabla u)+a(\boldsymbol{U})u=f(\boldsymbol{U})。$$

迭代更新方程为

$$\left(\frac{\partial\rho(U^{(n)})}{\partial U}\right)(U^{(n+1)}-U^{(n)})=-\alpha\rho(U^{(n)}),$$

其中,$0<\alpha\leqslant1$ 是一个常数。

PDE 工具箱提供的求解非线性方程的指令函数是 pdenonlin。

7.2 用图形用户界面方式解 PDE

PDE 工具箱有图形用户界面(GUI)和指令行编程两种使用方式。比较而言,图形界面使用更加方便、直观,下面我们通过一些例子说明它的应用。

1. 求解椭圆型方程

例 7.1 解单位圆盘上的泊松方程

$$\begin{cases}-\Delta u=1, & \Omega=\{(x,y)\mid x^2+y^2<1\},\\ u\mid_{\partial\Omega}=0。\end{cases}\tag{7.21}$$

解 首先在 MATLAB 的工作窗口中输入 pdetool,按回车键确定,于是出现 PDE Toolbox 窗口,选择 Genenic Scalar 模式。

(1) 画区域圆

单击椭圆工具按钮 ⊕,大致在(0,0)位置按下鼠标右键,拖拉鼠标到适当位置松开。为了保证所绘制的圆是标准的单位圆,在所绘圆上双击,打开 Object Dialog 对话框,精确地输入圆心坐标 X-center 为 0、Y-center 为 0 及半径 Radius 为 1,然后单击 OK 按钮,这样单位圆已画好。

(2) 设置边界条件

单击工具边界模式按钮 ∂Ω,图形边界变红,逐段双击边界,打开 Boundary Condition 对话框,输入边界条件。对于同一类型的边界,可以按 Shift 键,将多个边界同时选择,统一设置边界条件。本题选择 Dirichlet 条件,输入 h 为 1,r 为 0,然后单击 OK 按钮。也可以单击 Boundary 菜单中的 Specify Boundary Conditions 选项,打开 Boundary Condition 对话框,输入边界条件。

(3) 设置方程

单击按钮 PDE,打开 PDE Specification 对话框,选择方程类型。本题选 Elliptic(椭圆型),输入 c 为 1,a 为 0,f 为 1,然后单击 OK 按钮。

(4) 网格剖分

单击工具 △,或者单击 Mesh 菜单中的 Initialize Mesh 选项,可进行初始网格剖分。这时在 PDE Toolbox 窗口下方的状态栏内,显示出初始网格的节点数和三角形单元数。本题节点数为 144 个,三角形单元数为 254 个,如图 7-2(a)所示。如果需要细化网格,可单击

工具 ,或者选择 Mesh 菜单中的 Refine Mesh 选项,节点数成为 541 个,三角形单元数为 4×254=1016 个。

(5) 解方程并图示

单击解方程工具 ,或者选择 Solve 菜单中的 Solve PDE 选项,可求得方程数值解并用彩色图形显示。单击作图工具 ,或者选择 Plot 菜单中的 Parameters 选项,出现 Plot Selection 对话框,从中选择 Height(3-D plot),然后单击 Plot 按钮,方程的图形解如图 7-2(b) 所示。除了作定解问题解 u 的图形外,也可以作 |grad u|,|c * grad u| 等图形。

(6) 输出网格节点的编号、单元编号以及节点坐标

选择 Mesh 菜单中的 Show Node Labels 选项,再单击工具 或 ,即可显示节点编号(见图 7-2(c))。若要输出节点坐标,只需选择 Mesh 菜单中的 Export Mesh 选项,这时打开的 Export 对话框中的默认值为 p e t,这里 p,e,t 分别表示 points (点)、edges (边)、triangles (三角形)数据的变量,单击 OK 按钮。然后在 MATLAB 指令窗口输入 p,按回车键确定,即可显示出节点按编号排列的坐标(二维数组);输入 e,按回车键,则显示边界线段数据矩阵 (7 维数组);输入 t,按回车键,则显示三角形单元数据矩阵(4 维数组)。

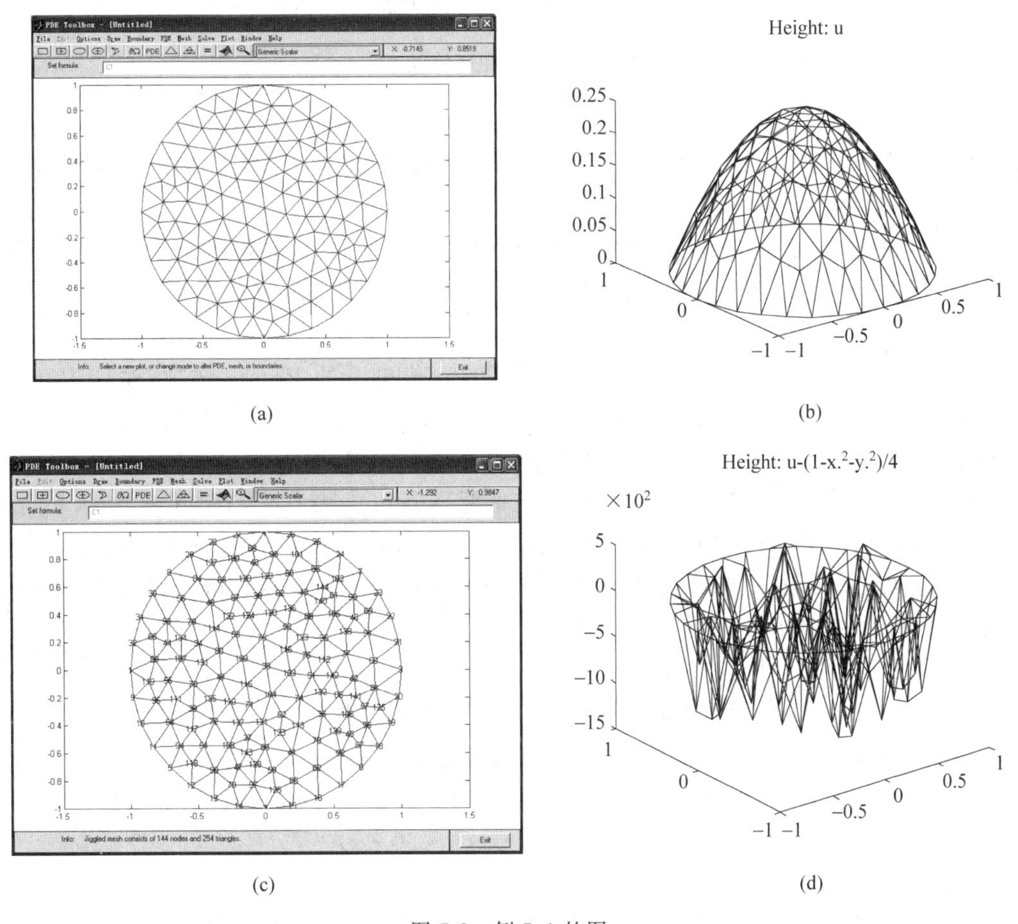

图 7-2 例 7.1 的图

(a) 网格剖分;(b) 数值解网面;(c) 节点编号;(d) 解的误差

(7) 输出解的数值

选择 Solve 菜单中的 Export Solution 选项,在打开的 Export 对话框中输入 u,单击 OK 按钮确定。再在 MATLAB 指令窗口中输入 u,按回车键确定,即显示按节点编号排列的解 u 的数值。

方程(7.21)的准确解是

$$u(x,y)=(1-x^2-y^2)/4。$$

为了与准确解比较,选择 Plot 菜单中的 Parameters 选项,打开 Plot Selection 对话框,在 Height(3-D plot)行的 Property 下拉框中选择 User Entry,且在该行的 User Entry 输入框中输入 u-(1-x.^2-y.^2)/4,单击 Plot 按钮就可以看到误差曲面,其数量级为 10^{-4}(见图 7-2(d))。

例 7.2(散射问题) 现在我们考虑一个散射问题。一块圆形金属片,中心挖去一正方形,外边界满足 Neumann 条件,内边界满足 Dirichlet 条件。考虑 $-x$ 方向入射波,这样得到求解这个反射波的定解问题为

$$\begin{cases}\Delta r+k^2r=0 & (\text{区域内}),\\ r=-\mathrm{e}^{-\mathrm{i}kx} & (\text{内边界}),\\ \dfrac{\partial r}{\partial n}=-\mathrm{i}k & (\text{外边界}),\end{cases}\tag{7.22}$$

这里,取 $k=60$,波长 λ 为 0.1。

解 与例 7.1 类似,在 MATLAB 的工作窗口中输入 pdetool,调出 PDE Toolbox 窗口。

(1) 确定定解区域

先作正方形区域,在 PDE Toolbox 窗口中,单击长方形工具⊞,到适当位置单击鼠标右键作正方形,区域名为 SQl。双击 SQ1,在对话框中输入 Left 为 0.75,Bottom 为 0.45,Width 为 0.1,Height 为 0.1,单击 OK 按钮确定。这时出现边长为 0.1、中心坐标为(0.8,0.5)的正方形。当正方形为选中状态,选择 Draw 菜单下的 Rotate 选项,输入 Rotation (degrees)为 45,并选中 Use center-of-mass(以物体中心为旋转中心),然后单击 OK 按钮,这样便形成了旋转后的正方形。然后作圆域,选择鼠标右键,同时按 Ctrl 键,拖拉鼠标到适当位置松开,绘制圆 C1,双击 C1,输入圆心坐标 X-center 为 0.8,Y-center 为 0.5,半径 Radius 为 0.45,然后单击 OK 按钮。在工具栏 Set formula 中输入 C1-SQ1,表示圆中挖去正方形,得到定解区域(复连通区域)。从 Options 菜单中选择 Axis Limits 设置适当的坐标区域,并选择 Axis equal。

(2) 设置方程类型与边界条件

单击按钮 PDE,打开 PDE Specification 对话框,选择方程类型。本题选 Elliptic,输入 c 为 1,a 为-3600,f 为 0,然后单击 OK 按钮。再确定边界条件:单击工具 ∂Ω,使边界变红,逐段双击边界,在对话框中输入边界条件。对外边界,选中 Neumann,输入 q 为-60i,g 为 0;对内边界;选中 Dirichlet,输入 h 为 1,r 为-exp(-i*60*x)。

(3) 解方程

单击工具△,作网格初始剖分,再单击△,加密剖分。然后单击▲,在 Plot Selection 对话框中选择 Color,单击 Plot 按钮,立即显示所要求的解的图形(见图 7-3)。结果显示解只是实部,虚部没有表示出来。

例 7.3(非线性方程) 考虑最小曲面问题

$$-\nabla\cdot\left(\frac{1}{\sqrt{1+|\nabla u|^2}}\nabla u\right)=0, \tag{7.23}$$

区域 $\Omega=\{(x,y)\mid x^2+y^2\leqslant 1\}$,边界条件 $u=x^2$。

解 先用 pdetool 打开 PDE Toolbox;画单位圆并设置 Drichlet 边界条件 h=1,r=x.^2;在 PDE Specification 对话框中选择方程类型为 Elliptic,输入 c 为 1./sqrt(1+ux.^2+uy.^2),a 为 0,f 为 0。作网格剖分并加密一次。单击 Solve 菜单中的 Parameters 选项,打开 Solve Parameters 对话框,选择 Use nonlinear solver(使用非线性求解器)选项,Nonlinear tolerance(非线性解的容差)设置为 1e−3。解方程并作图(选择 Height 3-D plot)(见图 7-4)。

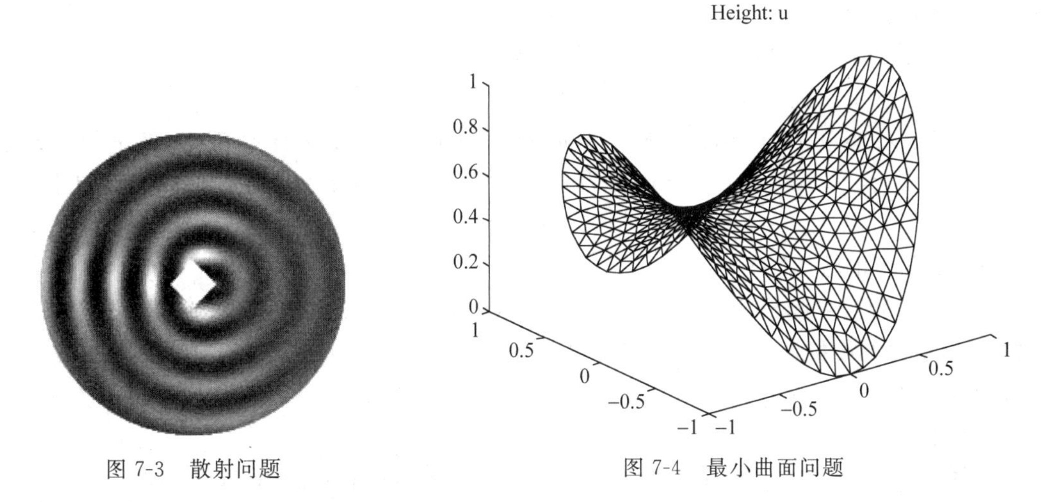

图 7-3 散射问题　　图 7-4 最小曲面问题

2. 求解抛物型方程

例 7.4(热传导方程:金属板的导热问题) 考虑一个带有矩形孔的金属板上的热传导问题。板的左边保持在 100℃,板的右边热量从板向环境空气定常流动,其他边及内孔边界保持绝缘。初始 $t=t_0$ 时,板的温度为 0℃,于是概括为如下定解问题:

$$\begin{cases} d\dfrac{\partial u}{\partial t}-\Delta u=0, & \\ u=100, & \text{左边界}, \\ \dfrac{\partial u}{\partial n}=-1, & \text{右边界}, \\ \dfrac{\partial u}{\partial n}=0, & \text{其他边界}, \\ u\mid_{t=t_0}=0, & \text{初始条件}, \end{cases} \tag{7.24}$$

域的外边界顶点坐标为(−0.5,−0.8),(0.5,−0.8),(0.5,0.8),(−0.5,0.8),内边界顶点坐标为(−0.05,−0.4),(0.05,−0.4),(0.05,0.4),(−0.05,0.4)。

解 (1) 区域设置

单击矩形工具□,在窗口拖拉出一个矩形,双击矩形区域,在 Object Dialog 对话框中输入 Left 为−0.5,Bottom 为−0.8,Width 为 1,Height 为 1.6,单击 OK 按钮,显示矩形区域 R1。用同样方法作内孔 R2，只要设置 Left=−0.05，Bottom=−0.4，Width=0.1，Height=0.8 即可。然后在 Set formula 栏中输入 R1−R2。

(2) 设置边界条件

单击工具∂Ω，使边界变红色，然后分别双击每段边界，打开 Boundary Condition 对话框，设置边界条件。在左边界上，选择 Dirichlet 条件，输入 h 为 1，r 为 100；右边界上，选择 Neumann 条件，输入 g 为−1，q 为 0；其他边界上，选择 Neumann 条件，输入 g 为 0，q 为 0。

(3) 设置方程类型

单击工具PDE，打开 PDE Specification 对话框，设置方程类型为 Parabolic(抛物型)，d=1，c=1，a=0，f=0，单击 OK 按钮。

(4) 网格剖分

单击△，初始化网格。单击△，加密网格。

(5) 初值和求解区间设置

单击 Solve 菜单中的 Parameters 选项，打开 Solve Parameters 对话框，输入 Time 为 0:0.5:3，u(t0)为 0，Relative tolerance 为 0.01，Absolute tolerance 为 0.001，然后单击 OK 按钮。

(6) 数值解的输出

单击解方程工具 =，并在 Solve 菜单中选择 Export Solution 选项，在 Export 对话框中输入 u，单击 OK 按钮。再在 MATLAB 指令窗口中输入 u，按回车键，这时显示出按节点编号的数值解。

(7) 作图

选择 Plot 菜单中的 Parameters 选项，打开 Plot Selection 对话框，选择 Color，Contour，Arrows，并在 Colormap 中选择 hot。单击 Plot 按钮，窗口显示出 Time=5 时解的彩色图形(见图 7-5)。

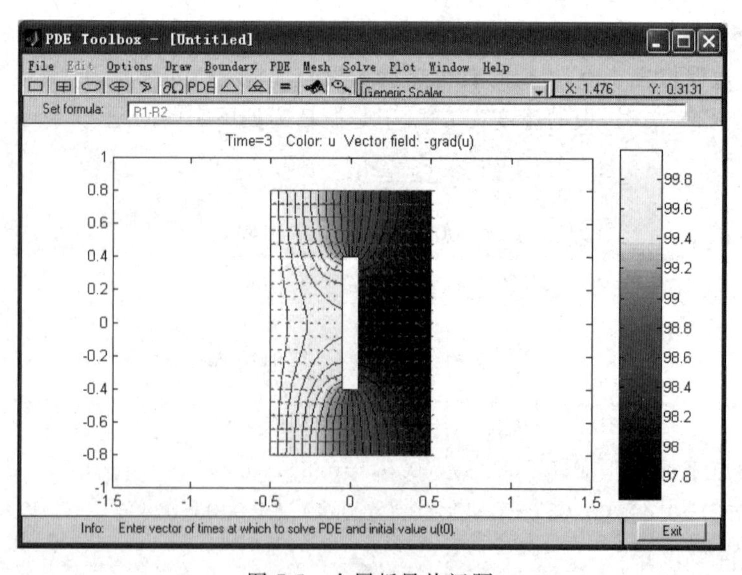

图 7-5 金属板导热问题

（8）动画

为了更加生动地显示导热过程，在 Solve Parameters 对话框中，输入 Time 为 0:0.1:3，在 Plot Selection 对话框中选择 Color，Animation，并在 Colormap 中选择 hot，单击 Plot 按钮显示 5 遍动画。

3. 求解双曲型方程

例 7.5　考虑正方形 $|x|<1$，$|y|<1$ 上二维波动方程的定解问题：

$$\begin{cases} \dfrac{\partial^2 u}{\partial t^2} - \Delta u = 0, \\ u\,|_{x=\pm 1} = 0, \\ \dfrac{\partial u}{\partial n}\,|_{y=\pm 1} = 0, \\ u\,|_{t=0} = \arctan\left[\cos\left(\dfrac{\pi}{2}x\right)\right], \\ \dfrac{\partial u}{\partial n}\,|_{t=0} = 3\sin(\pi x)\exp\left[\sin\left(\dfrac{\pi}{2}y\right)\right]。 \end{cases} \tag{7.25}$$

解　类似前面的例子，首先作正方形区域，设置端点坐标为(−1,1)，(−1,−1)，(1,−1)，(1,1)。在 Object Dialog 对话框中输入 Left 为−1，Bottom 为−1，Width 为 2，Height 为 2，单击 OK 按钮。设置边界条件，左、右边界用 Dirichlet 条件，输入 h 为 1，r 为 0；上、下边界用 Neumann 条件，输入 q 为 0，g 为 0。

首先，设置方程类型为 Hyperbolic（双曲型），输入 c=1，a=0，f=0，d=1。然后，作网格剖分。单击 Solve 菜单中的 Parameters 选项，打开 Solve Parameters 对话框，在 Time 栏中输入 linspace(0,5,31)，设置 u 的初始值 u(t0)为 atan(cos(pi/2 * x))，u′的初始值 u′(t0)为 3* sin(pi* x). * exp(sin(pi/2* y))，Relative tolerance 为 0.01，Absolute tolerance 为 0.001。

最后图示方程的解，选择 Plot 菜单中的 Parameters 选项，打开 Plot Selection 对话框，选择 Color，Height(3-D plot)，Animation 和 Plot x-y grid，单击 Plot 按钮，动画显示图形解（见图 7-6）。

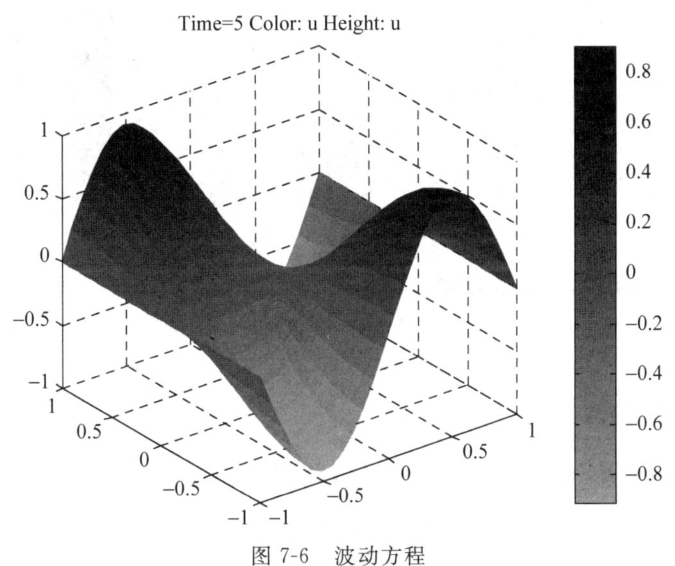

图 7-6　波动方程

4. 求解特征值问题

例 7.6 考虑 L 形膜上的特征值问题

$$\Delta u = \lambda u。 \tag{7.26}$$

L 形多边形顶点坐标为(0,0),(−1,0),(−1,−1),(1,−1),(1,1)和(0,1),边界上 $u=0$。

解 现在用 GUI 求解。L 形域由一个正方形和一个矩形组成。设置边界条件为 Dirichlet 条件,输入 h 为 1,r 为 0。在 Boundary 菜单中选择 Boundary Mode,并选择 Remove All Subdomain Borders 得到 L 形域。下面定义特征值问题。在 PDE Specification 对话框中选择 Eigenmodes(特征值模式),设置为 c=1,a=0,d=1,单击 OK 按钮。再设置特征值范围,如考虑求小于 100 的特征值,选择 Solve 菜单中的 Parameters 选项,在打开的 Solve Parameters 对话框中输入[0,100],单击 OK 按钮确定。

作网格剖分,再加密剖分。在 Plot Selection 中设置对图形的显示要求:选择 Contour 项,单击 Done 按钮确定。求解,这时显示的解为对应第 1 特征值 Lambda(l)=9.7423 的特征函数 u_1 的图形(见图 7-7)。如果要输出小于 100 的特征值及对应的特征函数,则选择 Solve 菜单中的 Export Solution 选项,在打开的 Export 对话框中输入 u l(u 为特征函数变量,l 为特征值变量,注意各变量之间要用空格分开),单击 OK 按钮。再在 MATLAB 指令窗口中输入 u,按回车键,立即显示按节点编号的特征函数值。如果输入 1,按回车键,则显示特征值。如果要作其他特征值对应的特征函数图形,只要在 Plot Selection 对话框右下角的 Eigenvalue 项中选定某一特征值,单击 Plot 按钮,即可得到关于这个特征值对应的特征函数的图形。

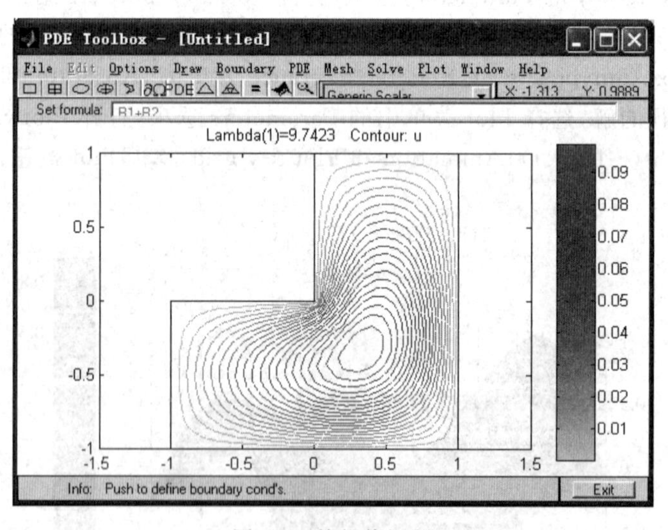

图 7-7 特征值问题

5. 保存为 M 文件

GUI 的操作可作为 M 文件保存。例如,例 7.1 的结果可用 PDE Toolbox 窗口 File 菜单保存为 naeg7_1.m。

```
%M 文件 naeg7_1.m
function pdemodel
[pde_fig,ax]=pdeinit;
pdetool('appl_cb',1);
set(ax,'DataAspectRatio',[1 1 1]);
set(ax,'PlotBoxAspectRatio',[1.5 1 1]);
set(ax,'XLim',[-1.5 1.5]);
set(ax,'YLim',[-1 1]);
set(ax,'XTickMode','auto');
set(ax,'YTickMode','auto');

%Geometry description:
pdecirc(0,0,1,'C1');
set(findobj(get(pde_fig,'Children'),'Tag','PDEEval'),'String','C1')

%Boundary conditions:
pdetool('changemode',0)
pdesetbd(4,...
'dir',...
1,...
'1',...
'0')
pdesetbd(3,...
'dir',...
1,...
'1',...
'0')
pdesetbd(2,...
'dir',...
1,...
'1',...
'0')
pdesetbd(1,...
'dir',...
1,...
'1',...
'0')

%Mesh generation:
setuprop(pde_fig,'Hgrad',1.3);
setuprop(pde_fig,'refinemethod','regular');
pdetool('initmesh')
```

```
%PDE coefficients:
pdeseteq(1,...
'1.0',...
'0.0',...
'1',...
'1.0',...
'0:10',...
'0.0',...
'0.0',...
'[0 100]')
setuprop(pde_fig,'currparam',...
['1.0';...
'0.0';...
'1  ';...
'1.0'])

%Solve parameters:
setuprop(pde_fig,'solveparam',...
str2mat('0','1000','10','pdeadworst',...
'0.5','longest','0','1E-4','','fixed','Inf'))

%Plotflags and user data strings:
setuprop(pde_fig,'plotflags',[1 1 1 1 1 1 1 1 0 0 0 1 0 0 1 0 0 1]);
setuprop(pde_fig,'colstring','');
setuprop(pde_fig,'arrowstring','');
setuprop(pde_fig,'deformstring','');
setuprop(pde_fig,'heightstring','');

%Solve PDE:
pdetool('solve')
```

6. 不规则区域上的问题

对于复杂不规则边界上的问题,可以使用多边形工具作近似。在 Options 菜单中选择 Axes Limits 选项设置适当区域范围,并选择 Grid,然后用 Draw 菜单中的 Polygon(多边形),画出大致形状 P1,双击可以编辑所有边缘节点,中间小孔为圆 C1,Set Formula 为 P1-C1。网格剖分结果见图 7-8。

更复杂的区域可以将 GUI 的操作保存为 M 文件作局部修改,也可按 7.3 节的方法直接写 M 文件。

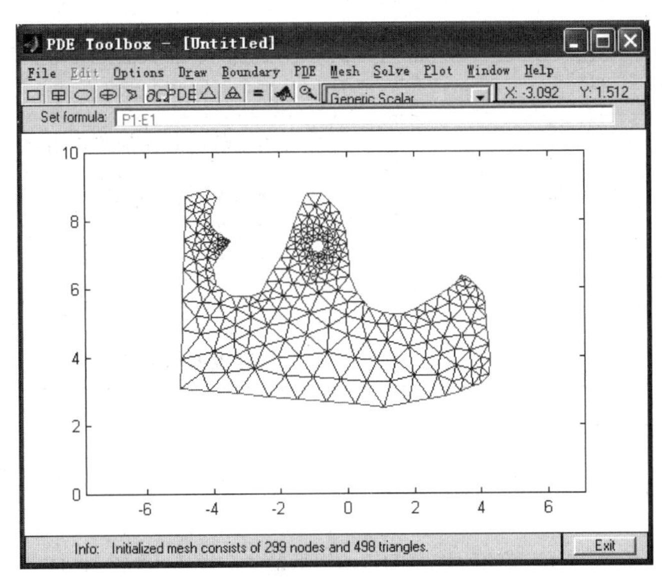

图 7-8　不规则区域

7.3 用指令方式解 PDE

PDE 数值计算函数如表 7-1 所示，几何算法如表 7-2 所示，绘图函数如表 7-3 所示。

表 7-1　PDE 数值计算函数

函　　数	目　　的
adaptmesh	生成自适应网格和解 PDE 问题
assema	组装积分区域
assemb	组装边界条件
assempde	组装刚度矩阵和解方程
hyperbolic	解双曲型 PDE 问题
parabolic	解抛物型 PDE 问题
pdeeig	解特征值 PDE 问题
pdenonlin	解非线性 PDE 问题
poisolv	求矩形网格上泊松方程的快速解

表 7-2　几何算法

函　　数	目　　的
decsg	分解结构矩阵成最小区域
initmesh	创建初始网格
jigglemesh	调整三角形网格内的点
refinemesh	加密三角形网格
wbound	写边界条件说明文件
wgeom	写几何说明文件

表 7-3　绘图函数

函　　数	目　　的
pdecont	绘制等值线图的快速指令
pdegplot	绘制 PDE 几何图
pdemesh	绘制 PDE 三角形网格图
pdeplot	一般 PDE 工具箱的绘图函数
pdesurf	绘制表面图的速写指令

PDE 求解基本上包括三个步骤：

(1) 描述定义域 Ω 和边界条件，PDE 工具箱通过用户图形界面 pdetool 或 M 文件实现；

(2) 在 Ω 上建立三角形网格，PDE 工具箱提供了网格生成(initmesh)和加细(refinemesh)函数，网格由三个矩阵分别表示其节点、边界和三角形；

(3) 离散化边界条件装配方程组 $Ku=F$，求解得 u 在网格节点上的近似值(assempde 等)(见图 7-9)。

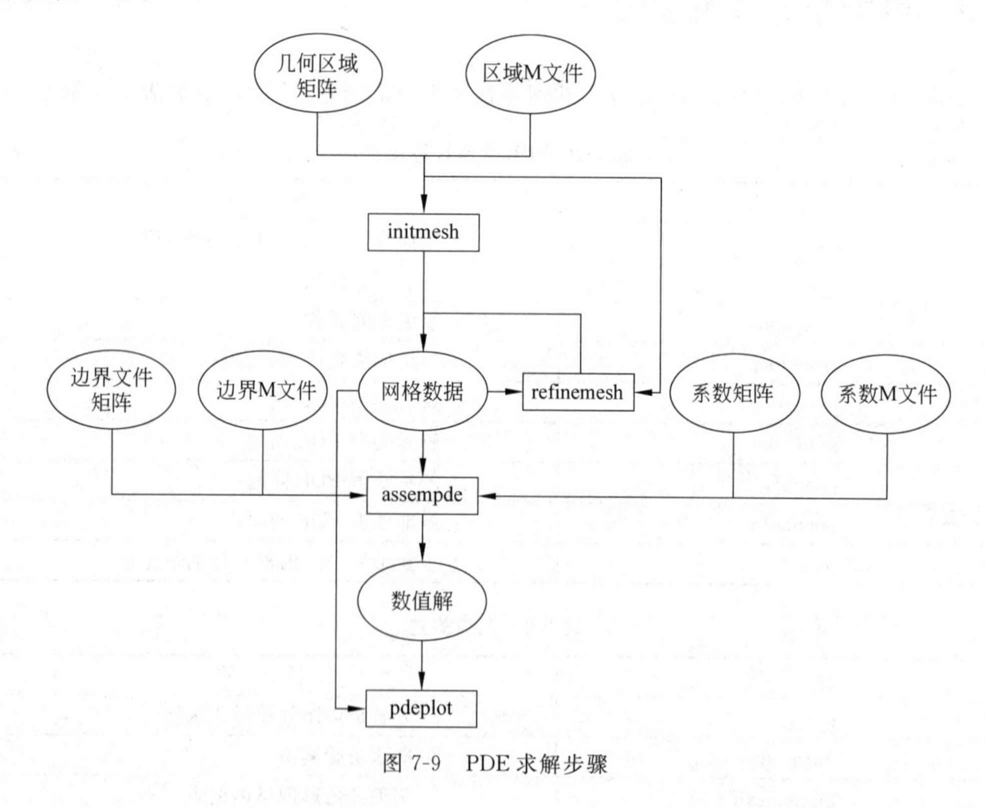

图 7-9　PDE 求解步骤

1. 区域和边界

PDE 的几何区域和边界条件可以有两种定义方式：一种是矩阵方式，另一种是 M 文件方式。区域矩阵和边界矩阵可以用GUI得到,方法是用Boundary菜单的Export Decomposed Geometry,Boundary Cond's选项输出。

区域矩阵包括一个不相交的最小分解几何区域的表达式。每条最小区域边界线段都对应于一列。第2行和第3行的每个元素表示起点和终点的x坐标,第4行和第5行表示y坐标,第6行和第7行是极小区域左边和右边的标识。方向从起点到终点,如果是圆或椭圆,则按顺时针方向计算。在极小区域中可能有3种类型的边缘线段:

(1) 对于圆边界线段,第1行是1,第8行和第9行是圆心坐标,第10行是半径;

(2) 对于直线线段,第1行是2;

(3) 对于椭圆边界线段,第1行是4,第8、9行是椭圆中心坐标,第10、11行是半轴,椭圆的转角存放于第12行。

假设方程组中的变量有N个,那么一般的边界条件是

$$\boldsymbol{hu} = \boldsymbol{r}, \boldsymbol{n} \cdot (\boldsymbol{c} \otimes \nabla \boldsymbol{u}) + \boldsymbol{qu} = \boldsymbol{g} + \boldsymbol{h}'\boldsymbol{\mu}, \tag{7.27}$$

符号$\boldsymbol{n} \cdot (c \otimes \Delta u)$表示$N \times 1$阶矩阵,其第$i$行为

$$\sum_{j=1}^{N}\left(\cos(\alpha)c_{i,j1,1}\frac{\partial}{\partial x} + \cos(\alpha)c_{i,j,1,2}\frac{\partial}{\partial y} + \sin(\alpha)c_{i,j,2,1}\frac{\partial}{\partial x} + \sin(\alpha)c_{i,j,2,2}\frac{\partial}{\partial y}\right)u_j, \tag{7.28}$$

其中,$\boldsymbol{n} = (\cos\alpha, \sin\alpha)$是外法线方向。有$M$个Dirichlet条件,且矩阵$\boldsymbol{h}$是$M \times N$阶的。广义Neumann条件包含一个要计算的拉格朗日乘积因子$\boldsymbol{\mu}$的$\boldsymbol{h}'\boldsymbol{\mu}$以满足Dirichlet条件。$\boldsymbol{q}$和$\boldsymbol{h}$矩阵的元素以$\boldsymbol{q}$和$\boldsymbol{h}$的MATLAB矩阵的次序按列的方式存储。

边界条件矩阵每一列的格式必须遵循下面的规则:第1行是方程组的维数N;第2行是Dirichlet边界条件数M;第$3 \sim 3+N^2-1$行是用字符串表示的q的长度,这个长度按与q有关的列方向的次序存储;第$3+N^2 \sim 3+N^2+N-1$行是用字符串表示的g的长度;第$3+N^2+N \sim 3+N^2+N+MN-1$行是用字符串表示的$h$的长度,这个长度按与$h$有关的列方向的次序存储;第$3+N^2+N+MN \sim 3+N^2+N+MN+M-1$行是用字符串表示的$r$的长度;接下来的行包括MATLAB文本表达式所表示的真实边界条件函数。

对于标量($N=1$)PDE问题,若边界条件设为Neumann边界条件

$$\boldsymbol{n} \cdot (c\,\nabla u) = -x^2,$$

这个边界条件将被表示为列向量

[1 0 1 5 '0' '-x.^2']'。

若边界条件设为Dirichlet边界条件

$$u = x^2 - y^2,$$

它被存储为列向量

[1 1 1 1 1 9 0"0"1"x.^2-y.^2']'。

例如,用PDE GUI作一个单位圆,定义Dirichlet边界条件$u=1$,用Boundary菜单Export Decomposed Geometry,Boundary Cond's选项输出g,b得

```
g=
```

```
    1.0000    1.0000  1.0000   1.0000
   -1.0000    0.0000  1.0000   0.0000
    0.0000    1.0000  0.0000  -1.0000
   -0.0000   -1.0000       0   1.0000
   -1.0000         0  1.0000  -0.0000
    1.0000    1.0000  1.0000   1.0000
         0         0       0        0
         0         0       0        0
         0         0       0        0
    1.0000    1.0000  1.0000   1.0000
b=
    1   1   1   1
    1   1   1   1
    1   1   1   1
    1   1   1   1
    1   1   1   1
    1   1   1   1
   48  48  48  48
   48  48  48  48
   49  49  49  49
   49  49  49  49
```

边界矩阵中,48 和 49 分别为字符串'0'和'1'的 ASCII 码。

指令 wgeom 和 wbound 分别可将区域矩阵和边界条件矩阵改写成 M 文件。例如,一些复杂区域和边界条件,可能不便使用 GUI 实现,仍可用 M 文件定义。区域 M 文件 pdegeom 格式如下:

```
ne=pdegeom
d=pdegeom(bs)
[x,y]=pdegeom(bs,s)
```

这里,ne=pdegeom 输出几何区域边界的线段数。d=pdegeom(bs)输出一个区域边界数据的矩阵,每列对应输入变量 bs 指定的线段。d 的第 1 行是每条线段起始点的参数值。第 2 行是每条线段结束点的参数值。第 3 行是沿线段方向左边区域的标识值,如果标识值是 1,表示选定左边区域;如果标识值是 0,表示不选左边区域。第 4 行是沿线段方向右边区域的标识值。输出变量[x,y]=pdegeom(bs,s)是边界节点的坐标。s 是节点的参数值。如果 bs 是标量,指同一线段;如果 bs 是向量,指不同线段。

图 7-10 所示是一个单位圆 $x=\cos\phi, y=\sin\phi, 0\leqslant\phi\leqslant 2\pi$ 图形的 M 文件。这条线分为 4 段:第 1 段的起点是 $\phi=0$,终点是 $\phi=\pi/2$;第 2 段的起点是 $\phi=\pi/2$,终点是 $\phi=\pi$;第 3 段的起点是 $\phi=\pi$,终点是 $\phi=3\pi/2$;第 4 段的起点是 $\phi=3\pi/2$,终点是 $\phi=2\pi$。

在编程器窗口写 M 文件 nacircleg. m:

```
%M 文件 nacircleg.m
function [x,y]=nacircleg(bs,s)
nbs=4;
```

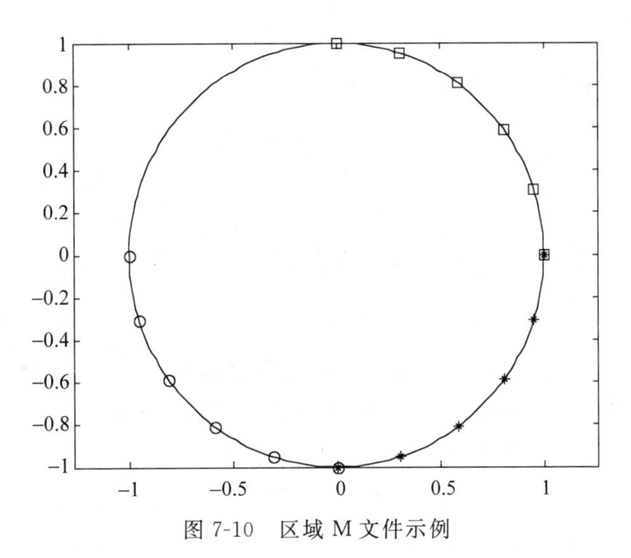

图 7-10 区域 M 文件示例

```
if nargin==0,x=nbs; return;end
d=[0 0 0 0; 1 1 1 1; 1 1 1 1; 0 0 0 0];
if nargin==1,x=d(:,bs); return; end
x=zeros(size(s));y=zeros(size(s));
[m,n]=size(bs);if m==1 & n==1,bs=bs*ones(size(s)); end
ii=find(bs==1); x(ii)=1*cos((pi/2)*s(ii)-pi); y(ii)=1*sin((pi/2)*s(ii)-pi);
ii=find(bs==2);x(ii)=1*cos((pi/2)*s(ii)-(pi/2));y(ii)=1*sin((pi/2)*s
(ii)-(pi/2));
ii=find(bs==3); x(ii)=1*cos((pi/2)*s(ii));y(ii)=1*sin((pi/2)*s(ii));
ii=find(bs==4); x(ii)=1*cos((pi/2)*s(ii)-(3*pi/2));y(ii)=1*sin((pi/2)*
s(ii)-(3*pi/2));
```

在指令窗口执行：

```
>>nacircleg
ans=
    4
>>nacircleg(1:4)
ans=
    0    0    0    0
    1    1    1    1
    1    1    1    1
    0    0    0    0
>>pdegplot('nacircleg');axis equal;hold on;
>>[x,y]=nacircleg(1,0:0.2:1)
x=
   -1.0000   -0.9511   -0.8090   -0.5878   -0.3090    0.0000
y=
   -0.0000   -0.3090   -0.5878   -0.8090   -0.9511   -1.0000
>>plot(x,y,'o')
```

```
>>[x,y]=nacircleg(2,0:0.2:1);
>>plot(x,y,'*')
>>[x,y]=nacircleg(3,0:0.2:1);
>>plot(x,y,'s'); hold off;
```

可得图 7-10。

边界条件的 M 文件 pdebound 的格式如下：

```
[q,g,h,r]=pdebound(p,e,u,time)
```

输出在边缘 e 上 q,g,h 和 r 的值。矩阵 p 和 e 是网格数据。关于网格数据的表达方式可参阅 initmesh 中的解释。u 是解向量,详细的表达方式可参阅 assempde 中的描述。输入变量 u 和 time 分别用于非线性求解器和时间步长的算法。

下面的 M 文件表示标量($N=1$)PDE 在 4 段边界上,统一 Dirichlet 边界条件 u=1。

```
%M 文件 nacircleb.m
function [q,g,h,r]=nacircleb(p,e,u,time)
b=[1 1 1 1 1 1 double('0') double('0') double('1') double('0')] ';
bl=b * ones(1,4);
if any(size(u))
  [q,g,h,r]=pdeexpd(p,e,u,time,bl);
else
  [q,g,h,r]=pdeexpd(p,e,time,bl);
end
```

2. 网格剖分

指令 initmesh 用于创建初始网格数据,其基本使用格式如下：

```
[p,e,t]=initmesh(g)
```

用一个 Delaunay 三角形算法得到网格数据。其中,g 既可以是区域矩阵,又可以是区域 M 文件,输出矩阵 p,e,t 是网格数据,网格尺寸根据几何形状而定,也可用属性设置。在节点矩阵 p 中,第 1 行和第 2 行分别是网格节点的 x 坐标和 y 坐标。在边界矩阵 e 中,第 1 行和第 2 行是起点和终点的索引;第 3 行和第 4 行是起点和终点的参数值;第 5 行是边界线段的顺序数;第 6 行和第 7 行分别是子区域左边和右边的标识。在三角形矩阵 t 中,前三行按逆时针方向给出三角形顶点的次序,最后一行给出子区域的标识。

例如,用 PDE 的 GUI 工具作一个单位圆,定义 Dirichlet 边界条件 u=1,用 Boundary 菜单 Export Decomposed Geometry,Boundary Cond's 选项输出 g,b,然后执行：

```
>>[p,e,t]=initmesh(g,'hmax',1)  %边界尺寸最大值设为 1
p=
   -1.0000   0.0000  1.0000  0.0000  -0.7071   0.7071  0.7071  -0.7071   0.0000
   -0.0000  -1.0000       0  1.0000  -0.7071  -0.7071  0.7071   0.7071  -0.0000
e=
```

```
    1.0000    5.0000    2.0000    6.0000    3.0000    7.0000    4.0000    8.0000
    5.0000    2.0000    6.0000    3.0000    7.0000    4.0000    8.0000    1.0000
         0    0.5000         0    0.5000         0    0.5000         0    0.5000
    0.5000    1.0000    0.5000    1.0000    0.5000    1.0000    0.5000    1.0000
    1.0000    1.0000    2.0000    2.0000    3.0000    3.0000    4.0000    4.0000
    1.0000    1.0000    1.0000    1.0000    1.0000    1.0000    1.0000    1.0000
         0         0         0         0         0         0         0         0
t=
    8    5    6    7    1    2    3    4
    1    2    3    4    5    6    7    8
    9    9    9    9    9    9    9    9
    1    1    1    1    1    1    1    1
>>pdemesh(p,e,t)                %网格图形(见图 7-11(a))
```

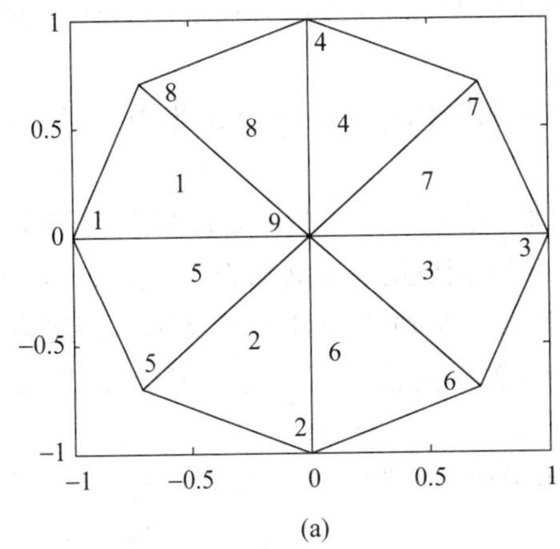

(a)

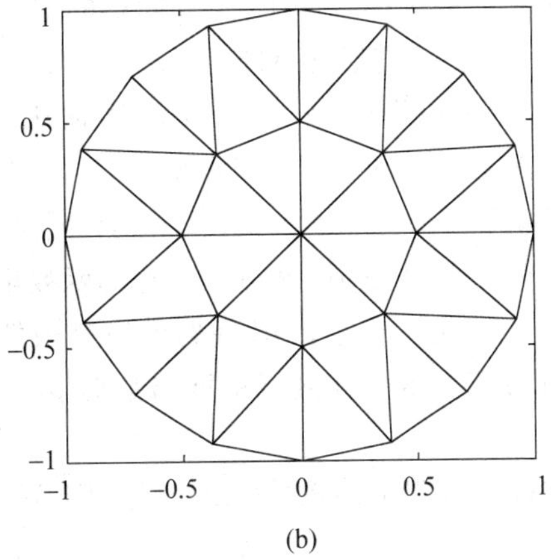

(b)

图 7-11　网格数据

(a) 初始网格；(b) 加密网格

指令 refinemesh 用于加密三角形网格，基本格式如下：

```
[p1,e1,t1]=refinemesh (g,p,e,t)
```

返回一个被几何区域 g、点矩阵 p、边缘矩阵 e 和三角形矩阵 t 指定的经过加密优化的网格：

```
[p1,e1,t1,u1]=refinemesh (g,p,e,t,u)
```

不仅加密网格，而且还用线性插值的方法将 u 扩展到新的网格上。u 的行数与 p 的列数对应，u1 的行数与 p1 元素一样多。u 的每一列分别被进行内插。加密的默认方法是规则加密法，即所有指定的三角形单元都被分为 4 个形状相同的三角形单元。也能通过输入参数 longest 使用最长边加密法，即把指定的每个三角形单元的最长边两等分。

执行：

```
>>[p,e,t]=refinemesh(g,p,e,t),pdemesh(p,e,t)
```

得 25 个节点(见图 7-11(b))。

3. 方程组求解

(1) assempde

解椭圆型PDE和组装刚度矩阵及方程右边的函数矩阵,其基本格式如下:

```
u=assempde(b,p,e,t,c,a,f)
[K,F]=assempde(b,p,e,t,c,a,f)
```

assempde是PDE工具箱中的基本函数。它用有限元法来组装PDE问题。assempde指令在区域Ω上组装标量方程

$$-\nabla\cdot(c\,\nabla \boldsymbol{u})+a\boldsymbol{u}=f, \tag{7.29}$$

或组装方程组

$$-\nabla\cdot(c\otimes\nabla \boldsymbol{u})+a\boldsymbol{u}=f。 \tag{7.30}$$

这个指令可有选择地产生PDE问题的解。对于标量方程,解向量$\boldsymbol{u}$被表示为一个列向量,且与$\boldsymbol{p}$所表示的节点相对应。

u=assempde(b,p,e,t,c,a,f)根据从线性方程组中消去Dirichlet边界条件(约束处理)的边界点来组装和解PDE问题。

[K,F]=assempde(b,p,e,t,c,a,f)用刚度弹性逼近Dirichlet边界条件来组装PDE问题。K和F分别是刚度矩阵和方程右边的函数矩阵。PDE问题的有限元法公式解是u=K\F。

输入变量b描述PDE问题的边界条件,它既可以是边界条件矩阵又可以是边界M文件。PDE问题的几何区域由网格数据p,e,t给出,关于网格数据表达方式的详细阐述可参见initmesh。

在标量方程中的系数c,a,f可用下列方法表示成MATLAB变量c,a,f:

① 一个常数;

② 一个在三角形单元的质量中心处的值的列向量;

③ 一个在三角形单元的质量中心处计算系数值的MATLAB文本表示;

④ 用感叹号分开的MATLAB文本表达式序列;

⑤ 用户定义的,输入变量为(p,t,u,time)的MATLAB函数的函数名。

我们称上面所说的矩阵或MATLAB函数文件为系数矩阵或系数M文件。根据上面所叙述的任一条目,如果c带有两行数据,那么就表示元素为c_{11},c_{22}的2阶对角矩阵。如果c有四行,则它们分别是2阶矩阵中的$c_{11},c_{21},c_{12},c_{22}$。

例7.7 下面是用M文件方式求解例7.1的指令(区域M文件nacircleg和边界条件M文件nacircleb如上述定义)。

```
%M文件 naeg7_7.m
clear;
[p,e,t]=initmesh('nacircleg','hmax',1); length(p)
[p,e,t]=refinemesh('nacircleg',p,e,t); length(p)
u=assempde('nacircleb',p,e,t,1,0,1); u'
subplot(1,2,1);pdemesh(p,e,t);view(3);axis([-1 1 -1 1 0 0.4])
subplot(1,2,2);pdemesh(p,e,t,u);
```

```
ans=
9                               %初始有 9 个节点
ans=
25                              %细化后有 25 个节点
ans=
  Columns 1 through 13
0  0  0  0  0    0     0     0    0.2629   0     0      0      0
  Columns 14 through 25
0  0  0  0  0.1918 0.1918 0.1918 0.1918 0.1918 0.1918 0.1918 0.1918
```

得到 25 个节点上的解(见图 7-12)。

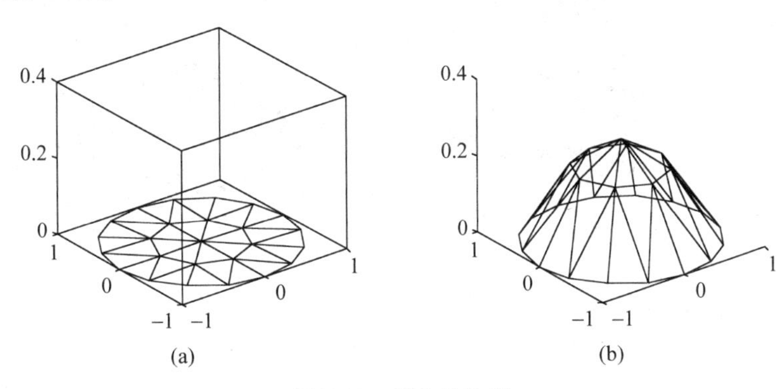

图 7-12　例 7.7 的解

(2) parabolic

解抛物型 PDE 问题的基本格式如下:

```
u1=parabolic(u0,tlist,b,p,e,t,c,a,f,d)
```

用有限元法解在区域 Ω 上具有网格数据 p,e,t 并带有边界条件 b 和初始值 u0 的偏微分方程或方程组

$$d\,\frac{\partial u}{\partial t}-\nabla\cdot(c\,\nabla u)+au=f,\quad \text{定义域为}\ \Omega, \tag{7.31}$$

对于标量方程,解矩阵 u1 中的每一行都是 p 中对应列给出的坐标处的解. u1 中的每一列都是 tlist 给出的时刻的解。输入变量 b 是 PDE 问题的边界条件;p,e,t 是网格数据;c,a,f,d 是问题的系数,它们也可以是时间 t 的函数。参见 assempde。

例 7.8　考虑在几何区域 $|x|\leqslant 1,|y|\leqslant 1$ 上的热传导方程

$$\frac{\partial u}{\partial t}=\Delta u+1, \tag{7.32}$$

边界条件 $u=0$,初值条件当 $x^2+y^2\leqslant 0.4^2$,$u(0)=1$,其他区域 $u(0)=0$。求[0,0.1]上的数值解。

解　设已建立描述区域的 M 文件 squareg.m 和描述边界条件的 M 文件 squarebl。

```
%M 文件 naeg7_8.m
[p,e,t]=initmesh('squareg');
[p,e,t]=refinemesh('squareg',p,e,t);
u0=zeros(size(p,2),1);
```

```
ix=find(sqrt(p(1,:).^2+ p(2,:).^2)< 0.4);
u0(ix)=ones(size(ix));
tlist=linspace(0,0.1,20);
u1=parabolic(u0,tlist,'squareb1',p,e,t,1,0,1,1);
subplot(1,2,1);pdemesh(p,e,t,u1(:,1));
subplot(1,2,2);pdemesh(p,e,t,u1(:,20));axis([-1 1 -1 1 0 1]);
```

得到图 7-13。

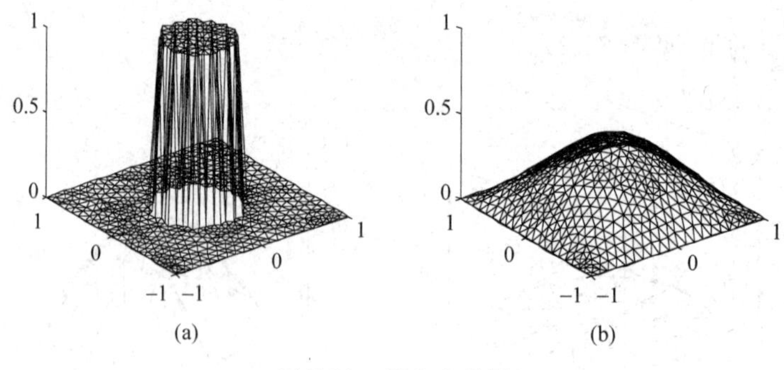

图 7-13　例 7.8 的图

(3) hyperbolic

解双曲型 PDE 问题的基本格式如下:

```
u1=hyperbolic(u0,ut0,tlist,b,p,e,t,c,a,f,d)
```

用有限元法解在区域 Ω 上具有网格数据 p,e,t 并带有边界条件 b,初始值 u0 和初始导数值 ut0 的偏微分方程或方程组

$$d\frac{\partial^2 u}{\partial t^2}-\nabla\cdot(c\,\nabla u)+au=f,\quad \text{定义域为}\,\Omega, \tag{7.33}$$

对于标量方程,解矩阵 u1 中的每一行都是 p 中对应列给出的坐标处的解,u1 中的每一列都是 tlist 给出的时刻的解。输入变量 b 是 PDE 问题的边界条件;p,e,t 是网格数据;c,a,f,d 是问题的系数,它们也可以是时间 t 的函数。参见 assempde。

例 7.9　求例 7.5 在 0,1/6,2/6,…,29/6,5 时刻的解。

解　设已建立描述区域的 M 文件 squareg.m 和描述边界条件的 M 文件 squareb3。

```
%M 文件 naeg7_9.m
[p,e,t]=initmesh('squareg');
x=p(1,:)'; y=p(2,:)';
u0=atan(cos(pi/2 * x));
ut0=3 * sin(pi * x).* exp(cos(pi * y));
tlist=linspace(0,5,31);
uu=hyperbolic(u0,ut0,tlist,'squareb3',p,e,t,1,0,0,1);
```

(4) pdeeig

解特征值 PDE 问题的格式如下:

```
[v,l]=pdeeig(b,p,e,t,c,a,d,r)
```

产生 PDE 特征值问题

$$-\nabla\cdot(c\nabla u)+au=\lambda du \tag{7.34}$$

的解。参数 b,p,e,t,c,a,d 见 assempde。r 为表示一个区间的两元素向量;l 返回此区间上所有特征值;v 输出特征向量矩阵,每一列都是对应 p 节点的解特征向量。

例 7.10 求例 7.6 中小于 100 的特征值和对应的特征模态,并显示第 1 和第 16 特征模态。

解 设已建立描述区域的 M 文件 lshapeg.m 和描述边界条件的 M 文件 lshapeb。

```
%M 文件 naeg7_10.m
close all;
[p,e,t]=initmesh('lshapeg');
[p,e,t]=refinemesh('lshapeg',p,e,t);
[v,l]=pdeeig('lshapeb',p,e,t,1,0,1,[-Inf 100]);
pdesurf(p,t,v(:,1))
figure,pdesurf(p,t,v(:,16))
l'
```

得到特征值如下:

```
ans=
  Columns 1 through 10
  9.7351 15.3028 19.9191 29.9285 32.5224 42.3882 45.9267 50.4907 50.5069 58.3397
  Columns 11 through 16
  67.3716 73.5107 73.9823 81.8180 93.4051 96.3812
```

(5) pdenonlin

解非线性 PDE 问题的格式如下:

```
u=pdenonlin(b,p,e,t,c,a,f)
```

以上格式用于求解非线性 PDE 问题

$$-\nabla\cdot(c\nabla \boldsymbol{u})+a\boldsymbol{u}=f, \tag{7.35}$$

这里,c,a,f 可以是 $\boldsymbol{u}$ 的函数。

例 7.11 求解例 7.3 最小曲面问题。

解 设已建立描述区域的 M 文件 circleg.m 和描述边界条件的 M 文件 circleb2。

```
%M 文件 naeg7_11
g='circleg'; b='circleb2';
c='1./sqrt(1+ux.^2+uy.^2)'; a=0; f=0;
[p,e,t]=initmesh(g); [p,e,t]=refinemesh(g,p,e,t);
u=pdenonlin(b,p,e,t,c,a,f);
pdesurf(p,t,u);
```

7.4 一维问题求解

MATLAB 主包提供解算子 pdepe 用于求解一维椭圆型或抛物型初边值偏微分方程组

$$C\left(x,t,u,\frac{\partial u}{\partial x}\right)\frac{\partial u}{\partial t}=x^{-m}\frac{\partial}{\partial x}\left(x^m f\left(x,t,u,\frac{\partial u}{\partial x}\right)\right)+s\left(x,t,u,\frac{\partial u}{\partial x}\right), \tag{7.36}$$

满足初始条件

$$u(x,t_0)=u_0(x) \tag{7.37}$$

和在 $x=a,x=b$ 处满足边界条件

$$p(x,t,u)+q(x,t)f\left(x,t,u,\frac{\partial u}{\partial x}\right)=0, \tag{7.38}$$

其中,$t\in[t_0,t_f]$,$x\in[a,b]$,$m=0,1,2$,分别对应于面对称、柱对称、球对称。若 $m>0$,则 a 一定非负。$f\left(x,t,u,\frac{\partial u}{\partial x}\right)$为通量,$s\left(x,t,u,\frac{\partial u}{\partial x}\right)$为源函数。对时间偏导数的耦合被限制用对角阵 $\boldsymbol{C}\left(x,t,u,\frac{\partial u}{\partial x}\right)$相乘,$\boldsymbol{C}\left(x,t,u,\frac{\partial u}{\partial x}\right)$的对角线上的元素非负,0 对应该方程为椭圆型,否则为抛物型方程,但方程组中必须至少有一个抛物型方程。对应抛物型方程的 $\boldsymbol{C}\left(x,t,u,\frac{\partial u}{\partial x}\right)$的元素在变量 x 的孤立值网点处可以为 0。网点在界面上时,由于物质界面引起 $\boldsymbol{C}$ 和 $\boldsymbol{s}$ 的不连续性是允许的。$\boldsymbol{q}(x,t)$为对角阵,对角线上的元素或为 0 或为恒非 0,不依赖 u,但 p 可以依赖 u。注意边界条件是以通量 f 的形式表示的,而不是$\partial u/\partial x$。

解算子 pdepe 使用 2 阶精度的空间离散方法。经离散化后,如果初始条件向量中相应于椭圆方程的元素与离散后不一致时,pdepe 在开始积分前,先试着修正一下。正因为如此,求出的数值解在初始时刻与其他时刻相比可能有一离散误差。如果网格充分好,pdepe 可以找到一个一致的初始条件来逼近已给出的初始条件。如果 pdepe 给出找到一个一致的初始条件有困难的信息,用户可以试着加细网格。对于抛物型方程不必这样做。

MATLAB 提供的解算子 pdepe 的调用格式如下:

```
ml=pdepe(m,pdefun,icfun,bcfun xmesh,tspan)
sol=pdepe(m,pdefun,icfun bcfun,xmesh,tspan,options)
sol=pdepe(m,defun,icfun,bcfun,xmesh,tspan,options,p1,p2,...)
```

说明:

(1) m 就是方程组(7.36)中的幂次 m,$m=0,1,2$。

(2) pdefun 是描述此 PDE 问题的函数。计算方程组(7.36)中的 C,f 和 s,其格式为

```
[C,f,s]=pdefun(x,t,u,dudx)
```

输入参量 x 和 t 是数,u 和 dudx 是向量。u 和 dudx 分别是问题的解 $u(x,t)$和它对 x 的偏导数的近似。C,f 和 s 是列向量,C 储存式(7.36)中的 $\boldsymbol{C}$ 对角线上的元素。

(3) icfun 是描述此 PDE 问题初始条件(7.37)中的函数 $u_0(x)$,其格式为 u=icfun(x)。

(4) bcfun 是描述此 PDE 问题边界条件(7.37)中的函数,其格式为

```
[pl,ql,pr,qr]=bcfun(xl,ul,xr,ur,t)
```

其中，ul是在左边界xl=a处的近似解，ur是在右边界xr=b处的近似解。pl和ql是p和q在xl处的列向量值，同样pr和qr是p和q在xr处的列向量值。当m>0和$a=0$时，解的有界性要求通量f在$a=0$处为0，pdepe会自动处理它，并忽略pl和ql的值。

(5) xmesh是空间变量x的网点向量，pdepe不会自动选择，用户必须提供xmesh=[x0,x1,…,xn]，满足x0<x1<…<xn，且xmesh的长度必须大于3，xmesh(1)=a和xmesh(end)=b。解算子的效率与xmesh的选择好坏关系很大。

(6) tspan是时间变量t的网点向量，是用户在该处想得到数值解的时间向量。tspan=[t0,t1,…,tf]，满足t0<t1<…<tf，且tspan的长度必须大于3，tspan(1)=t0和tspan(end)=tf解算子的效率与tspan的疏密关系不大。

(7) sol是一个三维数组，用于存放数值解。sol(:,:,i)=ui为解向量第i个分量。sol(j,k,i)=ui(j,k)是解向量第i个分量ui在(x,t)=(tspan(j),xmesh(k))处的数值解。sol(j,:,i)是解向量第i个分量ui在时间tspan(j)和网点xmesh(:)处的数值解。

(8) options是ODE的解算子中options的一部分，参见odeset的说明。

(9) p1,p2,…通过解算子pdepe传递给pdefun,icfun和bcfun的参数。

MATLAB还提供了辅助函数pdeval，用来估计在区间[a,b]内的函数值，其调用格式如下：

```
[uout,duoutdx]=pdeval(m,xmesh,ui,xout)
```

说明：

(1) ui=sol(j,:,i)是问题解的第i个分量在时间t(j)和网点xmesh处的值；

(2) xout是[x0,xn]=[a,b]内的数构成的向量；

(3) uout和duoutdx分别是$u_i(x,t)$和$\partial u_i(x,t)/\partial x$在xout处的函数值。

例7.12 解一维热传导方程

$$\frac{\partial u}{\partial t}=\pi^{-2}\frac{\partial^2 u}{\partial x^2},\quad x\in[0,1]。$$

满足初始条件$u(x,0)=\sin(\pi x)$和边界条件$u(0,t)=0,\pi e^{-t}+\frac{\partial u}{\partial x}(1,t)=0$。

解 首先将方程写成式(7.36)的形式，这里

$$m=0,C(x,t,u,\partial u/\partial x)=\pi^2,\quad f(x,t,u,\partial u/\partial x)=\frac{\partial u}{\partial x},\quad s(x,t,u,\partial u/\partial x)=0。$$

然后写3个M函数naeg7_12f.m，naeg7_12ic.m，naeg7_12bc.m，最后执行M文件naeg7_12.m求解。

```
%PDE模型M函数naeg7_12f.m
function [c,f,s]=naeg7_12f(x,t,u,DuDx)
c=pi^2;
f=DuDx;
s=0;
                    %初始条件M函数naeg7_12ic.m
function u0=naeg7_12ic(x)
u0=sin(pi*x);
                    %边界条件M函数naeg7_12bc.m
```

```
function [pl,ql,pr,qr]=naeg7_12bc(xl,ul,xr,ur,t)
pl=ul;
ql=0;
pr=pi * exp(-t);
qr=1;
          %求解 M 文件 naeg7_12.m
x=linspace(0,1,20);
t=[0 0.5 1 1.5 2];
sol=pdepe(0,@naeg7_12f,@naeg7_12ic,@naeg7_12bc,x,t);
u1=sol(:,:,1);
surf(x,t,u1);
xlabel('x');ylabel('t');
```

求解结果见图 7-14。

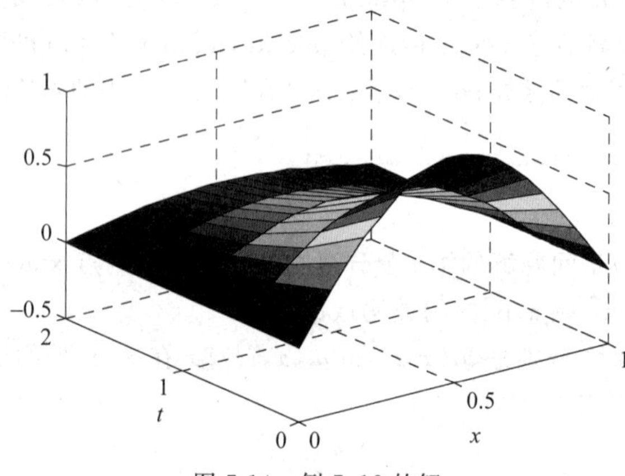

图 7-14 例 7.12 的解

例 7.13 求解方程组

$$\begin{cases} \dfrac{\partial u_1}{\partial t} = 0.024\dfrac{\partial^2 u_1}{\partial x^2} - F(u_1 - u_2) \\ \dfrac{\partial u_2}{\partial t} = 0.170\dfrac{\partial^2 u_1}{\partial x^2} + F(u_1 + u_2)。 \end{cases}$$

其中,$F(u)=\exp(5.73u)-\exp(-11.46u)$;$x\in[0,1]$;$t\geqslant 0$。它满足初始条件 $u_1(x,0)=1$,$u_2(x,0)=0$ 和边界条件$\partial u_1/\partial x(0,t)=0$,$u_2(0,t)=0$,$u_1(1,t)=0$,$\partial u_2/\partial x(1,t)=0$。

解 首先将方程组写成式(7.36)~式(7.38)的形式,即

$$\begin{pmatrix}1 & 0\\ 0 & 1\end{pmatrix}\frac{\partial}{\partial t}\begin{pmatrix}u_1\\ u_2\end{pmatrix} = \frac{\partial}{\partial x}\begin{pmatrix}0.024\partial u_1/\partial x\\ 0.170\partial u_2/\partial x\end{pmatrix} + \begin{pmatrix}-F(u_1-u_2)\\ F(u_1+u_2)\end{pmatrix}。$$

左边界条件 $x=0$ 时,有

$$\begin{pmatrix}0\\ u_2\end{pmatrix} + \begin{pmatrix}1 & 0\\ 0 & 0\end{pmatrix}\begin{pmatrix}0.024\partial u_1/\partial x\\ 0.170\partial u_2/\partial x\end{pmatrix} = \begin{pmatrix}0\\ 0\end{pmatrix},$$

右边界条件 $x=1$ 时,有

$$\begin{pmatrix}u_1-1\\ 0\end{pmatrix} + \begin{pmatrix}0 & 0\\ 0 & 1\end{pmatrix}\begin{pmatrix}0.024\partial u_1/\partial x\\ 0.170\partial u_2/\partial x\end{pmatrix} = \begin{pmatrix}0\\ 0\end{pmatrix}。$$

然后编写 3 个 M 函数 naeg7_13f. m，naeg7_13ic. m，naeg7_13bc. m，最后执行 M 文件 naeg7_13. m 求解。

```
%PDE 模型 M 函数 naeg7_13f.m
function [c,f,s]=naeg7_13f(x,t,u,DuDx)
c=[1;1];
f=[0.024;0.17].* DuDx;
y=u(1)-u(2);
F=exp(5.73 * y)-exp(-11.47 * y);
s=[-F;F];

%初始条件 M 函数 naeg7_13ic.m
function u0=naeg7_13ic(x)
u0=[1;0];

%边界条件 M 函数 naeg7_13bc.m
function [pl,ql,pr,qr]=naeg7_13bc(xl,ul,xr,ur,t)
pl=[0;ul(2)];
ql=[1;0];
pr=[ur(1)-1;0];
qr=[0;1];

%求解 M 文件 naeg7_13.m
clear;close;
x=[0 0.005 0.01 0.05 0.1 0.2 0.5 0.7 0.9 0.95 0.99 0.995 1];
t=[0 0.005 0.01 0.05 0.1 0.5 1.0 1.5 2.0];
m=0;
sol=pdepe(m,@naeg7_13f,@naeg7_13ic,@naeg7_13bc,x,t);
u1=sol(:,:,1);u2=sol(:,:,2);
subplot(1,2,1);surf(x,t,u1);title('u1(x,t)');
subplot(1,2,2);surf(x,t,u2);title('u2(x,t)');
```

求解结果见图 7-15。

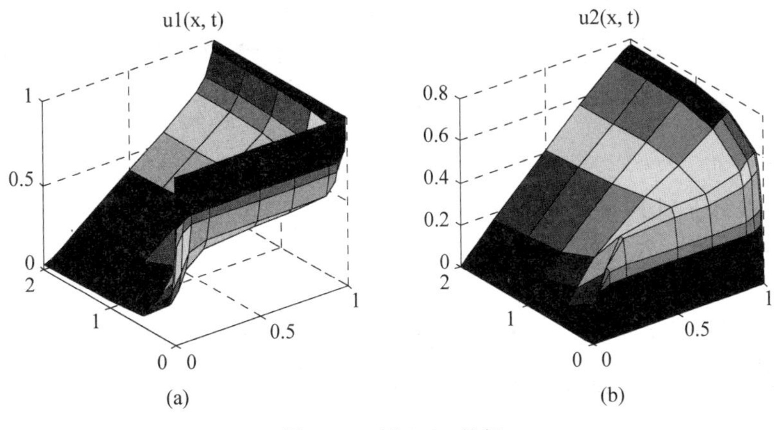

图 7-15 例 7.13 的解

上机实验题

实验 1　用 GUI 方式解下列 PDE 问题:

(1) $\begin{cases}\dfrac{\partial^2 u}{\partial x^2}+\dfrac{\partial^2 u}{\partial y^2}=0, & 0<x<4,0<y<3,\\ u|_{x=0}=y(3-y), & u|_{x=4}=0,\\ u|_{y=0}=\sin\dfrac{\pi}{4}x, & u|_{y=3}=0;\end{cases}$

(2) $\begin{cases}\dfrac{\partial^2 u}{\partial x^2}+\dfrac{\partial^2 u}{\partial y^2}=-1, & 0<x<1,0<y<1,\\ u|_{y=0}=1, & u|_{y=1}=1,\\ \left(\dfrac{\partial u}{\partial x}+u\right)\Big|_{x=0}=0, & u|_{x=1}=1;\end{cases}$

(3) $\begin{cases}\dfrac{\partial^2 u}{\partial x^2}+\dfrac{\partial^2 u}{\partial y^2}=0, & x^2+y^2<4,\\ u|_{\Gamma}=x^2y^2;\end{cases}$

(4) $\begin{cases}\dfrac{\partial^2 u}{\partial x^2}+\dfrac{\partial^2 u}{\partial y^2}=16\sqrt{u+1}, & x^2+y^2<4,\\ u|_{\Gamma}=0;\end{cases}$

(注:(3)和(4)中的 Γ 均为圆周 $x^2+y^2=4$)

(5) $\begin{cases}-\Delta u=\lambda u, & -1<x,y<1,\\ u|_{x=-1}=0, & \left(\dfrac{\partial u}{\partial n}-\dfrac{3}{4}u\right)\Big|_{x=1}=0,\\ \dfrac{\partial u}{\partial n}\Big|_{y=\pm 1}=0。\end{cases}$

实验 2　用指令方式解实验题 1。

实验 3　设 Ω 为图 7-16 中的区域,考虑方程

$$\begin{cases}\dfrac{\partial^2 u}{\partial x^2}+\dfrac{\partial^2 u}{\partial y^2}=0,\\ u|_{x=-2}=0, & u|_{\Gamma_1}=u|_{\Gamma_2}=25+50,\\ \dfrac{\partial u}{\partial n}=0 & \text{(在其余边界)},\end{cases}$$

求其内部温度分布。

实验 4　求解下列 PDE 问题:

(1) $\begin{cases}\dfrac{\mathrm{d}^2 u}{\mathrm{d}x^2}=\dfrac{(1-x)u+1}{(1+x)^2}, & 0<x<1,\\ u(0)=1, & u(1)=0.5;\end{cases}$

(2) $\begin{cases}\dfrac{\mathrm{d}^2 u}{\mathrm{d}x^2}-\dfrac{\mathrm{d}u}{\mathrm{d}x}+u=\exp(x)-3\sin x, & 0<x<\pi,\\ u(0)=-2, & u(\pi)=\exp(\pi)+3;\end{cases}$

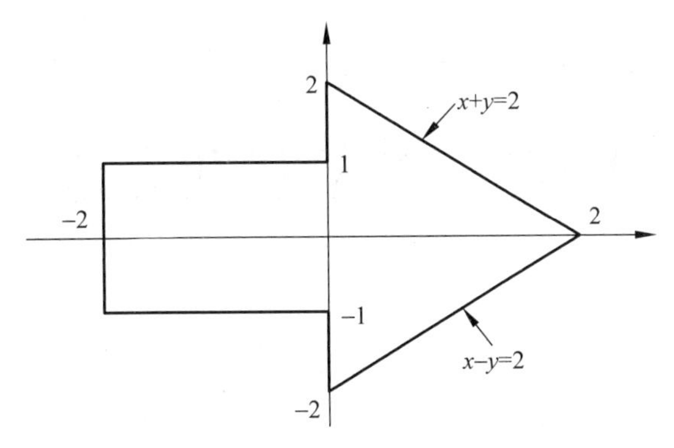

图7-16　实验3的区域图

(3) $\begin{cases}\dfrac{\partial u}{\partial t}-\dfrac{\partial^2 u}{\partial x^2}+\dfrac{\partial u}{\partial x}=0, \quad x\in(0,1),t\in(0,5], \\ u(x,0)=x,x\in[0,0.5], \quad u(x,0)=1-x,x\in[0.5,1], \\ u(0,t)=u(1,t)=0。\end{cases}$

第8章

MATLAB最优化方法

最优化理论和方法是第二次世界大战之后迅速发展起来的一门学科，主要研究怎样合理地使用和统筹安排人力、物力和财力等资源，为决策者提供有依据的最优方案。它具有很强的实践性，被广泛应用于工程设计、管理决策、商业运作和军事指挥等领域。

最优化方法所使用的数学模型一般由决策变量、约束条件以及目标函数所构成，其数学形式为

目标函数：$\min(\text{或}\ \max) z=f(x)$

约束条件：s.t. $g_k(x)=0, k=1,2,\cdots,m_e;\quad g_k(x)\leqslant 0, k=m_e+1,2,\cdots,m$ (8.1)

其中，$\boldsymbol{x}=(x_1,x_2,\cdots,x_n)^{\mathrm{T}}$ 是决策变量，要求在约束条件的允许范围内寻求决策变量 x_1，$x_2,\cdots,x_n$ 的值，使得目标函数取得最优值。最优化模型极少有解析解法，一般都是通过数值方法求解。其他相关的数值分析问题(如非线性方程组求解、曲线拟合等)通常也是运用最优化方法求解。

MATLAB的最优化方法工具箱(Optimization Toolbox)中非线性方程组求解和曲线拟合已分别在第3、4章介绍了，本章介绍函数极值、线性规划、二次规划、非线性规划、线性最小二乘和非线性最小二乘等方法。MATLAB的最优化方法工具箱能解决常用的连续优化问题，但不能解决离散优化问题(如整数规划、图论优化和动态规划等)。

8.1 最优化方法简介

1. 线性规划的单纯形法

如果目标函数和约束条件函数都是决策变量的线性函数，则称为**线性规划**(linear programming)。线性规划最基本的算法为**单纯形法**(simplex method)，单纯形法主要基于线性规划的几何特征性质。下面我们用一个2阶问题的图解法来说明：

$$\begin{aligned}
\min\quad & -2x_1-x_2,\\
\text{s.t.}\quad & 3x_1+4x_2\leqslant 12,\\
& x_1-2x_2\leqslant 2,\\
& x_1,x_2\geqslant 0。
\end{aligned}\tag{8.2}$$

满足约束条件的解集为一个凸集(见图8-1的多边形 $ABCD$)。观察目标函数值的变化过程，对于任意实数 α，函数

$$-2x_1-x_2=\alpha$$

为一条直线。随着 α 的下降，形成一族平行的直线(见图 8-1)，标志目标函数值下降。当 $\alpha>0$时，直线与可行解集没有交点；从 $\alpha\leqslant 0$ 开始出现可行解(A 点)，当直线移动到点 $x_1=16/5, x_2=3/5$(C 点)，α 值如果继续下降，则不再有可行解。所以线性规划式(8.2)在 C 点达到最小值，目标函数值为

$$\alpha=-2x_1-x_2=-7。$$

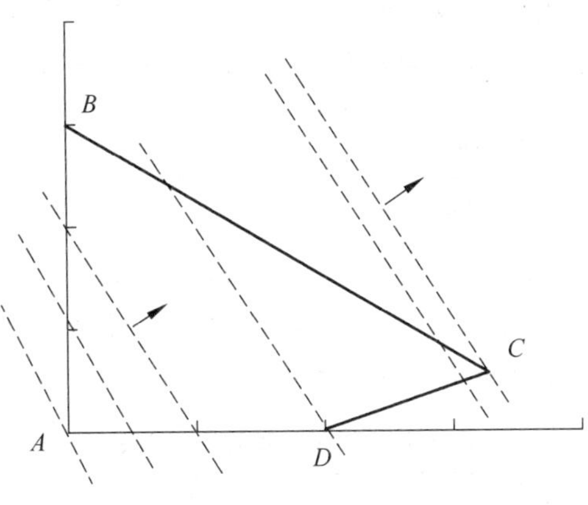

图 8-1 单纯形法

一般地，线性规划的最优解必在凸多边形的顶点达到。单纯形法给出了在一般 n 维空间寻找顶点，并通过顶点的转移找到最优解的算法。对于不光滑函数的非线性优化问题，也常常使用类似于单纯形法的复形法来求解。

2. 无约束优化的迭代法

如果最优化问题不含约束条件，称为**无约束优化问题**。无约束优化是非线性优化问题的基础。考虑 min $f(x)$，其中 $\boldsymbol{x}=(x_1,x_2,\cdots,x_n)^{\mathrm{T}}$ 为向量。无约束优化主要是用迭代法求解，主要由下列四步构成。

(1) 选择初始点 $x^{(0)}$，一般要求靠近所求最优解。

(2) 如已得出的迭代点 $x^{(k)}$ 不是最优解，要建立一套规则确定方向 $d^{(k)}$，从 $x^{(k)}$ 出发沿方向 $d^{(k)}$ 找到 $x^{(k+1)}$，使得目标函数 $f(x)$值有所下降。例如，最速下降法取 $f(x^{(k)})$的负梯度方向

$$d^{(k)}=-\nabla f(x^{(k)})。$$

确定方向 $d^{(k)}$ 改进的方法还有共轭梯度法、牛顿法、信赖域法、拟牛顿法等。

(3) 方向 $d^{(k)}$ 确定以后，在射线 $x^{(k)}+\mu d^{(k)}$ ($\mu\geqslant 0$)上选取适当的步长 μk 使 $x^{(k+1)}=x^{(k)}+\mu_k d^{(k)}$ 满足

$$f(x^{(k+1)})=\min_{\mu\geqslant 0} f(x^{(k)}+\mu d^{(k)}),$$

这是一个单变量函数极值问题，称为**线搜索**(linesearch)。常用的线搜索方法有黄金分割法、斐波那契法和插值法等。

(4) 检验 $x^{(k+1)}$ 是否满足精度要求。例如，当梯度的范数足够小，停止迭代，否则回到步骤(2)。

3. 约束优化的拉格朗日乘子法

考虑约束非线性优化问题(8.1),定义拉格朗日函数

$$L(\boldsymbol{x},\boldsymbol{\lambda}) = f(x) + \sum_{j=1}^{m} \lambda_j g_j(x),$$

其中,$\boldsymbol{x}=(x_1,x_2,\cdots,x_n)^{\mathrm{T}}$ 为向量;$\boldsymbol{\lambda}=(\lambda_1,\lambda_2,\cdots,\lambda_m)^{\mathrm{T}}$ 为乘子向量。通过极小化 $L(\boldsymbol{x},\boldsymbol{\lambda})$ 来求得局部最优解。由此可得(x^*,λ^*)取得极值的必要条件(Kurn-Tucker 条件)为

$$\nabla f(x^*) + \sum_{i=1}^{m} \lambda_i^* \nabla g_i(x^*) = 0,$$

$$\lambda_i^* g_i(x^*) = 0, \quad i = 1,2,\cdots,m,$$

$$\lambda_i^* \geqslant 0, \quad i = m_e+1,\cdots,m,$$

其中,第一个式子反映了目标函数梯度与激活约束梯度的线性组合在极值点抵消。常用的非线性约束算法有逐次二次规划(SQP)法、信赖域法等。MATLAB 最优化指令见表 8-1。

表 8-1　MATLAB 最优化指令

主　题　词	含　　义	主　题　词	含　　义
optimset	最优化参数设置	lsqnonneg	非负最小二乘
fminbnd	一元函数最小值	lsqlin	线性最小二乘
fminsearch	多元函数最小值	lsqnonlin	非线性最小二乘
fminunc	多元函数最小值牛顿法	lsqcurvefit	曲线拟合
linprog	线性规划	fminimax	多目标规划
quadprog	二次规划	fsolve	非线性方程
fmincon	非线性规划		

8.2　无约束优化

1. 优化参数选项设置 optimset

在使用 MATLAB 的优化方法中,可以通过 optimset 设置输入变量 options 来控制算法的选项。使用格式如下:

```
options=optimset('选项名 1',选项值 1,'选项名 2',选项值 2,...)
```

常用选项见表 8-2。仅用 optimset 可显示当前选项设置。

2. 一元函数极值 fminbnd

(1) 问题描述

fminbnd 用于求解一元函数最小值问题

$$\min f(x), \quad x_1 \leqslant x \leqslant x_2。 \tag{8.3}$$

对于最大值问题

$$\max f(x), \quad x_1 \leqslant x \leqslant x_2, \tag{8.4}$$

可令 $g(x)=-f(x)$,从而转化为最小值问题

$$\min g(x), \quad x_1 \leqslant x \leqslant x_2$$

来解决。

表 8-2　常用最优化算法选项

名　　称	功　　能	可 选 值	默认值	算法规模
Diagnostics	显示求解诊断信息	on,off	off	任意
DiffMaxChange	有限差分梯度计算中变量的最大变化	正数	1e－1	中小
DiffMinChange	有限差分梯度计算中变量的最小变化	正数	1e－8	中小
Display	计算过程的显示等级	off,final,iter,notify	final	任意
GradConstr	非线性约束梯度	on,off	off	中小
GradObj	目标函数梯度	on,off	off	任意
Hessian	目标函数 Hessian 矩阵	on,off	off	大型
Jacobian	目标函数 Jacobian 矩阵	on,off	off	任意
LargeScale*	使用大规模算法	on,off	通常 on	任意
LevenbergMarquardt	用 Levenberg-Marquardt 算法代替 Gauss-Newton 算法	on,off	off	中小
LineSearchType	线搜索类型	cubicpoly,quadcubic	quadcubic	中小
MaxFunEvals	函数调用最大次数	正整数	自动	任意
MaxIter	迭代最大次数	正整数	自动	任意
TolCon	约束条件精度	正数	自动	任意
TolFun	函数精度	正数	自动	任意
TolX	解精度	正数	自动	任意

注：* 表示为使 LargeScale 有效,非线性优化必须提供梯度。

(2) 指令格式

```
x=fminbnd(fun,x1,x2)   求取一元函数 fun 在区间[x1,x2]上的最小值点 x
[x,fval,exitflag,output]=fminbnd(fun,x1,x2,options,p1,p2,...)   fminbnd 的完整格式
```

(3) 变量说明

fun——用函数句柄或内联函数表示的目标函数 $f(x)$。

x1,x2——求解区间下限和上限。

options——使用用户设置的优化参数选项。使用指令 optimset 设置。

p1,p2,…——向目标函数传送的附加参数。

x——返回最小值点。

fval——返回目标函数最小值。

exitflag——返回优化结束状态。大于零表示计算过程收敛于最优解,等于零表示已达到最大迭代次数,小于零表示计算过程不收敛于最优解。

output——返回计算信息。output 是一个结构,域 iterations 为迭代次数,域 funcCount 为函数 fun 调用次数,域 algorithm 为所使用的算法。

(4) 算法和使用说明

fminbnd 使用黄金分割法和抛物线插值法,只能求一元实值连续函数在闭区间的极值,有时只能求得局部极值。如果极值在边界达到,其速度不如 fmincon 快。

例 8.1 求函数 $f(x)=1-(x-3)^2$ 在[0,4]上的极大值点和极大值。

解 考虑 $-f(x)=(x-3)^2-1$ 在[0,4]上的极小值问题,在指令窗口输入:

```
>>[x,f]=fminbnd(@(x) (x-3)^2-1,0,4); x,f=-f
x=
    3
f=
    1
```

得到极大值点 3 和极大值 1。

例 8.2 分别求函数

$$f(x,a)=\frac{x}{a+x^2}$$

当 $a=1$ 和 $a=2$ 时在[-2,1]上的极小值点和极小值,要求解的精度为 1e-4。

解 先写目标函数 M 文件 naeg8_2f.m。

```
%M 函数 naeg8_2f.m
function y=naeg8_2f(x,a)
y=x/(a+x^2);
```

然后在指令窗口输入:

```
>>options=optimset('TolX',1e-4); [x,f]=fminbnd(@naeg8_2f,-2,1,options,1)
x=
    -1.0000
f=
    -0.5000
>>[x,f]=fminbnd(@naeg8_2f,-2,1,options,2)
x=
    -1.4142
f=
    -0.3536
```

3. 多元函数极值 fminsearch 和 fminunc

(1) 问题描述

fminsearch 和 fminunc 用于求解多元函数最小值问题,即

$$\min f(x), \tag{8.5}$$

其中,$\boldsymbol{x}$ 为向量;而 f 为标量。最大值问题可通过转化为最小值问题求解。

(2) 指令格式

```
x=fminsearch(fun,x0)  以 x0 为初值求取多元函数 f(x)的最小值点。注意决策变量须合写
    为一个向量变量
x=fminunc(fun,x0)  与 fminsearch 功能和用法类似,但程序内部算法不同。
[x,fval,exitflag,output]=fminsearch(fun,x0,options,p1,p2,...)  fminsearch
    的完整格式
[x,fval,exitflag,output,grad,hessian]=fminunc(fun,x0,options,p1,p2,...)
    fminunc 的完整格式
```

(3) 变量说明

fminsearch 和 fminunc 基本上与 fminbnd 中类似,主要区别如下:

x0——求解迭代初值。

fun——这里自变量为一个向量。若将 fminunc 的 options 中的 GradObj 设为 on,则 fun 应有第二项输出,用于表示目标函数的梯度向量;若将 fminunc 的 options 中的 Hessian 设为 on,则 fun 应有第三项输出,表示目标函数的二阶偏导数矩阵(即 Hessian 矩阵)。

grad——返回最优解处的梯度。

hessian——返回最优解处的 Hessian 矩阵。

(4) 算法和使用说明

fminsearch 使用复形搜索法。fminunc 可采用大规模(large scale)内点反射牛顿迭代法或中小规模(medium scale)的拟牛顿法,并可选择线搜索类型。如果用户提供了梯度,默认使用大规模算法。

fminunc 和 fminsearch 有时只能求得局部极值。fminunc 只能求解连续函数的极值,fminsearch 可以求解不连续函数的极值。总的来说,fminsearch 的速度不如 fminunc 快。对于最小二乘问题,fminunc 和 fminsearch 的使用效率不如 lsqnonlin 高。

例 8.3 求二元函数 $f(x,y)=5-x^4-y^4+4xy$ 在 $x=0,y=2$ 附近的极大值。

解 考虑 $-f(x,y)=-5+x^4+y^4-4xy$ 极小值问题,并用 x(1)表示 x,x(2)表示 y。在指令窗口输入:

```
>>fun=@(x)-5+x(1)^4+x(2)^4-4*x(1)*x(2);
>>[x,f]=fminsearch(fun,[0,2]); x,f=-f
x=
    1.0000    1.0000
f=
    7.0000
```

如果提供了梯度函数,可使用 fminunc 快速求解,方法是先写 M 文件 naeg8_3f.m。

```
%M 函数 naeg8_3f.m
function [f,g]=naeg8_3f(x)
f=-5+x(1)^4+x(2)^4-4*x(1)*x(2);
g=[4*x(1)^3-4*x(2),4*x(2)^3-4*x(1)];
```

然后在指令窗口输入：

```
>>options=optimset('GradObj','on');
>>[x,f]=fminunc(@naeg8_3f,[0,2],options); x,f=-f
Optimization terminated successfully:
Relative function value changing by less than OPTIONS.TolFun
x=
    1.0000    1.0000
f=
     7
```

如果无须显示收敛信息，可将 Display 选项设为 off；如果需要显示详细迭代过程信息，可将 Display 选项设为 iter。

8.3 约束最优化

1. 线性规划 linprog

(1) 问题描述

MATLAB 的线性规划标准数学模型为

$$\begin{aligned} \min \quad & \boldsymbol{f}^{\mathrm{T}}\boldsymbol{x}, \\ \text{s.t.} \quad & \boldsymbol{A}\boldsymbol{x} \leqslant \boldsymbol{b}, \\ & \boldsymbol{A}_{\mathrm{eq}}\boldsymbol{x} = \boldsymbol{b}_{\mathrm{eq}}, \\ & \boldsymbol{L}_b \leqslant \boldsymbol{x} \leqslant \boldsymbol{U}_b, \end{aligned} \tag{8.6}$$

其中，$\boldsymbol{x}$ 为决策变量；$\boldsymbol{f}$ 为目标函数系数向量；$\boldsymbol{A}$ 和 $\boldsymbol{A}_{\mathrm{eq}}$ 为矩阵；$\boldsymbol{b}$，$\boldsymbol{b}_{\mathrm{eq}}$，$\boldsymbol{L}$ 和 $\boldsymbol{U}$ 都是向量。$\boldsymbol{A}\boldsymbol{x}\leqslant\boldsymbol{b}$ 为线性不等式约束，$\boldsymbol{A}_{\mathrm{eq}}\boldsymbol{x}=\boldsymbol{b}_{\mathrm{eq}}$ 为线性等式约束，$\boldsymbol{L}_b\leqslant\boldsymbol{x}\leqslant\boldsymbol{U}_b$ 为有界约束。非标准形式的线性规划问题必须先转化为标准形式，才可利用 MATLAB 求解。

(2) 指令格式

```
x=linprog(f,A,b)  最简格式
[x,fval,exitflag,output,lambda]=linprog(f,A,b,Aeq,beq,lb,ub,x0,options)
    完整格式
```

(3) 变量说明

f——目标函数系数向量 $\boldsymbol{f}$。

A，b——不等式约束的系数矩阵 $\boldsymbol{A}$ 和右端向量 $\boldsymbol{b}$。

Aeq，beq——等式约束的系数矩阵 $\boldsymbol{A}_{\mathrm{eq}}$ 和右端向量 $\boldsymbol{b}_{\mathrm{eq}}$。

lb，ub——决策变量下限向量 $\boldsymbol{L}_b$ 和上限向量 $\boldsymbol{U}_b$。

x0——迭代初值向量。

options——使用 optimset 设置的优化参数选项。

lambda——返回最优解的拉格朗日乘子。域 Lower 对应于下限，域 Upper 对应于上限，域 ineqlin 对应不等式约束，域 eqlin 对应于等式约束。拉格朗日乘子不为 0，说明相应条件约束被激活。

其他变量参见 8.2 节 fminbnd 的说明。

(4) 算法和使用说明

linprog 大规模算法采用内点法，中小规模算法采用单纯形法的一种变形——积极集法。对于规模不大的问题，建议将 LargeScale 设为 off。

例 8.4 求解问题

$$\begin{aligned} \max \quad & z = 10x + 5y, \\ \text{s.t.} \quad & 5x + 2y \leqslant 8, \\ & 3x + 4y = 9, \\ & x + y \geqslant 1, \\ & x, y \geqslant 0。 \end{aligned}$$

解 首先转化为

$$\begin{aligned} \min \quad & -z = -10x_1 - 5x_2, \\ \text{s.t.} \quad & 5x_1 + 2x_2 \leqslant 8, \\ & -x_1 - x_2 \leqslant -1, \\ & 3x_1 + 4x_2 = 9, \\ & x_1, x_2 \geqslant 0。 \end{aligned}$$

求解如下：

```
>>clear;
>>C=[-10,-5]';
>>A=[5 2;-1 -1]; b=[8,-1]';
>>Aeq=[3 4]; beq=9;
>>[x,fval exitflag,output,lambda]=linprog(C,A,b,Aeq,beq,zeros(2,1));
>>xmax=x,zmax=-fval
xmax=
    1.0000
    1.5000
zmax=
   17.5000
>>output. iterations
    5
>>lambda.ineqlin
ans=
    1.7857              %第一个不等式被激活,即达到边界
    0.0000
```

2. 二次规划 quadprog

(1) 问题描述

MATLAB 二次规划(quadratic programming)标准数学模型为

$$\begin{aligned} \min \quad & 0.5\boldsymbol{x}^{\mathrm{T}}\boldsymbol{H}\boldsymbol{x} + \boldsymbol{f}^{\mathrm{T}}\boldsymbol{x}, \\ \text{s.t.} \quad & \boldsymbol{A}\boldsymbol{x} \leqslant \boldsymbol{b}, \\ & \boldsymbol{A}_{\mathrm{eq}}\boldsymbol{x} = \boldsymbol{b}_{\mathrm{eq}}, \end{aligned}$$

$$L_b \leqslant x \leqslant U_b, \tag{8.7}$$

其中,$\boldsymbol{x}$ 为决策变量;$\boldsymbol{H}$ 为目标函数二次型矩阵的 2 倍;$\boldsymbol{f}$ 为目标函数线性项系数向量;$\boldsymbol{A}$ 和 $\boldsymbol{A}_{eq}$ 为矩阵;$\boldsymbol{b}, \boldsymbol{b}_{eq}, \boldsymbol{L}_b$ 和 $\boldsymbol{U}_b$ 都是向量。$\boldsymbol{Ax} \leqslant \boldsymbol{b}$ 为线性不等式约束,$\boldsymbol{A}_{eq}\boldsymbol{x} = \boldsymbol{b}_{eq}$ 为线性等式约束,$\boldsymbol{L}_b \leqslant \boldsymbol{x} \leqslant \boldsymbol{U}_b$ 为有界约束。

(2) 指令格式

```
x=quadprog(H,f,A,b)  最简格式
[x, fval, exitflag, output, lambda] = quadprog (H, f, A, b, Aeq, beq, lb, ub, x0,
options)  完整格式
```

(3) 变量说明

H 为目标函数二次型矩阵的 2 倍,其他变量基本同 linprog。

(4) 算法和使用说明

如果目标函数严格凸,quadprog 可得全局最优,否则只能得局部最优。大规模算法采用信赖域法,中小规模算法采用积极集法。当等式约束矩阵不是行满秩,只能用中小规模算法。

例 8.5 求解问题

$$\begin{aligned} \min \quad & f(x) = \frac{1}{2}x_1^2 + x_2^2 - x_1 x_2 - 2x_1 - 6x_2, \\ \text{s. t.} \quad & x_1 + x_2 \leqslant 2, \\ & -x_1 + 2x_2 \leqslant 2, \\ & 2x_1 + x_2 \leqslant 3, \\ & 0 \leqslant x_1, 0 \leqslant x_2 。\end{aligned}$$

解 先化为矩阵形式,即

$$f(\boldsymbol{x}) = \frac{1}{2}\boldsymbol{x}^{\mathrm{T}}\boldsymbol{H}\boldsymbol{x} + \boldsymbol{f}^{\mathrm{T}}\boldsymbol{x},$$

$$\boldsymbol{H} = \begin{bmatrix} 1 & -1 \\ -1 & 2 \end{bmatrix}, \quad \boldsymbol{f} = \begin{bmatrix} -2 \\ -6 \end{bmatrix}, \quad \boldsymbol{x} = \begin{bmatrix} x_1 \\ x_2 \end{bmatrix}。$$

求解如下:

```
>>clear; H=[1 -1; -1 2]; f=[-2; -6];
>>A=[1 1; -1 2; 2 1]; b=[2; 2; 3]; lb=zeros(2,1);
>>[x,fval,exitflag,output]=quadprog(H,f,A,b,[],[],lb)      %等式约束无,用空矩阵表示
Warning: Large-scale method does not currently solve this problem formulation,
switching to medium-scale method.      %由于未提供梯度向量,自动转为中小规模算法
Optimization terminated successfully.
x=
    0.6667
    1.3333
fval=
   -8.2222
exitflag=
     1
output=
      iterations: 3
```

```
    algorithm: 'medium-scale: active-set'
  firstorderopt: []
   cgiterations: []
```

3. 非线性规划 fmincon

(1) 问题描述

MATLAB 非线性规划标准数学模型为

$$
\begin{aligned}
\min \quad & f(\boldsymbol{x}), \\
\text{s.t.} \quad & \boldsymbol{A}\boldsymbol{x} \leqslant \boldsymbol{b}, \\
& \boldsymbol{A}_{\mathrm{eq}}\boldsymbol{x} = \boldsymbol{b}_{\mathrm{eq}}, \\
& C(\boldsymbol{x}) \leqslant 0, \\
& C_{\mathrm{eq}}(\boldsymbol{x}) = 0, \\
& \boldsymbol{L}_b \leqslant \boldsymbol{x} \leqslant \boldsymbol{U}_b,
\end{aligned} \tag{8.8}
$$

其中,$\boldsymbol{x}$ 为决策变量;$f(\boldsymbol{x})$,$C(\boldsymbol{x})$,$C_{\mathrm{eq}}(\boldsymbol{x})$为非线性函数;$\boldsymbol{A}$ 和 $\boldsymbol{A}_{\mathrm{eq}}$ 为矩阵;$\boldsymbol{b}$,$\boldsymbol{b}_{\mathrm{eq}}$,$\boldsymbol{L}$ 和 $\boldsymbol{U}$ 都是向量。$\boldsymbol{A}\boldsymbol{x}\leqslant\boldsymbol{b}$ 为线性不等式约束,$\boldsymbol{A}_{\mathrm{eq}}\boldsymbol{x}=\boldsymbol{b}_{\mathrm{eq}}$ 为线性等式约束,$C(\boldsymbol{x})\leqslant 0$ 为非线性不等式约束,$C_{\mathrm{eq}}(\boldsymbol{x})=0$ 为非线性等式约束,$\boldsymbol{L}_b\leqslant\boldsymbol{x}\leqslant\boldsymbol{U}_b$ 为有界约束。非标准形式的非线性规划问题必须先转化为标准形式,才可利用 MATLAB 求解。

(2) 指令格式

```
x=fmincon(fun,x0)  最简格式
[x,fval,exitflg,output,lamda,grad,hessian]
     =fmincon(fun,x0,A,b,Aeq,beq,lb,ub,nonlcon,options,p1,p2,...)  完整格式
```

(3) 变量说明

nonlcon 是用函数句柄或内联函数表示的非线性约束函数,它有两项输出,分别表示 $C(\boldsymbol{x})$和$C_{\mathrm{eq}}(\boldsymbol{x})$。当使用约束函数梯度矩阵(这时 options 中 GradConstr 设为 on)时,它应有 4 项输出,分别表示 $C(\boldsymbol{x})$,$C_{\mathrm{eq}}(\boldsymbol{x})$,$C(\boldsymbol{x})$的梯度和 $C_{\mathrm{eq}}(\boldsymbol{x})$的梯度。其他变量参见 linprog 的说明和 8.2 节 fminunc 的说明。

(4) 算法和使用说明

fmincon 大规模算法采用信赖域法,中小规模算法采用逐步二次规划(SQP)法。要求所有函数实值连续,且一般只能得局部最优。当线性等式约束矩阵不是行满秩时,只能用中小规模算法。

例 8.6 求解问题

$$
\begin{aligned}
\max \quad & xyz, \\
\text{s.t.} \quad & -x + xy + 2z \geqslant 0, \\
& x + 2y + 2z \leqslant 72, \\
& 10 \leqslant y \leqslant 20, \\
& x - y = 10。
\end{aligned}
$$

解 首先化为

$$
\min \quad -x_1x_2x_3,
$$

$$\text{s. t.} \quad \begin{aligned} & x_1 + 2x_2 + 2x_3 \leqslant 72, \\ & x_1 - x_2 = 10, \\ & x_1 - x_1x_2 - 2x_3 \leqslant 0, \\ & 10 \leqslant x_2 \leqslant 20。 \end{aligned}$$

按照标准形式(8.8),写 M 函数 naeg8_6f.m

```
%M 函数 naeg8_6f.m
function f=naeg8_6f (x)
f=-x(1) * x(2) * x(3);
```

再写 M 函数 naeg8_6f2.m

```
%M 函数 naeg8_6f2.m
function [g,geq]=naeg8_6f 2(x)
g=x(1)-x(1) * x(2)-2 * x(3);
geq=0;
```

最后在指令窗口求解:

```
>>x0=[10,10,10];
>>A=[1 2 2]; b=72;
>>Aeq=[1 -1 0]; beq=10;
>>options=optimset('largescale','off');
>>[x,f]=fmincon(@naeg8_6f,x0,A,b,Aeq,beq,[-inf,10,-inf]',[inf,20,inf]',@
naeg8_6f2,options);
>>xmax=x,fmax=-f
Optimization terminated successfully:
Magnitude of directional derivative in search direction
  less than 2 * options.TolFun and maximum constraint violation
  is less than options.TolCon
Active Constraints:
     1
     5
xmax=
   22.5850 12.5850 12.1225
fmax=
  3.4456e+003
```

8.4 最小二乘法及多目标优化

1. 约束线性最小二乘 lsqnonneg 和 lsqlin

(1) 问题描述

超定线性方程组 $\boldsymbol{Cx}=\boldsymbol{d}$ 可以用矩阵除法 $\boldsymbol{C}\backslash\boldsymbol{d}$ 求最小二乘近似解。但是,如果变量有约

束条件，则不能使用矩阵除法。当约束条件线性，称为约束线性最小二乘问题(linear least squares with nonnegativity constraints)。其数学模型为

$$
\begin{aligned}
\min \quad & \| \boldsymbol{Cx} - \boldsymbol{d} \|^2, \\
\text{s.t.} \quad & \boldsymbol{Ax} \leqslant \boldsymbol{b}, \\
& \boldsymbol{A}_{\text{eq}} \boldsymbol{x} = \boldsymbol{b}_{\text{eq}}, \\
& \boldsymbol{L}_b \leqslant \boldsymbol{x} \leqslant \boldsymbol{U}_b,
\end{aligned}
\tag{8.9}
$$

其中，$\boldsymbol{A}$，$\boldsymbol{A}_{\text{eq}}$和$\boldsymbol{C}$为矩阵；$\boldsymbol{b}$，$\boldsymbol{b}_{\text{eq}}$，$\boldsymbol{d}$，$\boldsymbol{L}_b$，$\boldsymbol{U}_b$是向量；$\|\cdot\|$为2-范数。特别地，约束条件仅为变量非负，则称为非负线性最小二乘问题。

(2) 指令格式

```
x=lsqnonneg(C,d)  非负线性最小二乘最简格式
x=lsqlin(C,d,A,b)  约束线性最小二乘最简格式
[x,resnorm,residual,exitflag,output,lambda]
        =lsqnonneg(C,d,x0,options)  非负线性最小二乘完整格式
[x,resnorm,residual,exitflag,output,lambda]
        =lsqlin(C,d,A,b,Aeq,beq,lb,ub,x0,options)  约束线性最小二乘完整格式
```

(3) 变量说明

resnorm返回误差平方和，residual返回误差向量，其他变量基本同linprog。

(4) 算法和使用说明

lsqnonneg和lsqlin可得全局最优，但解不一定唯一。lsqlin大规模算法采用信赖域法，中小规模算法采用逐步二次规划(SQP)法。总的来说，对约束线性最小二乘问题，lsqlin比fmincon速度快。对于30阶以下的非负线性最小二乘问题，lsqnonneg比lsqlin速度快。

例 8.7 (1) 求下列方程组的最小二乘解：

$$
\begin{cases}
2x + 3y = 2, \\
4x - y = 3, \\
x + 2y = -1;
\end{cases}
\tag{8.10}
$$

(2) 求式(8.10)的非负最小二乘解；

(3) 求式(8.10)满足$x \leqslant y$的非负最小二乘解。

解 求解如下：

```
>>C=[2 3;4 -1;1 2]; d=[2;3;-1];
>>x1=C\d                          %第(1)题的解
x1=
    0.7410
   -0.1403
>>x1res=norm(C*x1-d)^2            %第(1)题的平方误差
x1res=
    3.0252
>>[x2,x2res]=lsqnonneg(C,d)       %第(2)题的解和平方误差
x2=
    0.7143
```

```
        0
x2res=
    3.2857
>>A=[1 -1]; b=0; lb=[0;0];
>>[x3,x3res]=lsqlin(C,d,A,b,[],[],lb)        %第(3)题的解及误差平方和
x3=
    0.3721
    0.3721
x3res=
    8.0465
```

2. 非线性最小二乘 lsqnonlin

(1) 问题描述

非线性最小二乘数学模型为

$$\min \ \| f(\boldsymbol{x}) \|^2, \quad \text{s.t.} \ \boldsymbol{L}_b \leqslant \boldsymbol{x} \leqslant \boldsymbol{U}_b, \tag{8.11}$$

其中,$\boldsymbol{x}, \boldsymbol{L}_b, \boldsymbol{U}_b$ 是向量;$f(\boldsymbol{x})$为向量值函数;$\| \cdot \|$ 为 2-范数。

(2) 指令格式

```
x=lsqnonlin(fun,x0)   最简格式
[x,resnorm,residual,exitflag,output,lambda,jacobian]
        =lsqnonlin(fun,x0,lb,ub,options,p1,p2,…)  完整格式
```

(3) 变量说明

fun 为函数 $f(\boldsymbol{x})$,p1,p2,…为向 fun 传送的附加参数,jacobian 返回目标函数在最优解处的 Jacobian 矩阵,其他变量参见 lsqlin。

(4) 算法和使用说明

lsqnonlin 要求函数 $f(\boldsymbol{x})$连续。大规模算法采用内点反射牛顿法,中小规模算法采用 Levenberg-Marquardt 或高斯-牛顿法(方法及线搜索都可用 optimset 选择)。对于一般约束的最小二乘问题,可用 fmincon 求解。

例 8.8 $\min \ (2x_1^2+x_1x_2-3)^2+(x_1x_2-x_2^2+5)^2+(x_1^2-x_2^2-4)^2$,

s.t. $\quad x_1 \geqslant 0, \quad x_2 \geqslant 0$。

解 令

$$f_1(x)=(2x_1^2+x_1x_2-3)^2, \quad f_2(x)=(x_1x_2-x_2^2+5)^2, \quad f_3(x)=(x_1^2-x_2^2-4)^2。$$

写 M 函数 naeg8_8f.m:

```
%M 函数 naeg8_8f.m
function f=naeg8_8f(x)
f(1)=2*x(1)^2+x(1)*x(2)-3;
f(2)=x(1)*x(2)-x(2)^2+5;
f(3)=x(1)^2-x(2)^2-4;
f=f(:);
```

取初始值 $x_1=x_2=1$，输入指令：

```
>>[x,r1,r2,h,info]=lsqnonlin(@naeg8_8f,[1 1]',[0,0]')
x=
    1.4142
    0.0000
r1=
   30.0000
r2=
    1.0000
    5.0000
   -2.0000
h=
     1
info=
    firstorderopt: 2.1438e-006
       iterations: 8
        funcCount: 25
     cgiterations: 7
        algorithm: 'large-scale: trust-region reflective Newton'
```

如果使用自己提供的 $f(x)$ 的雅可比矩阵，则函数写为：

```
%M 函数 naeg8_8f2.m
function [f,jac]=naeg8_8f2(x)
f(1)=2*x(1)^2+x(1)*x(2)-3;
f(2)=x(1)*x(2)-x(2)^2+5;
f(3)=x(1)^2-x(2)^2-4;
f=f(:);
jac=[4*x(1)+x(2),x(1);x(2),x(1)-2*x(2);2*x(1),-2*x(2)];
```

在指令窗口输入：

```
>>options=optimset('Jacobian','on');
>>[x,r1,r2,h,info]=lsqnonlin(@naeg8_8f2,[1 1]',[0,0]',[],options)
x=
    1.4142
    0.0000
r1=
   30.0000
r2=
    1.0000
    5.0000
   -2.0000
h=
     1
```

```
info=
    firstorderopt: 2.3098e-006
     iterations: 8
        funcCount: 9
     cgiterations: 7
        algorithm: 'large-scale: trust-region reflective Newton'
```

可见,提供雅可比矩阵以后,函数调用次数减少了许多,所以提高了计算速度。

3. 多目标规划 fminimax

(1) 问题描述

在某些最优化问题中,目标函数有多个,称为**多目标规划**。设 $f_i(x), i=1,2,\cdots,m$ 是最小化目标函数,求解方法转化为单目标评价函数 $F(x)$,通过单目标最优化方法解决。常用的转化方法有下面几种。

① 线性加权法:取 $0\leqslant\alpha_i\leqslant 1, i=1,\cdots,m$,$\sum_{i=1}^{m}\alpha_i=1$,令

$$F(x)=\sum_{i=1}^{m}\alpha_i f_i(x)。$$

② 理想点法:设$(f_1^*,\cdots,f_m^*)$是目标函数值域中的一个理想点(达不到的优秀目标值),令

$$F(x)=\sum_{i=1}^{m}(f_i(x)-f_i^*)^2。$$

③ 极大极小法:取 $F(x)=\max\limits_{1\leqslant i\leqslant m} f_i(x)$。对于极大极小多目标规划,MATLAB 有特别指令 fminimax 进行求解。

(2) 指令格式

```
x=fminimax(fun,x0)   最简格式
[x,fval,maxfval,exitflag,output,lambda]
   =fminimax (fun,x0,A,b,Aeq,beq,lb,ub,nonlcon,options,p1,p2,...)  完整格式
```

(3) 变量说明

Fval 为返回目标函数向量,maxfval 为返回目标函数最大值,其他变量参见 fmincon。

(4) 算法和使用说明

fminimax 采用逐步二次规划(SQP)法。lsqnonlin 要求函数 $f(x)$ 连续,可能陷入局部极小。

例 8.9

$$\begin{aligned}
\min\quad & \max[f_1(x),f_2(x),f_3(x),f_4(x),f_5(x)],\\
& f_1(x)=2x_1^2+x_2^2-48x_1-40x_2+304,\\
& f_2(x)=-x_2^2-3x_2^2,\\
& f_3(x)=x_1+3x_2-18,\\
& f_4(x)=-x_1-x_2,\\
& f_5(x)=x_1+x_2-8。
\end{aligned}$$

解 先在编程器窗口写 M 函数 naeg8_9f. m：

```
%M 函数 naeg8_9f.m
function f=naeg8_9f(x)
f(1)=2*x(1)^2+x(2)^2-48*x(1)-40*x(2)+304;
f(2)=-x(1)^2 -3*x(2)^2;
f(3)=x(1) +3*x(2) -18;
f(4)=-x(1)-x(2);
f(5)=x(1) +x(2) -8;
```

再在指令窗口输入：

```
>>x0=[0.1; 0.1];          %初始值
>>[x,fval]=fminimax(@naeg8_9f,x0)
Optimization terminated successfully:
Magnitude of directional derivative in search direction
  less than 2*options.TolFun and maximum constraint violation
  is less than options.TolCon
Active Constraints:
     1
     5
x=
    4.0000
    4.0000
fval=
    0.0000 -64.0000 -2.0000 -8.0000 -0.0000
```

注：例 8.9 也可使用 fmincon 求解。

上机实验题

实验 1　作出下列函数图形，观察所有的局部极大、局部极小和全局最大、全局最小值点的粗略位置，并用 MATLAB 函数 fminbnd 和 fminsearch 求各极值点的确切位置。

(1) $f(x)=x^2\sin(x^2-x-2)$,　　$[-2,2]$；

(2) $f(x)=3x^5-20x^3+10$,　　$[-3,3]$；

(3) $f(x)=|x^3-x^2-x-2|$,　　$[0,3]$。

实验 2　考虑函数 $f(x,y)=y^3/9+3x^2y+9x^2+y^2+xy+9$：

(1) 作出 $f(x,y)$在$-2<x<1,-7<y<1$ 图形，观察极值点的位置；

(2) 用 MATLAB 函数 fminsearch 和 fminunc 求极值点和极值。

实验 3　求解下列线性规划问题：

(1) $\max\ z=x_1+6x_2+4x_3$,

$$\text{s. t.}\quad \begin{cases} -x_1+2x_2+2x_3\leqslant 13, \\ 4x_1-4x_2+x_3\leqslant 20, \\ x_1+2x_2+x_3\leqslant 17, \\ x_1\geqslant 1, x_2\geqslant 2, x_3\geqslant 3; \end{cases}$$

(2) $\max z=4x_1+5x_2+x_3$,

$$\text{s.t.}\begin{cases}3x_1+2x_2+x_3\geqslant 18,\\2x_1+x_2\leqslant 4,\\x_1+x_2-x_3=5,\\x_1\geqslant 0,x_2\geqslant 0;\end{cases}$$

(3) $\min z=-x_1-2x_2+x_3-x_4-4x_5+2x_6$,

$$\text{s.t.}\begin{cases}x_1+x_2+x_3+x_4+x_5+x_6\leqslant 6,\\2x_1+x_2-2x_3+x_4\leqslant 4,\\x_3+x_4+2x_5+x_6\leqslant 4,\\x_j\geqslant 0,j=1,2,\cdots,6;\end{cases}$$

(4) $\max f=1.40y_{23}+1.25y_{32}+1.15y_{41}+1.06y_{54}$,

$$\text{s.t.}\begin{cases}y_{11}+y_{14}\leqslant 10,\\y_{11}-0.06y_{14}+y_{21}+y_{23}+y_{24}\leqslant 10,\\-0.15y_{11}-0.06y_{14}+y_{21}+y_{23}-0.06y_{24}+y_{31}+y_{32}+y_{34}\leqslant 10,\\-0.15y_{11}-0.06y_{14}-0.15y_{21}+y_{23}-0.06y_{24}+y_{31}\\\quad+y_{32}-0.06y_{34}+y_{41}+y_{44}\leqslant 10,\\-0.15y_{11}-0.06y_{14}-0.15y_{21}+y_{23}-0.06y_{24}-0.15y_{31}\\\quad+y_{32}-0.06y_{34}+y_{41}-0.06y_{44}+y_{54}\leqslant 10,\\y_{ij}\geqslant 0,i=1,2,3,4,5,j=1,2,3,4,\quad y_{23}\leqslant 3,y_{32}\leqslant 4。\end{cases}$$

实验 4 求解下列约束优化问题:

(1) $\min f(x_1,x_2)=x_1^2+x_2^2-8x_1-10x_2$(二次规划),

$$\text{s.t.}\begin{cases}3x_1+2x_2\leqslant 6,\\x_1\geqslant 0,x_2\geqslant 0;\end{cases}$$

(2) $\max f(x_1,x_2)=\ln(x_1+x_2)$,

$$\text{s.t.}\begin{cases}x_1+2x_2\leqslant 5,\\x_1\geqslant 0,x_2\geqslant 0;\end{cases}$$

(3) $\min f(x_1,x_2)=2x_1^2+2x_2^2-2x_1x_2-4x_1-6x_2$,

$$\text{s.t.}\begin{cases}x_1+5x_2\leqslant 5,\\2x_1^2-x_2\leqslant 0,\\x_1\geqslant 0,x_2\geqslant 0;\end{cases}$$

(4) $\max f(x_1,x_2)=\ln(x_1-x_2)$,

$$\text{s.t.}\begin{cases}x_1\geqslant 1,\\x_1^2+x_2^2=4;\end{cases}$$

(5) $\min f(x_1,x_2)=e^{x_1}(4x_1^2+2x_2^2+4x_1x_2+2x_2+1)$,

$$\text{s.t.}\begin{cases}x_1+x_2=0,\\x_1x_2-x_1-x_2\leqslant -1.5,\\x_1x_2+10\geqslant 0;\end{cases}$$

(6) $\min f(x_1, x_2) = (x_1 - 3)^2 + (x_2 - 3)^2$(约束线性最小二乘),

$$\text{s.t.} \begin{cases} 4 - x_1 - x_2 \geqslant 0, \\ x_1 \geqslant 0, x_2 \geqslant 0; \end{cases}$$

(7) $\min f(x_1, x_2) = \sum_{k=1}^{10} (2 + 2k - e^{kx_1} - e^{kx_2})^2$(非线性最小二乘)。

实验 5　分别用线性加权法和极大极小法求解下列多目标优化问题：

$\max(4x_1 + 6x_2), \max(7.2x_1 + 3.6x_2)$,

$$\text{s.t.} \begin{cases} x_1 \leqslant 4, \\ x_2 \leqslant 5, \\ 3x_1 + 2x_2 \leqslant 16, \\ x_1 \geqslant 0, x_2 \geqslant 0。 \end{cases}$$

附录A

MATLAB 简介

这里介绍 MATLAB 的一些入门知识，包括：MATLAB 桌面和窗口，MATLAB 指令格式、数据格式和变量管理，MATLAB 的数组和矩阵运算，MATLAB 的数据类型和数据文件，MATLAB 的程序设计方法，MATLAB 的作图方法，在线帮助的使用，程序文件和目录的管理等。

A.1 MATLAB 桌面

启动 MATLAB 后，就进入 MATLAB 的桌面（Desktop），MATLAB 8.1（MATLAB R2013a）的默认（Default）桌面如图 A-1 所示（不同操作状态下桌面布局略有不同）。第一行从左至右依次为：HOME，PLOTS，APPS 3 个通用工具条、快捷工具栏、搜索输入框等。第二行是工具条内容（可通过第一行右端带箭头的图标关闭或打开）。第三行用于文件夹操作，并显示当前文件夹的位置。下面有 4 个常用的操作窗口。中间最大的是指令窗口（Command Window），左侧为当前文件夹窗口（Current Folder），右侧上方为工作空间窗口（Workspace），右侧下方为指令历史窗口（Command History）。

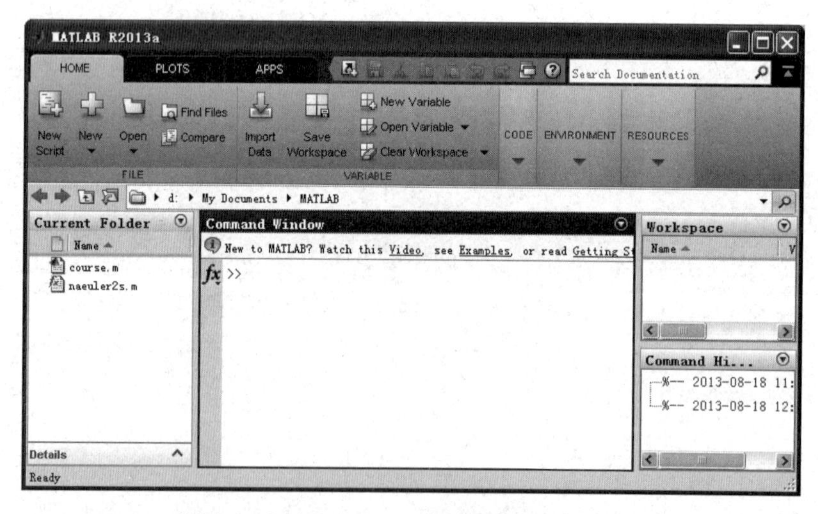

图 A-1　MATLAB 8.1 的默认桌面（Desktop）

1. 工具条

HOME 工具条汇集了一些最常用的工具栏和菜单；PLOTS 工具条包含作图工具；APPS 工具条收纳了应用程序的交互式计算工具，取决于你所安装的专业工具箱，如优化、统计图、曲线拟合、Mupad 等。HOME 工具条分为文件(File)、变量(Variable)、代码(Code)、环境(Environment)、资源(Resourses)等区域，用于文件操作、数据导入、变量处理、程序调试、桌面布局等。表 A-1 为 HOME 工具条部分常用的工具。

表 A-1 MATLAB 8.1 的 HOME 工具条

菜单\工具	使用说明
File→New Script	新建脚本程序文件
File→New Function	新建函数程序文件
File→Open	打开 MATLAB 程序文件
Variable→Import Data	导入数据文件
Variable→Save Workspace as	将工作空间所有变量和数据保存为数据.mat 文件
Code→Clear Commond Window	清除指令窗口中的文字
Environment→Layout	桌面布局编排，一般都使用默认(Default)
Environment→Preference	设置 MATLAB 选项，如数据显示格式、字体等
Environment→Set Path	设置 MATLAB 文件路径文件夹
Resourses→Help	启动各类帮助文件

读者在使用 MATLAB 时，如果弄乱了桌面，比如找不到某些操作窗口，可以选 HOME 工具条 Environment→Layout→Default 来恢复初始状态。如果中文显示乱码，可通过 HOME 工具条 Environment→Preference→Fonts 将字体设为中文宋体。HOME 工具条 Resourses→Help 提供了 MATLAB 的文档、实例、视频和在线课程等学习材料，供读者学习参考。

2. 窗口

(1) 指令窗口(Command Window)

该窗口是进行 MATLAB 操作最主要的窗口。窗口中>>为指令输入提示符，提示输入 MATLAB 运算指令，按回车(Enter)键就可执行运算，并直接在此窗口显示运算结果(图形除外)。

书面约定：>>表示本行字符为在 Command Window 输入的指令，>>本身不是输入字符。%后面书写的是用于解释的文字，不参与运算，所以也不必输入。

例如：

```
>>a=1;b=2;c=a+b     %输入后，按回车(Enter)键
c=
     3
```

(2) 当前文件夹(Current Directory)

该窗口列出当前文件夹中的程序 M 文件(.m)和数据文件(.mat,.txt)等。用鼠标选中文件,右击可以进行打开(Open)、运行(Run)、删除(Delete)等操作。

(3) 工作空间(Workspace)

列出内存中 MATLAB 工作空间的所有变量的变量名(Name)、值(Value)等。经过上述运算,我们可以在工作空间看到变量 a,b,c 的信息。用鼠标选中变量,右击可以进行打开(Open Selection)、保存(Save as)、清除(Delete)、修改(Edit Value)、作图(Plot Catlog)等操作。

(4) 指令历史(Command History)

该窗口列出在指令窗口执行过的 MATLAB 指令行的历史记录。用鼠标选中指令行,右击可以进行复制(Copy)、执行(Evaluate selection)、删除(Delete selection)等操作。

A.2 数据和变量

1. 表达式

在指令窗口(Command Window)作一些简单的计算,就如同使用一个功能强大的计算器,使用变量无须预先定义类型。

例 A.1 设球半径 $r=2$,求球的体积 $V=\frac{4}{3}\pi r^3$。

解 在指令窗口执行:

```
>>r=2                                   %表达式将 2 赋予变量 r
r=                                      %系统返回 r 的值
  2
>>V=4/3*pi*r^3                          %pi 为内置常量 π,乘方用^表示
V=
  33.5103
```

几个表达式可以写在一行,用分号(;)或逗号(,)分割。用分号(;)使该表达式运算结果不显示,用逗号(,)则显示结果。也可以将一个长表达式分在几行写,用三点(...)续行。

```
>>r=2; V=4/3*pi*r^3
V=                                      %用分号时 r 的结果不显示
  33.5103
>>r=2,V=4/3*pi ...                      %用三点(...)续行(注意 pi 与...间有空格)
*r^3                                    %因为是接续上一行,前面没有提示符>>
r=                                      %用逗号时 r 的结果显示出来
     2
V=
  33.5103
```

若需要修改已执行过的指令行,可以在指令历史(Command History)找到该指令行复制,再粘贴至指令窗口进行修改;也可直接使用编辑键盘区箭头键↑↓调出已执行过的指令

行进行修改。例如，现将半径改为 8，那么使用上述方法得：

```
>>r=8;                          %更新 r
>>V=4/3 * pi * r^3              %用向上箭头键↑直接调出已执行过的指令。V 的值依赖
                                % 于 r，所以 V 的表达式要重新运行

V=
  2.1447e+03                    %表示 2.1447×10^3
```

2. 数据显示格式

MATLAB 默认的数据显示格式为短格式(Short)：当结果为整数，就作为整数显示；当结果是实数，以小数点后 4 位的长度显示。若结果的有效数字超出一定范围，以科学计数法显示(如 3.2000e－006 表示 3.2×10^{-6})。数据显示格式可使用指令 format 改变。例如：

```
>>format long; V                %长格式(long)，16 位
V=
   2.144660584850632e+03
>>format short g; V             %短紧缩格式(short g)，习惯书写格式
V=
        2144.7
>>format rational; V            %有理格式，近似分数
V=
120101/56
>>format ;V                     %恢复默认的短格式(Short)，本例等价于 short e
V=
  2.1447e+03
```

数据显示格式也可通过菜单 Environment→Preference→Command Window→Numeric format 改变。需要指出的是，显示格式的改变不会影响数据的实际值，所以不会影响计数精度。MATLAB 计数精度约为十进制 16 位有效数字。

3. 复数

MATLAB 中复数可以如同实数一样，直接输入和计算，例如：

```
>>a=1+2i; b=5-4 * i; c=a/b
c=
  -0.0732+0.3415i
```

由于 MATLAB 是在复数范围内计算的，有时也会带来困惑，例如：

```
>>(-8)^(1/3)
ans=
  1.0000+1.7321i
```

答案并不是－2，这一点要引起注意。

4. 预定义变量

MATLAB 有一些预定义变量(见表 A-2，大小写均可)，MATLAB 启动时就已赋值，可

以直接使用,如前面我们使用过的圆周率 pi 和虚数单位 i。

表 A-2 预定义变量

变量名	说明
i 或 j	虚数单位 $\sqrt{-1}$
pi	圆周率 $\pi=3.1415\cdots$
eps	浮点数识别精度 2^(−52)=2.2204×10^{-16},计算机会认为 1+0.5 * eps 与 1 相等
realmin	最小正实数 2^(2−2^10)=2.2251×10^{-308},小于该值当作 0
realmax	最大正实数 2^(2^10)=1.7977×10^{308},大于等于该值当作无穷大
Inf	无穷大
NaN	没有意义的数

预定义变量在工作空间(Workspace)观察不到。如果预定义变量被用户重新赋值,则原来的功能暂不能使用。当这些用户变量被清除(clear)或 MATLAB 重新启动后,这些功能又得以恢复。注意 e 在 MATLAB 中只是普通变量,没有预赋值,不等于自然常数 2.71828…。

5. 用户变量

MATLAB 变量名总以字母开头,有效字符长度为 63 个,由字母、数字或下划线组成,区分大小写。如 A,a,a1,a_b 都是合法的,且 a 与 A 表示不同变量,但 1a,a−b 都是不合法的变量名。在 Command Window 中使用的变量一旦被赋值,就会携带这个值存在于工作空间(Workspace),直到被清除(clear)或被赋予新的值。ans 是系统一个特别的变量名。若一个表达式运算结果没有赋予任何变量,系统自动用 ans 存放答案(answer),例如:

```
>>A=5+4i; b=5-4*i; B_1=1; A*b                %没有定义 A*b 的输出变量
ans=
    41                                        %ans 来接受计算结果
```

使用 whos 指令方式可查询变量的尺寸(Size)、字节数(Bytes)、类型(Class)等信息。

```
>>whos                                        %查询 Workspace 中的变量列表
  Name   Size  Bytes   Class
     A   1x1      16  double
   B_1   1x1       8  double
     V   1x1       8  double
     a   1x1      16  double
   ans   1x1       8  double
     b   1x1      16  double
     c   1x1      16  double
     r   1x1       8  double
```

直接输入变量名可查询它的取值,例如:

```
>>A                                           %查询变量 A 的值
```

```
A=
  5.0000+4.0000i
```

注意：定义变量总以字母开头，由字母、数字或下划线组成，但不得使用减号、空格等，要防止它与系统的预定义变量名（如i,j,pi,eps等）、函数名（如who,length等）、保留字（for,if,while,end等）冲突。

使用指令clear可以清除部分或全体变量，例如：

```
>>clear A                              %清除变量A
>>A
Undefined function or variable 'A'.   %再查询变量A的值,已经不存在了
>>clear                                %清除Workspace中所有变量
>>whos                                 %Workspace中已没有任何变量
```

变量的新建（New）、清除（Delete）、修改（Edit Value）、保存（Save as）也可直接用HOME→Variable工具条或在工作空间窗口（Workspace）中右击来实现。

清除Workspace中所有变量也可在工作空间窗口（Workspace）中右击选择Clear Workspace来实现。注意Clear Workspace与工具条HOME→Code→Clear Command Window的区别。后者虽然清除了指令窗口的显示内容，但并不清除变量。变量连同它的值仍然存在，可继续使用。

A.3 数组及其运算

MATLAB基本数据单元是无须指定维数的数组。数组运算是MATLAB最鲜明的特点，它一方面可以使得计算程序简明易读，另一方面可以提高计算速度。

1. 数组的输入和分析

最常用的数组是双精度数值数组（double array）。一维数组称为向量，二维数组称为矩阵，一维数组可以视为二维数组的特例。二维数组的第一维称为“行”，第二维称为“列”。MATLAB数组无须预先定义维数。直接输入数组的元素，用中括号（[ ]）表示一个数组，同行元素间用空格或逗号分隔，不同行间用分号或回车分隔，例如：

```
>>clear; a=[1,2,3;4,5,6;7,8,0]
a=
     1     2     3
     4     5     6
     7     8     0
```

或

```
>>a=[1 2 3                             %这种方式特别适用于大型二维数组
4 5 6
7 8 0]
a=
     1     2     3
```

```
    4    5    6
    7    8    0
```

数组可从工作空间(Workspace)窗口打开和编辑。较大的数组也可预先写在 Microsoft Excel 数据表中,复制到剪贴板,然后粘贴到处于编辑状态的变量中。

对于等差数列构造的一维数组,有更简捷的生成办法——冒号运算或 linspace 函数,例如:

```
>>b=0:3:10                          %初值:增量:终值
b=
    0    3    6    9
>>b=0:10                            %增量为 1 可省略
b=
    0    1    2    3    4    5    6    7    8    9    10
>>b=10:-3:0                         %递减
b=
10    7    4    1
>>b=linspace(0,10,4)                %将区间[0,10]等分为 4-1=3(份)
b=
        0    3.3333    6.6667    10.0000
>>length(b)                         %查询一维数组 b 的长度
ans=
    4
>>size(a)                           %查询二维数组 a 的尺寸
ans=
    3    3
>>b(3)                              %查询一维数组 b 的第 3 个元素
ans=
   6.6667
>>a(3,2)                            %查询 a 的第 3 行、第 2 列元素
ans=
    8
```

二维数组也可以按照单下标方式编址,但要注意它是按列的顺序,而不是我们习惯的顺序,例如:

```
>>a(6)                              %查询二维数组 a 的第 6 个元素
ans=
    8                               %注意 a 的第 6 个元素为 8,并不是第 2 行、第 3 列的 6
>>a(:)                              %将 a 所有元素按单下标顺序排为列向量
ans=
    1
    4
    7
    2
    5
```

```
    8
    3
    6
    0
```

数组的部分元素可以按其编址提取和拼接，例如：

```
>>b([1,end])                          %提取一维数组 b 的首和尾(end)元素
ans=
    0     10
>>c=a([1 3],[2 3])                    %提取 a 的第 1,3 行,第 2,3 列
c=
    2     3
    8     9
>>d=a(2,1:3)                          %提取 a 的第 2 行,所有列,即整个第 2 行
d=
    4     5     6
>>d=a(2,:)                            %也是提取 a 的整个第 2 行,是前一表达式的简写
d=
    4     5     6
>>e=[a;d]                             %数组拼接
e=
    1     2     3
    4     5     6
    7     8     0
    4     5     6
>>e(3,4)=100                          %修改数组部分元素
e=
    1     2     3     0
    4     5     6     0
    7     8     0   100
    4     5     6     0
```

简单的统计函数 sum,prod,min,max 等对一维数组是通常意义的运算，而对于二维数组的运算是按列进行的，例如：

```
>>sum(b)
ans=
    20
>>sum(a)
ans=
    12    15     9                    %按列求和
>>[s,t]=max(a)
s=
     7     8     6                    %按列求最大值
t=
     3     3     2                    %各列最大值所在的行号
```

注意：数组下标对应矩阵的行和列，编址一律从 1 开始，不能用 0。

2. 数组运算

所谓数组运算是指数组对应元素之间的运算，也称点运算，在 MATLAB 作图和编程中广泛使用。由于矩阵的乘法、乘方和除法有特殊的数学含义，并不是数组对应元素的运算，所以数组乘法、乘方和除法的运算符前特别加了一个点。读者特别要区分数组运算在乘法、乘方和除法上的意义和表示上与矩阵运算的不同。数组运算符如表 A-3 所示。

表 A-3　数组运算符

运算	符　　号	说　　明
数组加与减	A+B 与 A-B	对应元素之间加减，不加点
数组乘数组	A.*B	点运算只有点乘、点乘方、点除三个，表示对应元素之间的运算。“.*”是一个整体，点“.”不能漏掉，“.”和“*”之间也不能有空格。“.^”和“./”类似
数组乘方	A.^B	
数组除法	左除 A.\B，右除 B./A	
数与数组混合运算	k+A，k-A，k*A，A*k，A.^k，k.^A，k./A	将数 k 当作与 A 同阶的矩阵来作相应的数组运算。如 k+A=k*ones(size(A))+A，k./A=k*ones(size(A))./A，其他的数与数组混合运算依此类推

例如：

```
>>clear; A=[1 -1;0 2]; B=[0 1;1 -1];
>>A+B
ans=
     1     0
     1     1
>>A+100
ans=
   101    99
   100   102
>>100*A
ans=
    100  -100
      0   200
>>A.*B
ans=
     0    -1
     0    -2
>>A.\B,A./B
ans=
      0  -1.0000
    Inf  -0.5000
ans=
```

```
      Inf  -1
        0  -2
>>A.^2
ans=
     1     1
     0     4
>>A=[1 -1;0 2]; 2.^A
ans=
    2.0000    0.5000
    1.0000    4.0000
>>1./A
ans=
      1.0000  -1.0000
         Inf   0.5000
```

3. 矩阵运算

矩阵是一个二维数组，所以矩阵的加、减、数乘等运算与数组运算是一致的(见表 A-3)，但是有以下两点需要注意。

(1) 对于乘法、乘方和除法等 3 种运算，矩阵运算与数组运算的运算符及含义都不同。矩阵运算按线性变换定义，使用通常符号；数组运算按对应元素运算定义，使用点运算符。

(2) 数与矩阵加减、矩阵除法在数学上是没有意义的。在 MATLAB 中为简便起见，定义了这两类运算，其含义见表 A-4。

表 A-4 矩阵运算符

运　算	符　号	说　明
转置	A′	复矩阵共轭转置，实转置用 A.′
加与减	A+B 与 A−B	
数乘矩阵	k*A 或 A*k	
矩阵乘法	A*B	
矩阵乘方	A^k	
数与矩阵加减	k+A 与 k−A	k+A 等价于 k*ones(size(A))+A
矩阵除法	左除 A\B，右除 B/A	它们分别为矩阵方程 AX=B 和 XA=B 的解

例如：

```
>>A=[1 2;3 4]; B=[4 3;2 1];
>>100+A
ans=
   101    102
   103    104
>>A*B,A.*B                          %注意矩阵运算和数组运算的区别
ans=
```

```
     8      5
    20     13
ans=
     4     6
     6     4
>>A\B,B/A,A.\B,B./A                       %注意矩阵运算和数组运算的区别
ans=
          -6        -5
           5         4
ans=
         -3.5         2.5
         -2.5         1.5
ans=
              4       1.5
         0.6667      0.25
ans=
               4       1.5
         0.66667      0.25
```

4. 数学函数

数组的数学函数也是按每个元素进行运算,使用通常的函数符号,常用数学函数见表 A-5。

表 A-5 数学函数

函　　数	意　　义	函　　数	意　　义
sin	正弦	floor	向$-\infty$取整
cos	余弦	ceil	向$+\infty$取整
tan	正切	round	四舍五入取整
cot	余切	mod	模余
asin	反正弦	rem	除法余数
acos	反余弦	abs	绝对值(模)
sqrt	开平方	real	复数实部
exp	指数函数	imag	复数虚部
log	自然对数 ln	angle	复数幅角
log10	以 10 为底的对数	conj	复数共轭
factorial	阶乘	nchoosek	组合数
fix	向 0 取整		

例如:

```
>>A=[4 -1;3 2];
```

```
>>B=exp(A)
B=
       54.598     0.36788
       20.086      7.3891
>>C=floor(B)
C=
    54     0
    20     7
>>D=sin(C)                                   %以弧度计算
D=
     -0.55879           0
      0.91295     0.65699
>>E=log(D)                                   %注意,自然对数用 log,而不是 ln
E=
   -0.58198 +3.1416i  -Inf
   -0.091079          -0.42009
>>real(E)
ans=
     -0.58198          -Inf
    -0.091079     -0.42009
>>nchoosek(5,3)
ans=
    10
```

5. 关系与逻辑运算

MATLAB 的关系运算和逻辑运算符见表 A-6,都是对于元素的操作,其结果是特殊的逻辑数组(logical array)。关系或逻辑运算符两个操作对象必须具有相同的尺寸(size)或者其中一个为标量。在 MATLAB 中,“真”用 1 表示,“假”用 0 表示,且逻辑运算中的所有非零元素作为 1(真)来处理。

表 A-6　关系运算和逻辑运算

运　算　符	含　　义	运　算　符	含　　义
<	小于	~=	不等于
<=	小于等于	&	与
>	大于	|	或
>=	大于等于	~	非
==	等于		

例如:

```
>>A=-2:4,B=4:-1:-2
A=
    -2    -1     0     1     2     3     4
```

```
B=
    4    3    2    1    0   -1   -2
>>A>B
ans=
    0    0    0    0    1    1    1
>>A==B
ans=
    0    0    0    1    0    0    0
>>A&B
ans=
    1    1    0    1    0    1    1
>>A|B
ans=
    1    1    1    1    1    1    1
>>abs(A)>=2
ans=
    1    0    0    0    1    1    1
>>find(abs(A)>=2)                    %返回绝对值大于或等于2的元素的下标(编址)
ans=
    1    5    6    7
>>any(abs(A)>=2)                     %若A存在绝对值大于或等于2的元素,返回1
ans=
    1
>>all(abs(A)>=2)                     %若A所有元素绝对值大于或等于2,返回1
ans=
    0
```

*6. 高维数组

在MATLAB可以定义高维数组,第一维称为“行”,第二维称为“列”,第三维称为“页”,其运算与低维类似,例如:

```
>>clear; A=[1 2 ;3 4];
>>B(:,:,1)=A; B(:,:,2)=A.^2; B(:,:,3)=A.^3;  %按页输入
>>C=ones(2,2,3);                             %一个元素全为1的2×2×3三维数组
>>D=C./B
D(:,:,1)=                                    %按页显示
           1        0.5
     0.33333       0.25
D(:,:,2)=
           1       0.25
     0.11111     0.0625
D(:,:,3)=
           1      0.125
    0.037037   0.015625
```

A.4 数据类型和数据文件

除 A.3 节介绍的数值(Double)和逻辑(Logical)数据以外,常用的数据类型还有字符(Char)、元胞(Cell)和结构(Structure),由此进一步组成字符数组(Char array)、元胞数组(Cell array)和结构数组(Structure array)。尽管 MATLAB 中也有单精度数值型和整数型数据,但不常使用。

1. 字符串

MATLAB 字符串用单引号对来标识,其数据类型为字符数组。引号内字符显示应为淡紫色,显示鲜红色则提示有错误。

例如:

```
>>a1='Hello everyone'
a1=
Hello everyone
>>a2='各位好'                    %注意单引号是英文状态输入的
a2=
各位好
>>a=[a1,'.',a2,'.' ]             %字符串拼接
a=
Hello everyone.各位好.
>>size(a)
ans=
    1    19                      %共 19 个字符,一个中文字算一个字符
```

提示:MATLAB 语句中标点符号必须在英文半角状态输入,中文输入的标点符号 MATLAB 可能不能识别(中文半角也不行)。将中文 Office 软件输入的表达式复制到 MATLAB,常常造成语法错误。

字符串可按 ASCII 码与数值相互换算,例如:

```
>>b=double(a)                 %将字符数组 a 转化为数值数组 b
b=
  Columns 1 through 6
       72        101        108        108        111        32
  Columns 7 through 12
      101        118        101        114        121        111
  Columns 13 through 18
      110        101         46      21508      20301      22909
  Column 19
       46                     %中文 ASCII 码 21508,20301,22909 很大
>>c=char(b)                   %将数值数组 b 转化为字符数组 c
c=
Hellow everyone.各位好.
```

数字字符串与数值之间可以用 num2str 和 str2num 转换。一个数组的元素要么都是数值,要么都是字符,数值要转换为字符串后才可以与其他字符串出现在同一数组中,例如:

```
>>a=12;b=sqrt(a);
>>[num2str(a),'的开方等于',num2str(b)]
ans=
12 的开方等于 3.4641
```

MATLAB 指令可以定义成一个字符串,然后使用 eval 使该字符串所表达的 MATLAB 指令得到执行,例如:

```
>>fun='x.^2.*sin(x)';
>>x=1;eval(fun)
ans=
    0.84147
>>x=1:3;eval(fun)
ans=
    0.84147     3.6372     1.2701
```

2. 元胞和结构

不管是数值数组还是字符数组,其数据结构必须是整齐的。首先数值和字符不能混合,其次小数组拼接成大数组时,其尺寸(size)必须相符(agree),例如:

```
>>A=['first';'second']                    %错误
Error using vertcat
Dimensions of matrices being concatenated are not consistent.
```

不等长的字符串数组可以通过字符串处理函数 char,str2mat 等来实现,这种方式会自动将较短的字符串添加空格以匹配较长字符串,例如:

```
>>A=char('first','second')
A=
first
second
```

将不同类型、不同尺寸(size)的数组,加大括号({}),可构成一个元胞(cell array)。几个元胞可以构成元胞数组,例如:

```
>>Ac1={'first';1:3}; Ac2={'second';[1 2;3 4]};
>>Ac=[Ac1,Ac2]
Ac=
    'first'          'second'
    [1x3 double]     [2x2 double]
>>size(Ac)
ans=
     2     2
>>Ac(2,1)                          %小括号,查询 Ac 的第 2 行、第 1 列元素
```

```
ans=
    [1x3 double]
>>Ac{2,1}                              %大括号,查询 Ac 的第 2 行、第 1 列元素的具体内容
ans=
     1     2     3
```

一个结构通过“域”来定义,比元胞更丰富、更灵活。几个结构可以合成一个结构数组,但其域名必须一致,例如:

```
>>As1.f1='first'; As1.f2=1:3; As2.f1='second'; As2.f2=[1 2;3 4];
>>As=[As1;As2]
As=
2x1 struct array with fields:
    f1
    f2
>>size(As)                             %注意其 size 结果与元胞数组的不同
ans=
     2     1
>>As(1)                                %As 的第一个元素
ans=
    f1: 'first'
    f2: [1 2 3]
>>As(1).f2                             %As 第一个元素的 f2 域
ans=
     1     2     3
>>As.f2
ans=
     1     2     3
ans=
     1     2
     3     4
```

元胞数组与结构数组之间可以用 struct2cell 和 cell2struct 函数进行适当的转换,例如:

```
>>Bc=struct2cell(As)
Bc=
    'first'          'second'           %
    [1x3 double]     [2x2 double]
>>Bs=cell2struct(Ac,{'one','two'},1)   %须定义域名,并指定取域名的维(1 表示按行来定义域)
Bs=
2x1 struct array with fields:
    one
    two
>>Bs.two
ans=
     1     2     3
ans=
```

```
    1     2
    3     4
```

看一看 Workspace,有哪些数据类型？并观察其字节数。

3. 数据文件

当我们清除变量或退出 MATLAB,MATLAB 中的变量不复存在。为了保存变量的值,我们可预先将变量连同它的值存储在数据文件.mat 中,例如:

```
>>A=1;B=2;C=A+B;
```

在工具条 HOME 中选择 Save Workspace 存入数据文件,取文件名(如 ABC.mat)。

```
>>clear                                      %现在可以看到 Workspace 已经清空
```

现在我们再将数据装载到工作空间。方法是:在工具条 HOME 中选择 Import Data,找到保存好的数据文件,打开。可以看见 Workspace 又有了变量 A,B,C,双击可以看见其数值。

```
>>load ABC.mat
```

.mat 是二进制数据文件,用普通软件是不能读的。MATLAB 指令 save 和 load 提供了写和读 ASCII 码数据文件的选项,例如:

```
>>A=magic(3)                     %一个 3 阶魔方阵
>>save Adat.txt A -ascii -double %将变量 A 用双精度存入 ASCII 码方式数据文件 Adat.txt
>>clear                          %清空工作空间
>>load Adat.txt
```

发现 Workspace 又有了一个变量 Adat,该变量里就是原来 A 的值。与.mat 文件不同的是,ASCII 码文件是完全可读的。

MATLAB 还提供了方便的工具来导入外部数据文件,包括文本文件、Excel(Spreadsheets)文件、图像文件等,以便与其他应用程序交换数据,例如:

```
>>xlswrite('magic.xls',Adat,'Sheet1','B1:D3')        %将 Adat 写到 Excel 表格
>>xlswrite('magic.xls',{'行 1';'行 2';'行 3'},'Sheet1','A1:A3')
>>[B,C]=xlsread('magic.xls','Sheet1','A1:D3')        %读 Excel 表格数据
B=
     8     1     6
     3     5     7
     4     9     2
C=
    '行 1'
    '行 2'
    '行 3'
```

可使用 C 语言的文件读写指令将各类数据写到文本文件中,例如:

```
>>file=fopen('magic.txt','w');             %以可写方式打开文本文件
```

```
>>for i=1:3,fprintf(file,' %s\t%5.1f\t%5.1f\t%5.1f\n ',C{i},B (i,:)); end
>>fclose(file);
>>type magic.txt
行 1    8.0    1.0    6.0
行 2    3.0    5.0    7.0
行 3    4.0    9.0    2.0
```

文本文件 magic. txt 中保存了 B 里的数值型数据和 C 里的字符型数据。其中"'%s\t%5. 1f\t%5. 1f\t%5. 1f\n'"定义了数据的输出格式。"%s"表示"Name{i,1}"是字符串;"\t"表示用制表符 Tab 作分割符(Delimiter);3 个"%5. 1f"表示 3 个数值是实数,各占 5 个字符位;小数点后为 1 位"\n"表示换行。注意,这里的语法与 C 语言稍有不同. 以下指令用于读取文本文件:

```
[note,row4]=textread('magic.txt','%s%*f%*f %f' ,'delimiter','\t')
```

这里,"'%s%*f%*f %f'"是读取格式符,依次表示:第 1 列字符串读入,第 2 列实数忽略,第 3 列实数忽略,第 4 列实数读入。

```
>>D=imread('street2.jpg');          %读图像文件(MATLAB 里自带的)
>>size(D)
ans=
   480   640     3                 %这是一个巨大的 3 维数组
>>image(C)                         %显示图像
```

从工具条 HOME 中选择 Import data 可以导入各类数据文件(包括文本文件、Excel 文件、图片等),是导入外部数据文件最常用的方式。读者可尝试用此方式导入刚才的 Excel 文件或文本文件 grade. txt。

A.5 程序设计

1. 控制流

第 1 章中用的指令都是顺序结构的。对于复杂的计算,需要循环和分支等复杂的程序结构。MATLAB 控制流语法都以 end 结尾。MATLAB 常用控制流见表 A-7。

例 A.2 计算 $s=\sum_{n=1}^{100}\frac{1}{n^2}$。

解 在指令窗口执行:

```
>>clear;s=0;
>>for n=1:100
      s=s+1/n/n;
end                     %注意循环体内部没有指令提示符>>,因为它们是一个整体
>>s
s=
   1.6350
```

下面的做法是等价的：

```
>>clear;s=0;n=1;
>>while n< =100
     s=s+1/n/n;
    n=n+1;
  end
>>s
```

注意：如果不小心使运行进入了死循环或停顿，可用快捷键 Ctrl+C 强行中断。

表 A-7　MATLAB 常用控制流

类型	语　法	解　释
循环语句	for　循环变量=数组， 　指令组； end	对于循环变量依次取数组中的值，循环执行指令组直到循环变量遍历数组。数组最常用的形式是初值:增量:终值，见流程图 A-2
循环语句	while 条件式， 　指令组； end	当条件式满足，循环执行指令组直到条件式不满足。使用 while 语句要注意避免出现死循环，见流程图 A-3
分支语句	if 条件式 1， 　指令组 1； elseif 条件式 2， 　指令组 2； …； else， 　指令组 k； end	如果条件式 1 满足，则执行指令组 1，且结束该语句；否则检查条件式 2，若满足执行指令组 2，且结束该语句；……；若所有条件式都不满足，则执行指令组 k，并结束该语句。最常用的格式是： 　if 条件式， 　　指令组； 　end 见流程图 A-4 和图 A-5
分支语句	switch 分支变量， case 值 1， 　指令组 1； case 值 2， 　指令组 2； …； otherwise 　指令组 k； end	若分支变量的取值 1，则执行指令组 1，且结束该语句；若分支变量的取值 2，则执行指令组 2，且结束该语句；……；若分支变量不取所列出的值，则执行指令组 k
中断语句	pause	暂停执行，直到击键盘。pause(n)为暂停 n 秒后再继续
中断语句	break	中断执行，用在循环语句内表示跳出循环
中断语句	return	中断执行该程序，回到主调函数或指令窗口
中断语句	error(字符串)	提示错误并显示字符串说明

2. M 脚本文件

复杂程序结构在指令窗口调试保存都不方便，所以进行复杂的运算大都使用程序文件。MATLAB 中最常见的程序文件是 M 文件。MATLAB 大部分内部函数都是 M 文件，我们用户编制程序通常也都用 M 文件。

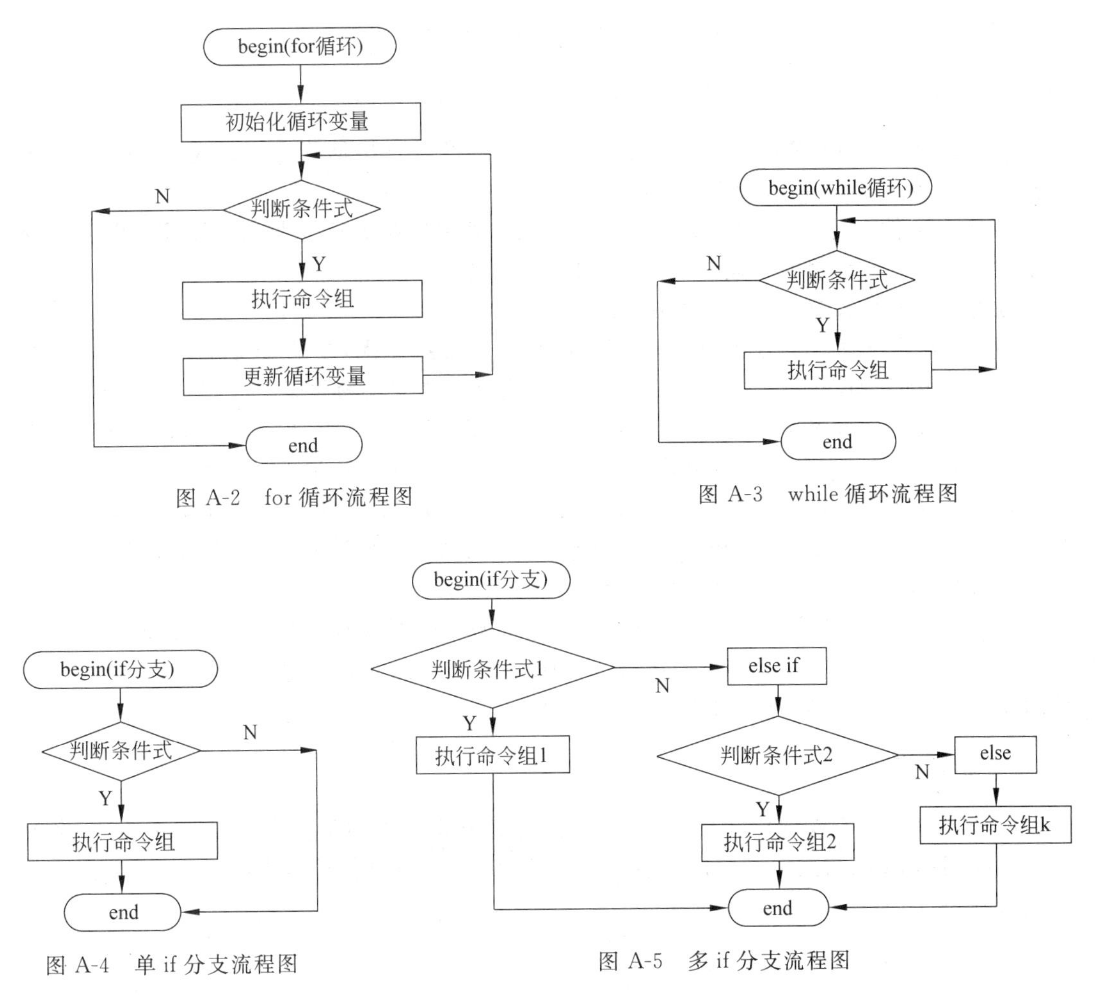

图 A-2　for 循环流程图

图 A-3　while 循环流程图

图 A-4　单 if 分支流程图

图 A-5　多 if 分支流程图

从 HOME 工具条的 New Script 按钮可进入 MATLAB 的程序编辑器(Editor)窗口，用以编写用户的 M 文件。

M 文件可分为两类：M 脚本(Script)文件和 M 函数(Function)文件。将多条 MATLAB 语句写在编辑器中，并以扩展名为.m 的文件保存在适当的文件夹中，就得到一个 M 脚本文件。例如，我们将例 A.2 中的几条语句写在编辑器中(见图 A-6，注意不要写提示符>>)，保存为 naega_2(MATLAB 会自动加扩展名.m)，然后在指令窗口执行：

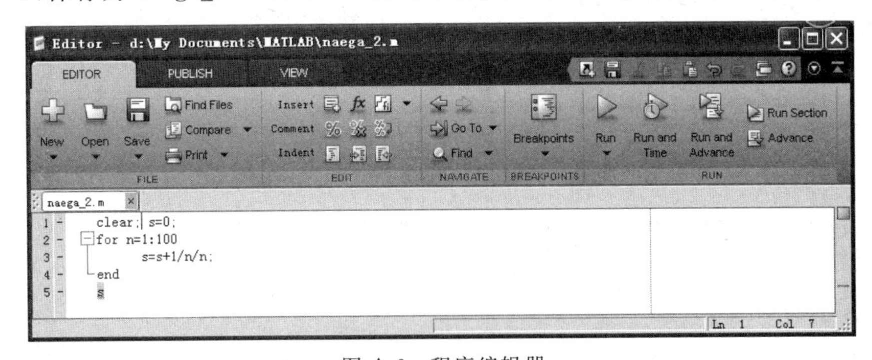

图 A-6　程序编辑器

```
>>naega_2              %只执行文件主名,不要加.m
s=
  1.6350
```

对于在 Command Window 已执行过的指令,也可以直接从指令窗口选中,然后右击,选择 Create Script 直接生成脚本文件。

M 脚本文件也可以在编辑器的 EDITOR 工具条中选择 Run 来执行。EDITOR 工具条还汇集了打开、编辑、修改或调试 M 文件的常用工具。

注意:M 文件保存时的注意事项如下。

(1) 文件名一律以字母开头,由字母、数字或下划线组成,不要含有空格、减号等。例如,1.m,naega-2.m,naega.2.m 都是不合法的,是初学者常犯的错误。

(2) M 文件一般都用小写字母。尽管 MATLAB 区分变量的大小写,但并不区分文件名的大小写。例如,A 与 a 是不同的变量,但 Naega_2.m 与 naega_2.m 是相同的。

(3) 要防止它与变量名冲突。为此,变量名一般用 1~2 个字符(如 a,a1)表示,而 M 文件名一般用 4 个以上字符,如 naega_2, prog1 等。另外,系统内部的保留字及内部 M 文件名也不要用,如 function, while, clear 等。

(4) MATLAB 只执行已保存的 M 文件,所以别忘了每次修改程序后都要存盘。

(5) M 文件一般保存在当前文件夹(Current Folder)或在 MATLAB 路径(Path)中,名称须为英文,否则很可能得不到执行。

3. 函数文件

M 脚本文件没有参数传递功能,当我们需要修改程序中的某些变量值时,必须修改 M 文件。而利用 M 函数文件可以进行参数传递,所以 M 函数文件用得更广泛。

M 函数文件以 function 开头,格式为:

```
function [输出变量]=函数名称(输入变量)
语句;
```

例如,从 HOME 工具条中选择 New Script 按钮进入 MATLAB 的编辑器(Editer)窗口,写函数文件:

```
%M 函数 naega_2f.m
function s=f(m)
s=0;
for n=1:m
  s=s+1/n/n;
end
```

保存为 naega_2f.m,然后在指令窗口执行:

```
>>clear;naega_2f(100),naeg_af(5000)
ans=
    1.6350
ans=
    1.6447
```

M 函数必须给予输出参数(output_args)和输入参数(input_args)。上例中,输出参数为 s,输入参数为 m。一个 M 函数可以有多个输出参数或多个输入参数。编写 M 函数不可以写在指令窗口,必须在编辑器窗口中编辑。M 函数也不能像 M 脚本那样在编辑器的 EDITOR 工具条中选择 Run 来执行。M 函数与 M 脚本还有一个深层次区别:M 函数中的变量为局部变量,在 Workspace 是找不到的。执行 M 函数一般要在指令窗口以该函数的磁盘文件主名调用,并给输入参数赋值。M 函数也可以被 M 脚本文件或其他 M 函数文件调用。

注意:在 MATLAB 中,使用 M 函数是调用该函数的磁盘文件主名(如上例中的 naega_2f),而不是文件中的函数名称(如上例中的 f)。为了增强程序可读性,我们建议两者同名。

4. 函数句柄、inline 函数和匿名函数

M 函数除了直接用其函数名调用之外,也可以作为一个参数那样调用。调用时使用所谓函数句柄(handle)方式,例如:

```
>>fname=@naega_2f; fname(5000)
ans=
    1.6447
```

比较简单的函数表达式可以不用写成外部 M 函数,而是用更简捷的 inline 函数或匿名函数方式出现在指令行中,使用格式分别为:

```
fun=inline('expr',arg1,arg2,...)
fun=@(arg1,arg2,...)expr
```

这里,expr 为函数表达式;arg1,arg2,…为自变量名字符串。

利用 MATLAB 数组运算符,我们可将前面的程序简单写成下列 inline 函数,而不必写外部 M 函数,例如:

```
>>fname=inline('sum(1./(1:m).^2)','m');
>>fname(5000)
ans=
    1.6447
```

MATLAB 已公告将来 inline 函数将被弃用,由匿名函数代替。匿名函数不仅更简明,还有一个优点是它可直接使用 Workspace 中的变量,例如:

```
>>k=2; fname=@(m)sum(1./(1:m).^k);
>>fname(5000)
ans=
    1.6447
>>k=3; fname=@(m)sum(1./(1:m).^k);      %k 值修改后,匿名函数要重新执行一遍
>>fname(5000)
ans=
    1.2021
```

注意:在传递参数的做法方面,用匿名函数通过 Workspace 中的变量 k 来传递,比用函数句柄或 inline 函数都要方便。

5. 其他

(1) 注释

为了增强程序的可读性,程序中常常使用注释语句。注释语句用%开头,对本行后面字符起作用,它不参与运算,只起说明作用。M 文件开头一般应有一段注释,说明文件的功能和使用方法,这部分注释使用 Help 可看到。另外,注释符%也常用于程序调试,把暂时不用的表达式注释起来,使得它不参与运算。

(2) 对话

input 在交互式执行程序中用于提示键盘输入,disp 用于屏幕显示。

例 A.3 编写一个脚本文件,使对键盘提示输入的向量求得元素总和。使用注释语句解释用法。

解 从 HOME 工具条中选择 New Script 按钮进入程序编辑器窗口,编写下列脚本文件 naega_3.m,并保存。

```
%文件 naega_3.m
%用途:本程序提示输入一个数组,并求得元素总和
%用法:输入数组使用中括号,元素之间用逗号或空格
clear A;
A=input('Enter a vector: ');
d=sum(A);
disp(['The sum is ',num2str(d)]);
```

然后在指令窗口执行:

```
>>naega_3
Enter a vector: [1 2 3 4]                %[1 2 3 4]是手工输入的字符
The sum is 10                            %10 是上述数组的和
>>help naega_3                           %关于 Help 的详细介绍见 A.7 节
用途:本程序提示输入一个向量,并求得元素总和。
用法:输入向量用中括号,元素之间用逗号或空格
```

(3) 全程变量与局部变量

M 函数中所有变量为局部变量,不进入工作空间(Workspace),脚本文件中所有变量执行后进入工作空间,即全程变量。M 函数变量值的传递主要是通过其输入输出变量;但也可以用 global 定义全程变量,它的意义与工作空间变量不同,只对有定义的环境起作用。

(4) nargin,nargout 和 varargin

在 M 函数内,nargin 表示该函数的输入变量个数,nargout 表示该函数的输出变量个数,而 varargin 表示可变输入输出变量个数。利用这些格式可以编写更灵活的程序。

(5) 子函数和嵌套函数

M 函数中允许使用子函数和嵌套函数。M 函数中第一个 function 为主函数,其他 function 为子函数。子函数只能被同一文件的主函数和其他子函数调用,不能被外部函数调用。在一个函数体内部还可以定义嵌套函数,这时每个函数体要用 end 标志结束。

例 A.4 下面我们各编一个计算 $y=ax+b$ 的子函数和嵌套函数的程序，并用到 nargin 和 global。当然，这个程序完全没有必要编得这么复杂，这里纯粹是出于解释的用途。

解 先从 HOME 工具条中选择 New Script 按钮进入程序编辑器窗口，分别编写程序 naega_4a.m（带有子函数）和 naega_4b.m（带有嵌套函数），并保存。

```
%M 函数 naega_4a.m
function y=naega_4a(a,b)
global x                          %定义 x 为全程变量
y1=naega_4aIn(a,x);               %注意子函数区分大小写
y=y1+b;
function z=naega_4aIn(s,t)
z=s*t;
```

```
%M 函数 naega_4b.m
function y=naega_4b(a,b,x)
if nargin< 3,x=2;end %如果只输入两个变量,x 默认为 2
y1=naega_4bIn(a,x); %注意嵌套函数区分大小写
  function z=naega_4bIn(s,t)
    z=s*t;
  end               %注意 end
y=y1+b;
end                   %注意 end
```

然后在 MATLAB 指令窗口执行：

```
>>clear; global x;x=3;               %指令窗口的 x 也要定义为 global
>>y=naega_4a(5,6)
y=
    21
>>clear x; naega_4a(5,6)             %仅用 clear 清除不了全程变量(global) x
ans=
    21
>>clear global x;                    %这样清除全程变量 x
>>y=naega_4b(5,6,3)
y=
    21
>>y=naega_4b(5,6)                    %x 默认为 2
y=
    16
```

这时观察 Workspace，找不到变量 a，b，x，s，t 等，因为 M 函数中变量为局部变量。

(6) 提高速度

MATLAB 软件执行循环语句时速度较慢，好的 M 程序文件应尽量使用数组运算和内部函数，少用循环语句，以提高运算速度。尽管 MATLAB 数组无须定义尺寸，但经常改变

数组尺寸会影响速度,采取一些预分配方法可提高运算速度。另外,减少运行过程中不必要的结果显示也可提高速度。

A.6 作图

1. 曲线图

```
plot(x,y)  作出以数据(x(i),y(i))为节点的折线图,其中 x,y 为同长度的向量
plot(x1,y1,x2,y2,...)  同时作多条折线,分别由向量对(x1,y1),(x2,y2),… 构成
fplot(fun,[a,b])  作出函数 fun 在区间[a,b]上的函数图
plot3(x,y,z)  空间曲线图,其中 x,y,z 为同长度的向量
```

```
>>plot([1 4 2 5],[1 3 -1 2])
```

依次将(1,1),(4,3),(2,−1),(5,2)4 个点连接起来得到一条折线,见图 A-7。

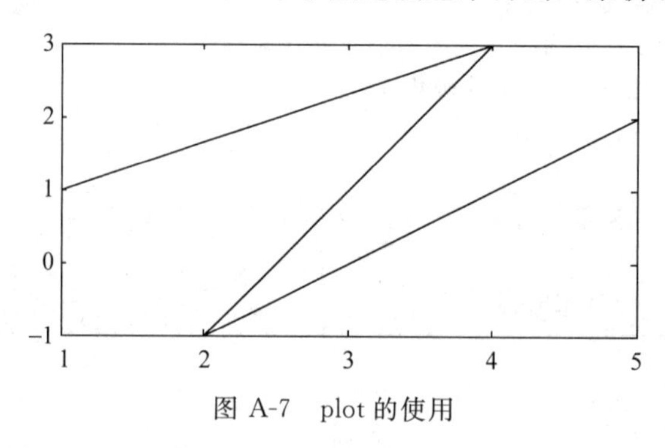

图 A-7 plot 的使用

图形显示在图形(Figure)窗口。在图形窗口可以使用 File 菜单保存(Save)为 M 文件,导出(Export)为各种类型的图形文件;也可利用图形窗口 Edit 菜单 Copy Figure 作为图片复制到剪贴板,从而进一步粘贴到 Word 或其他应用程序中。为了粘贴图形美观,建议将图形窗口 Edit 菜单的 Copy Options 设为 Transparent Background。

图形的线型、标记、颜色均可根据要求设定,常用的选项见表 A-8。

表 A-8 图形元素设定

颜 色	标 记	线 型
b 蓝(默认)	无标记(默认)	— 实线(默认)
g 绿	. 点	: 虚线
r 红	o 圈	—. 点划线
c 青	x 叉	—— 划线
m 洋红	+ 十字	
y 黄	* 星	
k 黑	s 方块	

续表

颜　色	标　记	线　型
w　白	d　菱形	
	v　下三角形	
	^　上三角形	
	<　左三角形	
	>　右三角形	
	p　五角形	
	h　六角形	

例 A.5 编写程序作出两个一元函数 $y=x^3-x-1$ 和 $y=|x|^{0.2}\sin(5x)$ 在区间 $-1<x<2$ 的复合图。

解 进入编程器窗口编写下列 M 文件,并运行(Run)可得到图 A-8。

```
%M 文件 naega_5
fplot(@(x)x^3-x-1,[-1,2]);
hold on;                        %在作下一幅图时保留已有图像
x=-1:0.2:2;
y=abs(x).^0.2.*sin(5*x);        %注意数组运算".^"和".*"
plot(x,y,':ro');                %这里":"表示虚线,r 表示红色,o 表示用圆圈标记数据点
hold off;                       %释放 hold on
```

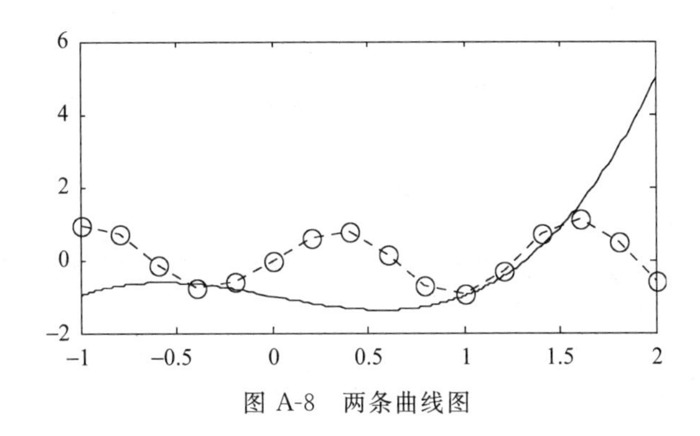

图 A-8　两条曲线图

2. 曲面图

[x,y]=meshgrid(xa,ya)　当 xa,ya 分别为 m 维和 n 维行向量时,得到 x 和 y 均为 n 行 m 列矩阵。meshgrid 常用于生成 x-y 平面上的网格数据。meshgrid 也可用于三维网格数据生成

[x,y]=ndgrid(xa,ya)　与 meshgrid 类似,但得到的 x 和 y 均为 m 行 n 列矩阵。ndgrid 还可用于 3 维以上的网格

mesh(x,y,z)　绘制网面图,是最基本的曲面图形指令。其中 x,y,z 是同阶矩阵,表示曲面三维数据

```
surf(x,y,z)  绘制曲面图,与 mesh 用法类似
contour(x,y,z)  绘制等高线图,与 mesh 用法类似
contour3(x,y,z)  绘制三维等高线图,与 mesh 用法类似
```

例如:

```
>>xa=6:8; ya=1:4;                 %生成 x,y 各自的节点
>>[x,y]=meshgrid(xa,ya);  %生成 x-y 面上网格
>>z=x.^2+y.^2;                    %计算 x-y 面上各网格点的 z 轴高度
>>mesh(x,y,z)                     %根据各网格点的 z 轴高度联成网面图
>>[x,y,z]
    6    7    8  |  1    1    1  |  37    50    65
    6    7    8  |  2    2    2  |  40    53    68
    6    7    8  |  3    3    3  |  45    58    73
    6    7    8  |  4    4    4  |  52    65    80
```

这 3 组数据构成空间网面的 12 格点坐标(即网格点),如图 A-9 所示。

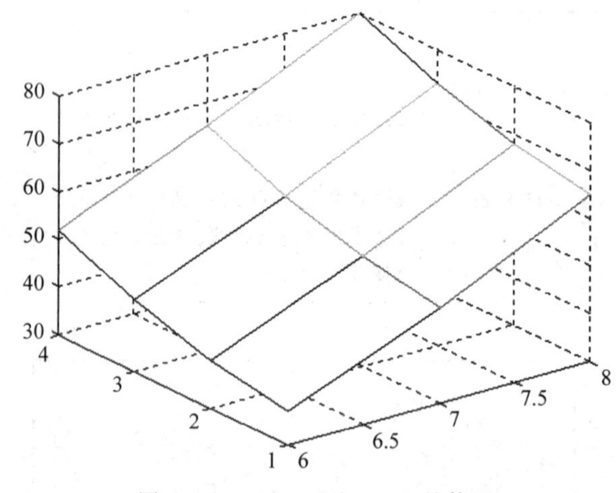

图 A-9　meshgrid 和 mesh 的使用

如果将 meshgrid 换成 ndgrid,作图效果完全一样,但所生成的矩阵恰为 meshgrid 生成矩阵的转置。

```
>>[x,y]=ndgrid(xa,ya); z=x.^2+y.^2; mesh(x,y,z); [x,y,z]
ans=
    6    6    6    6  |  1    2    3    4  |  37    40    45    52
    7    7    7    7  |  1    2    3    4  |  50    53    58    65
    8    8    8    8  |  1    2    3    4  |  65    68    73    80
```

MATLAB 空间图的默认 x-y-z 轴方向和视点(观察者位置)如图 A-10 所示。水平位置是从 y 轴负向顺时针转 az=37.5°,竖直位置是 x-y 平面往上 el=30°。这个视角可通过 view(az,el)来改变,也可在图形窗口的工具栏来直观地处理。

例 A.6　二元函数图 $z=x\exp(-x^2-y^2)$。

解　在程序编辑器窗口编写并运行脚本文件 naega_6.m 得到图 A-11。

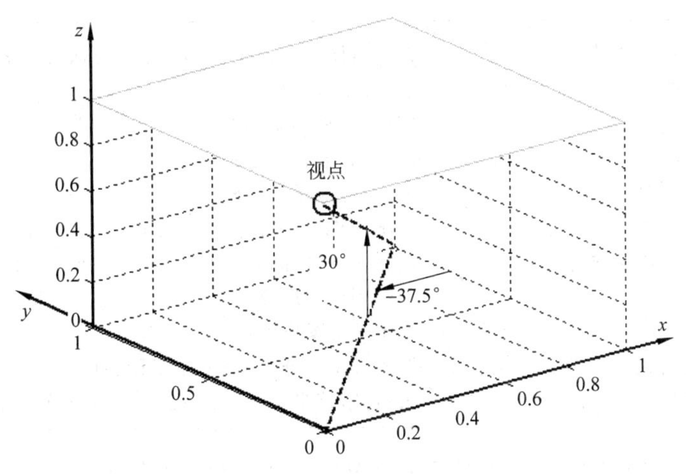

图 A-10　三维图默认视点

```
%M 文件 naega_6.m
clear;close;                              %close 关闭当前图形窗口
xa=-2:0.2:2;ya=xa;
[x,y]=meshgrid(xa,ya);
z=x.*exp(-x.^2-y.^2);
mesh(x,y,z); pause                        %网面图,pause 暂停直至击键盘
surf(x,y,z); pause                        %曲面图
contour(x,y,z); pause                     %等高线图
contour(x,y,z,[0.1 0.1]); pause           %z=0.1 的一条等高线
mesh(x,y,z);                              %恢复网面图
```

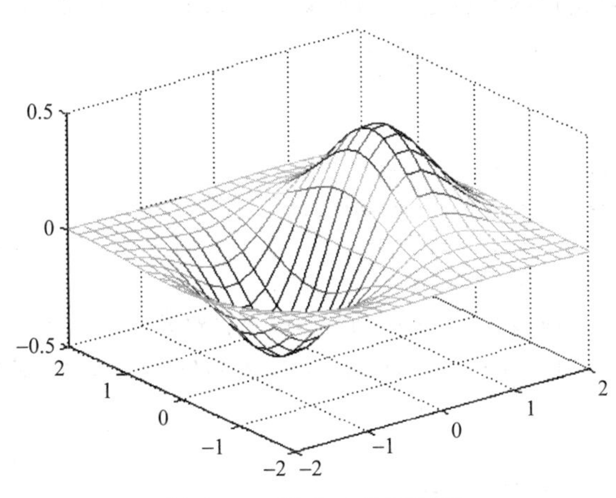

图 A-11　例 A.6 的网面图

3. 图形说明和定制

```
title('字符串')                           图形标题说明
xlabel,ylabel,zlabel                      用法类似于 title,分别说明坐标轴 x,y,z
text(x,y,'字符串')                        在 2 维图形指定位置(x,y)处加文本字符串
```

text(x,y,z,'字符串')	在 3 维图形指定位置(x,y,z)处加文本字符串
grid on/off	显示/不显示格栅
box on/off	使用/不使用坐标框
hold on/off	保留/释放现有图形
axis off/on	不显示/显示坐标轴
axis([a,b,c,d])	定制 2 维坐标轴范围 a< x< b,c< y< d
axis([a,b,c,d,e,f])	定制 3 维坐标轴范围 a< x< b,c< y< d,e< z< f
figure	开一个新图形窗口
close	关闭现有图形窗口
subplot(m,n,k)	将图形窗口分为 m×n 个子图,并指向第 k 幅图
legend(str1,str2,…)	图例,字符串 str1,str2,…依次为各图形对象说明

MATLAB 图形窗口上下标、希腊字母以及更复杂的标注使用 LaTeX 格式。例如用户可以用\bf,\it,\rm 分别表示黑体、斜体和正体;^,_分别表示上标和下标;\alpha,\beta,\delta,\Delta,\epsilon,\phi,\lemda,\mu,\pi,\theta,\rho,\omega,\xi,\eta 分别表示希腊字母 $\alpha,\beta,\delta,\Delta,\varepsilon,\phi,\lambda,\mu,\pi,\theta,\rho,\omega,\xi,\eta$;\leg,\geq,\times,\in,\cdot 分别表示数学符号$\leqslant,\geqslant,\times,\in,\cdot$ 等。

例 A.7 已知由参变量函数表示的空间曲线

$$\begin{cases} x = \mathrm{e}^{-0.2t}\cos\dfrac{\pi}{2}t, \\ y = \mathrm{e}^{-0.2t}\sin\dfrac{\pi}{2}t, \quad 0 < t < 20。 \\ z = \sqrt{t}, \end{cases}$$

试编写程序作出函数图像。

解 在程序编辑器窗口编写并运行脚本文件 naega_7.m 得到图 A-12。

```
%M 文件 naega_7.m
clear;close;
t=0:0.1:20; r=exp(-0.2*t); th=0.5*pi*t;
x=r.*cos(th); y=r.*sin(th); z=sqrt(t);
subplot(1,2,1)
plot3(x,y,z);
title('螺旋线'); text(x(end),y(end),z(end),'终点');
xlabel('\itX=e^{\rm-0.2\itt\rmcos(\it\pit\rm/2)}'); ylabel('y 轴'); zlabel('z 轴');
subplot(1,2,2);
plot3(x,y,z);
axis([-1 1 -1 1 0 4]); grid on;
```

程序文件 naega_7.m 将一个图形窗口分成 1 行 2 列的两块:左边子图按默认方式作图,并定义了标题和坐标轴(其中 x 轴标注公式用 LaTeX 格式);右边子图加了格栅,并将 z 轴范围限制在[0,4]。

4. 图形编辑

MATLAB 图形窗口、坐标轴、图形元素等往往是系统自动选定的,用图形指令可以进

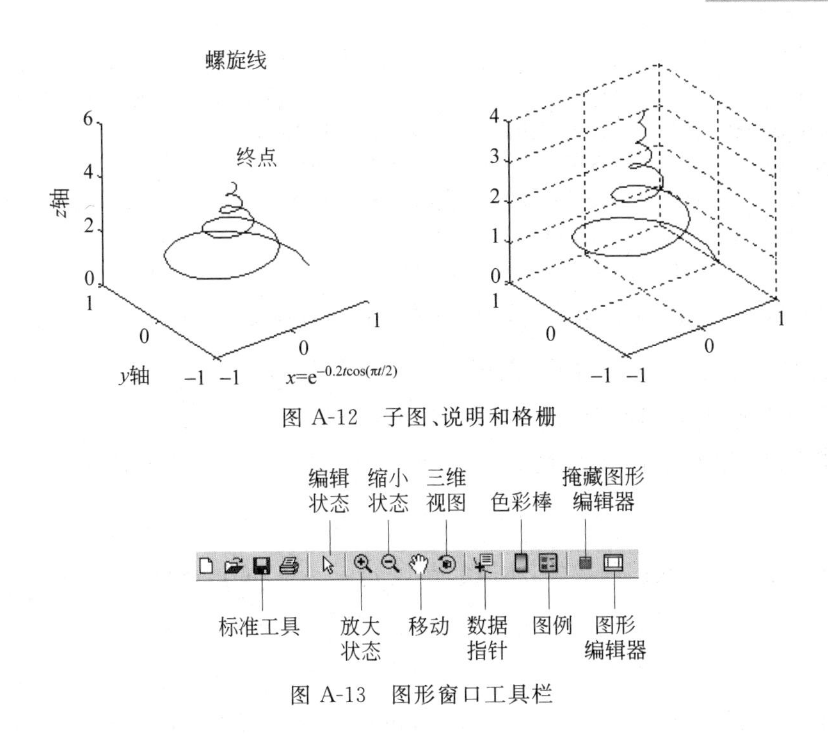

图 A-12　子图、说明和格栅

图 A-13　图形窗口工具栏

行设置，但用法较复杂。MATLAB 的图形窗口提供了菜单和工具栏（见图 A-13），可以用它们直观地改变图形设置，读者可以根据自己的设计试一试。

A.7　在线帮助和文件管理

1. 在线帮助

```
help 显示 MATLAB 主题文件夹，包括所有已安装的工具箱
help 子文件夹名 显示子文件夹中所有 MATLAB 系统指令及函数
help 指令或函数 显示该指令或函数的说明部分
doc 启动 MATLAB 的超文本帮助文件
doc 指令或函数 显示该指令或函数的超文本帮助
lookfor 关键字 显示与该关键字有关的指令和函数
docsearch 关键字 超文本搜索与该关键字有关的内容
type M 文件主名 显示 M 文件程序代码
which M 文件主名 显示指定的 MATLAB 文件的路径
demo 演示 MATLAB 功能
```

MATLAB 主要提供了两种形式的联机帮助系统：纯文本帮助和超文本帮助。纯文本帮助使用 help 指令，较简洁，直接显示在 Command Window 窗口中。超文本帮助使用 doc 指令，链接检索方便，介绍更详细，并提供了较多实例，是边用边学 MATLAB 的最佳方法。

```
>>help              %显示 MATLAB 及其工具箱的主题目录，其中有 graph3d
>>help graph3d      %显示 3 维图形主题文件夹内所有 M 指令和函数，其中有 mesh
>>help mesh         %显示 M 函数 mesh 的用法说明（即其 M 文件的注释部分），最后列出了一
```

```
                       %些相关的函数以及 mesh 的超文本帮助方式 doc mesh
>>doc mesh             %启动 M 函数 mesh 更详细的超文本帮助,并提供了较多实例
>>which mesh           %显示 M 函数 mesh 所在的文件夹
>>type mesh            %显示函数 mesh 的 M 文件程序代码
>>lookfor surface      %显示 MATLAB 搜索路径中凡是第一行注释含 surface 的 M 指令和函数,
                        其中有函数 mesh
>>docsearch surface    %比 lookfor 搜索出更多内容
```

对于已知 MATLAB 内部指令或函数的帮助可以快捷地通过 Command Window 窗口提示符右边的[fx]按钮来搜索寻找,也可以在任一位置选中关键字后右击,选择 Help on Selection 来寻求超文本帮助。

对于多个具有相同名称的 M 函数,可以使用带文件夹名称的搜索和帮助,例如:

```
>>help plot
```

除了我们已知的曲线图函数外,还提示有 Overloaded methods: timeseries/plot。

```
>>which timeseries/plot     %显示 timeseries/plot 所在的文件夹
>>help timeseries/plot      %显示 timeseries/plot 的用法说明
```

例 A.8 利用线性规划的关键字 programming 找寻求解线性规划的 MATLAB 函数,并查看其用法和 M 文件程序代码。

解 先用

```
>>lookfor programming
```

可以找到有关 programming 的很多指令,其中有一个 linprog 是线性规划(linear programming)。再用

```
>>help linprog
```

可以得到使用 linprog 解线性规划问题用法的详细说明。进一步,使用

```
>>doc linprog
```

可以看到详细的算法介绍和有关实例。利用

```
>>type linprog
```

可以看到 linprog 的 M 文件程序代码。

2. 文件和文件夹管理

MATLAB 文件有 M,Mat,Mex 等。其中 M 文件是最重要的,MATLAB 绝大多数内部指令和函数是 M 文件,用户自编的程序一般也是 M 文件。MATLAB 只执行当前文件夹(Current Folder)和搜索路径(MATLAB Search Path)中的 M 文件,这些文件夹名称须为英文的。当 MATLAB 接收到一个指令,其搜索过程是

(1) 检查是否为常量名;

(2) 检查是否为内存中的变量(包括工作空间变量和预定义变量)名;

(3) 检查是否为内建(Build-in)函数名;

(4) 检查是否为当前工作文件夹里的 M 文件名；

(5) 检查是否为私有(Private) 函数名；

(6) 依次搜索路径(Path)队列 M 文件名。

一旦搜索到该名称，就立即执行，不再往下搜索，排在后面的同名 M 文件得不到执行；如果一直搜索不到，系统就报告错误"Undefined function or variable..."。初学者在 M 文件的建立和保存上经常出现下列几种错误：

(1) 将函数错误地写在 Command Window 窗口(应该是 Editor 窗口)；

(2) 文件修改后没有保存；

(3) 文件保存的文件夹不在当前文件夹或 MATLAB 路径中；

(4) 文件名使用了常量或内存中的变量，如 1.m，pi.m 等；

(5) 文件名用了减号、空格等非法字符，如 eg2-1.m，eg2.1.m 等；

(6) 文件名与 MATLAB 内建函数和其他内部函数冲突，如 mesh.m，fitfun.m 等。

你能执行的 M 文件的位置可用 which 查到，并可用 type 显示文件内容。如果 type 显示的确实是你要做的工作，那往往就是你程序内部的错误了。

MATLAB 桌面当前文件夹(Current Folder)窗口列出了当前文件夹的程序(.m 文件)和数据文件(.mat 文件)等。用鼠标选中文件，右击可以进行打开、运行、删除等操作。对于使用公共计算机的读者，我们建议你设置自己的工作文件夹(如你的 U 盘)。每次进入 MATLAB，将你的文件夹设置为当前文件夹，你编写的程序都保存于此文件夹，以避免与别人的程序冲突。

如果需要将某一文件夹增加到 MATLAB 默认搜索路径队列，可使用 HOME 工具条 Environment→Set Path 实现。但用户要当心的是，不要将 MATLAB 原有的搜索路径队列文件夹删掉，否则可能会导致系统不能正常工作。

上机实验题

实验 1 执行下列指令，观察其运算结果，理解其意义。

(1) [1 2;3 4]+10-2i;

(2) [1 2;3 4].*[0.1 0.2;0.3 0.4];

(3) [1 2;3 4].\[20 10;9 2];

(4) [1 2;3 4].^2;

(5) exp([1 2;3 4]);

(6) log([1 10 100]);

(7) prod([1 2;3 4]);

(8) [a,b]=min([10 20;30 4]);

(9) abs([1 2;3 4]-pi);

(10) [10 20;30 40]>=[40,30;20 10];

(11) find([10 20;30 40]>=[40,30;20 10]);

(12) [a,b]=find([10 20;30 40]>=[40,30;20 10]) (提示：a 为行号，b 为列号)；

(13) all([1 2;3 4]>1);

(14) any([1 2;3 4]>1);

(15) linspace(3,4,5);

(16) A=[1 2;3 4];A(:,2)。

实验 2　设 x 为一个维数为 n 的数组,编程求下列均值和标准差:

$$\bar{x} = \frac{1}{n}\sum_{i=1}^{n} x_i,\quad s = \sqrt{\frac{1}{n-1}\left(\sum_{i=1}^{n} x_i^2 - n\bar{x}^2\right)},\quad n > 1,$$

并就 $x=(81,70,65,51,76,66,90,87,61,77)$ 计算。

实验 3　求满足 $\sum_{n=0}^{m} \ln(1+n) > 100$ 的最小 m 值。

实验 4　用循环语句形成 Fibonacci 数列 $F_1=F_2=1, F_k=F_{k-1}+F_{k-2}, k=3,4,\cdots$。并验证极限

$$\frac{F_k}{F_{k-1}} \to \frac{1+\sqrt{5}}{2}\quad (提示:计算至两边误差小于精度\ 10^{-8})。$$

实验 5　分别用 for 和 while 循环结构编写程序,求出 $K = \sum_{i=1}^{10^6} \frac{\sqrt{3}}{2^i}$。并考虑一种避免循环语句的程序设计,比较不同算法的运行时间。

实验 6　(1) 假定某天的气温变化记录如表 A-9 所示,试作图描述这一天的气温变化规律。

表 A-9　实验 6 数据表

时刻 t/h	0	1	2	3	4	5	6	7	8	9	10	11	12
温度/℃	15	14	14	14	14	15	16	18	20	22	23	25	28
时刻 t/h	13	14	15	16	17	18	19	20	21	22	23	24	
温度/℃	31	32	31	29	27	25	24	22	20	18	17	16	

(2) 用 help 或 doc 查询 MATLAB 指令 dlmwrite 的使用方法。

(3) 用 dlmwrite 将上述数据输出到一个文本文件中,第一列是时刻,第二列是温度,要求用空格分割数据(提示:格式用\b 表示)。

(4) 从工具条 HOME 中选择 Import Data 导入上述数据文件中的数据。

实验 7　作出下列函数图像:

(1) 曲线 $y=x^2\sin(x^2-x-2), -2\leqslant x\leqslant 2$(要求分别使用 plot 或 fplot 完成);

(2) 椭圆 $x^2/4+y^2/9=1$;

(3) 抛物面 $z=x^2+y^2, |x|<3, |y|<3$;

(4) 曲面 $z=x^4+3x^2+y^2-2x-2y-2x^2y+6, |x|<3, -3<y<13$;

(5) 空间曲线 $x=\sin t, y=\cos t, z=\cos(2t), 0<t<2\pi$;

(6) 半球面 $x=2\sin\phi\cos\theta, y=2\sin\phi\sin\theta, z=2\cos\phi, 0\leqslant\theta\leqslant 360°, 0\leqslant\phi\leqslant 90°$;

(7) 三条曲线合成图 $y_1=\sin x, y_2=\sin x\sin(10x), y_3=-\sin x, 0<x<\pi$。

实验 8　用 MATLAB 函数表示下列函数,并作图。

$$p(x,y) = \begin{cases} 0.5457\exp(-0.75y^2-3.75x^2-1.5x), & x+y>1, \\ 0.7575\exp(-y^2-6x^2), & -1<x+y\leqslant 1, \\ 0.5457\exp(-0.75y^2-3.75x^2+1.5x), & x+y\leqslant -1。\end{cases}$$

附录 B

MATLAB 符号计算

MATLAB 有一个很特别的工具箱——符号数学工具箱(Symbolic Math Toolbox),运用该工具箱我们可以进行解析数学运算和任意指定精度数值计算,包括矩阵、函数、微积分和微分方程等。最后,我们介绍符号计算的局限性和 Mupad 的调用。

B.1 符号对象

1. 符号对象的定义

符号运算使用一种特殊的数据类型,称为符号对象(Symbolic Object),用字符串形式表达,但又不同于字符串(Char Array)。符号运算中的变量、函数和表达式都是符号对象。

```
s=sym(str)  将数值或字符串 str 转化为符号对象 s,数值为有理表示
s=sym(num,'d')  将数值表达式转化为符号表达式,数值用十进制表示
syms var1 var2...  定义 var1,var2,…为符号变量
subs(s,old,new)  将符号表达式 s 中的符号变量 old 用 new 代替
```

```
>>n=pi^2                %这是数值表达式
n=
    9.8696
>>a=sym(n)              %数值转化为符号对象,有理表示
a=
2778046668940015/281474976710656
>>b=sym(n,'d')          %数值转化为符号对象,十进制表示
b=
9.8696044010893579923049401259050
>>c=sym('pi^2')         %字符串转化为符号对象
c=
pi^2
>>syms x y z;           %定义符号变量 x,y,z,注意变量间不加逗号
>>d=x^3+2*y^2+c         %符号计算表达式
d=
x^3+2*y^2+pi^2
>>A=[a b;c-d d-x^3] %由符号表达式产生的符号矩阵,其表达与数值矩阵有明显区别
```

```
A=
[        2778046668940015/281474976710656,9.869604401089357992304940125905]
[                        -x^3-2*y^2,                              2*y^2+pi^2]
>>A=subs(A,x,c)      %将符号变量 x 用符号对象 c 替代
A=
[ 2778046668940015/281474976710656,9.869604401089357992304940125905]
[                       -pi^6-2*y^2,                          2*y^2+pi^2]
>>A=subs(A,y,0.1)    %再将符号变量 y 用数值 0.1 替代
A=
[ 2778046668940015/281474976710656,9.869604401089357992304940125905]
[                      -pi^6 -1/50,                     pi^2 +1/50]
```

现在请观察工作空间(Workspace),观察各变量数据类型。可见,每个符号对象占 60 字节,远大于数值或字符,同时其运算速度也慢许多。

2. 计算精度和数据类型转换

符号数值计算默认精度为 32 位十进制,是 MATLAB 数值计算的两倍,符号工具箱还提供了计算精度设置指令,可以定义任意精度的数值计算。关于符号型和数值型数据类型转换,见图 B-1。

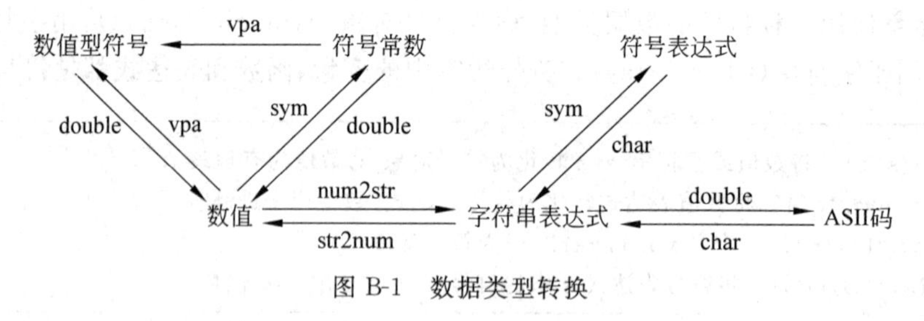

图 B-1　数据类型转换

digits(n)　将数值计算精度设为 n 位 x=vpa(s)　求 s 的数值结果 x=vpa(s,n)　采用 n 位计算精度求 s 的数值结果 double(s)　将符号对象转化为双精度数值 char(s)　将符号对象转化为字符串

```
>>2^10000                                      %很大的正数,溢出了
ans=
   Inf
>>a=sym(2); b=a^10000
b=
19950631168807583848837421626 8…709376      %很长的整数,是准确数,而不是近似数
>>vpa(b)
ans=
.19950631168807583848837421626836e3011      %非常大,约 0.1995×10^3011
>>double(b)                          %大大超出 MATLAB 浮点数上限 Realmax,判断为无穷大
ans=
```

```
   Inf
>>format long;pi^2,format short                %MATLAB 数值计算
ans=
9.86960440108936
>>c=sym('pi^2');
>>vpa(c,16)                                     %16 位,与 MATLAB 数值计算相仿
ans=
9.869604401089357
>>vpa(c)                                        %32 位,默认
ans=
9.8696044010893586188344909998761
>>vpa(c,100)                                    %高精度
ans=
9.869604401089358618834490999876151135313699407240 8
>>double(c)                                     %转化为数值型
ans=
    9.8696
```

B.2　符号矩阵和符号函数

1. 矩阵

MATLAB 大部分矩阵和数组运算符及指令都可以应用于符号矩阵,例如:

```
>>clear; A=sym('[a,b;c,d]');
>>B=inv(A)
B=
[ d/(a*d-b*c),-b/(a*d-b*c)]
[ -c/(a*d-b*c),a/(a*d-b*c)]
>>A.\B,A\B
ans=
[ d/(a*d-b*c)/a,-1/(a*d-b*c)]
[ -1/(a*d-b*c),a/(a*d-b*c)/d]
ans=
[ (d^2+b*c)/(-2*c*b*a*d+b^2*c^2+d^2*a^2),-b*(a+d)/(-2*c*b*a*d+b^2
*c^2+d^2*a^2)]
[ -c*(a+d)/(-2*c*b*a*d+b^2*c^2+d^2*a^2),(a^2+b*c)/(-2*c*b*a*d+b^2
*c^2+d^2*a^2)]
>>eig(A)
ans=
[ 1/2*a+1/2*d+1/2*(a^2-2*a*d+d^2+4*b*c)^(1/2)]
[ 1/2*a+1/2*d-1/2*(a^2-2*a*d+d^2+4*b*c)^(1/2)]
```

2. 符号函数计算

大部分 MATLAB 数学函数和逻辑关系运算也可用于符号对象,另外还有下列运算:

```
factor(expr)  对 expr 作因式分解
expand(expr)  将 expr 展开
collect(expr,v)  将 expr 按变量 v 合并同类项
simplify(expr),simple(expr)  将 expr 化简
g=finverse(f,v)  求函数 f(v)的反函数 g(v)
fg=compose(f,g)  求函数 f(v)和 g(v)的复合函数 f(g(v))
[n,d]=numden(expr)  分式通分,n 返回分子,d 返回分母
symfun(expr,arg)  定义符号函数,expr 为函数表达式,arg 为自变量
syms fun(var1,var2,...)  定义符号函数
latex(expr)  数学公式的 latex 输出
ccode(expr)  数学公式的 C 语言代码
matlabFunction(expr)  数学公式的 MATLAB 函数(注意这里 F 是大写)
funtool  函数分析图形界面
```

例 B.1 (多项式运算)令 $f(x,y)=(x-y)^3$,$g(x,y)=(x+y)^3$,考虑相关运算。

解 在 MATLAB 指令窗口执行:

```
>>syms x y;f=(x-y)^3;g=(x+y)^3;
>>h=f*g
h=
(x-y)^3*(x+y)^3
>>hs=expand(h)                          %展开
hs=
x^6-3*x^4*y^2+3*x^2*y^4-y^6
>>hf=factor(hs)                         %因式分解
hf=
(x-y)^3*(x+y)^3
>>s=subs(h,y,x^2+x+1)                   %用"x^2+x+1"替换 h 中的 y
s=
(-x^2-1)^3*(2*x+x^2+1)^3
>>fun=symfun(f*g,[x,y])                 %定义了符号函数,自变量是 x,y
fun(x,y)=
(x+y)^3*(x -y)^3
>>s=fun(x,x^2+x+1)                      %符号函数计算,无须 subs
s=
-(x^2 +1)^3*(x^2 +2*x +1)^3
>>scol=collect(s,x)                     %合并同类项
scol=
-x^12-6*x^11-18*x^10-38*x^9-63*x^8-84*x^7-92*x^6-84*x^5-63*x^4-38*x^
3-18*x^2-6*x-1
>>ssim=simplify(scol)                   %化简
```

```
ssim=
-(x^2+1)^3*(x+1)^6
>>ssim=simple(scol)                              %最短形式
ssim=
-(x^2+1)^3*(x+1)^6
>>latex(ssim)                                    %数学公式的 LaTeX 输出
ans=
-{\left(x^2 +1\right)}^3\,{\left(x+1\right)}^6
>>ccode(ssim)                                    %数学公式的 C 语言代码
ans=
  t0=-pow(x*x+1.0,3.0)*pow(x+1.0,6.0);
>>matlabFunction(ssim)                           %数学公式的 MATLAB 匿名函数代码
ans=
    @(x)-(x.^2+1.0).^3.*(x+1.0).^6
>>matlabFunction(ssim,'file','ssample')  %产生数学公式的 M 函数
```

这时在当前文件夹产生一个 M 函数文件 ssample.m，表达 ssim 数学公式。

下面是一个简单的逆函数及复合函数的例子。

```
>>t=x^(1/3);v=finverse(t,x)
v=
x^3
>>tv=simple(compose(t,v))                        %验算
tv=
x
>>st=simple(compose(s,t))
st=
-(x^(2/3)+1)^3*(x^(1/3)+1)^6
>>funtool
```

最后的指令打开一个函数计算器，可直观地进行上述代数运算，以及 B.3 节的微积分运算，就像一个能进行解析运算和作图的掌上计算器。读者不妨自己试一试。

B.3 符号微积分

1. 极限和级数

```
limit(s,x,a)  返回符号表达式 s 当 x->a 时的极限
limit(s,x,a,'right')  返回符号表达式 s 当 x->a 时的右极限
limit(s,x,a,'left')  返回符号表达式 s 当 x->a 时的左极限
symsum(s,n,a,b)  返回符号表达式 s 表示的通项当自变量 n 由 a 到 b 的和
symprod(s,n,a,b)  返回符号表达式 s 表示的通项当自变量 n 由 a 到 b 的积
```

例 B.2 计算 $\lim\limits_{n\to\infty}\left(1+\frac{x}{n}\right)^n$，$\sum\limits_{n=1}^{\infty}(-1)^n\frac{x^n}{n}$。

解 在 MATLAB 指令窗口执行：

```
>>syms n x;
>>limit((1+x/n)^n,n,inf)
ans=
exp(x)
>>symsum((-1)^n*x^n/n,n,1,inf)
ans=
-log(1+x)
```

2. 微分

`diff(s,x)`	返回符号表达式 s 对 x 的导函数。注意它与第 5 章差分 diff 的区别
`diff(s,x,n)`	返回符号表达式 s 对 x 的 n 阶导函数
`taylor(s,x,a,'order',n)`	返回符号表达式 s 在 a 点泰勒展开到 n-1 次式，自变量为 x
`taylortool`	TAYLOR 分析图形界面
`jacobian(f,x)`	返回向量函数 f 的 Jacobian 矩阵 $\begin{pmatrix} \frac{\partial f_1}{\partial x_1} & \frac{\partial f_1}{\partial x_2} & \cdots & \frac{\partial f_1}{\partial x_n} \\ \frac{\partial f_2}{\partial x_1} & \frac{\partial f_2}{\partial x_2} & \cdots & \frac{\partial f_2}{\partial x_2} \\ \vdots & \vdots & & \vdots \\ \frac{\partial f_n}{\partial x_1} & \frac{\partial f_n}{\partial x_n} & \cdots & \frac{\partial f_n}{\partial x_n} \end{pmatrix}$
`hessian(f,x)`	返回标量函数 f 的 Hessian 矩阵 $\left(\frac{\partial^2 f}{\partial x_i \partial x_j}\right)_{n\times n}$

例 B.3 计算(1) $\frac{\partial^2}{\partial x^2}(x^2 e^{-y}), \frac{\partial^2}{\partial x \partial y}(x^2 e^{-y})\bigg|_{x=1,y=2}$；

(2) $f(x_1,x_2)=\begin{pmatrix} x_1 & e^{x_2} \\ \cos & x_1 \end{pmatrix}$ 的 Jacobian 矩阵；

(3) 函数 $g(x)=\ln x \sin x$ 在 $x=1$ 的 5 次泰勒展开；

(4) 二元函数 $f(x,y)=e^{-xy}$ 在 $x=1,y=0$ 的 3 次泰勒展开式。

解 在 MATLAB 指令窗口执行：

```
>>clear; syms x y;
>>s=diff(x^2*exp(-y),x,2)
s=
2*exp(-y)
>>t=diff(x^2*exp(-y),x);
>>t=diff(t,y);
>>t=subs(t,x,1);
>>t=subs(t,y,2)
t=
  -0.2707
>>syms x1 x2;f=[x1*exp(x2);cos(x1)];
>>J=jacobian(f,[x1 x2])
```

```
J=
[    exp(x2),x1 * exp(x2)]
[ -sin(x1),          0]
>>syms x; g=log(x) * sin(x);
>>gt=taylor(g,x,1,'Order',6);                          %展开到 5 次式,Order=6
>>gt=vpa(gt,4)                                         %数值近似
gt=
0.8415 * x+0.1196 * (x -1.0)^2 -0.4104 * (x -1.0)^3+0.09005 * (x -1.0)^4 -0.02694 *
(x -1.0)^5 -0.8415
>>syms x y;taylor(exp(x * y),[x y],[1 0],'Order',4)    %展开到 3 次式,Order=4
ans=
y+y^2 * (x -1)+y * (x -1)+y^2/2+y^3/6+1
```

泰勒展开也可使用下列图形界面:

```
>>taylortool
```

适当输入参数得到图 B-2,注意与泰勒展开不同的是这里 N 应输入 5。

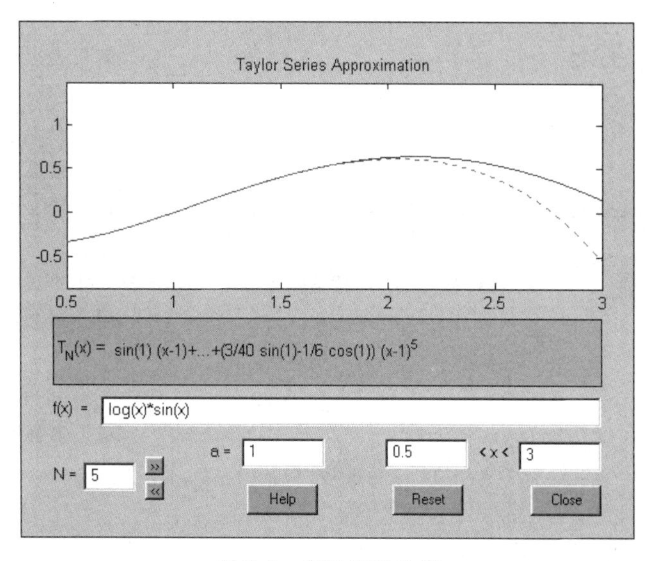

图 B-2 泰勒展开分析

3. 积分

int(s) 符号表达式 s 的不定积分
int(s,v) 符号表达式 s 关于变量 v 的不定积分
int(s,a,b) 符号表达式 s 的定积分,a,b 分别为下、上限
int(s,v,a,b) 符号表达式 s 关于变量 v 从 a 到 b 的定积分
当系统求不出解析解,会自动求原点附近的一个近似解

例 B.4 计算下列积分:

(1) 不定积分 $\int (e^{-t} + \sin t)dt$;

(2) 定积分$\int_0^1 (e^{-t}+\sin t)\mathrm{d}t$;

(3) 定积分$\int_1^4 \frac{3\sin x^2}{x}\mathrm{d}x$(无解析解);

(4) 定积分$\int_0^1 (\exp(-x^{\sin x})\mathrm{d}x)$(无解析解);

(5) 重积分$\int_{-1}^1 \left(\int_{-\sqrt{1-x^2}}^{\sqrt{1-x^2}} 2\sqrt{1-x^2}\mathrm{d}y\right)\mathrm{d}x$;

(6) 广义积分$\int_1^{\infty} e^{-x}\sin x\mathrm{d}x$。

解 在 MATLAB 指令窗口执行:

```
>>syms t;t1=int(exp(-t)+sin(t),t)
t1=
-exp(-t)-cos(t)
>>t2=int(exp(-t)+sin(t),t,0,1)
t2=
-exp(-1)-cos(1)+2                                    %解析表达式
>>t2=vpa(t2,5)
t2=
1.0918                                               %数值结果,数据类型为符号对象
>>syms x; t3=int(3*sin(x^2)/x,1,4)                   %自变量 x 可省略
t3=
3/2*sinint(16)-3/2*sinint(1)      %特殊函数 sinint(a)表示积分 int(sin(a*x)/x,0,1)
>>t3=vpa(t3,5)                                       %用 vpa 找数值解
t3=
1.0278
>>t4=int(exp(-x^sin(x)),x,0,1)                       %求不出解析解
Warning: Explicit integral could not be found.
t4=
int(exp(-x^sin(x)),x=0 .. 1)
>>t4=vpa(t4,5)                                       %也可用 vpa 找数值解
t3=
0.45491
>>syms x y;iy=int(2*sqrt(1-x^2),y,-sqrt(1-x^2),sqrt(1-x^2));
>>int(iy,x,-1,1)
ans=
16/3                                                 %重积分计算
>>syms x ;int(exp(-x)*sin(x),x,1,inf)
ans=
(exp(-1)*(cos(1)+sin(1)))/2
>>vpa(ans,5)
ans=
0.25416
```

B.4　符号方程和符号微分方程

1. 代数方程

s=solve(表达式或方程,未知量)　对于一元方程 s 返回解,对于方程组,s 返回解的结构,解内容通过阅读其域得到。当系统求不出解析解,会自动求原点附近的一个近似解。注意方程等式要用双等号。
[未知量]=solve(表达式或方程 ,未知量)　直接返回各未知量的解
[未知量]=vpasolve([表达式或方程],[未知量],[初始值或范围])　返回各未知量的数值解,允许调整各未知量的初始值或范围以求得多个数值解。多变量情形要求用中括号。

例 B.5　求解下列方程:

(1) 二次方程 $ax^2+bx+c=0$;

(2) 无解析解 $x^2-3x+e^x=2$;

(3) 方程组 $\begin{cases}uy^2+vz+w=0,\\ y+z+w=0,\end{cases}$ 这里 y,z 是未知量。

解　在 MATLAB 指令窗口执行:

```
>>syms a b c x; solve(a*x^2+b*x+c,x)
ans=
[ 1/2/a*(-b+(b^2-4*a*c)^(1/2))]
[ 1/2/a*(-b-(b^2-4*a*c)^(1/2))]
>>solve(x^2-3*x+exp(x)==2)                %自变量 x 可省略
ans=
-0.39027168616010888397900996950672       %由于无解析解,得原点附近一近似解
>>syms x positive;                        %将 x 设定为正值
>>solve(x^2-3*x+exp(x)==2)                %可得正解
ans=
1.4462386859664265816015944000737
>>syms x clear                            %取消 x 正值约束
>>vpasolve(x^2-3*x+exp(x)==2,1)           %调整初始值,用 vpasolve 得另一近似解
ans=
1.4462386859664265816015944000737
>>vpasolve(x^2-3*x+exp(x)==2,[2,5])       %规定解在[2,5]区间内,结果无解
ans=
[ empty sym ]
>>syms y z u v w;s=solve(u*y^2+v*z+w,y+z+w,y,z)
s=                                        %s 是一个结构
    y: [2x1 sym]
    z: [2x1 sym]
>>s.y,s.z                                 %结构的具体内容
ans=
[ -1/2/u*(-2*u*w-v+(4*u*w*v+v^2-4*u*w)^(1/2))-w]
```

```
[ -1/2/u*(-2*u*w-v-(4*u*w*v+v^2-4*u*w)^(1/2))-w]
ans=
[ 1/2/u*(-2*u*w-v+(4*u*w*v+v^2-4*u*w)^(1/2))]
[ 1/2/u*(-2*u*w-v-(4*u*w*v+v^2-4*u*w)^(1/2))]
>>[y,z]=solve(u*y^2+v*z+w,y+z+w,y,z)  %这种用法更直接
y=
-1/2/u*(-2*u*w-v+(4*u*w*v+v^2-4*u*w)^(1/2))-w
-1/2/u*(-2*u*w-v-(4*u*w*v+v^2-4*u*w)^(1/2))-w
z=
1/2/u*(-2*u*w-v+(4*u*w*v+v^2-4*u*w)^(1/2))
1/2/u*(-2*u*w-v-(4*u*w*v+v^2-4*u*w)^(1/2))
```

2. 常微分方程

s=dsolve('方程 1','方程 2',...,'初始条件 1','初始条件 2',...,'自变量') 这种方式用字符串方式表示方程,自变量缺省值为 t. 导数用 D 表示,2 阶导数用 D2 表示,依此类推. s 返回解析解.对于方程组情形,s 为一个符号结构. 也可用多输出变量直接表示解函数

s=dsolve(方程 1,方程 2,...,初始条件 1,初始条件 2,...) 这种方式用符号函数表示方程。导数用 diff 函数表示

例 B.6 求解下列方程:

(1) 求 $y'=ay+b$ 的通解;

(2) 初值问题 $y'= y-2t/y, y(0)=1$;

(3) 高阶方程 $y''=\cos 2x-y, y(0)=1, y'(0)=0$;

(4) 边值问题 $xy''-3y'=x^2, y(1)=0, y(5)=0$;

(5) 方程组问题 $f'=f+g, g'=-f+g, f(0)=1, g(0)=2$;

(6) 无解析解问题 $y'=x+y^2, y(0)=0$。

解 在 MATLAB 指令窗口执行:

```
>>s=dsolve('Dy==a*y+b')                    %字符串方式
s=
-(b -C5*exp(a*t))/a
>>syms a b y(t);                           %符号函数方式
>>s=dsolve(diff(y)==a*y+b)                 %注意等式都是双等号==
s=
-(b -C5*exp(a*t))/a
>>dsolve('Dy==y-2*t/y','y(0)==1')
ans=
(2*t+1)^(1/2)
>>s=simple(dsolve('D2y==cos(2*x)-y','y(0)==1','Dy(0)==0','x'))
s=
1 -(8*sin(x/2)^4)/3
>>s=simple(dsolve('x*D2y-3*Dy==x^2','y(1)==0','y(5)==0','x'))
s=
```

```
(31 * x^4)/468 -x^3/3+125/468
>>syms f(t) g(t); [ft,gt]=dsolve(diff(f)==f+g,diff(g)==-f+g,f(0)==1,g(0)==2)
ft=
exp(t) * cos(t)+2 * exp(t) * sin(t)
gt=
2 * exp(t) * cos(t) -exp(t) * sin(t)
>>dsolve('Dy==x+y^2','y(0)==0','x')
ans=
(-AiryBi(1)/AiryAi(1) * AiryAi(1,-x)+AiryBi(1,-x))/(-AiryBi(1)/AiryAi(1) *
AiryAi(-x)+AiryBi(-x))
```

最后一个方程无解析解,系统将其转化到两个特殊函数 AiryAi,事实上没有真正得到解。另外,要注意这里指定 x 为自由变量是必要的,若使用:

```
>>dsolve('Dy==x+y^2','y(0)==0')
ans=
tan(t * x^(1/2)) * x^(1/2)
```

把自变量误认为 t,而 x 作为参数,但并不是所求问题的解。

B.5 符号计算局限性和 Mupad 调用

1. 符号计算局限性

符号计算可以处理函数运算、矩阵计算、微积分、代数方程、微分方程和作图等问题,并具有可解析求解、可任意精度、使用方便等突出优点,为许多用户所喜爱。但是,我们必须认识到,符号计算有很大的局限性,所以从工程意义上来说,其价值远远不及 MATLAB 数值计算。符号计算主要有下列缺陷:

(1) 许多问题没有解析解,一般无法用符号计算求解;

(2) 速度太慢,尤其是高维问题;

(3) 数值近似求解算法参数设置不够灵活,往往不能满足实际需要;

(4) 不能处理离散数据分析、最优化等常见工程问题。

所以通常 Symbolic 指令主要作为符号计算器作解析运算,数值计算一般不提倡用 Symbolic 指令。应该说,符号计算与数值计算具有很好的互补性,充分利用它们各自的长处,可更好地发挥 MATLAB 软件的效率为我们服务。

例 B.7 求解微分方程 $y' = t + \sin(y), y(0) = 1, 0 < t < 1$。

解 在 MATLAB 指令窗口执行:

```
>>dsolve('Dy==t+sin(y)','y(0)=1','t')    %符号运算无法求解
Warning: Explicit solution could not be found.
>In dsolve at 194
ans=
[ empty sym ]
>>[t,y]=ode45(@ (t,y)t+sin(y),[0 1],1)    %很容易用数值计算求解
```

例 B.8 计算 $\boldsymbol{B}(n)=\begin{pmatrix}1+1 & 1 & \cdots & 1\\ 1 & 4+1 & \cdots & 1\\ \vdots & \vdots & & \vdots\\ 1 & 1 & \cdots & n^2+1\end{pmatrix}$的逆和行列式。

解 符号计算可以求出准确解,但速度很慢;数值计算求出的是近似解,但速度很快。

```
>>clear;tic;n=50;A=sym(1:n);B=diag(A.^2)+ones(n,n);C=inv(B);det(C),toc
ans=
1/242829257723163464947370972100348712841094621903342254493382198655300906
985916778464912234587886433975717068800000000000000000000000
Elapsed time is 5.044916 seconds.
>>clear;tic;n=50;A=1:n;B=diag(A.^2)+ones(n,n);C=inv(B);det(C),toc
ans=
  4.1181e-130
Elapsed time is 0.000933 seconds.
```

2. Mupad 的调用

MATLAB 的符号工具箱的计算引擎是商用计算机代数系统 Mupad。用户可在 MATLAB 中通过 evalin 或 feval 指令调用 Mupad,解决更多符号计算问题。例如在 MATLAB 的指令窗口中输入指令:

```
>>evalin(symengine,'combinat::choose({a,b,c,d,e},3)')
ans=
[ {a,b,c},{a,b,d},{a,b,e},{a,c,d},{a,c,e},{a,d,e},{b,c,d},{b,c,e},{b,d,e},{c,d,
e}]
```

得到了{a,b,c,d,e}全部 3 元素组合的列表。

当然,更方便地使用 Mupad,还是要进入 Mupad 系统。在 MATLAB 的指令窗口中输入:

```
>>mupad
```

可进入 Mupad 系统。在 Mupad 中输入:

```
G :=Graph([a,b,c,d],[[a,b],[a,c],[b,c],[c,d]],
        EdgeWeights=[2,1,3,2],
        EdgeCosts=[1,3,1,2],
        Directed):
```

回车,就定义了一个图。再使用:

```
Graph::shortestPathAllPairs(G)
```

可计算出所有顶点间的最短距离。

上机实验题

实验 1 用 MATLAB 符号计算验证三角等式 $\sin\varphi\cos\theta-\cos\varphi\sin\theta=\sin(\varphi-\theta)$。

实验 2 作因式分解 $f(x)=x^4-5x^3+5x^2+5x-6$。

实验 3　求矩阵 $\boldsymbol{A}=\begin{pmatrix}1 & 2\\ 2 & a\end{pmatrix}$ 的逆和特征值。

实验 4　计算 $\sum\limits_{k=1}^{n} k^2$，$\sum\limits_{k=1}^{\infty} \dfrac{1}{k^2}$ 和 $\sum\limits_{n=0}^{\infty} \dfrac{1}{(2n+1)(2x+1)^{2n+1}}$。

实验 5　求 $\dfrac{\partial^3}{\partial x^2 \partial y}\sin(x^2 yz)\Big|_{x=1,y=1,z=3}$。

实验 6（泰勒展开）　求下列函数在 $x=0$ 的泰勒幂级数展开式（$n=8$）：

$$\mathrm{e}^x,\quad \ln(1+x),\quad \sin x,\quad \ln(x+\sqrt{1+x^2})。$$

实验 7（不定积分）　用 int 计算下列不定积分，并用 diff 验证：

$$\int \frac{\mathrm{e}^{2y}}{\mathrm{e}^y+2}\mathrm{d}y,\quad \int \frac{x^2}{\sqrt{a^2-x^2}}\mathrm{d}x,\quad \int \frac{\mathrm{d}x}{x(\sqrt{\ln x+a}+\sqrt{\ln x+b})}\quad (a \neq b)。$$

实验 8　计算积分 $I(x)=\int_{-x}^{x}(x-y)^3\sin(x+2y)\mathrm{d}y$。

实验 9　试用 int，solve，vpasolve，dsolve 求解第 3，5，6 章习题。

实验 10　求函数 $f(x,y)=(x^2-2x)\mathrm{e}^{-x^2-y^2-xy}$ 在 $x=0,y=a$ 的二阶泰勒展开。

实验 11　(1) 分别用数值和符号两种方法编程计算 100!，结果有何不同？哪种方法速度更快？

(2) 用符号方法编程计算 200!，结果为多大数量级？能用数值方法计算吗？

附录C

习题解答

第 1 章

1. (1) 58.6032,误差限0.0011,4位有效数字;(2) 1.9279,误差限0.0312,2位有效数字;(3) 0.5494×10^{-3},误差限0.8865×10^{-5},1位有效数字。
2. 0.33%。
4. 0.5×10^{-8}。
5. 真值0.501670841。第一种方法0.500000,误差0.167×10^{-2};第二种方法0.501671,误差-0.16×10^{-6}。第一种方法出现近似数相减而数值不稳定,第二种方法更精确。
6. $b\geqslant0$时,x_1取第二式,x_2取第一式;$b<0$时,x_1取第一式,x_2取第二式。
7. (1) 1.07;(2) 1.08。第一种方式出现"大数吃小数",第二种方式更精确。

第 2 章

1. $x_1=2,x_2=2,x_3=3$。
2. $n^2(n+1)/2$。
3. $x_1=0,x_2=-1,x_3=1$。主元素依次为10,5/2,31/5。
5. $x_1=4/5,x_2=3/5,x_3=2/5,x_4=1/5$。
6. $\boldsymbol{L}=\begin{pmatrix}1&0&0\\1&1&0\\-2&3&1\end{pmatrix}$, $\boldsymbol{U}=\begin{pmatrix}1&1&-1\\0&1&-1\\0&0&2\end{pmatrix}$。
7. $\boldsymbol{L}=\begin{pmatrix}1&0&0\\1&1&0\\-2&3&2\end{pmatrix}$, $\boldsymbol{U}=\begin{pmatrix}1&1&-1\\0&1&-1\\0&0&1\end{pmatrix}$。
8. 平方根分解$\boldsymbol{A}=\boldsymbol{L}\boldsymbol{L}^{\mathrm{T}}$,$\boldsymbol{L}=\begin{pmatrix}\sqrt{2}&0&0\\-1/\sqrt{2}&\sqrt{3/2}&0\\1/\sqrt{2}&\sqrt{3/2}&1\end{pmatrix}$;改进平方根分解$\boldsymbol{A}=\boldsymbol{L}\boldsymbol{D}\boldsymbol{L}^{\mathrm{T}}$,

   $\boldsymbol{L}=\begin{pmatrix}1&0&0\\-1/2&1&0\\1/2&1&1\end{pmatrix}$,$\boldsymbol{D}=\begin{pmatrix}2&0&0\\0&3/2&0\\0&0&1\end{pmatrix}$。解$x_1=2,x_2=1,x_3=1$。
9. 改进平方根分解$\boldsymbol{A}=\boldsymbol{L}\boldsymbol{D}\boldsymbol{L}^{\mathrm{T}}$,$\boldsymbol{L}=\begin{pmatrix}1&0&0\\-1/2&1&0\\1/2&-7/5&1\end{pmatrix}$,$\boldsymbol{D}=\begin{pmatrix}2&0&0\\0&-5/2&0\\0&0&27/5\end{pmatrix}$,解$x_1=$

$10/9, x_2=7/9, x_3=23/9$。

11. $\|A\|_\infty=1.1$, $\|A\|_1=0.8$, $\|A\|_2=0.83$, $\|A\|_F=0.84$, $\|x\|_\infty=2$, $\|x\|_1=3$, $\|Ax\|_2=0.64$。

12. A 的特征值为 $0,3,-3$,从而 $A^TA=A^2$ 的特征值为 $0,9,9$,知 $\|A\|_2=3$。

13. $A^{-1}=\begin{pmatrix} 9 & -36 & 30 \\ -36 & 192 & -180 \\ 30 & -180 & 180 \end{pmatrix}$, $\text{cond}_\infty(A)=748$。

14. $A^TA=I \Rightarrow A^TA$ 的特征值全为 $1 \Rightarrow \|A\|_2=1$,同理有 $\|A^{-1}\|_2=1$,知$\text{cond}_\infty(A)=1$。

15. $(A+\Delta A)(x^*+\Delta x)=b+\Delta b \Rightarrow \Delta x=A^{-1}[\Delta b-\Delta A(x^*+\Delta x)]$

$\Rightarrow \|\Delta x\| \leqslant \|A^{-1}\|(\|\Delta b\|+\|\Delta A\|\|x^*\|)+\|A^{-1}\|\|\Delta A\|\|\Delta x\|$,

当 $\|\Delta A\|<\dfrac{1}{\|A^{-1}\|}$ 时有

$$\frac{\|\Delta x\|}{\|x^*\|} \leqslant \frac{\|A^{-1}\|}{1-\|A^{-1}\|\|\Delta A\|}\left(\|\Delta A\|+\frac{\|\Delta b\|}{\|x^*\|}\right)$$

$$\leqslant \frac{\text{cond}(A)}{1-\text{cond}(A)\dfrac{\|\Delta A\|}{\|A\|}}\left(\frac{\|\Delta A\|}{\|A\|}+\frac{\|\Delta b\|}{\|b\|}\right)。$$

第 3 章

1. 记 $f(x)=x^3-10x-40$,由 $f(4)=-16<0, f(5)=35>0$,知 $x^*\in(4,5)$,

又由 $|x_k-x^*| \leqslant \dfrac{1}{2^{k+1}} \leqslant \dfrac{1}{2}\times 10^{-2}$,知 $k=7$。取 $x_0=4.5$,计算得 $x_7=4.3789$。

2. 令 $x_k=x_{k-1}=x$,可见三格式均与原方程同解,因此合理。

对应(1),$g(x)=\dfrac{x^3-5}{2}$, $g'(x)=\dfrac{3x^2}{2}$。则当 $x\in[2,3]$时,$g'(x)$单调递增,于是

$g'(x)\in[g(2),g(3)]=\left[6,\dfrac{27}{2}\right]$。从而 $|g'(x)|>1$,在区间$[2,3]$上不满足压缩性。

对应(2),$g(x)=\dfrac{5}{x^2-2}$, $g'(x)=-\dfrac{10x}{(x^2-2)^2}$, $|g'(x_0)|>1$,在 x_0 附近不满足压缩性。

对应(3),$g(x)=(2x+5)^{\frac{1}{3}}$, $g'(x)=\dfrac{2}{3}\times\dfrac{1}{(2x+5)^{2/3}}$,在$[2,3]$上,由 $g(x)$单调递增及 $g(2)=2.0801, g(3)=2.2240\in[2,3]$知 $g(x)$满足封闭性;在$[2,3]$上,由 $g'(x)$单调递减及 $g'(2)=0.1541, g'(3)=0.1348\in[2,3]$可得,$|g'(x)|\leqslant L=0.16<1$,知 $g(x)$满足压缩性。从而由不动点原理,对于 $\forall x_0\in[2,3]$,(3)收敛于方程在$[2,3]$上的唯一解。

由不动点原理的先验估计,要使 $|x^*-x_k| \leqslant \dfrac{L^k}{1-L}|x_1-x_0|<0.0005=0.5\times10^{-3}=\varepsilon$,

可得 $k\geqslant \ln(\varepsilon(1-L)/(x_1-x_0))/\ln L=3.6630$,知 $x_4=2.0948$,有 4 位有效数字。

或者,由不动点原理的后验估计,$|x^*-x_4| \leqslant \dfrac{L}{1-L}|x_4-x_3| \approx 0.0002<0.0005=0.5\times 10^{-3}=\varepsilon$,知 $x_4=2.0948$,有 4 位有效数字。

3. 由习题 2 知 $x^*\in(2,2.5)$。

对应(1),$|g'(x^*)|>|g'(2)|>1$,知格式不满足局部收敛条件。

对应(2),$|g'(x^*)|>|g'(2.5)|>1$,知格式不满足局部收敛条件。

对应(3),由习题 2 知 $|g'(x^*)|\leqslant \max\limits_{x\in[2,2.5]}|g'(x)|<1$,从而格式具有局部收敛性。

4. 提示:利用 $g(x)$ 的一阶导数连续性、微分中值定理和不动点原理中的压缩性的证明思想。

5. $e_{k+1}=x^*-x_{k+1}=g(x^*)-g(x_k)=-[g(x_k)-g(x^*)]$

$$=-\left[g'(x^*)(x_k-x^*)+\frac{g''(x^*)}{2!}(x_k-x^*)^2+\cdots+\frac{g^{(p-1)}(x^*)}{(p-1)!}(x_k-x^*)^{p-1}\right.$$

$$\left.+\frac{g^{(p)}(\xi)}{p!}(x_k-x^*)^p\right]=\frac{(-1)^{p+1}g^{(p)}(\xi)}{p!}e_k^p\Rightarrow\frac{e_{k+1}}{e_k^p}$$

$$=\frac{(-1)^{p+1}g^{(p)}(\xi)}{p!}\xrightarrow{k\to\infty}\frac{(-1)^{p+1}g^{(p)}(x^*)}{p!}\neq 0$$,知 $\{x_k\}$ p 阶收敛。

6. 牛顿迭代格式 $x_k=x_{k-1}-\dfrac{x_{k-1}^3-2x_{k-1}-5}{3x_{k-1}^2-2}=\dfrac{2x_{k-1}^3+5}{3x_{k-1}^2-2}$,计算得 $x_1=2.1642$,$x_2=2.0971$,$x_3=2.0946$,$x_4=2.0946$,有 4 位有效数字,比习题 2 有更快的收敛速度。

7. 对应 $g(x)=x-\dfrac{(x-x^*)q(x)}{mq(x)+(x-x^*)q'(x)}$,$|g'(x^*)|=\lim\limits_{x\to x^*}|g'(x)|=\left|1-\dfrac{1}{m}\right|<1$,知格式具有局部收敛性,但只有线性收敛速度。

8. 设 $x_k\to x^*$,由拉格朗日中值定理得 $x_k=x_{k-1}-\dfrac{f(x_{k-1})}{f'(\xi)}$($\xi$ 位于 x_{k-1} 与 x_k 之间),令 $k\to\infty$,有 $x^*=x^*-\dfrac{f(x^*)}{f'(x^*)}\Rightarrow f(x^*)=0$,知格式合理。对应方程的变形弦截法格式为

$$x_k=x_{k-1}-\frac{x_{k-1}^3-2x_{k-1}-5}{x_{k-1}^3-2x_{k-1}-x_{k-2}^3+2x_{k-2}}(x_{k-1}-x_{k-2})=\frac{x_{k-1}^2x_{k-2}+x_{k-1}x_{k-2}^2+5}{x_{k-1}^2+x_{k-1}x_{k-2}+x_{k-2}^2-2},$$

计算得 $x_2=2.0755$,$x_3=2.0956$,$x_4=2.0945$,$x_5=2.0946$。

9. 对应 $g(x)=\mathrm{e}^{-x}$,由 $x=g(x)\Leftrightarrow x\mathrm{e}^x=1$ 知为解 $x\mathrm{e}^x=1$ 的格式。显见 $g(x)$ 单调递减且 $g:[0.36,1]\to[0.36,1]$。又在 $[0.36,1]$ 上,$|g'(x)|\leqslant \mathrm{e}^{-0.36}\leqslant 0.6977<1$,知收敛。迭代-加速格式 $x_k=\dfrac{1}{1.5}(\mathrm{e}^{-x_{k-1}}+0.5x_{k-1})$ 对应 $\tilde{g}(x)=\dfrac{1}{1.5}(\mathrm{e}^{-x}+0.5x)$ 在 $[0.36,1]$ 上 $|\tilde{g}'(x)|=\left|\dfrac{1}{1.5}(-\mathrm{e}^{-x}+0.5)\right|\leqslant 0.1318$,而 $|g'(x)|\geqslant 0.3679$,知迭代-加速格式有更快的收敛速度。

10. 原方程变形为 $\begin{cases}-8x_1+x_2+x_3=1,\\x_1-5x_2+x_3=16,\\x_1+x_2-4x_3=7,\end{cases}$ 其系数矩阵按行严格主对角占优,故对应雅可比格式

$\begin{cases}x_1^{(k)}=-[1-x_2^{(k-1)}-x_3^{(k-1)}]/8,\\x_2^{(k)}=-[16-x_1^{(k-1)}-x_3^{(k-1)}]/5\\x_3^{(k)}=-[7-x_1^{(k-1)}-x_2^{(k-1)}]/4\end{cases}$ 及高斯-赛德尔格式 $\begin{cases}x_1^{(k)}=-[1-x_2^{(k-1)}-x_3^{(k-1)}]/8,\\x_2^{(k)}=-[16-x_1^{(k)}-x_3^{(k-1)}]/5,\\x_3^{(k)}=-[7-x_1^{(k)}-x_2^{(k)}]/4\end{cases}$ 均收敛。

11. 提示:类似于定理 3.1 的证明。

12. (1) $|a|<1$;

(2) 应用推论3.1得$|a|<\frac{1}{2}$，应用定理3.4得$|a|<\frac{\sqrt{5}-1}{2}$，应用定理3.5得$|a|<\frac{\sqrt{2}}{2}$。

13. 解为$x_1=-4.00, x_2=3.00, x_3=2.00$。高斯-赛德尔计算至$k=9$，SOR计算至$k=7$。

14. $\widetilde{G}=(D+\omega L)^{-1}[(1-\omega)D-\omega U]$，$\widetilde{F}=\omega(D+\omega L)^{-1}b$。

第 4 章

1. (1)、(2)设$L(x)$为$f(x)=x^m$关于节点$x_0,\cdots,x_n$的n阶拉格朗日插值多项式，则

$$f(x)-L(x)=\frac{f^{(n+1)}(\xi)}{(n+1)!}\omega(x)=0\Rightarrow x^m=f(x)=L(x)$$
$$=\sum_{i=0}^{n}l_i(x)f(x_i)=\sum_{i=0}^{n}l_i(x)x_i^m,\quad m=0,1,\cdots,n;$$

(3) $$\sum_{i=0}^{n}l_i(x)(x_i-x)^m=\sum_{i=0}^{n}l_i(x)\sum_{k=0}^{m}C_m^k x_i^k(-x)^{m-k}=\sum_{k=0}^{m}C_m^k(-x)^{m-k}\sum_{i=0}^{n}l_i(x)x_i^k$$
$$=\sum_{k=0}^{m}C_m^k x^k(-x)^{m-k}=(x-x)^m=0。$$

2. $f(0)\approx L_2(0)=-2.3333$。由$|f(0)-L_2(0)|=\frac{1}{3}|f'''(\xi)|\leqslant 0.00033$知结果有4位有效数字。

3. 取节点$x_0=100, x_1=121$，线性插值$L_1(115)=10.7143$，误差估计$|f(115)-L_1(115)|=\left|\frac{f''(\xi)}{2}(115-100)(115-121)\right|\leqslant 0.01125\leqslant 0.5\times 10^{-1}$，有3位有效数字；抛物插值$L_2(115)=10.7228$，误差估计$|f(115)-L_2(115)|=\left|\frac{f'''(\xi)}{6}(115-100)(115-121)(115-144)\right|\leqslant 0.00163\leqslant 0.5\times 10^{-2}$，有4位有效数字。

4. 若x为节点，结论显然成立。不妨设$a<c<x<b$，记$\omega(t)=(t-a)(t-c)^2(t-b)$，$R(t)=f(t)-H(t)$，$g(t)=R(t)-\frac{R(x)}{\omega(x)}\omega(t)$。因为$g(a)=g(b)=g(c)=g(x)=0$，由罗尔定理知$g'(t)$在$(a,c)$，$(c,x)$，$(x,b)$各有一个零点，又$g'(c)=0$，从而$g'(t)$有4个不同的零点，由此导出$g^{(4)}(t)$有1个零点，记为$\xi$，最后由$g^{(4)}(t)=f^{(4)}(t)-\frac{R(x)}{\omega(x)}4!$及$g^{(4)}(\xi)=0$得证。

5. (承袭法)易知$P_2(x)=x^2$满足$P_3(0)=P_3'(0)=0$，$P_3(1)=1$，设$P_3(x)=P_2(x)+cx^2(x-1)$，由$P_3'(1)=2+c=1\Rightarrow c=-1$得$P_3(x)=x^2-x^2(x-1)=x^2(2-x)$。又设$H(x)=P_3(x)+cx^2(x-1)^2$，由$H(2)=4c=1\Rightarrow c=\frac{1}{4}$，得$H(x)=\frac{1}{4}x^2(x-3)^2$。(待定系数法)由$H(0)=H'(0)=0$，可令$H(x)=x^2(ax^2+bx+c)$，再由其他条件确定$a,b,c$。余项$f(x)-H(x)=\frac{f^{(5)}(\xi)}{5!}x^2(x-1)^2(x-2)$。

7. (1) 对1阶差商，$F[x_0,x_1]=\frac{F(x_1)-F(x_0)}{x_1-x_0}=\frac{cf(x_1)-cf(x_0)}{x_1-x_0}=cf[x_0,x_1]$，结论成立。设对$k$阶差商结论成立，则对$k+1$阶差商

$$F[x_0,\cdots,x_{k+1}]=\frac{F[x_0,\cdots,x_{k-1},x_{k+1}]-F[x_0,\cdots,x_k]}{x_{k+1}-x_k}$$
$$=\frac{cf[x_0,\cdots,x_{k-1},x_{k+1}]-cf[x_0,\cdots,x_k]}{x_{k+1}-x_k}=cf[x_0,\cdots,x_{k+1}],$$

结论成立。数学归纳法知对一切 k,结论成立。

(2) 类似可证。

8. 差商表如下:

100	10		
121	11	1/21	
144	12	1/22	−1/(23×22×21)

11. 记 $f(x)=xe^x-1$,对应差商表如下:

−1	0			
−0.59504	0.3	0.74081		
0.093271	0.6	0.54881	−0.27894	
1.2136	0.9	0.40658	−0.18480	0.084029

由牛顿插值得方程的根为 0.57017。

12. 由 $0.5<x<1$ 知 $0.25<f(x)<1$,故得 $|f(x)-I(x)|\leqslant\frac{1/4}{8n^2}\times 2\leqslant\frac{1}{2}\times 10^{-5}$,$n\geqslant 112$。

13. (1) 设 $S'(0)=m_1$,$S'(1)=m_2$,得

$$S(x)=\begin{cases}x^2+2x+(m_1-2)(x+1)^2x, & -1\leqslant x\leqslant 0,\\ x+(1-m_1)x(x-1)+(m_1+m_2-2)x^2(x-1), & 0\leqslant x\leqslant 1,\\ 2-x+(m_2+1)(x-1)(x-2)^2, & 1\leqslant x\leqslant 2。\end{cases}$$

由 $\begin{cases}S''(0-0)=S''(0+0),\\ S''(1-0)=S''(1+0)\end{cases}\Rightarrow\begin{cases}4m_1+m_2=6,\\ m_1+4m_2=1\end{cases}\Rightarrow\begin{cases}m_1=23/15,\\ m_2=-2/15,\end{cases}$

$$S(x)=\begin{cases}-\frac{7}{15}x^3+\frac{1}{15}x^2+\frac{23}{15}x, & -1\leqslant x\leqslant 0,\\ -\frac{3}{5}x^3+\frac{1}{15}x^2+\frac{23}{15}x, & 0\leqslant x\leqslant 1,\\ \frac{13}{15}x^3-\frac{13}{3}x^2+\frac{89}{15}x-\frac{22}{15}, & 1\leqslant x\leqslant 2。\end{cases}$$

也可用待定系数法求解。

(2) $S(x)=\begin{cases}\frac{1}{24}x^3+\frac{1}{8}x^2+\frac{13}{12}x, & -1\leqslant x\leqslant 0,\\ -\frac{5}{24}x^3+\frac{1}{8}x^2+\frac{13}{12}x, & 0\leqslant x\leqslant 1。\end{cases}$

14. $p(x)=\frac{5}{3}x^3-5x^2+4x-\frac{1}{3}$。

15. (1) 线性拟合 $1.0387-0.4775x$,误差平方和 0.0091;

(2) 令 $z=x^2$ 化为线性拟合，$0.9959-0.4534x^2$，误差平方和 0.5×10^{-4}；

(3) 作对数变换化为线性拟合，$1.0699\mathrm{e}^{-0.6619x}$，误差平方和 0.0181。

16. 设 $g(x_1,x_2)=(4x_1+2x_2-2)^2+(3x_1-x_2-10)^2+(11x_1+3x_2-8)^2$，由 $\partial g/\partial x_1=0$，$\partial g/\partial x_2=0$，得 $x_1=1.8$，$x_2=-3.6$。

17. (1) $\varphi_0(x)=1$，$\varphi_0(x)=x$，$\varphi_0(x)=x^2$，$\varphi_0(x)=x^3$，法方程组

$$\begin{cases}5a_0+5a_1+15a_2+35a_3=199,\\5a_0+15a_1+35a_2+99a_3=567,\\15a_0+35a_1+99a_2+275a_3=1605,\\35a_0+99a_1+275a_2+795a_3=4665\end{cases}\Rightarrow\begin{cases}a_0=\dfrac{13}{35},\\a_1=-\dfrac{34}{7},\\a_2=-\dfrac{11}{7},\\a_3=7\end{cases}\Rightarrow\varphi(x)=\frac{13}{35}-\frac{34}{7}x-\frac{11}{7}x^2+7x^3。$$

(2) 正交化得

$$\psi_0(x)=1,\quad \psi_1(x)=x-1,\quad \psi_2(x)=x^2-2x-1,$$

$$\psi_3(x)=x^3-3x^2-\frac{2}{5}x+\frac{12}{5}。$$

$$\begin{cases}(\psi_0,\psi_0)=5,\\(\psi_0,f)=199,\end{cases}\begin{cases}(\psi_1,\psi_1)=10,\\(\psi_1,f)=368,\end{cases}\begin{cases}(\psi_2,\psi_2)=14,\\(\psi_2,f)=272,\end{cases}\begin{cases}(\psi_3,\psi_3)=\dfrac{72}{5},\\(\psi_3,f)=\dfrac{504}{5},\end{cases}$$

$$\begin{aligned}\varphi(x)&=\frac{199}{5}+\frac{184}{5}(x-1)+\frac{136}{7}(x^2-2x-1)+7\left(x^3-3x^2-\frac{2}{5}x+\frac{12}{5}\right)\\&=\frac{13}{35}-\frac{34}{7}x-\frac{11}{7}x^2+7x^3。\end{aligned}$$

第 5 章

2. (1) 由公式对 $1,x,x^2,x^3$ 准确 $\Rightarrow\begin{cases}3c=2,\\c(x_1+x_2+x_3)=0,\\c(x_1^2+x_2^2+x_3^2)=\dfrac{2}{3},\\c(x_1^3+x_2^3+x_3^3)=0\end{cases}\Rightarrow\begin{cases}c=\dfrac{2}{3},\\x_1=-\dfrac{1}{\sqrt{2}},\\x_2=0,\\x_3=\dfrac{1}{\sqrt{2}}\end{cases}$

$\Rightarrow I(f)=\int_{-1}^{1}f(x)\mathrm{d}x\approx Q(f)=\dfrac{2}{3}\left[f\left(-\dfrac{1}{\sqrt{2}}\right)+f(0)+f\left(\dfrac{1}{\sqrt{2}}\right)\right]$，至少有 3 次代数精度。又对 $f(x)=x^4$，$I(f)=\dfrac{2}{5}$，$Q(f)=\dfrac{1}{3}$，二者不等，恰有 3 次代数精度。

(2) 由公式对 $1,x,x^2$ 准确 $\Rightarrow\begin{cases}A_1+A_2+A_3=4h,\\-hA_1+hA_3=0,\\h^2A_1+h^2A_3=\dfrac{16}{3}h^3\end{cases}\Rightarrow\begin{cases}A_1=\dfrac{8}{3}h,\\A_2=-\dfrac{4}{3}h,\\A_3=\dfrac{8}{3}h\end{cases}$

$\Rightarrow I(f)=\int_{-2h}^{2h} f(x)\mathrm{d}x \approx Q(f)=\frac{4}{3}h[2f(-h)-f(0)+2f(h)]$，至少有 2 次代数精度。又对 $f(x)=x^3, I(f)=0, Q(f)=0$，仍成立。对 $f(x)=x^4$，得 $I(f)=\frac{64h^5}{5}, Q(f)=\frac{16h^5}{3}$，二者不等，故恰有 3 次代数精度。

3. 由公式对 $1,x,x^2$ 准确 $\Rightarrow\begin{cases}A_1+A_2+A_3=2,\\ -A_1-\frac{1}{3}A_2+\frac{1}{3}A_3=0,\\ A_1+\frac{1}{9}A_2+\frac{1}{9}A_3=\frac{2}{3}\end{cases}\Rightarrow\begin{cases}A_1=\frac{1}{2},\\ A_2=0,\\ A_3=\frac{3}{2}\end{cases}$

$\Rightarrow I(f)=\int_{-1}^{1} f(x)\mathrm{d}x \approx Q(f)=\frac{1}{2}\left[f(-1)+3f\left(\frac{1}{3}\right)\right]$，至少有 2 次代数精度。又对 $f(x)=x^3, I(f)=0, Q(f)=-\frac{4}{9}$，二者不等，故恰有 2 次代数精度。

取 $H(x)$ 为不超过 2 次多项式且满足 $H(-1)=f(-1), H\left(\frac{1}{3}\right)=f\left(\frac{1}{3}\right), H'\left(\frac{1}{3}\right)=f'\left(\frac{1}{3}\right)$，由于有 2 次代数精度得 $I(H)=Q(H)=\frac{1}{2}\left[H(-1)+3H\left(\frac{1}{3}\right)\right]=\frac{1}{2}\left[f(-1)+3f\left(\frac{1}{3}\right)\right]=Q(f)$，从而余项

$$\begin{aligned}I(f)-Q(f)&=\int_{-1}^{1} f(x)\mathrm{d}x-\int_{-1}^{1} H(x)\mathrm{d}x=\int_{-1}^{1}[f(x)-H(x)]\mathrm{d}x\\&=\int_{-1}^{1}\frac{f'''\xi(x)}{6}(x+1)\left(x-\frac{1}{3}\right)^2\mathrm{d}x\\&=\frac{f'''(\eta)}{6}\int_{-1}^{1}(x+1)\left(x-\frac{1}{3}\right)^2\mathrm{d}x\\&=\frac{2f'''(\eta)}{27}\quad(\eta\in(-1,1))。\end{aligned}$$

4. 由公式对 $1,x,x^2,x^3$ 准确 $\Rightarrow\begin{cases}A_0+A_1=1,\\ x_0A_0+x_1A_1=0,\\ x_0^2A_0+x_1^2A_1=\frac{1}{2},\\ x_0^3A_0+x_1^3A_1=0\end{cases}\Rightarrow\begin{cases}A_0=A_1=\frac{1}{2},\\ x_0=-\frac{1}{\sqrt{2}},\\ x_1=\frac{1}{\sqrt{2}}\end{cases}$

$\Rightarrow I(f)=\int_{-1}^{1}|x|f(x)\mathrm{d}x \approx Q(f)=\frac{1}{2}\left[f\left(-\frac{1}{\sqrt{2}}\right)+f\left(\frac{1}{\sqrt{2}}\right)\right]$，至少有 3 次代数精度。

又取 $H(x)$ 为不超过 3 次多项式且满足 $H\left(\pm\frac{1}{\sqrt{2}}\right)=f\left(\pm\frac{1}{\sqrt{2}}\right), H'\left(\pm\frac{1}{\sqrt{2}}\right)=f'\left(\pm\frac{1}{\sqrt{2}}\right)$，由 3 次代数精度得 $I(H)=Q(f)$，从而余项

$$I(f)-Q(f)=\int_{-1}^{1}|x|[f(x)-H(x)]\mathrm{d}x$$

$$= \int_{-1}^{1} |x| \cdot \frac{f^{(4)}\xi(x)}{24} \left(x - \frac{1}{\sqrt{2}}\right)^2 \left(x + \frac{1}{\sqrt{2}}\right)^2 \mathrm{d}x$$

$$= \frac{f^{(4)}(\eta)}{24} \int_{-1}^{1} |x| \left(x^2 - \frac{1}{2}\right)^2 \mathrm{d}x$$

$$= \frac{f^{(4)}(\eta)}{12} \int_{0}^{1} x \left(x^2 - \frac{1}{2}\right)^2 \mathrm{d}x = \frac{f^{(4)}(\eta)}{288} \quad (\eta \in (-1,1))。$$

5. 取 $H(x)$为不超过 $2n+1$ 次多项式,且满足 $H(x_i)=f(x_i)$,$H'(x_i)=f'(x_i)$,$(i=0,1,\cdots,n)$,则由 $n+1$ 个点的高斯公式有 $2n+1$ 次代数精度得

$$I(H) = Q(H) = \sum_{i=0}^{n} A_i H(x_i) = \sum_{i=0}^{n} A_i f(x_i) = Q(f),$$

从而

$$R(f) = I(f) - Q(f) = I(f) - I(H) = \int_a^b [f(x) - H(x)] \mathrm{d}x$$

$$= \int_a^b \frac{f^{(2n+2)}(\xi)}{(2n+2)!} \omega^2(x) \mathrm{d}x,$$

其中,$\omega(x) = \prod_{i=0}^{n} (x - x_i)$,由 $\omega^2(x)$ 不变号知定理 5.3 成立。

6. $R_{S_n}(f) = I(f) - S_n(f) = \sum_{i=1}^{n} \left[-\frac{1}{90}\left(\frac{h}{2}\right)^5 f^{(4)}(\eta_i)\right] = -\frac{h^4}{2880}(b-a)\left[\frac{1}{n}\sum_{i=1}^{n} f^{(4)}(\eta_i)\right] = -\frac{h^4}{2880}(b-a) f^{(4)}(\eta)$。

7. (1) $I = \int_0^1 \mathrm{e}^x \mathrm{d}x \approx \frac{1}{8}[\mathrm{e}^0 + \mathrm{e}^1 + 2(\mathrm{e}^{\frac{1}{4}} + \mathrm{e}^{\frac{1}{2}} + \mathrm{e}^{\frac{3}{4}})] = 1.7272219$;

(2) 由 $\left|\frac{1}{12n^2} f''(x)\right| \leqslant \frac{\mathrm{e}}{12n^2} \leqslant \frac{1}{2} \times 10^{-6} \Rightarrow n \geqslant \sqrt{\frac{\mathrm{e}}{6}} \times 10^3 = 673.1$,故需将$[0,1]$区间 674 等分;

(3) 由 $\left|\frac{1}{2880n^4} f^{(4)}(x)\right| \leqslant \frac{\mathrm{e}}{2880n^4} \leqslant \frac{1}{2} \times 10^{-6} \Rightarrow n \geqslant \sqrt[4]{\frac{\mathrm{e}}{1440} \times 10^6} = 6.6$,故需将$[0,1]$ 区间 7 等分。

8. $T_1 = 1.8591409$,
$T_2 = 1.7539311, S_1 = 1.7188612$,
$T_4 = 1.7272219, S_2 = 1.7183188, C_1 = 1.7182827$,
$T_8 = 1.7205186, S_4 = 1.7182841, C_2 = 1.7182818, R_1 = 1.7182818$,
$T_{16} = 1.7188411, S_8 = 1.7182820, C_4 = 1.7182818, R_2 = 1.7182818$。

9. $R_1(f) = \frac{64}{63}\left\{\frac{b-a}{180}[7f(a) + \cdots]\right\} - \frac{1}{63}\left\{\frac{b-a}{90}[7f(a) + \cdots]\right\} = \frac{31}{810}(b-a)f(a) + \cdots$,

而 $Q(f) = \sum_{i=0}^{n} A_i f(x_i)$ 中 $f(a)$ 的系数 $A_0 = \int_a^b l_0(x) \mathrm{d}x = \frac{989}{28350}(b-a)$ 与 $R_1(f)$ 中 $f(a)$ 的系数不同。

10. 取 $x_0 = a - h, x_1 = a$,得 $L_1(x) = f(a-h) + \frac{f(a) - f(a-h)}{h}(x - a + h)$,$L_1'(x) = \frac{f(a) - f(a-h)}{h}$,$f'(a) \approx L_1'(a) = \frac{f(a) - f(a-h)}{h}$。对应 $\omega(x) = (x-a+h)(x-a) =$

$(x-a)^2+h(x-a)$，$\omega'(x)=2(x-a)+h$，$f'(a)-L_1'(a)=\dfrac{f''(\xi)}{2}\omega'(a)=\dfrac{h}{2}f''(\xi)$。

11. 取 $x_0=a$，$x_1=a+h$，$x_2=a+2h$，得

$$
\begin{aligned}
L_2(x)=&\frac{(x-a-h)(x-a-2h)}{(a-a-h)(a-a-2h)}f(a)+\frac{(x-a)(x-a-2h)}{(a+h-a)(a+h-2h)}f(a+h)\\
&+\frac{(x-a)(x-a-h)}{(a+2h-a)(a+2h-a-h)}f(a+2h)\\
=&\frac{(x-a)^2-3h(x-a)+2h^2}{2h^2}f(a)-\frac{(x-a)^2-2h(x-a)}{h^2}f(a+h)\\
&+\frac{(x-a)^2-h(x-a)}{2h^2}f(a+2h),
\end{aligned}
$$

$$
\begin{aligned}
L_2'(x)=&\frac{2(x-a)-3h}{2h^2}f(a)-\frac{2(x-a)-2h}{h^2}f(a+h)\\
&+\frac{2(x-a)-h}{2h^2}f(a+2h),
\end{aligned}
$$

$$
\begin{aligned}
f'(a)\approx L_2'(a)&=-\frac{3}{2h}f(a)+\frac{2}{h}f(a+h)-\frac{1}{2h}f(a+2h)\\
&=\frac{-3f(a)+4f(a+h)-f(a+2h)}{2h}。
\end{aligned}
$$

对应 $\omega(x)=(x-a)(x-a-h)(x-a-2h)=(x-a)^3-3h(x-a)^2+2h^2(x-a)$，

$\omega'(x)=3(x-a)^2-6h(x-a)+2h^2$，$f'(a)-L_2'(a)=\dfrac{f'''(\xi)}{6}\omega'(a)=\dfrac{h^2}{3}f'''(\xi)$。

12. $f'(1.1)\approx\dfrac{f(1.2)-f(1.0)}{0.2}\approx\dfrac{0.2066-0.2500}{0.2}=-0.217$。舍入误差 $\varepsilon_1=\dfrac{1}{0.2}\times2\times\dfrac{1}{2}\times 10^{-4}=0.5\times10^{-3}$，截断误差 $\varepsilon_2=\dfrac{0.1^2}{6}\times0.75=1.25\times10^{-3}$，误差限 $\varepsilon=0.00175$，知结果有 2 位有效数字。

第 6 章

1. 由 $y'(x_{n+1})\approx\dfrac{y(x_{n+1})-y(x_n)}{h}\Rightarrow y(x_{n+1})\approx y(x_n)+hy'(x_{n+1})=y(x_n)+hf(x_{n+1},y(x_{n+1}))$

$\Rightarrow y_{n+1}=y_n+hf(x_{n+1},y_{n+1})$。又由 $y'(x_n)\approx\dfrac{y(x_{n+1})-y(x_{n-1})}{2h}$

$\Rightarrow y(x_{n+1})\approx y(x_{n-1})+2hy'(x_n)=y(x_{n-1})+2hf(x_n,y(x_n))\Rightarrow y_{n+1}=y_{n-1}+2hf(x_n,y_n)$。

2. 由右矩形公式得 $y(x_{n+1})=y(x_n)+\displaystyle\int_{x_n}^{x_{n+1}}f(x,y(x))\mathrm{d}x\approx y(x_n)+hf(x_{n+1},y(x_{n+1}))$

$\Rightarrow y_{n+1}=y_n+hf(x_{n+1},y_{n+1})$。

3. 欧拉格式：$y_{n+1}=y_n+0.1(x_n+y_n)=0.1x_n+1.1y_n$，

隐式欧拉格式：$y_{n+1}=y_n+0.1(x_n+0.1+y_{n+1})\Rightarrow y_{n+1}=\dfrac{0.01+0.1x_n+y_n}{0.9}$，

两步欧拉格式：$y_{n+1}=y_{n-1}+0.2(x_n+y_n)=0.2x_n+y_{n-1}+0.2y_n$，

改进欧拉格式：$y_{n+1}=y_n+0.05(x_n+y_n+x_n+0.1+0.1x_n+1.1y_n)$

$=0.005+0.105x_n+1.105y_n$。

x_n	欧　拉	隐式欧拉	两步欧拉	改进欧拉	精确解
0.1	1.1	1.1222	1.1	1.11	1.1103
0.2	1.22	1.2691	1.24	1.2421	1.2428
0.3	1.362	1.4434	1.388	1.3985	1.3997
0.4	1.5282	1.6482	1.5776	1.5818	1.5836

4. 由中矩形公式 $y(x_{n+1})=y(x_n)+\int_{x_n}^{x_{n+1}}f(x,y(x))\mathrm{d}x\approx y(x_n)+hf(x_{n+\frac{1}{2}},y(x_{n+\frac{1}{2}}))$，

再由 $y(x_{n+\frac{1}{2}})\approx y_n+\frac{h}{2}f(x_n,y_n)\Rightarrow y_{n+1}=y_n+hf\left(x_{n+\frac{1}{2}},y_n+\frac{h}{2}f(x_n,y_n)\right)$。

5. 设 $y(x_n)=y_n$，得$\begin{cases}K_1=y'(x_n),\\K_2=f(x_n,y_n)+thf_x(x_n,y_n)+thK_1f_y(x_n,y_n)+O(h^2),\\K_3=f(x_n,y_n)+(1-t)hf_x(x_n,y_n)+(1-t)hK_1f_y(x_n,y_n)+O(h^2)\end{cases}$

$\Rightarrow y_{n+1}=y(x_n)+\frac{h}{2}[2f(x_n,y(x_n))+hf_x(x_n,y(x_n))+hy'(x_n)f_y(x_n,y(x_n))+O(h^2)]$

$=y(x_n)+hy'(x_n)+\frac{h^2}{2}y''(x_n)+O(h^3)$，由 $y(x_{n+1})-y_{n+1}=O(h^3)$ 知格式有2阶精度。

6. 设 $y(x_n)=y_n$，得 $y'(x_n)=f(x_n,y_n)$，$y''(x_n)=f_x(x_n,y_n)+y'(x_n)f_y(x_n,y_n)$及
$y'''(x_n)=f_{xx}(x_n,y_n)+2y'(x_n)f_{xy}(x_n,y_n)+[y'(x_n)]^2f_{yy}(x_n,y_n)+y''(x_n)f_y(x_n,y_n)$。
从而得

$$\begin{cases}K_1=y'(x_n),\\K_2=f(x_n,y_n)+\frac{h}{3}[f_x(x_n,y_n)+K_1f_y(x_n,y_n)]\\\quad+\frac{1}{2}\left(\frac{h}{3}\right)^2[f_{xx}(x_n,y_n)+2K_1f_{xy}(x_n,y_n)+K_1^2f_{yy}(x_n,y_n)]+O(h^3)\\\quad=y'(x_n)+\frac{h}{3}y''(x_n)+\frac{h^2}{18}[y'''(x_n)-y''(x_n)f_y(x_n,y_n)]+O(h^3),\\K_3=f(x_n,y_n)+\frac{2h}{3}[f_x(x_n,y_n)+K_2f_y(x_n,y_n)]\\\quad+\frac{1}{2}\left(\frac{2h}{3}\right)^2[f_{xx}(x_n,y_n)+2K_2f_{xy}(x_n,y_n)+K_2^2f_{yy}(x_n,y_n)]+O(h^3)\\\quad=y'(x_n)+\frac{2h}{3}\left[f_x(x_n,y_n)+y'(x_n)f_y(x_n,y_n)+\frac{h}{3}y''(x_n)f_y(x_n,y_n)+O(h^2)\right]\\\quad+\frac{2h^2}{9}[f_{xx}(x_n,y_n)+2y'(x_n)f_{xy}(x_n,y_n)+(y'(x_n))^2f_{yy}(x_n,y_n)+O(h)]+O(h^3)\\\quad=y'(x_n)+\frac{2h}{3}y''(x_n)+\frac{2h^2}{9}y''(x_n)f_y(x_n,y_n)\\\quad+\frac{2h^2}{9}[y'''(x_n)-y''(x_n)f_y(x_n,y_n)]+O(h^3)\\\quad=y'(x_n)+\frac{2h}{3}y''(x_n)+\frac{2h^2}{9}y'''(x_n)+O(h^3)\end{cases}$$

$\Rightarrow y_{n+1}=y(x_n)+\frac{h}{4}\left[y'(x_n)+3y'(x_n)+2hy''(x_n)+\frac{2h^2}{3}y'''(x_n)+O(h^3)\right]$

$=y(x_n)+hy'(x_n)+\frac{h^2}{2}y''(x_n)+\frac{h^3}{6}y'''(x_n)+O(h^4)$，由 $y(x_{n+1})-y_{n+1}=O(h^4)$知格式有

3 阶精度。

7. 4 阶经典龙格-库塔格式：$\begin{cases} y_{n+1}=y_n+\dfrac{1}{30}(K_1+2K_2+2K_3+K_4), \\ K_1=x_n+y_n, \\ K_2=0.1+x_n+y_n+0.1K_1, \\ K_3=0.1+x_n+y_n+0.1K_2, \\ K_4=0.2+x_n+y_n+0.2K_3。\end{cases}$

计算得如下数据：

x_n	K_1	K_2	K_3	K_4	y_n
0.2	1	1.2	1.22	1.444	1.2428
0.4	1.4428	1.6871	1.7115	1.9851	1.5836

8. 取 $h=\dfrac{\bar{x}}{N}$，$x_n=nh(n=0,1,\cdots,N)$，则 $\bar{x}=Nh$，

由欧拉格式得

$$y_{n+1}=y_n+h(ax_n+b)=y_n+h(anh+b)$$

$$\Rightarrow y_{n+1}=h\left[\frac{n(n+1)}{2}ah+(n+1)b\right]\Rightarrow y_N(h)=h\left[\frac{(N-1)N}{2}ah+Nb\right]$$

$$=\frac{a}{2}(\bar{x}-h)\bar{x}+b\bar{x}\xrightarrow{h\to 0}\frac{a}{2}\bar{x}^2+b\bar{x}=y(\bar{x});$$

由改进欧拉格式得

$$y_{n+1}=y_n+h\left(anh+\frac{ah}{2}+b\right)$$

$$\Rightarrow y_{n+1}=h\left[\frac{n(n+1)}{2}ah+\frac{(n+1)}{2}ah+(n+1)b\right]$$

$$\Rightarrow y_N(h)=h\left[\frac{(N-1)N}{2}ah+\frac{N}{2}ah+Nb\right]$$

$$=\frac{a}{2}(\bar{x}-h)\bar{x}+\frac{ah}{2}\bar{x}+b\bar{x}\xrightarrow{h\to 0}\frac{a}{2}\bar{x}^2+b\bar{x}=y(\bar{x})。$$

9. 不妨设 $h<1$，由 $|f(x,y)-f(x,\bar{y})|\leqslant L|y-\bar{y}|$ 得

$$\begin{cases} |K_1-\bar{K}_1|\leqslant L|y-\bar{y}|, \\ |K_2-\bar{K}_2|\leqslant L\left|\left(y+\dfrac{h}{2}K_1\right)-\left(\bar{y}+\dfrac{h}{2}\bar{K}_1\right)\right| \\ \qquad\leqslant L\left(|y-\bar{y}|+\dfrac{h}{2}|K_1-\bar{K}_1|\right)\leqslant L\left(1+\dfrac{L}{2}\right)|y-\bar{y}|, \\ |K_3-\bar{K}_3|\leqslant L\left|\left(y+\dfrac{h}{2}K_2\right)-\left(\bar{y}+\dfrac{h}{2}\bar{K}_2\right)\right| \\ \qquad\leqslant L\left(|y-\bar{y}|+\dfrac{h}{2}|K_2-\bar{K}_2|\right)\leqslant L\left(1+\dfrac{L}{2}+\dfrac{L^2}{4}\right)|y-\bar{y}|, \\ |K_4-\bar{K}_4|\leqslant L\left|\left(y+\dfrac{h}{2}K_3\right)-\left(\bar{y}+\dfrac{h}{2}\bar{K}_3\right)\right| \\ \qquad\leqslant L\left(|y-\bar{y}|+\dfrac{h}{2}|K_3-\bar{K}_3|\right)\leqslant L\left(1+\dfrac{L}{2}+\dfrac{L^2}{4}+\dfrac{L^3}{8}\right)|y-\bar{y}|, \end{cases}$$

$$\Rightarrow |\varphi(x,y,h)-\varphi(x,\bar{y},h)|$$
$$\leqslant \frac{1}{6}(|K_1-\bar{K}_1|+2|K_2-\bar{K}_2|+2|K_3-\bar{K}_3|+|K_4-\bar{K}_4|)$$
$$=L\left(1+\frac{5L}{12}+\frac{L^2}{8}+\frac{L^3}{48}\right)|y-\bar{y}|,$$

由定理6.1知此时式(6.17)收敛。

10. 对应梯形格式，由试验方程得 $y_{n+1}=y_n+\frac{h}{2}(\lambda y_n+\lambda y_{n+1})\Rightarrow y_{n+1}=\frac{2+h\lambda}{2-h\lambda}y_n$，从而格式稳定$\Leftrightarrow\left|\frac{2+h\lambda}{2-h\lambda}\right|\leqslant 1$，由 $\lambda<0$ 知此不等式恒成立，故梯形格式绝对稳定；对应改进欧拉格式，由试验方程得 $y_{n+1}=y_n+\frac{h}{2}[\lambda y_n+\lambda(1+h\lambda)y_n]=\left(1+h\lambda+\frac{h^2\lambda^2}{2}\right)y_n$，从而格式稳定$\Leftrightarrow\left|1+h\lambda+\frac{h^2\lambda^2}{2}\right|\leqslant 1\Leftrightarrow -1\leqslant 1+h\lambda+\frac{h^2\lambda^2}{2}\leqslant 1$，由 $(h\lambda+1)^2+3>0\Rightarrow h^2\lambda^2+2h\lambda+4>0$，知 $-1\leqslant 1+h\lambda+\frac{h^2\lambda^2}{2}$ 恒成立，又由 $1+h\lambda+\frac{h^2\lambda^2}{2}\leqslant 1\Rightarrow h\leqslant -\frac{2}{\lambda}$，此时格式稳定。

11. 2阶显式亚当斯格式：$y_{n+1}=y_n+0.1[3(1-y_n)-(1-y_{n-1})]=0.2+0.1y_{n-1}+0.7y_n$，
2阶隐式亚当斯格式：$y_{n+1}=y_n+0.1[(1-y_n)+(1-y_{n+1})]\Rightarrow y_{n+1}=\frac{0.2+0.9y_n}{1.1}$，

x_n	显式亚当斯	隐式亚当斯
0.2	0.1810	0.1818
0.4	0.3267	0.3306

12. 设 $y_1,\cdots,y_n$ 准确，当 $f_{n+1}=y'(x_{n+1})$ 时得

$$\begin{aligned}
y_{n+1}&=y_n+h(\lambda_1 f_{n+1}+\lambda_2 f_n+\lambda_3 f_{n-1})\\
&=y(x_n)+h[\lambda_1 y'(x_{n+1})+\lambda_2 y'(x_n)+\lambda_3 y'(x_{n-1})]\\
&=y(x_n)+h\Big[\lambda_1\Big(y'(x_n)+hy''(x_n)+\frac{h^2}{2}y'''(x_n)\Big)+\lambda_2 y'(x_n)\\
&\quad+\lambda_3\Big(y'(x_n)-hy''(x_n)+\frac{h^2}{2}y'''(x_n)\Big)+O(h^3)\Big]\\
&=y(x_n)+h(\lambda_1+\lambda_2+\lambda_3)y'(x_n)+h^2(\lambda_1-\lambda_3)y''(x_n)\\
&\quad+\frac{h^3}{2}(\lambda_1+\lambda_3)y'''(x_n)+O(h^4)。
\end{aligned}$$

由 $y(x_{n+1})-y_{n+1}=O(h^4)$ 得

$$\begin{cases}\lambda_1+\lambda_2+\lambda_3=1,\\ \lambda_1-\lambda_3=\frac{1}{2},\\ \lambda_1+\lambda_3=\frac{1}{3}\end{cases}\Rightarrow\begin{cases}\lambda_1=\frac{5}{12},\\ \lambda_2=\frac{2}{3},\\ \lambda_3=-\frac{1}{12}。\end{cases}\Rightarrow y_{n+1}=y_n+\frac{h}{12}(5f_{n+1}+8f_n-f_{n-1}),$$

上述格式与式(6.34)共同构成预报-校正格式$\begin{cases}\tilde{y}_{n+1}=y_n+\dfrac{h}{12}(23f_n-16f_{n-1}+5f_{n-2}),\\ \tilde{f}_{n+1}=f(x_{n+1},\tilde{y}_{n+1}),\\ y_{n+1}=y_n+\dfrac{h}{12}(5\tilde{f}_{n+1}+8f_n-f_{n-1})。\end{cases}$

13. 解方程组的改进欧拉格式：

$$\text{预报}\begin{cases}\tilde{y}_{n+1}^{(1)}=y_n^{(1)}+hf_1(x_n,y_n^{(1)},y_n^{(2)},y_n^{(3)}),\\ \tilde{y}_{n+1}^{(2)}=y_n^{(2)}+hf_2(x_n,y_n^{(1)},y_n^{(2)},y_n^{(3)}),\\ \tilde{y}_{n+1}^{(3)}=y_n^{(3)}+hf_3(x_n,y_n^{(1)},y_n^{(2)},y_n^{(3)}),\end{cases}$$

$$\text{校正}\begin{cases}y_{n+1}^{(1)}=y_n^{(1)}+\dfrac{h}{2}[f_1(x_n,y_n^{(1)},y_n^{(2)},y_n^{(3)})+f_1(x_{n+1},\tilde{y}_{n+1}^{(1)},\tilde{y}_{n+1}^{(2)},\tilde{y}_{n+1}^{(3)})],\\ y_{n+1}^{(2)}=y_n^{(2)}+\dfrac{h}{2}[f_2(x_n,y_n^{(1)},y_n^{(2)},y_n^{(3)})+f_2(x_{n+1},\tilde{y}_{n+1}^{(1)},\tilde{y}_{n+1}^{(2)},\tilde{y}_{n+1}^{(3)})],\\ y_{n+1}^{(3)}=y_n^{(3)}+\dfrac{h}{2}[f_3(x_n,y_n^{(1)},y_n^{(2)},y_n^{(3)})+f_3(x_{n+1},\tilde{y}_{n+1}^{(1)},\tilde{y}_{n+1}^{(2)},\tilde{y}_{n+1}^{(3)})];\end{cases}$$

解高阶方程的改进欧拉格式：

令 $y_1=y,y_2=y',y_3=y''$,得$\begin{cases}y_1'=y_2, & y_1(x_0)=y_0,\\ y_2'=y_3, & y_2(x_0)=y_0',\\ y_3'=f(x,y_1,y_2,y_3), & y_3(x_0)=y''_0,\end{cases}$

$$\text{预报}\begin{cases}\tilde{y}_{n+1}^{(1)}=y_n^{(1)}+hy_n^{(2)},\\ \tilde{y}_{n+1}^{(2)}=y_n^{(2)}+hy_n^{(3)},\\ \tilde{y}_{n+1}^{(3)}=y_n^{(3)}+hf(x_n,y_n^{(1)},y_n^{(2)},y_n^{(3)}),\end{cases}$$

$$\text{校正}\begin{cases}y_{n+1}^{(1)}=y_n^{(1)}+\dfrac{h}{2}(y_n^{(2)}+\tilde{y}_{n+1}^{(2)}),\\ y_{n+1}^{(2)}=y_n^{(2)}+\dfrac{h}{2}(y_n^{(3)}+\tilde{y}_{n+1}^{(3)}),\\ y_{n+1}^{(3)}=y_n^{(3)}+\dfrac{h}{2}[f(x_n,y_n^{(1)},y_n^{(2)},y_n^{(3)})+f(x_{n+1},\tilde{y}_{n+1}^{(1)},\tilde{y}_{n+1}^{(2)},\tilde{y}_{n+1}^{(3)})]。\end{cases}$$

14. (1) 令 $z=y'$,得 $\begin{cases}y'=z, & y(0)=1,\\ z'=0.1\,(1-y)^2z-y, & z(0)=0,\end{cases}$改进欧拉格式为

$$\begin{cases}\tilde{y}_{n+1}=y_n+hz_n,\\ \tilde{z}_{n+1}=z_n+h[0.1\,(1-y_n)^2z_n-y_n],\end{cases}$$

$$\begin{cases}y_{n+1}=y_n+\dfrac{h}{2}(z_n+\tilde{z}_{n+1}),\\ z_{n+1}=z_n+\dfrac{h}{2}[0.1\,(1-y_n)^2z_n-y_n+0.1\,(1-\tilde{y}_{n+1})^2\tilde{z}_{n+1}-\tilde{y}_{n+1}]。\end{cases}$$

计算得 $y(0.2)\approx y_1=0.98,y(0.4)\approx y_2=0.9204$。

(2) 利用习题 13 列格式,计算得 $y(0.2)\approx 0.2,y(0.4)\approx 0.4186$。

15. 刚性比 4000,绝对稳定条件 $h<0.001$。

附录 D

MATLAB 指令或函数索引

abs,218
acos,218
angle,218
asin,218
assema,173
assemb,173
assempde,173
axis,236
box,236
bvp4c,151
bvpinit,151
bvpset,156
case,226
ccode,244
ceil,218
cell2struct,223
char,270,271,221
chol,32
clear,213
close,236
collect,244
compose,244
cond,32
conj,218
contour,233
contour3,233
cos,218
cot,218
demo,237
det,32
deval,151
diag,32
diff,125,246
digits,242
disp,230
doc,237
docsearch,237
double,221
dsolve,250
eig,32
else,226
elseif,226
end,215,226
error,226
eval,222
evalin,252
exp,218
expand,244
expm,32
eye,32
factor,244
factorial,218
fclose,225
feval,252
figure,236
finverse,244
fix,218
fliplr,32
flipud,32
floor,218
fminbnd,192
fmincon,192
fminimax,192
fminsearch,192
fminunc,192
fopen,224

for,226
format,211
fplot,232
fprintf,225
fsolve,64
full,40
function,228
funm,32
funtool,245
fzero,64
global,230
gradient,125
grid,236
griddata,94
help,237
hessian,246
hold,236
hyperbolic,173
if,226
imag,218
image,225
imread,225
Inf,212
initmesh,178
inline,229
int,247
integral,125
integral2,125
interp1,94
interp2,94
inv,32
jacobian,246
jordan,32
latex,244
legend,235
length,214
limit,245
linprog,192
load,224
log,218
log10,218
logm,32
lookfor,237
lsqcurvefit,94
lsqlin,192
lsqnonlin,94
lsqnonneg,192
lu,32
matlabFunction,244
max,215
mesh,233
meshgrid,233
min,215
mod,218
mupad,252
nargin,230
nargout,230
nchoosek,218
ndgrid,233
norm,32
null,32
num2str,222
numden,244
ode113,151
ode15s,151
ode23,151
ode23s,151
ode23t,151
ode23tb,151
ode45,151
odeset,151
ones,32
optimset,192
orth,32
otherwise,226
parabolic,173
pdebound,178
pdeeig,173
pdegeom,176
pdemesh,174
pdenonlin,173
pdepe,184
pdetool,164
pdeval,185
pinv,32
plot,232

plot3,232
polyder,125
polyfit,94
polyval,64
prod,215
qr,32
quadprog,192
rand,32
rank,32
rcond,32
real,218
refinemesh,179
rem,218
roots,64
round,218
rref,32
save,224
simple,244
simplify,244
sin,218
size,214
solve,249
sparse,39
spline,94
sqrt,218
str2num,222
struct2cell,223
subplot,236
subs,241
sum,215
surf,233
svd,32
switch,226
sym,241
symfun,244
symprod,245
syms,241
symsum,245
tan,218
taylor,246
taylortool,246
text,236
textread,224
title,235
trace,32
trapz,125
tril,32
triu,32
type,237
varargin,230
vpa,242
warning,55
wbound,173
wgeom,173
which,237
while,226
whos,212
xlabel,236
xlswrite,224
ylabel,236
zeros,32
zlabel,236

附录 E

M 文件索引

naadapt,122
nabisect,48
nachase,85
nacircleb,178
nacircleg,176
naeuler,135
naeuler2,136
naeuler2s,150
naeulerb,136
nafit,93
nagauss,18
nagauss2,19
nags,61
nagsint,120
nalagr,75
nalu,26
nalupad,26
nanewton,55
naorthfit,94
nark4,140
nark4v,146
naromberg,121
nasor,62
naspgs,62
naspline,85
natrapz,120

参考文献

[1] Chapman S J. MATLAB programming for engineers（英文影印）[M]. 2nd ed. 北京：科学出版社，2003.

[2] Danaila I，Joly P，Kaber S M，et al. An introduction to scientific computing—twelve computational projects solved with MATLAB[M]. Berlin：Springer-Verlag，2007.

[3] Davis P J. Interpolation and approximation[M]. New York：Dover Publications，Inc.，1975.

[4] Goldstine H H. A history of numerical analysis from the 16th through the 19th century[M]. Berlin：Springer-Verlag，1977.

[5] Higham D J，Higham N J. MATLAB guide[M]. Philadelphia：SIAM，2000.

[6] Higham N J. Accuracy and stability of numerical algorithms[M]. 2nd ed. Philadelphia：SIAM，2002.

[7] Isaacson E，Keller R B. Analysis of numerical methods[M]. New York：Dover Publications，Inc.，1994.

[8] Magrab E B，Balachandran B，Azarm S. An engineer's guide to MATLAB[M]. Upper Saddle River：Prentice Hall，2000.

[9] Saad Y，van der Vorst H A. Iterative solution of linear systems in the 20th century[J]. Journal of Computational and Applied Mathematics，2000，123：1-33.

[10] 陈怀琛，高淑萍，杨威. 工程线性代数(MATLAB版)[M]. 北京：电子工业出版社，2007.

[11] 胡良剑，孙晓君. MATLAB数学实验[M]. 北京：高等教育出版社，2006.

[12] 薛定宇，陈阳泉. 高等应用数学问题的MATLAB求解[M]. 2版. 北京：清华大学出版社，2008.

[13] Mathews J H，Fink K D. Numerical methods using MATLAB[M]. 4th ed. Upper Saddle River：Pearson，2004.

[14] Moler C B. Numerical computing with MATLAB[M]. Philadelphia：SIAM，2004.

[15] Nakamura S. Numerical analysis and graphic visualization with MATLAB[M]. 2nd ed. Upper Saddle River：Prentice Hall，2002.

[16] Trefethen L N，Bau D. Numerical linear algebra[M]. Philadelphia：SIAM，1997.

[17] 邓建中，葛仁杰，程正兴. 计算方法[M]. 西安：西安交通大学出版社，1985.

[18] 胡良剑，丁晓东，孙晓君. 数学实验使用MATLAB[M]. 上海：上海科学技术出版社，2001.

[19] 蒋尔雄，赵风光，苏仰锋. 数值逼近[M]. 2版. 上海：复旦大学出版社，2008.

[20] 李庆扬，王能超，易大义. 数值分析[M]. 北京：清华大学出版社，2008.

[21] 刘则毅. 科学计算技术与MATLAB[M]. 北京：科学出版社，1999.

[22] 薛定宇. 科学运算语言MATLAB 5.3程序设计与应用[M]. 北京：清华大学出版社，2000.

[23] Nakamura S. 科学计算引论——基于MATLAB的数值分析[M]. 梁恒，刘晓艳，译. 北京：电子工业出版社，2002.

[24] Recktenwald G. 数值方法和MATLAB实现与应用[M]. 伍卫国，万群，张辉，等，译. 北京：机械工业出版社，2004.

[25] 熊洪允，曾绍标，毛云英. 应用数学基础[M]. 天津：天津大学出版社，1994.

[26] 易大义，陈道琦. 数值分析引论[M]. 杭州：浙江大学出版社，1998.

[27] 朱建新，李有法. 数值计算方法[M]. 3版. 北京：高等教育出版社，2012.

[28] 清华大学《运筹学》教材编写组. 运筹学[M]. 北京：清华大学出版社，1995.

[29] 王能超. 数值分析简明教程[M]. 2版. 北京：高等教育出版社，2003.

[30] 同济大学计算数学教研室. 现代数值数学和计算[M]. 上海：同济大学出版社，2004.

[31] 喻文健. 数值分析与算法[M]. 北京：清华大学出版社，2012.